Engineer of Forestry

산림기사

실기

김정호 지음

BM (주)도서출판 성안당

산림기사 실기

2020. 6. 17. 초 판 1쇄 발행
2023. 1. 5. 개정증보 1판 1쇄 발행
2024. 2. 7. 개정증보 2판 1쇄 발행
2025. 1. 8. 개정증보 3판 1쇄 발행

저자와의 협의하에 검인생략

지은이 | 김정호
펴낸이 | 이종춘
펴낸곳 | BM ㈜도서출판 성안당
주소 | 04032 서울시 마포구 양화로 127 첨단빌딩 3층(출판기획 R&D 센터)
10881 경기도 파주시 문발로 112 파주 출판 문화도시(제작 및 물류)
전화 | 02) 3142-0036
031) 950-6300
팩스 | 031) 955-0510
등록 | 1973. 2. 1. 제406-2005-000046호
출판사 홈페이지 | **www.cyber.co.kr**
도서 내용 문의 | domagim@gmail.com
ISBN | 978-89-315-6237-8 (13520)
정가 | 30,000원

이 책을 만든 사람들
책임 | 최옥현
진행 | 최창동
본문 디자인 | 민혜조
표지 디자인 | 박원석
홍보 | 김계향, 임진성, 김주승, 최정민
국제부 | 이선민, 조혜란
마케팅 | 구본철, 차정욱, 오영일, 나진호, 강호묵
마케팅 지원 | 장상범
제작 | 김유석

■ **도서 A/S 안내**

성안당에서 발행하는 모든 도서는 저자와 출판사, 그리고 독자가 함께 만들어 나갑니다.
좋은 책을 펴내기 위해 많은 노력을 기울이고 있습니다. 혹시라도 내용상의 오류나 오탈자 등이 발견되면 **"좋은 책은 나라의 보배"**로서 우리 모두가 함께 만들어 간다는 마음으로 연락주시기 바랍니다. 수정 보완하여 더 나은 책이 되도록 최선을 다하겠습니다.
성안당은 늘 독자 여러분들의 소중한 의견을 기다리고 있습니다. 좋은 의견을 보내주시는 분께는 성안당 쇼핑몰의 포인트(3,000포인트)를 적립해 드립니다.

잘못 만들어진 책이나 부록 등이 파손된 경우에는 교환해 드립니다.

PREFACE

아름다운 꽃이 피는 것을 시샘하듯 일시적으로 갑자기 추워지는 기상현상을 꽃샘추위라고 합니다. 코로나19가 진정 국면으로 접어드는가 싶더니 시샘이라도 하듯이 이태원 클럽발 감염자가 무더기로 속출하여 방역 당국과 우리 국민들을 당황하게 합니다.

기우제를 지내면 100% 비가 옵니다. 그 이유는 하늘이 기우제를 지내는 사람들의 정성에 감동해서가 아니라 사람들이 비가 올 때까지 기우제를 지내기 때문입니다. 그러나 믿음이 부족하거나 정성을 다하지 못하는 사람들은 기우제를 지내다 포기하고 맙니다. 코로나19 역시 사람들의 바람대로 종식되는 것은 100% 확실합니다. 이 책으로 공부하시는 분들 역시 100% 산림기사와 산림산업기사 자격증을 따실 것입니다. 문제는 기우제 지내듯이 끝까지 공부를 하시고, 공부한 것을 확인하기 위해 시험을 보셔야 한다는 것입니다. 시험공부로 인한 스트레스를 호소하시는 분들이 많습니다. 약간의 스트레스는 오히려 건강에 좋습니다. 그러나 과도한 스트레스는 건강에 좋지 않습니다. 이 스트레스를 "즐길 것인가?" 아니면 "견딜 것인가?"는 기우제를 지내는 것처럼 본인의 마음가짐과 선택에 따라 바뀝니다.

"牛生馬死"라는 말이 있습니다. 홍수가 났을 때 힘이 센 말은 자신의 힘을 믿고 물살을 거스려다가 힘이 빠져 죽고, 물살에 몸을 맡기고 조금씩 뭍을 향해 느린 발길로 헤엄치기를 멈추지 않은 소는 살게 된다는 이야기입니다. 시험도 자신의 능력을 향상시키는 즐거움을 느끼시면서, 자신의 능력을 과신하지 않고, 조금씩 매일 멈추지 않으신다면 홍수가 와도 목숨을 잃지 않는 것에 그치지 않고, 헤엄을 즐기는 기회로 여기지 않을까 감히 생각해 봅니다.

당부드릴 것이 하나 있다면, 산림기사와 산림산업기사뿐 아니라 다른 자격증을 공부하실 때에 너무 깊이 공부하려고 하지 마시라는 것입니다. 자격증 시험은 60점이 넘으면 합격입니다. 순위를 다투는 시험이 아니니 전체를 폭넓게 학습하시되, 너무 깊이 공부하지 말라는 것입니다. 풀리지 않는 한 문제에 너무 오랜 시간을 소모하시는 것은 비효율적입니다. 그런 문제는 자격증을 따고 공부하시는 것을 권해드립니다. 기존의 기출문제집에 나와있는 어려운 문제에 너무 매달리지 마시고, 자신이 알고 있는 문제를 반복하여 완전하게 숙지하는 것이 주관식 시험에서는 훨씬 중요합니다.

이 책으로 공부하시는 여러분들의 앞날에 "합격"이라는 축복이 함께 하시길 기원합니다.

"山林하는 喃慈" 김정호 올림

01 시험안내

① 시 행 처 : 한국산업인력공단

② 관련학과 : 대학의 임학과, 산림자원학과 등 산림관련학과

③ 시험과목

- 필기 : 1. 조림학 2. 산림보호학 3. 임업경영학 4. 임도공학 5. 사방공학
- 실기 : 산림경영 계획편성 및 산림토목 실무

④ 검정방법

- 필기 : 객관식 4지 택일형, 과목당 20문항 (과목당 30분)
- 실기 : 복합형 [필답형(1시간 30분) + 작업형(2시간30분)]

⑤ 합격기준

- 필기 : 100점을 만점으로 하여 과목당 40점 이상, 전과목 평균 60점 이상
- 실기 : 100점을 만점으로 하여 60점 이상

02 출제기준

직무분야	농림어업	중직무분야	임업	자격종목	산림기사	적용기간	2024.1.1.~2027.12.31.

○ 직무내용 : 산림과 관련한 기술이론 지식을 가지고 임업종묘, 산림공학, 산림보호, 임산물생산 분야 등 기술 업무의 설계 및 사업 실행 등을 수행하는 직무이다.

○ 수행준거 : 1. 산림경영에 관련한 계획 및 설계, 분석, 평가의 업무를 할 수 있다.
2. 산림휴양자원에 관련한 조성, 설계, 시설배치, 관리 등을 할 수 있다.
3. 사방 및 임도 등 산림토목에 관련한 지식을 바탕으로 계획, 설계, 시공, 관리를 할 수 있다.
4. 산림수확 및 임업기계에 관한 지식을 바탕으로 수확작업의 계획과 수행 및 공정관리, 장비의 운용과 관리를 할 수 있다.

실기검정방법	복합형	시험시간	필답형 1시간 30분, 작업형 3시간 정도

실기 과목명	주요항목	세부항목	세세항목
산림경영 계획편성 및 산림토목 실무	1. 산림경영 실무	1. 산림측량 및 구획하기	1. 독도법을 적용할 수 있어야 한다. 2. 측량을 할 수 있어야 한다. 3. 임소반 구획을 할 수 있어야 한다. 4. 면적계산을 할 수 있어야 한다.
		2. 산림 조사하기	1. 임반 측정 및 조사(지황 및 임황 조사, 재적표, 형수표, 수확표 사용방법)를 할 수 있어야 한다. 2. 임목재적 측정을 할 수 있어야 한다. 3. 임분재적 측정을 할 수 있어야 한다.

실기 과목명	주요항목	세부항목	세세항목
산림경영 계획편성 및 산림토목 실무			4. 측정 및 조사장비 사용법을 적용할 수 있어야 한다. 5. 식생을 조사할 수 있어야 한다.
		3. 산림수확 조정하기	1. 주요 수확 조정기법을 적용할 수 있어야 한다.
		4. 산림경영계획하기	1. 산림경영계획 작성 및 운영을 할 수 있어야 한다.
		5. 산림평가하기	1. 임지평가 방법을 적용할 수 있어야 한다. 2. 임목평가 방법을 적용할 수 있어야 한다. 3. 임분평가 방법을 적용할 수 있어야 한다.
		6. 산림휴양자원 및 조성하기	1. 휴양림 조성 및 시설배치를 할 수 있어야 한다. 2. 휴양림 설계를 할 수 있어야 한다.
	2. 산림공학 실무	1. 토질조사하기	1. 토질 기초 및 토양을 조사 할 수 있다.
		2. 도면해석과 이용하기	1. 도상에서 대상지 면적산출을 할 수 있어야 한다. 2. 적용 공종 특성을 파악 할 수 있다. 3. 대상지에 적합한 공종을 적용 할 수 있다.
		3. 현장 측량하기	1. 예정지 조사 및 답사를 할 수 있다. 2. 현황측량을 할 수 있어야 한다. 3. 종단측량을 할 수 있어야 한다. 4. 횡단측량을 할 수 있어야 한다. 5. 측량결과를 제도 할 수 있어야 한다.
		4. 설계, 제도 및 적산하기	1. 설계도(평면도, 종단면도, 횡단면도 등) 작성을 할 수 있어야 한다. 2. 수량산출 및 단위원가 산출을 할 수 있어야 한다. 3. 작업공정 및 원가산출을 할 수 있어야 한다. 4. 시방서 작성 및 설계서 완성을 할 수 있어야 한다.
		5. 구조물 구조 및 시공하기	1. 구조물 선정을 할 수 있어야 한다. 2. 구조물 설계를 할 수 있어야 한다. 3. 구조물 배치 시공 및 감리를 할 수 있어야 한다.
	3. 임업기계	1. 임목 수확하기	1. 작업공정을 이해할 수 있어야 한다. 2. 작업장 개발 및 시스템을 구축할 수 있어야 한다. 3. 대상지에 따른 적정 임목 수확기계를 도입할 수 있어야 한다.

CONTENTS

PART 01 임도공학

PART 02 사방공학

CONTENTS

PART 03 입목수확

PART 04 산림경영학

CONTENTS

PART 05 산림측정학

CONTENTS

PART 10 기출복원문제

※ 무료 동영상 강의는 성안당 [자료실]에서 제공합니다.

Part 01 임도공학

Part 01 임도공학

❶ 임도공학의 개념

임도는 숲에 있는 길이다. 숲에 길을 닦아야 하는 이유는 길이 없으면 자원을 이용할 수 없기 때문이다. 임도는 산림자원을 효율적으로 이용하기 위해 닦는 도로기 때문에 산림자원의 생산을 위한 기반시설이다. 그래서 우리나라의 경우 "산림자원의 조성 및 관리에 관한 법률"은 "산림의 경영 및 관리를 위하여 설치한 도로"라고 정의하고 있다. 공학을 영어 단어로 engineering이라고 정의한다면, 공학은 과학적인 지식을 활용하여 사람들이 필요한 것을 만드는 것이다. 과학이 지식의 영역이라면 공학은 실용의 영역이다.

숲에 길을 만들기 위해서는 토목공학으로 번역되는 civil engineering 기술이 필요하다. 토목공학이 서양에서 civil~로 불리게 된 것은 군사목적으로 도로나 교량을 설치하는 군사공학에서 파생되었지만, 시민들의 삶을 향상하기 위해 길을 만드는 데 그 기술이 사용되었기 때문이다.

임업에서 도로가 사용된 것은 보속적인 산림의 수확에 산림기반시설로써 필요하다고 판단하였기 때문이다. Jagerschmid는 이미 1828년에 "산림에서 합리적이며, 영속적인 도로와 운반로의 개설은 특히 산림자원에서 최고의 수확을 창조하는 가능성의 기초가 된다."고 하였다.

❷ 임도공학의 필요성

길에 닿아있지 않은 맹지가 값이 싼 것처럼 길이 있는 숲과 길이 없는 숲은 가치가 다르다. 길을 내면 일시적으로 지형과 경관이 훼손되는 것이 사실이다. 충분한 예산을 들여서 튼튼하게 만들면 좋겠지만, 산림자원이 가진 가치보다 더 많은 예산을 투입한다면 비용 대비 효익이 적어서 효율적이지 못하다. 임도공학은 환경파괴 등의 문제들을 사전에 예방하고 더 적은 예산으로 더 효율적으로 임도를 건설하고 유지할 수 있게 하는 실용적인 학문이다. 임도 기본계획과 임도망 계획 등 적절한 계획에 의해 임도를 건설하면 제한된 예산과 인력을 효율적으로 사용할 수 있다.

❸ 학습목표

1) 임도를 적정밀도로 계획할 수 있다.
2) 토질기초 및 토양을 조사할 수 있다.
3) 임도의 설계도를 작성할 수 있다.
   - 임도의 구조와 물매를 결정할 수 있다.
4) 수량산출 및 단위 원가를 산출할 수 있다.
5) 공작물을 선정하여 설계, 시공, 감리할 수 있다.
   - 흙막이시설과 배수시설을 결정할 수 있다.

핵심 01 임도의 종류

1. 간선임도

- 간선 : 임도의 골격을 형성하는 노선

2. 지선임도

- 지선 : 간선으로부터 갈라진 노선
- 분선 : 지선에서 갈라진 노선

3. 작업임도

- 작업도, 집재로 : 집재비 절감을 위해 개설하는 도로, 벌출이 종료되면 복구

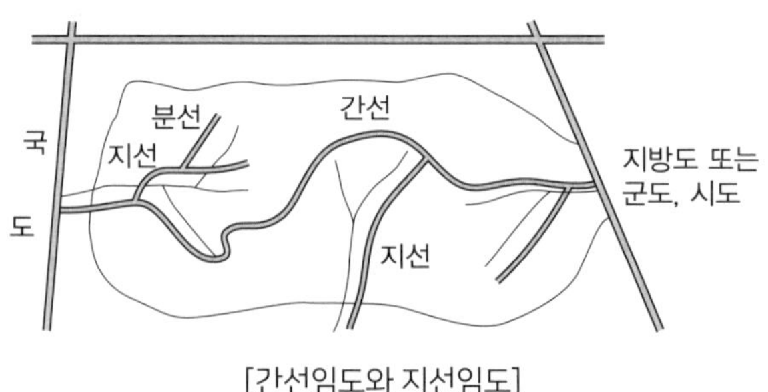

[간선임도와 지선임도]

▶ [간지작] 만지작 아님, 기능에 따른 분류, 법률에 따른 분류

핵심 02 임도의 필요성

1. 합리적 산림경영

숲 가꾸기 및 수확에 걸리는 작업시간 연장, 이동거리 시간 단축, 작업환경의 개선, 비생산적 노동시간 개선

2. 산림의 공익적 기능 증진

산림휴양 및 산길 등

3. 산림보호 활동

산불방지 및 병충해 방제 활동

4. 지역교통 및 임업생산

※ [산림경영, 공익기능, 산림보호, 지역교통, 임업생산]

핵심 03 임도 설치 대상지

1. 조림, 육림, 벌채 등 산림사업 대상 임지

2. 산불예방, 병충해 등 산림보호에 필요한 임지

3. 휴양자원 이용, 산촌진흥을 위해 필요한 임지

4. 농·산촌 마을의 연결을 위해 필요한 임지

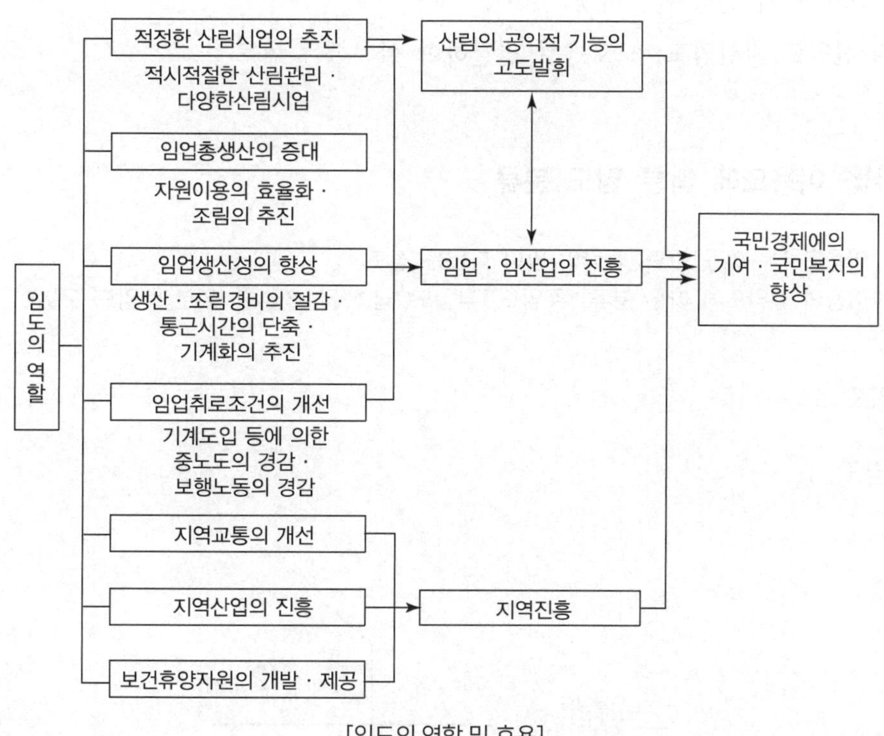

[임도의 역할 및 효용]

핵심 04 기능에 따른 임도의 분류

1. 간선임도

- 핵심, 중추
- 지목상 도로와 연결
- 산림의 경영관리 및 보호에 있어 중추적인 역할을 하는 임도
- 도로와 도로를 연결하여 설치하는 임도

2. 지선임도

- 산림경영계획구의 관리 목적
- 일정구역의 산림경영 및 산림보호를 목적
- 간선임도 또는 도로에서 연결하는 임도

3. 작업임도

- 임소반 별 산림사업 시행
- 일정구역의 산림사업 시행
- 간선임도 지선임도, 도로에서 연결하여 설치하는 임도

핵심 05 이용도에 따른 임도 분류

> 이용도 : = 이용 빈도. 차량이 많이 다니는 정도
> 이용의 집약도에 따른 분류 : 주임도, 부임도(1급, 2급, 3급 ⇨ 일본의 임도 구분)

1. 주임도

2. 부임도

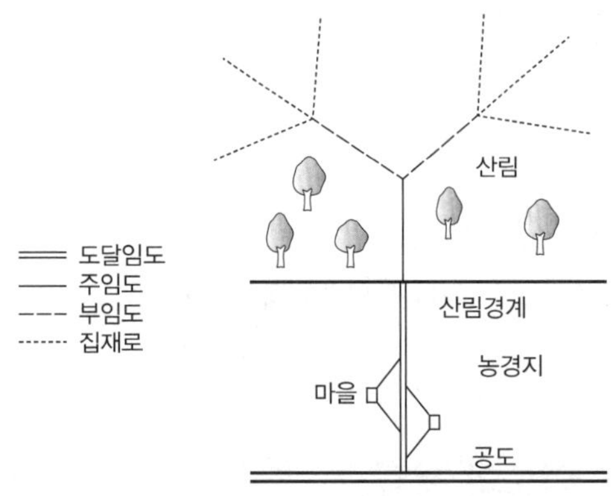

[임도망의 계통적 형태]

① 영구임도(permanent. forest road), 임시임도(temporary forest road), 전천후 임도(all weather forest road), 건기임도(dry-weather forest road)

② 이용의 집약성에 따라 주임도(primary forest road)와 부임도(secondary forest road, subsidiary road, feeder road)로 구분

③ 임도의 기하구조 및 노체구조는 주임도에서 부임도, 또는 1급에서 2급·3급으로 갈수록 순차로 낮은 규격이 적용된다.(일본의 임도는 1급~3급으로 나눔)

핵심 06 임도망 계획 시 고려사항

임도망을 계획할 때 고려해야 할 사항을 들어 보면 다음과 같다.

1. 운재비가 적게 들어야 한다.
2. 운반 도중에 목재의 손모가 적어야 한다.
3. 신속한 운반이 되어야 한다.
4. 운반량에 제한이 없어야 한다.
5. 일기 및 계절에 따른 운재능력의 제한이 없어야 한다.
6. 운재방법이 단일화되어야 한다.

임도망

산림의 합리적인 경영을 이룩하기 위해서는 계통적으로 각종 임도를 배치하는 것이 필요하다. 서로 연결하여 계통적으로 배치된 일련의 임도를 임도망(forest road network, forest road system)이라고 한다. 임도의 간선이 되는 것을 「주임도라고 하며, 주임도에서 갈라져서 임내 각지의 벌채지와 집재지에 도달하는 것을 부임도라고 한다. 주임도와 부임도 간에 운재방법이 달라서 중계점에서 목재의 적체작업(積替作業, 목재를 쌓는 작업)을 필요로 하며, 이 때문에 불필요한 경비를 지출하게 된다. 트럭운송이 일반화된 현재는 집재장(土場)에서 직접 시장과 제재공장에 목재를 운송하는 경우가 많다.

기출문제 임도노선 계획 시 고려해야 할 사항을 네 가지 쓰시오.(4점)

모범답안

지역산림계획 및 지역 시업계획에 기초를 두고

가. 공익적 기능에 대한 배려 : 절취 및 벌개 최소화 노선
나. 구조규격 : 지역의 지형, 지질, 기상 및 자연적 조건 고려
다. 다른 도로와의 조정 : 농로 등의 기설도로 및 도로계획 검토
라. 지역로 망의 형성 : 기점 및 종점에 있어서 접속도로, 임산물 유통 등 고려
마. 중요한 구조물의 위치 : 암거, 터널, 비탈면, 고개, 계곡 등
바. 애추지대 등의 통과 : 선상지, 산사태지, 붕괴지, 단층, 파쇄대, 눈사태 발생지를 통과하지 않도록
사. 제한임지 내의 통과 : 산림보호구역이나 자연공원 등을 통과하지 않도록

기출문제 임도망을 계획할 때 고려해야 할 사항을 네 가지 쓰시오.(4점)

모범답안

임도망은

1. 운재비가 적게 들게 한다.
2. 신속한 운반이 되게 한다.
3. 운재방법이 단일화되게 한다.
4. 운반수량에 제한이 없게 한다.

☞ [비용, 신속, 방법, 수량]

핵심 07 임도개설의 직접적 효과

1. 벌채비의 절감
2. 작업원 피로 경감
3. 벌채사고 감소
4. 벌채시간 절감
5. 임산물 품질 향상
6. 산림경영 비용 절감
7. 산림보호 비용 절감
8. 적절한 산림사업의 추진
9. 임업생산성의 향상

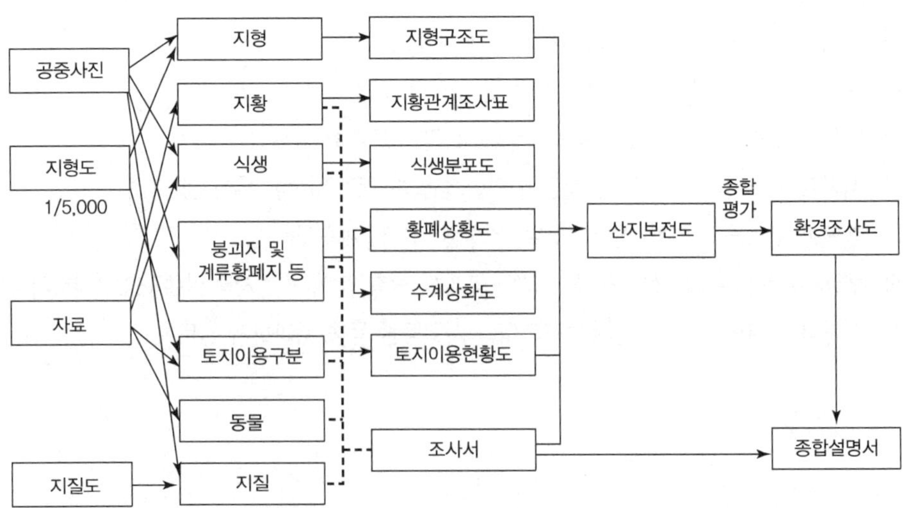

[임도 노선계획에 대한 환경영향평가 흐름도]

임도망을 정비하는 데에는 많은 비용이 소요되지만, 다음과 같은 효과를 기대할 수 있다.

1) 임산물에 손상을 주지 않고 신속하게 대량으로 반출함으로써 운반효과를 높이고 운반비를 절감하게 된다.
2) 반출비가 경감됨으로써 저질재의 집약적 이용이 가능하게 되어 공출제지의 갱신도 용이하게 된다.
3) 산림 내의 교통이 편리하게 되어 산림에 대한 관리를 효과적으로 수행할 수 있다.
4) 작업조건이 향상되고 기계의 조업도 용이하게 됨으로써 작업방법의 개선 및 작업능률의 향상을 도모할 수 있다.
5) 지역산촌의 교통로가 되어 생활의 향상과 지역산업의 발전에 기여할 수 있다.

기출문제 **임도개설의 긍정적인 효과를 네 가지 쓰시오.(4점)**

모범답안

가. 적정한 산림시업의 추진 : 적기에 산림관리, 다양한 산림시업

나. 임업 총생산의 증대 : 자원이용의 효율화

다. 임업 생산성의 향상 : 조림 및 생산경비절감, 통근시간 단축, 기계화 추진

라. 임업 취로조건의 개선 : 보행노동 경감, 기계도입으로 노동 경감

마. 지역교통의 개선

바. 지역산업의 진흥

사. 보건휴양자원의 개발 및 제공

결과적으로 ⇨ 지역진흥, 임업 및 임산업 진흥, 산림의 공익적 기능 발휘, 궁극적으로 국민경제에 기여하고 국민 복지를 향상한다.

핵심 08 신설임도 계획 시 판정지수 종류

> 1. 임업효과지수
> 2. 투자효율지수
> 3. 경영기여율지수
> 4. 교통효용지수
> 5. 수익성지수

임도를 신규로 계획할 때는 다음과 같은 몇 가지 지수를 산출하여 판정함으로써 우선순위를 결정할 수 있다.

1) 임업효과지수 : 전체 계획
2) 투자효율지수 : 전체 계획과 당년도 개설 연장
3) 경영기여율지수 : 전체 계획과 당년도 개설 연장
4) 교통효과지수 : 전체 계획
5) 수익성지수 : 전체 계획, 간벌임도에 한함

핵심 09 교통효용지수

$$\text{교통효용지수} = \frac{N \times L}{T} \times 10,000$$

(N : 연간교통발생량, L : N의 운행임도연장, T : 임도개설경비)

임업효과지수가 0.9 이상(사업임도)이 되고, 투자효용지수가 1.0 이상이 되면 교통효용지수를 계산할 필요가 없다.
이와 같은 충족조건이 만족하지 않을 때만 계산한다.

핵심 10 등고선의 종류

지도에서 해발고도가 같은 지점을 연결하여 지표의 높낮이와 기복을 나타내는 곡선
1 : 25,000 지도에서 계곡선(50m), 주곡선(10m), 간곡선(5m), 조곡선(2.5m)

▶ 계주간조 주십미터

핵심 11 지형지수

[지형과 벌출방식에 해당하는 일본의 표준임도밀도]

구분	Ⅰ평탄	Ⅱ완	Ⅲ급	Ⅳ급준
지형지수	0~19	20~39	40~69	70 이상
벌출방식	트럭형	트랙터형	중거리가선형	장거리가선형
표준임도밀도(m/ha)	30~50	20~30	10~20	5~15

1. 개념

지형지수란 산지지형의 험준함과 복잡함을 표시하는 지수

2. 계산 변수

- 산복경사 : 산지의 기울기
- 곡밀도 : 단위 면적당 본류와 지류의 총연장 = 하계밀도
  유역 내의 모든 합류점 수에 대한 본류와 지류의 총연장
- 기복량 : 일정 범위 내의 지표면에 있어서 기복의 크기
  하나의 지역 내 최고점과 최저점의 단순한 표고차로 표시

▶ 지형도상에서 산복경사와 기복량, 곡밀도를 계산하여 구한다. 임도망의 계획 시에는 지형지수에 의하여 지형구분을 하는 것이 편리하다.

핵심 12 사면 위치에 따른 임도 종류

> • 계곡임도 : 산림개발 시 처음 시설되는 임도형태, 양쪽사면 개발 가능
> • 능선임도 : 축조비용이 저렴, 토사유출이 적음, 가선집재와 같은 상향집재방식으로만 가능하여 제한된 범위 내 이용
> • 산정임도 : 산정부가 발달된 지형에 순환하는 노망을 설치하는 임도

- 계곡임도 : 일반적으로 산림개발 시 처음 시설되는 임도형태로, 홍수로 인한 유실을 방지하고, 임도의 시설비용을 절감하기 위해, 계곡하단부에 설치하지 않고 약간 위인 산록부의 사면에 최대홍수 수위보다 10m 정도 높게 설치함으로써 양쪽 사면 개발 가능
- 능선임도 : 계곡의 기부가 늪이나 험준한 암석지대로 인해 접근할 수 없거나, 능선에 부락이 위치하고 있을 경우 노망을 설치하는 임도로, 축조비용이 저렴하고 토사유출이 적지만, 가선집재방법과 같은 상향집재방식으로만 가능하여 제한된 범위 내 이용

- 산정임도 : 산정부가 발달한 지형에 순환하는 노망을 설치하는 임도로 하향 및 가선의 의한 상향집재 가능
  1. 계곡임도
  2. 산복임도
  3. 능선임도
  4. 산정부임도
  5. 계곡부임도
  6. 계곡너머개발형임도
- 사면임도(slope road) : 계곡임도에서부터 시작하여 사면을 분할한다.

급경사의 긴 비탈면인 산지에서는 그림에서 보는 바와 같이 지그재그방식(serpentine system)이 적당하지만, 완경사지에서는 대각선방식(diagonal system)이 적당하다.

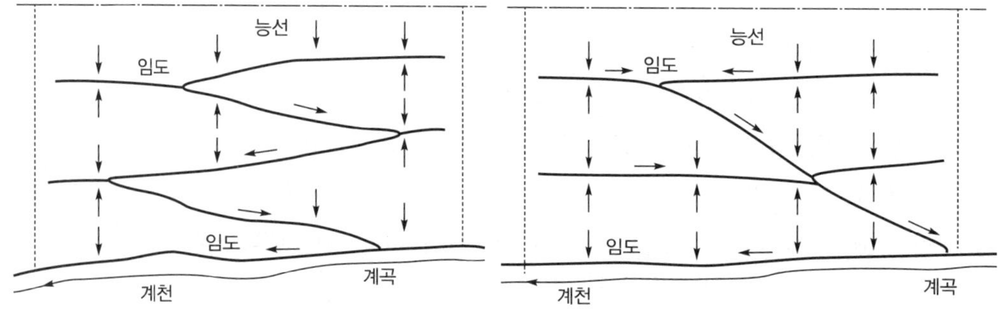

[급경사지 지그재그방식 임도노선과 완경사지 대각선방식 임도노선]

1. 급경사지 지그재그방식 임도
2. 완경사지 대각선방식 임도

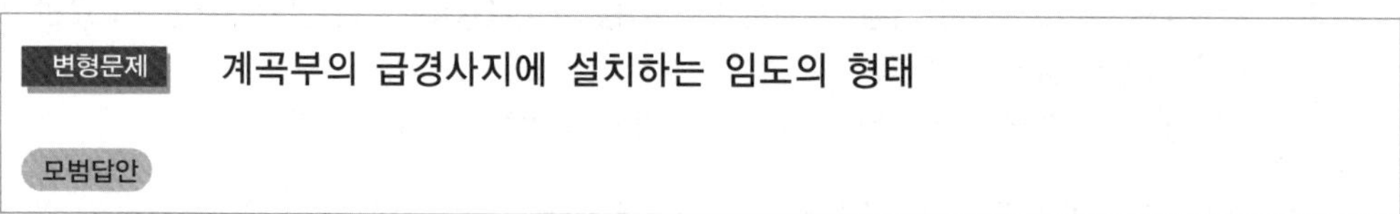

1. 사면굴곡형
2. 소계곡횡단형

- 계곡임도(valley road) : 임지는 하부로부터 개발해야 하므로 계곡임도는 임지개발의 중추적인 역할을 한다. 홍수로 인한 유실을 방지하기 위하여 계곡하부(강우시 수류부분)에 구축하지 않고 약간 위의 사면에 축설한다.

1. 계곡임도
2. 산복임도
3. 능선임도
4. 산정부임도
5. 계곡부임도
6. 능선너머개발형임도

1. 계곡임도(valley road)

임지는 하부로부터 개발해야 하므로 계곡임도는 임지개발의 중추적인 역할을 한다. 홍수로 인한 유실을 방지하기 위하여 계곡하부(비올 때 물이 흐르는 부분)에 구축하지 않고 약간 위의 사면에 축설한다.

보통 계곡임도와 급경사지의 사면굴곡형, 소계곡횡단형

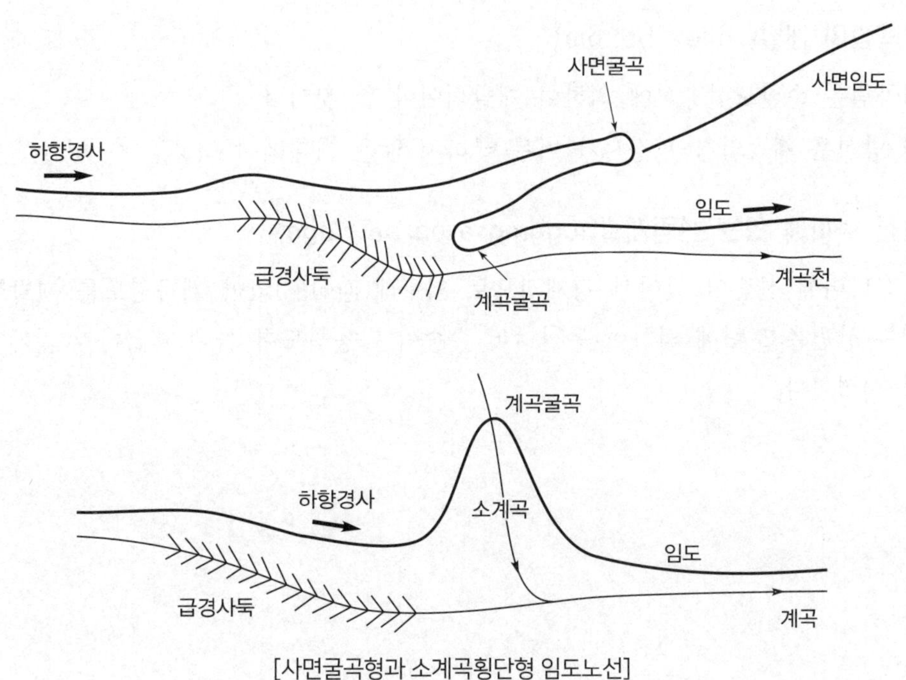

[사면굴곡형과 소계곡횡단형 임도노선]

2. 사면임도(slope road)

계곡임도에서부터 시작하여 사면을 분할한다. 급경사의 긴 비탈면인 산지에서는 지그재그방식(serpentine system)이 적당하지만, 완경사지에서는 대각선방식(diagonal system)이 적당하다.

급경사 지그재그방식 : 완경사 대각선방식, 협동개발방식 : 개별개발방식

3. 능선임도(ridge road)

산악지대(hilly terrain)의 임도배치방식 중 건설비가 가장 적게 소요된다. 그러나 대단히 제한된 범위에 관해서만 이용할 수 있다. 현재는 삭도 집운재방식(索道 集連材方式)과 함께 자주 이용된다.

특히, 계곡에 접근할 수 없거나 또는 늪지대에 계획되어야 한다.

4. 산정림의 개발(mountain and hill tops)

산정부의 안부(鞍部)에서부터 시작되는 순환노선(circular routing)으로서 산정부의 숲을 개발하는 데 적당한 노선방식이다.

5. 계곡림의 개발(valley bottom)

계곡림은 순환노선방식에 의하여 개발되어야 할 것이다.

이 방식은 계곡임지의 경사가 너무 급하지 않은 지대에서 적용될 수 있다.

6. 능선 너머에 있는 산림개발(logging area on ridge)

능선너머에 산림이 있어서 경제적으로 역구배(逆句配)없이 계곡임도를 개발할 수 없는 산림은 트럭에 의하여 능선너머 수송이 가능하도록 물매가 급하지 않게 임도를 개설한다.

지형상태에 대응한 노선 설정

임도망 방식(system of forest road network)은 지형에 따라 다르게 적용되기 때문에 그 형식이 매우 다양하다. 몇 가지 대표적인 노선선정방식(opening up and routing)을 보면 다음과 같다.

1. 평지림의 임도망
   평지림(flat terrain)에서는 늪지와 같은 제한구역이 없다면 이론적인 적정임도간격(optimum road spacing) 및 임도밀도(road density)에 따라 임도망을 구축할 수 있다. 평지림에서의 임도간격모형(model of road spacing)은 그림에서 보는 바와 같다.
2. 산악지 대응 임도노선 선정
   지대 및 노선 선정방식을 기초로 하여 계곡임도, 사면임도, 능선임도, 산정부임도, 계곡부임도, 능선너머개발형 임도로 구분할 수 있다.

행복암기 지형상태 대응 노선 설정
1. 평지림 : 적정임도간격(optimum road spacing), 임도밀도(road density)
2. 산악지 : 계산능 산정계곡너머 소사 계사

핵심 13 기본임도밀도 산정 시 계산인자

1. 임도 개설비
2. 평균보행속도
3. 노동단가 및 투입노동량

기본임도밀도는 일본에서 도보로 이동하는 인력에 의해 목재를 수확하던 방식을 전제로 해서 개발된 임도밀도이다. 그러므로 키워드는 임도개설비와 인력의 보행속도, 그리고 노동단가와 노동투입량이 된 것이다.

핵심 14 적정임도망 계획

임도밀도 : 임도 총연장거리(m)/총면적(ha), 단위 : m/ha

1. 임도간격 · 임도밀도 및 집재거리의 상호관계

임도망의 확장은 임도간격 임도밀도(forest road density)에 의하여 적절히 결정되며, 이들은 서로 상호관계에 있다.

평균집재거리(average skidding distance)는 도로 양쪽으로부터 임목이 집재되고 도로 양쪽의 면적이 거의 같다고 가정할 때 그 임도간격의 1/4이 된다. 만일, 임도의 한쪽으로만 임목을 집재할 때 평균집재거리는 임도간격의 1/2이 된다.

- 지선임도밀도(D) = 임도효율(a)/평균집재거리(s)
  단위 : D(m/ha), s(km)

2. 적정지선임도밀도

임목집재(timber extraction)는 임도 간 지역에서 각종 기술과 장비에 의하여 실시된다. 입목집재의 목적은 근주로부터 원목을 임도(여기에서는 지선임도라고 함) 가장자리의 숲까지 운반하는 것이다. 근주와 임도의 간격이 멀리 떨어져 집재거리가 멀면 멀수록 단위재적당 집재비용이 증가한다. 반면에 임도가 멀리 떨어져 있을수록 임도를 개설할 필요가 적어지고, 임도개설에 더 적은 비용이 소요될 것이다.
그러므로 최소한의 집재비용과 유지비가 소요되는 지선임도밀도 또는 임도간격이 있다는 것을 알 수 있다. 이것이 곧 적정임도간격을 갖춘 적정임도밀도이다.

$$\text{적정임도밀도} = \frac{10^2}{2}\sqrt{\frac{V \times X \times (1+\eta) \times (1+\eta')}{r}}$$

V : 원목생산량(m^3/ha)

X : 1m당 집재비단가(원/m^3/m)

η : 노장보정계수(굴곡, 우회, 분기 등)

η' : 집재거리보정계수(경사, 굴곡, 옆면)

r : 임도개설비단가(원/m)

일반적으로 $\eta = 0.6, \eta' = 0.2$를 사용한다.

3. 적정지선임도간격

삭인임도방식(haul road system)이 도입하지 않은 산림에 임도가 계획되고 개설될 때 적정지선임도간격은 임도밀도(m/ha)에 비하여 현장의 기술자들에게 보다 실질적인 지침이 된다. 적정임도밀도(ORD)가 결정되면 적정지선임도간격(ORS)은 아래 식으로 계산할 수 있다.

$$\text{ORS} = 10{,}000/\text{ORD}$$

4. 평균집재거리

기존 임도망에 대한 평균집재거리(average skidding distance ; ASD)는 비록 이 임도망이 적정한 것은 아닐지라도 임도개설 또는 벌출 작업에 적용될 수 있는 새로운 방법을 결정하는 데 도움이 된다. 임도밀도를 알고서 일반적인 집재로(winding skidding trails and winding haul road)에 대한 평균집재거리는 아래 식으로 계산할 수 있다.

> 평균집재거리 ASD=2,500η'/ORD
> (ORD : 적정임도밀도, η : 우회율, η' : 우회계수)

평균집재거리가 400m인 보통 지형상태의 산림에서는 바퀴식집재기(wheeled logging skidder) 또는 포워더(forwarder)의 사용이 고려될 수 있다.

5. 지선임도비용계산

원목의 단위재적당 지선임도비용과 집재비용을 합한 값은 적정임도 및 벌채방법에서 최소가 되어야 한다. 즉, 지선임도비용과 집재비용이 같은 금액으로 최소가가 되어야 한다.

6. 단위재적당 집재비용계산

단위재적당 집재비는 집재장비의 평균주행비(Average Traveling Cost : ATC)를 말하는데, 이것은 각종 수확기계(skidding, forwarding machine)의 주행량(traveling portion)으로 계산된다.

> 지선임도밀도(D)=임도효율(a)/평균집재거리(s)
> (단위 : D(m/ha), s(km))
> 적정지선임도간격 : ORS=10,000$\eta\eta$/ORD
> (ORD : 적정임도밀도, η : 우회율, η : 우회계수)
> 집재거리(단방향)SD=5,000$\eta\eta$/ORD
> (ORD : 적정임도밀도, η : 우회율, η : 우회계수)
> 평균집재거리(양방향)ASD=2,500$\eta\eta$/ORD
> (ORD : 적정임도밀도, η : 우회율, η : 우회계수)
> 개발지수 I=(집재거리×적정임도밀도)/2,500

♥ 지선밀도 효나집 지선간격 만나밀
단방향은 오나밀 양방향은 이오밀

공식의 암기는
1. 공식의 원리를 이해하면 쉬워집니다.
2. 손으로 쓰면서 모양과 형태를 기억하면 쉬워집니다.
3. 소리 내서 읽을 수 있게 만들고 반복하면 쉬워집니다.
어떤 것을 선택할 것인지는 스스로 선택하셔야 합니다. 암기라는 것은 자신의 과거 경험이 반영되는 굉장히 개인적인 부분이기 때문입니다.
위에서 만들어 "효나집"은 효율 나누기 집재거리라는 뜻입니다.
"만나밀"은 만(10,000) 나누기 적정임도밀도라는 것을 말합니다. 위의 것은 제 방법입니다. 자신에게 맞는 더 쉬운 방법을 찾아봅니다.

기출문제 **구릉지에서 임도밀도가 15m/ha이고 임도효율 요인이 5일 때 평균집재거리를 계산하시오.(3점)**

모범답안

5÷15=0.33km

∴ 0.33km

♥ 지선임도밀도는 집재거리와 상호관련이 있다.
지선임도밀도(D)=임도효율요인(α)÷평균집재거리(S)
평균집재거리(S)=임도효율요인(α)÷지선임도밀도(D)

이 경우 임도효율 요인은
4~5 : 기복이 약간 있는 평지림
5~7 : 구릉지(hilly terrain)
7~9 : 경사지대(steep terrain)
9 이상 : 급경사지대(very steep terrain)

기출문제 **임도효율 요인이 6.5로 계산된 경사지에서 0.3km를 트랙터를 이용하여 집재할 때 지선임도밀도를 계산하시오.(3점)**

모범답안

6.5 ÷ 0.3=22 m/ha

22m/ha

기출문제 지선임도밀도는 22m/ha, 지선임도개설비 단가가 1ha당 1,500원, 1ha당 수확재적이 20m³일 때 지선임도가격을 구하시오.

모범답안

$$지선임도가격 = \frac{1,500 \times 22}{20} = 1,650\,(원/m^3)$$

기출문제 적정임도밀도가 25m/ha일 때 적정지선임도간격을 구하시오.

모범답안

적정지선임도간격(ORS)=10,000 ÷ 적정임도밀도(ORD)

10,000ha ÷ 25m/ha=400m

∷ 집재거리 = 5,000 ÷ 임도밀도

평균집재거리 = 2,500 ÷ 임도밀도

$$임도개발지수 = \frac{평균집재거리(m) \times 임도밀도(m/ha)}{2,500}$$

핵심 15 Mattews의 최적임도밀도 이론

- 생산원가관리 이론을 적용
- 주벌의 집재비용과 임도개설 비용의 합계를 최소화하는 것을 목표
- 최적임도밀도는 임도개설비, 유지관리비, 집재비용의 합계가 최소화되는 점
- 임도개설비는 직선으로 그리고 집재비 곡선은 급하게 체감하다가 완만해지는 곡선으로 그린다.

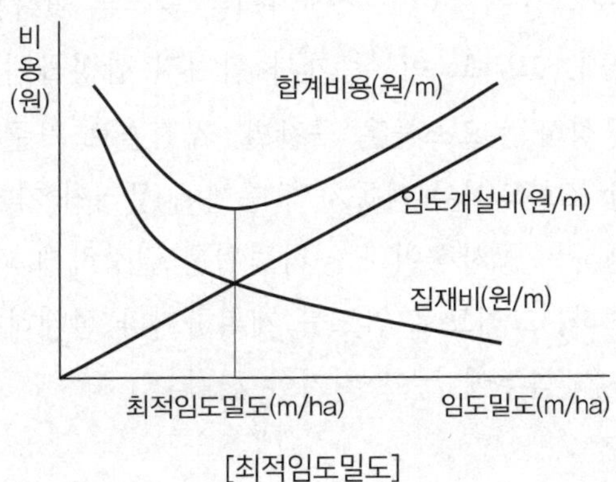

[최적임도밀도]

기출문제 **적정임도밀도 공식을 쓰고 설명하시오.(4점)**

모범답안

적정임도밀도 $= \frac{10^2}{2}\sqrt{\frac{V \times X \times (1+\eta) \times (1+\eta')}{r}}$

V : 원목생산량(m^3/ha)

X : : 1m당 집재비단가(원/m^3/m)

η : 노장보정계수(굴곡, 우회, 분기 등)

η' : 집재거리보정계수(경사, 굴곡, 엽면)

r : 임도개설비단가(원/m)

일반적으로 $\eta = 0.6$, $\eta' = 0.2$를 사용한다.

핵심 16 임도의 구조

1. 개념

임도의 구조는 교통안전과 운재능력에 크게 영향을 준다. 자동차를 통행하기 위한 임도는 기본적으로 갖추어야 할 구조가 있다. 횡단선형, 평면선형, 종단선형, 노면(노반)이 그것이다. 선형이라는 말은 도로의 중심선의 모양이라는 말이다. 평면선형은 도로의 중심선이 위에서 내려다본 평면일 때 어떤 지점을 지나가는지를 나타낸다. 종단선형은 도로의 중심선의 높이를 각 측점별로 표시한다.

평면선형은 직진구간에 직선, 회전구간에서는 곡선, 직선과 곡선이 만나는 곳에 완화곡선 등으로 구성된다.

종단선형은 각 측점의 높이를 표시한 점들을 있는 종단물매선, 종단물매선의 대수차가 5% 이상 차이가 날 경우에 종단곡선 등으로 구성된다.

횡단선형은 도로의 중심선을 높이고 가장자리는 낮추는 횡단물매, 도로가 한쪽 방향으로 기울은 외쪽물매, 그리고 이 두 개가 합쳐진 합성물매로 구성된다.

이와 같이 선형을 구성하는 요소들은 구간별, 지점별로 기준이나 규칙을 지켜야 하지만, 전체적으로 잘 조화되어야 자동차의 통행에 무리가 가지 않는다. 또한 선형설계는 공사 시에 발생하는 공사량이나 공사범위를 결정하게 되므로 자연환경의 훼손에 바로 영향을 미친다. 그러므로 임도를 계획하거나 설계하는 사람은 선형 설계할 때 기본적인 사항들을 염두에 두고 지켜야 한다.

2. 선형설계의 기본적인 사항

- 지형 및 지역과의 조화
- 평면선형과 종단선형과의 조화
- 선형의 연속성
- 교통상의 안정성

이렇게 지켜야 기본적인 사항들을 지키기 어렵게 만드는 요소들도 있다.

3. 선형설계를 제약하는 요소

- 자연환경 보존상의 제약
- 국토보안상의 제약
- 지질, 지형, 지물 등에 의한 제약
- 사업비, 유지관리비 등에 의한 제약
- 시공상의 제약

> ▼ 임도의 구조라는 말을 어렵게 생각될 수 있다.
> 구조라는 말은 영어단어인 structure를 번역해 사용한 단어라는 말로 생각해 보면 어떤 말인지 알 수 있다. stuct는 build의 의미를 지니는 어간입니다. -ure는 어떤 '행위', '과정', '결과'를 나타내는 어미입니다. structure는 구조, 구조물, 체계와 짜임새라는 뜻을 갖게 됩니다. structure는 건설의 결과물을 말하는 것입니다. 구조라는 말은 결국 임도를 어떻게 구성하게 되는지 설명하라는 것입니다. 임도를 설계하기 위해서 측량을 하는 방법을 생각해 보면 답이 나오게 됩니다.
> 한마디로 임도의 구조라는 말은 임도가 어떻게 생겼는지 설명해 보라는 말입니다. 정리해 보자면

1. 평면구조 : 평면적으로 본도로의 중심선 형상, 직선, 단곡선, 완화곡선 등
2. 종단구조 : 종단적으로 본 도로의 중심선 형상, 종단물매선, 종단곡선 등
3. 횡단구조 : 도로의 중심선과 직각을 이루는 도로의 모양, 차도너비, 길어깨, 옆도랑, 절토사면, 성토사면으로 구성
4. 노면

노체의 구조 : 노상 ⇨ 노반 ⇨ 기층 ⇨ 표층

- 임도는 조선시대부터 만들어졌는데 조선은 신분 사회라 상민 위에 양반이 있었습니다. 그래서 임도도 노상 위에 노반을 만들게 되었습니다.
  "노상 위에 노반" 반드시 구분해 주세요.
- 임도의 구조에는 임도의 횡단선형 · 평면선형 · 종단선형 · 노면(路盤) 등이 포함된다. 선형(road alignment)은 도로의 중심선이 입체적으로 그리는 형상으로서 그중에서 평면적으로 본 도로의 중심선의 형상을 평면선형(plane alignment)이라 하고, 종단적으로 본 도로중심선의 형상을 종단선형이라고 한다.

기출문제 임도의 선형을 설계할 때 고려 사항을 네 가지 쓰시오.(4점)

모범답안

가. 지형 및 지역의 조화
나. 평면선형과 종단선형조화
다. 선형의 연속성
라. 교통상의 안정성

기출문제 임도의 선형을 설계할 때 제약사항을 네 가지 쓰시오.(4점)

모범답안

가. 자연환경보전상의 제약
나. 국토보전상의 제약
다. 지질·지형·지물 등에 의한 제약
라. 시공상의 제약
마. 사업비·유지관리비 등의 제약

핵심 17 양각기 계획법

1. 개념

- 임도의 예정노선을 선정하는 데 사용한다.
- Divider step method
- 임도 노선을 선정하는 방법에는 자유배치법, 양각기계획법, 자동배치법 등이 있는데, 이 중 양각기계획법은 디바이더를 이용하여 지형도상에 임도예정 노선을 미리 그려보는 방법이다.

2. 양각기 계획방법

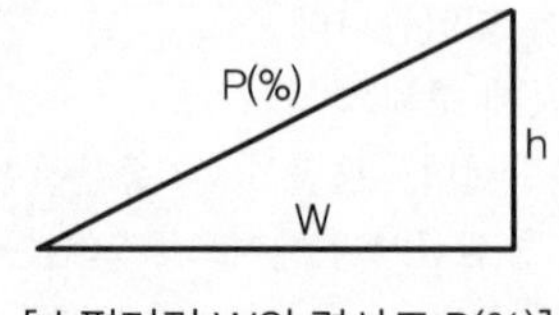

[수평거리 W와 경사도 P(%)]

- 그림에서 보면 임도의 종단물매 P는 (h/W)×100이므로 양각기의 폭 W는 (h/P)×100이 된다.

  P : 임도의 종단물매, h : 두 등고선의 표고 차, W : 양각기 폭
- 1 : 25,000 지형도에서 등고선은 표고 h=10m 간격이므로 종단물매 P=7%로 잡기 위한 양각기의 폭을 구하면 W=10m/7%×100=143m가 되며 지형도 축척을 적용하면 143m÷25,000=약 5.7mm가 된다.
- Divider 폭을 5.7mm로 하여, 아래쪽 등고선에 디바이더의 바늘을 고정하고, 바로 위쪽 등고선에 해당 종단물매 7%에 해당하는 두 점을 찍을 수 있다.

3. 작업순서

- 지형도를 준비하고 주요 사업계획을 미리 조사하여 참조한다.
- 주변의 교통여건이나 벌채목의 반출로 등을 표시한다.
- 노선설치에 유리한 지점(시・종점, 배향곡선 설치 가능지, 여울목 등)과 불리한 지점(늪, 암석지 등), 그리고 역물매 지점 등을 표시한다.
- 사용하는 지형도의 축척과 등고선 간격 그리고 예정 경사도에 맞추어 양각기의 폭을 조정한다.
- 양각기의 바늘은 등고선에 고정하고, 다른 한쪽은 한 칸 위의 등고선에 표시하거나 한 칸 아래의 등고선에 표시하여 통과지점을 표시한다.
- 통과지점이 부드럽게 이어지도록 점과 점 사이를 연결하면 예정노선이 결정된다.
- 예정노선이 통과하는 지점의 종단경사, 절토 및 성토량, 물의 이동, 토질 등을 고려하여 사업비가 과도하게 들어갈 노선은 피한다.
- 양각기 폭은 임도에서 직선노선이 되고, 경사도에 따라 다르지만, 길이가 100~200m 정도 된다. 그러므로 굴곡이 심한 계곡과 능선부 지형은 양각기로 계획하기는 어렵다. 이런 경우 등고선 사이에 가상의 등고선을 1/2지점이나 1/4지점에 그리고 양각기의 폭을 그만큼 축소하여 계획하게 되면 부드러운 노선을 그릴 수 있다.

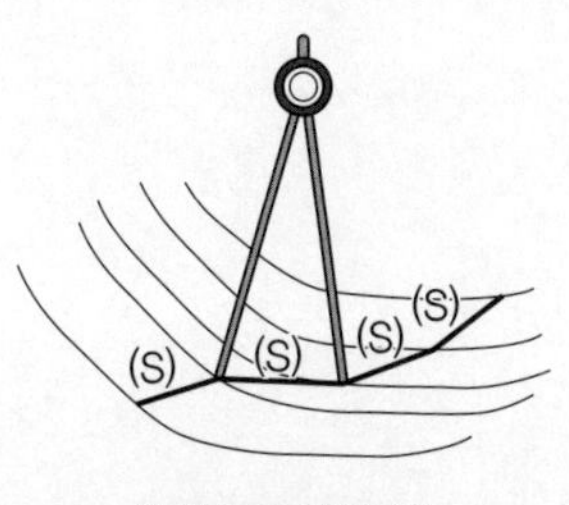

[양각기 계획법]

기출문제 **축척 1 : 5,000 지형도상에 임도노선을 측설 하고자 한다. 지형도의 등고선 간격이 5m이고, 두 등고선과 교차하는 지점의 임도 종단물매를 8%로 할 때 실제 수평거리는 얼마인가?(3점)**

모범답안

$$\text{수평거리} = \frac{\text{등고선 간격}}{\text{경사}} \times 100,\ X = \frac{5}{8} \times 100 = 62.5\text{m}$$

∴ 62.5m

핵심 18 임도노면 시공방법

1. 다짐

- 암반지역인 경우를 제외하고는 정지가 완료된 후 진동로울러로 다져야 한다.
- 진동로울러 다짐이 필요 없는 단단한 토질인 경우에 한하여 불도우저・굴착기(궤도식 $0.7m^3$ 이상)로 다짐을 할 수 있다.

2. 노면 처리

- 노면의 종단기울기가 8%를 초과하는 사질토양 또는 점토질 토양인 구간
- 노면의 종단기울기가 8% 이하인 구간으로서 지반이 약하고 습한 구간
- 쇄석・자갈을 부설
- 콘크리트 등으로 포장

3. 노면 시설

- 임도노선의 굴곡이 심하여 시야가 가려지는 곡선부에는 반사경을 설치
- 성토사면의 경사가 급하고 길이가 길어 추락의 위험이 있는 구간의 길어깨 부위에는 위험표지・경계석 또는 보호난간을 설치한다.

핵심 19 임도의 노면처리방법

1. 토사도

- 흙모랫길
- 노면이 토사(점토와 모래의 혼합물)가 1 : 3으로 구성된 도로
- 노반을 긁어 자연전압으로 만든 것
- 노반에 표층용 자갈과 토사를 15~30cm 두께로 깔은 것
- 교통량이 적은 곳에 사용

2. 사리도

- 자갈길
- 노반 위에 자갈을 깔고 점토나 토사를 덮은 다음 롤러로 진압한 도로
- 상치식과 상굴식이 있음
- 상치식은 노반 위에 골재를 그냥 붓고 롤러로 다진 도로
- 상굴식은 노반을 굴착하고 골재를 부어 다지는 도로
- 동토지대나 추운지방에 사용

3. 쇄석도

- 부순 돌길
- 부순 돌끼리 서로 맞물려 죄는 힘과 결합력에 의하여 단단한 노면을 만든 것
- 평활한 노면에 깬 자갈, 모래, 점토 등이 일정비율로 혼합된 재료를 깔고 진동롤러 등으로 전압하여 틈막이재를 쇄석 사이에 압입시킨 도로
- 가장 많이 사용하는 노면 처리방법
- 쇄석도의 두께는 보통 15~25cm 범위
- 20cm를 포설하고 다짐 후 10cm 이상의 단면을 유지

4. 통나무 · 섶길

저지대나 습지대에서 노면의 침하를 방지하기 위하여 사용

5. 조면콘크리트포장도

침식이 심한 급경사지에 임도의 단면을 유지하기 위하여 설치

기출문제 **임도의 노면은 재료에 따라 토사도, 사리도, 쇄석도, 통나무 · 섶길로 구분하는 데 각 특징을 설명하시오.(4점)**

모범답안

가. 토사도 : 점토와 모래의 혼합물(1 : 3)

나. 사리도 : 굵은 골재로 자갈(20~25mm), 결합재로 점토나 세점토사(10~15%)

다. 쇄석도 : 쇄석(부순 돌)끼리 서로 물려서 죄는 힘과 결합력에 의해 노면 구성

라. 통나무길 : 연약지반이나 저습지대에 사용

마. 섶길 : 연약지반이나 저습지대에 사용

바. 콘크리트포장 : 경사가 심하거나 연약한 지반에 사용

- 임도의 노면처리방법은 다질 수도 있고 그냥 둘 수도 있고, 긁을 수도 있습니다. 긁어서 다지는 공통점은 있겠지만, 역시 재료에 따라 달라집니다. 그래서 재료에 따라 분류하게 됩니다. 같은 내용을 공부했지만, 질문이 달라지면 당황하게 됩니다. 그렇지만, 결국 같은 내용입니다. 낯선 문제라고 당황하지 마시고 생각을 한 번만 더 한다면 금방 답을 찾을 수 있습니다.

기출문제 **임도의 노면을 피복 재료에 따라 구분하여 설명하시오.(4점)**

모범답안

가. 토사도 : 노면이 자연지반의 흙으로 된 도로

나. 사리도 : 노상 위에 자갈을 깔고 점토나 토사를 덮은 다음 롤러로 진압시킨 도로, 상치식과 상굴식이 있다.

다. 쇄석도 : 부순 돌끼리 서로 물려서 죄는 힘에 의하여 단단한 노면을 만든 것(역청 머캐덤도, 시멘트 머캐덤도, 교통채 머캐덤도, 수채 머캐덤도 등)

라. 통나무길 : 습지에서 통나무로 노면 형성한 도로

마. 섶길 : 저습지나 연약지반에서 섶으로 노면을 형성한 도로

바. 콘크리트포장 : 경사가 심하여 노면의 세굴이 발생하기 쉬운 곳을 콘크리트로 노면을 형성하여 보호한 도로

- 피복 재료라는 말은 덮고 있는 재료라는 뜻입니다. 임도의 노면을 덮을 수 있는 재료이다. 즉, 노면의 재료에 따라 구분해 달라는 것입니다.
- 통나무길 : 노면의 횡단방향에 지름 20cm 정도의 통나무를 깔아서 만든 길
- 여러 가지 길이 있지만, 이 중에 4가지 이상을 기억해서 쓸 수 있다면 좋겠습니다. 시험은 보통 네 개나 세 개를 쓰고 설명하라고 출제가 됩니다.

핵심 20 사리도의 구조

사리도는 자연자갈을 표면에 깔고 다진 도로를 말한다.

1. **상치식** : 보통의 임도에서 많이 이용

2. **상굴식** : 동토지대 등 노반을 두껍게 할 때 이용

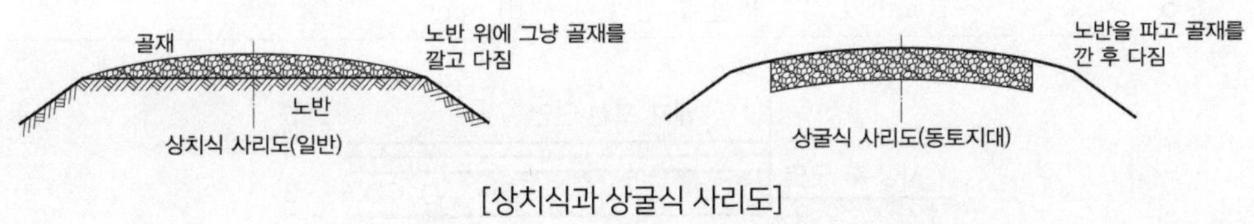

[상치식과 상굴식 사리도]

> **사리도**
> - 자갈길, gravel road
> - 자갈을 노면에 깔고 교통에 의한 자연전압으로 노면을 만든 것으로서 굵은 골재(租骨材)로서는 자갈, 결합재로서는 점토나 세점토사를 골라서 적당한 비율로 깔고 롤러로 다져서 표면을 시공한 것이다. 종래에는 큰 자갈이 좋다고 생각되었지만, 현재는 20~25mm인 것이 많이 사용되며, 결합재는 자갈무게의 10~15%가 알맞다. 세점토를 함유하지 않은 자갈을 사용하면 차량주행 시 타이어에 의해 자갈이 튀어 나가게 되고, 또 노반재료가 노상 속에 매몰되어 침하현상을 일으키므로 좋지 않다.

핵심 21 사리도의 시공순서

1. 기초지반전압
2. 하층골재 전압
3. 결합재 포설
4. 중층골재전압
5. 결합재 포설
6. 상층골재전압

1~6의 순으로 시공한다.

시공 후에는 70mm의 굵은 골재부터 표층의 6mm 가는 골재까지 아래에서부터 위로 포설된 골재 사이에 결합재가 골재 사이에 끼어 있는 형태로 마무리된다.

[사리도의 시공방법]

순서	각 층별 시공 방법
1	하층은 40~70mm의 골재 깔고 전압, 두께 60mm
2	골재 중량의 30% 결합재 포설 후 전압
3	중층은 20~40mm의 골재 깔고 전압, 두께 30mm
4	골재 중량의 30% 결합재 포설 후 전압
5	표층은 6~15mm의 골재 포설 후 전압, 두께 10mm

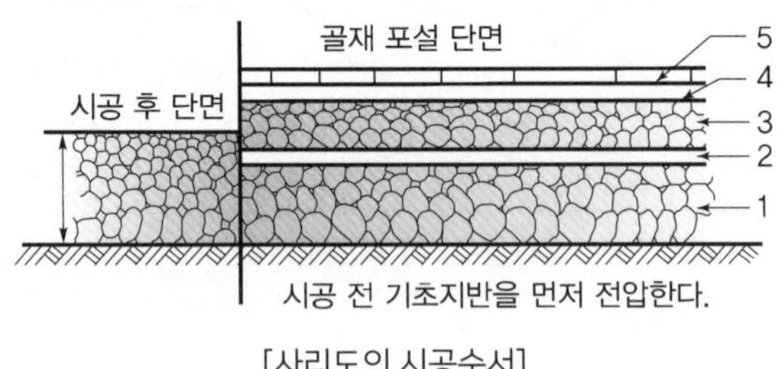

[사리도의 시공순서]

핵심 22 쇄석도 노면 포장방법

쇄석도

- 부순 돌끼리 서로 죄는 힘과 결합력에 의해 단단한 노면이 만들어진 도로
- 쇄석도와 머캐덤도는 같은 말입니다.

결합 재료에 따른 분류

1. 교통체 머캐덤도 : 쇄석이 교통과 강우로 인하여 다져진 도로
2. 수체 머캐덤도 : 쇄석의 틈 사이로 석분을 물로 삼투시켜 롤러로 다져진 도로
3. 역청 머캐덤도 : 쇄석을 타르나 아스팔트로 결합시킨 도로
4. 시멘트 머캐덤도 : 쇄석을 시멘트로 결합시킨 도로

행복암기 역시 교수야~~!

기출문제 쇄석도의 노면처리방법을 쓰고 설명하시오.(4점)

모범답안

가. 교통체 머케덤도 : 쇄석이 교통과 강우로 인하여 다져진 도로

나. 수체 머캐덤도 : 쇄석의 틈 사이에 석분을 물로 침투시켜 롤러로 다져진 도로

다. 역청 머캐덤도 : 쇄석을 타르나 아스팔트로 결합시킨 도로

라. 시멘트 머캐덤도 : 쇄석을 시멘트로 결합시킨 도로

핵심 23 임도 설계속도

1. 간선 및 지선임도

[간선임도와 지선임도의 설계속도]

구분	설계속도(km/시간)
간선임도	40~20
지선임도	30~20

- 간선임도의 속도는 시속 20km 이상 40km 이하로 한다.
- 지선임도의 속도는 시속 20km 이상 30km 이하로 한다.

2. 작업임도

작업임도의 속도는 20km/hr 이하로 한다.

설계속도라는 말은 임도의 설계에 있어 목표로 하는 자동차의 주행속도를 의미합니다. 이 속도를 기준으로 도로의 선형을 설계하게 됩니다.

1. 간선임도의 설계속도는 20~40km/hr
2. 지선임도의 설계속도는 20~30km/hr

[설계속도에 따른 종단기울기, 종단곡선, 최소곡선반지름의 상하한선]

간선 및 지선임도 설계속도	종단기울기		종단곡선		평면곡선		
	일반	특수	최소곡선반지름		안전시거	최소곡선반지름	
			반경	길이		일반	특수
40(km/hr)	7% 이하	10% 이하	450m 이상	40m 이상	40m 이상	60m 이상	40m 이상
30(km/hr)	8% 이하	12% 이하	250m 이상	30m 이상	30m 이상	30m 이상	20m 이상
20(km/hr)	9% 이하	14% 이하	100m 이상	20m 이상	20m 이상	15m 이상	12m 이상

⁘ 이 표는 상당히 중요합니다.

다 암기해야 하지만, 처음에는 눈에 안 들어올 것입니다. 표는 사실 전체 흐름을 이해하고 나서 통째로 암기할 때 필요합니다. 또한 알고 있는 사실을 정리할 때 필요하기도 합니다. 처음부터 다 외우려고 욕심 내지 마시고 처음에는 설계속도를 암기하시고, 그 다음은 종단곡선의 기울기를 234(20, 30, 40km/hr) 789(7, 8, 9%) 아래에서 위로 형상화 하면서 암기해 봅니다. 그리고 그 다음은 종단곡선의 최소곡선반지름 백, 이백오십, 사백오십을 소리 내 읽으면서 암기합니다. 소리 내어 반복하시면 쉽게 외워집니다. 소리뿐만 아니라 눈으로 보는 모양까지 암기가 되실 것입니다.

핵심 24 임도 설계 차량규격

1. 간선 및 지선임도

[간선임도와 지선임도 설계 시 차량규격]

(단위 : 미터)

자동차종별 \ 제원	길이	폭	높이	앞뒤 바퀴거리	앞 내민길이	뒤 내민길이	최소회전반경
소형자동차	4.7	1.7	2.0	2.7	0.8	1.2	6.0
보통자동차	13.0	2.5	4.0	6.5	2.5	4.0	12.0

2. 작업임도

[작업임도 설계 시 차량규격]

(단위 : 미터)

자동차종별 \ 제원	길이	폭	높이	앞뒤 바퀴거리	앞 내민길이	뒤 내민길이	최소회전반경
2.5톤 트럭	6.1	2.0	2.3	3.4	1.1	1.6	7.0

기출문제 **임도 설계의 기준이 되는 차량과 종류별 설계속도에 대하여 쓰시오.(4점)**

모범답안

1. 기준차량
   ① 소형자동차 : 길이 4.7m, 폭 1.7m, 높이 2.0m
   ② 보통자동차 : 길이 13.0m, 폭 2.5m, 높이 4.0m
2. 설계속도
   ① 간선임도 : 40km/시간~20km/시간
   ② 지선임도 : 30km/시간~20km/시간

⁘ 기준차량은 사칠일칠 십삼이오
앞뒤 바퀴 거리는 2765

핵심 25 종단기울기

종단기울기는 자동차가 진행하는 방향으로 땅의 높낮이 정도를 말한다. 역기울기는 목재를 싣고 산을 내려오게 되는 자동차의 입장에서 내려오다가 다시 올라가는 구간의 기울기를 말한다. 산을 올라갈 때는 빈 차로 가고, 내려올 때는 목재를 가득 싣고 내려오니 기울기가 세면 내려올 수가 없다. 기본적으로 종단기울기는 주행의 난이도를 결정하게 된다. 너무 가파르면 자동차가 올라갈 수 없고, 너무 낮으면 노면에 물이 고이게 된다. 물이 고이면 노면은 물에 의해 파괴된다.

1. 보통 4~9%

자동차가 주행하는 일반적인 경사

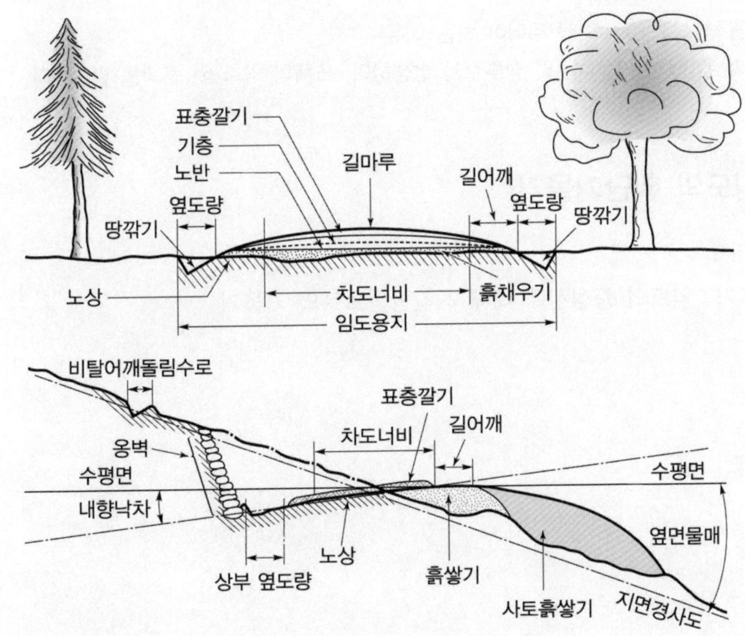

[임도 횡단구조]

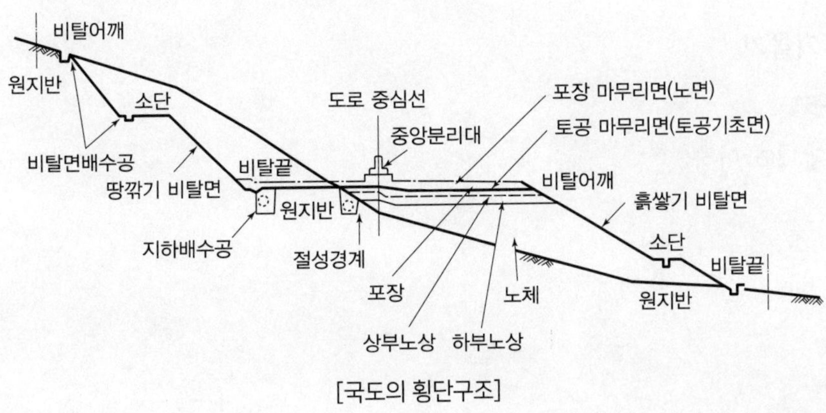

[국도의 횡단구조]

2. 최소 2~3%

물 빠짐에 필요한 최소 경사

3. 최대 10~12%

자동차가 힘들게 주행하는 경사

4. 특수 18% 이내

어쩔 수 없는 경우 포장을 해서 자동차가 주행이 가능한 경사도

5. 역기울기 5% 이내

목재를 가득 실은 자동차가 주행할 수 있는 경사

종단물매를 최소 2~3% 이상 두어야 하는 이유
종단물매가 완만하면 정체수 및 침투수가 발생하여, 노체의 약화 및 붕괴를 일으킨다.

핵심 26 임도의 횡단기울기

> 횡단기울기 : 임도의 중심선에 대해 직각방향으로의 기울기

1. 포장 시

- 1.5~2%

2. 비포장 시

- 쇄석도, 사리도, 토사도
- 3~5%

3. 외쪽 기울기

- 3~6%
- 최대 8% 이하

핵심 27 임도구조에서 횡단선형 구성요소

차도너비, 유효너비, 축조한계, 길어깨, 옆도랑, 절토면, 성토면

유효너비=차도너비 : 길어깨와 옆도랑너비를 제외한 도로의 너비

축조한계=유효너비+길어깨 ⇨ 시설물을 설치하면 안 되는 너비

보호길어깨 : 시설물을 설치하기 위해 만드는 길어깨

∴ 임도의 횡단도를 떠올리시고 거기에 그려져 있는 것을 차례차례 적으시면 됩니다.

기출문제 **흙깎기 비탈면이나 흙쌓기 비탈면의 비탈 길이가 길 때에 그 비탈면이 빗물에 의하여 침식되거나 무너지기 쉽다. 이와 같은 비탈면을 보호하기 위해 비탈면의 최상부 또는 비탈면의 어깨 부위에 설치하는 수로의 명칭을 쓰시오.**

모범답안

비탈어깨돌림수로(=산마루측구)

핵심 28 길어깨(노견, 갓길)의 설치목적

길어깨를 설치하는 근본적인 이유는 차도의 주요 구조부 보호이다. 그 외에 부수적으로 다른 기능들을 하게 된다.

1) <u>차도의 구조부 보호</u>
2) <u>차량의 주행상의 여유</u>
3) 차량의 노외속도에 대한 여유
4) 곡선부에 있어서 시거의 증대
5) 측방여유너비
6) <u>교통의 안전</u>
7) 원활한 주행
8) <u>유지보수 작업공간</u>
9) 제설작업 공간
10) 보행자의 통행
11) 자전거의 대피

길어깨의 기능

임도에 있어서 길어깨의 기능은 차도에 접속되어 차도의 구조부를 보호함을 주목적으로 하지만, 다음과 같은 기능을 지니고 있으므로 길어깨(갓길, 길섶)의 너비를 결정할 때는 그 기능을 충분히 파악할 필요가 있다.

1) 차량의 주행상의 여유・차량의 노외속도에 대한 여유・곡선부에 있어서 시거(視距)의 증대 등의 측방여유너비로서 교통의 안전과 원활한 주행을 위하여 필요하다.
2) 노상시설(路上施設)・지하매설물(地下理設物)・유지보수(維持補修) 등의 작업, 적설지방(積雪地方)의 제설(除雪) 등에 대한 공간이 된다.
3) 보행자의 통행・자전거 등의 대피 등과 같은 기능이 있다.

기출문제 길어깨의 기능을 네 가지 쓰시오.(4점)

모범답안

가. 보행자와 자전거의 통행안전
나. 차도의 주요 구조부 보호
다. 제설 및 유지보수에 필요한 작업공간 제공
라. 교통안전 및 차량의 원활한 주행

길어깨는 안구공주
어깨하고 공주가 친합니다. 안구(눈)만 공주입니다.

핵심 29 옆도랑

1. 개념

- 노면과 흙깎기 비탈면의 물을 모아서 배수하기 위해 설치
- 길어깨를 따라 종단방향으로 설치한다.
- 측구, side-ditch
- 노면이나 노측비탈면의 물을 모아서 배수하기 위하여 임도의 길어깨(노견)에 따라 종단방향으로 설치하는 배수로이다.

2. 설치위치

- 흙깎기 비탈면에서는 길어깨와 비탈 밑(法尻, 법고) 사이
- 흙쌓기 비탈면에서는 비탈어깨(法肩, 법견)와 길어깨 사이

3. 시공방법

- 옆도랑의 깊이는 45~75cm
- 너비는 보통 0.5~1m, 2m까지 설치할 수 있다.
- 옆도랑의 형태는 삼각형 · 사다리꼴 또는 직사각형 등
- 깊이 및 밑너비는 30cm 이상
- 최소종단물매는 물이 흐를 수 있도록 0.5% 이상으로 한다.

핵심 30 옆도랑의 형태

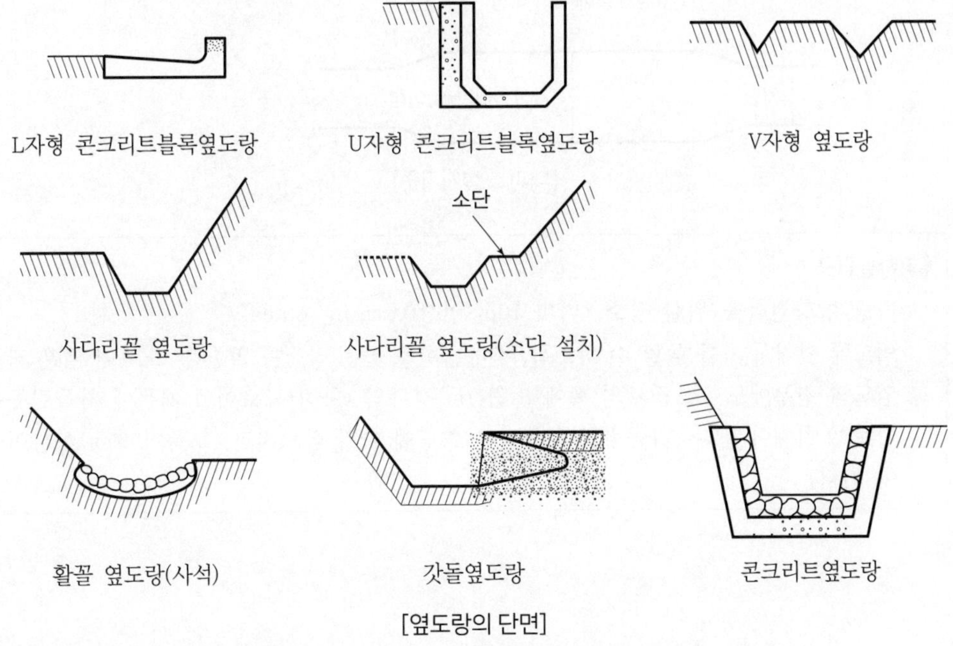

[옆도랑의 단면]

보통 '세 가지에서 네 가지를 쓰거나, 쓰고 설명하시오.'하는 형태로 출제됩니다.

- V자형과 사다리꼴형, L형과 U형, 제형, 환형, 평형

행복암기 LUV제환평 or LUV사활갓콘

핵심 31 대피소 설치기준

- 대피소 : 1차선 임도에 있어서 일정한 간격으로 차량통행에 지장이 없도록 시설한 장소
- 근래에는 기계화작업장이라는 명칭으로 되도록 간격은 300m보다 더 자주, 폭도 5m보다 더 넓게 설치한다. 숫자를 그림과 함께 그려보면 쉽게 외워집니다.
- 대피소설치기준 : 간격 300m 이내, 너비 5m 이상, 유효길이 15m 이상

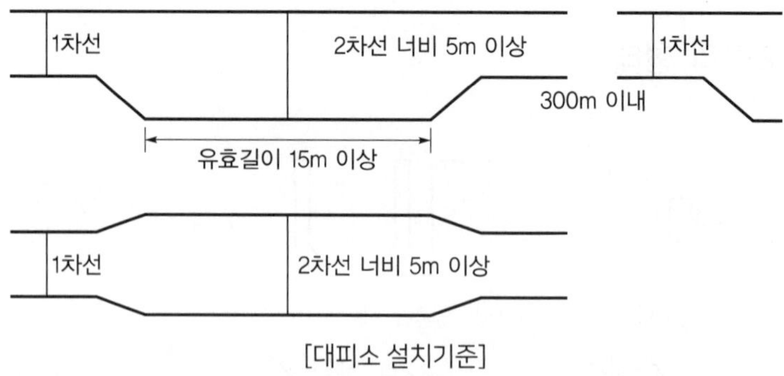

[대피소 설치기준]

> **차돌림곳**
>
> 차량 방향전환을 위한 장소, 너비 10m 이상(turning place)
>
> 임도에 있어서 차를 돌릴 수 있도록 너비 넓힘을 하는 장소를 말한다. 노폭이 넓은 간선 임도의 경우에도 3m 정도의 폭에 노견 1m 정도의 1차선 도로이기 때문에 차돌림곳을 따로 설치해야 한다. 차돌림곳의 형상은 지형에 따라 다르지만, 노폭이 10m 이상이어야 한다.

핵심 32 임도의 기울기

1. 종단기울기

[임도 설계 시 종단기울기]

설계속도(km/시간)	종단기울기(순기울기)	
	일반지형	특수지형
40	7% 이하	10% 이하
30	8% 이하	12% 이하
20	9% 이하	14% 이하

2. 횡단기울기

- 포장하지 아니한 노면의 경우에는 3~5%
  쇄석·자갈을 부설한 노면 포함
- 포장한 노면의 경우에는 1.5~2%로 한다.

3. 합성기울기

- 합성기울기는 12% 이하로 한다.

다만, 현지의 지형여건상 불가피한 경우에는 간선임도는 13% 이하, 지선임도는 15% 이하로 할 수 있으며, 노면포장을 하는 경우에 한하여 18% 이하로 할 수 있다.

기출문제 **임도의 노면에 횡단경사를 설치해야 하는 필요성과 설치방법에 대하여 쓰시오.**

모범답안

가. 필요성 : 물에 의한 노면의 파괴를 막기 위해 횡단경사를 설치한다.
나. 설치방법
- 포장하는 경우 1.5~2%
- 비포장 3~5%

기출문제 **횡단물매, 외쪽물매, 합성물매를 설명하시오.(3점)**

모범답안

가. 횡단물매

- 가로물매
- 도로 주행에 대하여 직각방향의 물매
- 횡단물매는 노면배수와 교통안전의 두 가지 측면으로 고려하여 결정한다.

나. 외쪽물매

- 자동차가 원심력에 의하여 도로의 바깥쪽으로 뛰쳐나가려는 힘을 방지하기 위해 곡선부에 설치하는 한쪽물매
- 외쪽물매는 노면 바깥쪽이 안쪽보다 높게 설치되도록 횡단선형 조정

다. 합성물매

- 자동차가 곡선부 구간을 통과할 경우에 주행이 불편하다.
- 곡선저항을 방지하기 위해 설치하는 물매
- 곡선부는 직선구간보다 더 급한 합성물매가 발생하게 된다.
- 이 때문에 곡선저항에 의해 차량의 저항이 커진다.
- 곡선저항을 방지하기 위해 설치하는 횡단물매와 종단물매를 고려하여 설치

핵심 33 합성기울기

합성물매

종단물매와 외쪽물매 또는 횡단물매를 합성한 물매를 合成물매라고 한다. 급한 종단물매와 외쪽물매가 조합된 경우에는 노면에 보다 급한 합성물매가 생기게 된다. 이 경우에는 자동차 운전상의 위험성이 있고, 짐이 한쪽으로 기울며 곡선저항에 따라 차량저항의 증대치가 생겨 부적당하게 된다. 그러므로 어느 한도의 제한이 필요하다.

자동차가 곡선부 주행 시 보통노면보다 더 급한 합성기울기가 발생하므로, 곡선저항에 의한 차량의 저항이 커져 주행에 좋지 않은 영향을 미치므로 이를 방지하기 위해 설치

- 12% 이하로 합성물매를 두도록 규정

$$S = \sqrt{i^2 + j^2}$$

(i : 횡단물매 or 외쪽물매, j : 종단물매)

- 합성물매의 제한은 원래 급물매부와 급곡선부가 병합하지 않도록 하기 위한 것으로 보통은 곡선부의 종단물매와 곡선반지름에서 30을 뺀 값과의 합이 종단최급물매의 값보다 적어야 한다.

핵심 34 도로 굴곡부 설치곡선

도로의 굴곡부에 설치하는 곡선은 도로의 직선과 직선이 교차하는 곳에 원활한 차량의 주행을 위하여 설치하는 곡선입니다.

1. 단곡선

- 두 개의 직선이 교차하는 구간에 하나의 원호를 넣는다.
- 가장 일반적인 형태

2. 복심곡선

- 두 개의 직선이 교차하는 구간에 두 개의 원호를 넣는다.
- 반지름이 다른 두 개의 원호가 같은 방향으로 배치된다.

3. 에스커브

- 두 개의 직선이 교차하는 구간에 두 개의 원호를 넣는다.
- 두 개의 원호를 서로 다른 방향으로 배치한다.
- S-curve, 에스커브

4. 헤어핀커브

- 교차하는 끝 지점이 너무 작은 회전구간이 나오는 경우
- 회전구간의 끝부분에서 원곡선을 넣은 것
- hairpin curve, 헤어핀커브

임도의 구조

[횡단선형, 평면선형, 종단선형, 노체와 노면]

1. 횡단선형 : 임도너비, 길어깨, 축조한계, 횡단물매, 대피소와 차돌림곳
2. 평면선형 : 곡선, 최소곡선반지름, 곡선부 너비넓힘, 곡선부 안전거리
   ★ 곡선 : 단곡선, 복심복선, 에스커브, 헤어핀커브, 완화곡선
3. 종단선형 : 종단물매, 종단곡선
4. 임도의 노체와 노면 : 노반, 노상, 노면

- 내각이 155도보다 예각이면 곡선을 설치하여야 하고 155도 이상이면 곡선설치 안 한다.
- 내각=180°−교각

  평면 : 단곡선, 복합곡선, 복심곡선, 에스커브, 헤어핀곡선, 완화곡선

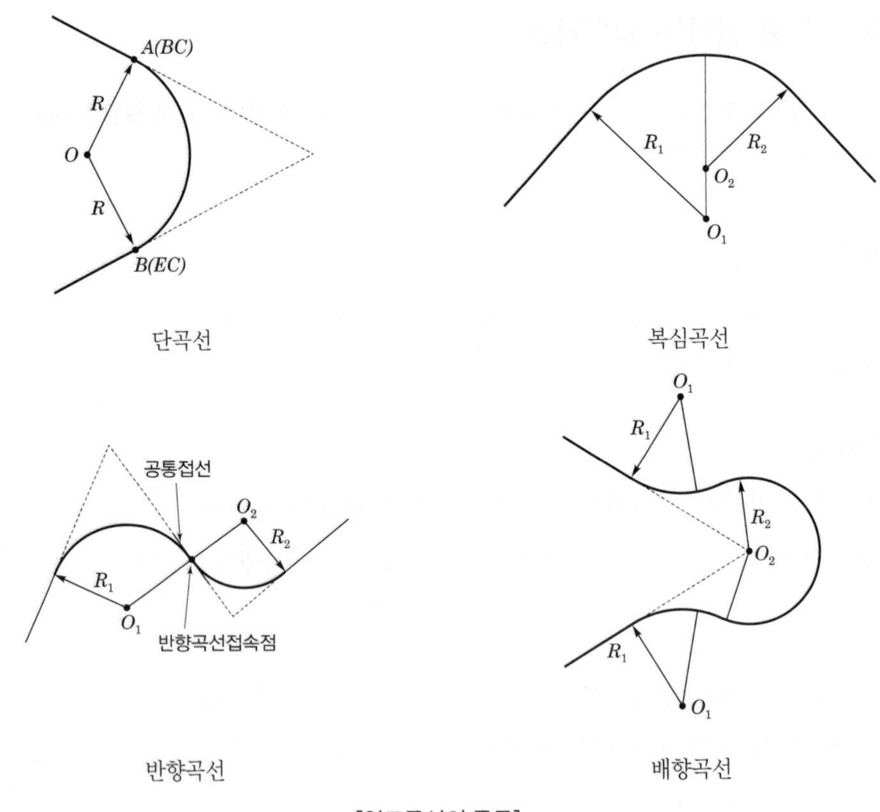

[임도곡선의 종류]

곡선

도로의 굴곡부에는 교통의 안전을 확보하고, 또 주행속도와 수송능력을 저하하지 않도록 고려하여 곡선(curve)을 설치한다. 도로의 평면곡선으로 직선부와 직선부와의 사이에 원호를 넣어서 만든 단곡선을 사용하지만, 지형에 따라서는 복심곡선, 배향곡선, 반향곡선 등을 사용한다.

자동차가 주행하는 임도와 일반도로에서는 단곡선과 직선부와의 사이에 완화구간(transition)을 설치하여 차량이 안전하게 주행할 수 있도록 한다.

1. 단곡선

단곡선(원곡선, 단심곡선(circular curve, simple curve))은 직선에 원호가 접속된 원곡선이다. 즉, 중심이 1개인 곡선, 1개의 원호로 만든 곡률이 일정한 곡선으로서 설치가 용이하여 일반적으로 많이 사용된다.

2. 복심곡선

복심곡선(복합곡선(compound curve))은 반지름이 다른 두 단곡선이 같은 방향으로 연속되는 곡선이다. 즉, 두 단곡선의 중심이 접촉점의 공통접선에 대해 같은 쪽에 있는 곡선으로서 운전 시에 무리하기 쉬우므로 이것을 피하는 것이 안전하다.

3. 반향곡선

반향곡선(반대곡선(reversed curve))은 상반되는 방향의 곡선을 연속시킨 곡선이다. 즉, 서로 반대방향으로 맞물려 굽어 있는 2개의 곡선이 공통접선이나 공통완화곡선으로 이어진 곡선으로서 s-커브(S-curve)라고도 한다. 두 개의 호 사이에 10m 이상의 직선부를 설치해야 한다.

4. 배향곡선

배향곡선(hair-pin curve)은 반지름이 작은 원호의 직전이나 직후에 반대방향의 곡선을 넣은 것으로서 헤어핀커브라고도 한다. 급경사지에서 노선거리를 연장하여 종단물매를 완화할 목적으로 사용한다.

5. 완화곡선

도로의 직선부로부터 곡선부로 옮겨지는 곳에는 외쪽물매와 너비넓힘(확폭, 擴幅)이 원활하게 이어지게 하기 위하여 일정한 길이의 완화구간을 설치한다. 완화구간에는 완화곡선(transition curve)이 사용된다.

⁘ 임도시설규정은 곡선과 곡선, 직선과 곡선이 만나는 곳에 10m 이상 접속구간이나 연결구간을 설치하도록 규정하고 있습니다. 이 연결구간이 완화구간입니다.

핵심 35 S-커브 설치 목적과 설치방법

1. 설치목적

곡률이 매우 작은 편에 구배를 붙여야 할 장소에 설치하며, 임도경사를 완화하고 교통의 안전을 확보하며 목재운반의 위험도를 줄이기 위해 설치한다.

1. 임도경사 완화
2. 교통안전 확보
3. 목재운반 위험도 감소

2. 에스커브 설치방법

상반되는 방향의 곡선을 연속시킨 곡선으로 S-커브라 하며, 서로 맞물린 곳에 10m 이상의 직선부를 설치한다.

핵심 36 도로주행 시 직접적인 영향을 미치는 인자

자동차의 도로를 주행 시 직진할 때는 종단기울기에 따라 차량의 주행 난이도가 결정된다. 또한 회전할 때 원심력 때문에 바깥으로 밀리게 되는 데 이를 조절해 줄 수 있는 것이 합성물매와 곡선의 반경이다. 곡선의 반경은 크면 클수록 주행은 편리하지만, 공간이 많이 필요하다. 합성물매는 종단물매와 횡단물매 또는 외쪽물매로 결정된다. 또한 자동차 주행 시에 눈에 보이는 가시거리는 운전자가 어느 정도 노선을 예측할 수 있게 한다. 이 가시거리가 시거이다.

그러므로 답은

1. 종단물매
2. 합성물매
3. 시거
4. 곡선반경
5. 횡단물매

임업토목공학 교재에 직접 서술된 것이 없으므로 전체 흐름에서 찾아서 풀어야 할 문제이다.

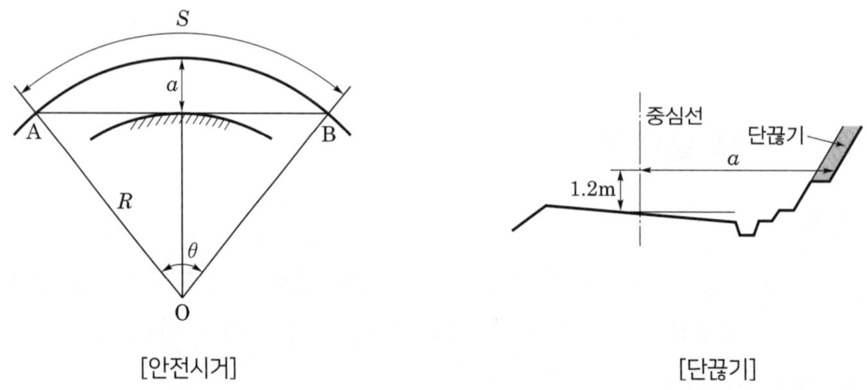

[안전시거] [단끊기]

도로의 구조를 중심으로 본다면

1. 종단기울기 : 주행속도에 영향
2. 합성기울기 : 회전구간의 안정도에 영향
3. 곡선반경 : 회전구간의 속도와 안정도에 영향
4. 안전시거 : 주행속도에 영향(안전과 주행)
5. 횡단기울기 : 합성기울기에 영향

핵심 37 시거와 반경R(m)의 관계

안전시거 공식

: $S = 2\pi R \times \frac{\theta}{360} = 0.01745 \times \theta \times R$

※ 안전시거의 공식은 교각법의 원의 길이(CL)의 공식과 같습니다.

기출문제 **자동차의 주행안전에 필요한 최소한도의 거리를 안전시거라고 한다. 최소곡선반지름이 20m이고, 교각이 60°인 임도의 안전시거를 구하시오.**

모범답안

$2 \times 20 \times \pi \times \frac{60}{360}$

∴ 20.94m

▶ 문제를 푸실 때는 교각이 주어졌는지, 내각이 주어졌는지에 따라 달리 푸셔야 합니다. 내각이 주어졌다면 교각(180 – 내각)으로 계산하고, 교각이 주어지면 그냥 푸셔도 됩니다. 문제를 잘 읽으셔야 정확히 답을 할 수 있습니다.

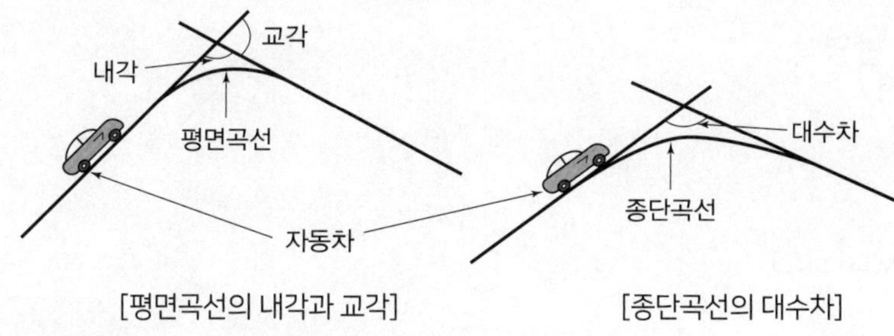

[평면곡선의 내각과 교각] [종단곡선의 대수차]

핵심 38 최소곡선반지름

도로의 굴곡부에는 교통의 안전을 확보하고, 또 주행속도와 수송능력을 저하하지 않도록 고려하여 곡선(curve)을 설치한다.

도로의 굴곡부에 설치하는 곡선 반지름의 최소한도를 정하고, 이를 최소곡선반지름이라고 한다.

1. 개념

- 노선의 굴곡정도
- 곡선부도로의 중심선의 곡선반지름(radius of curve)
- 곡선반지름의 최소한도
- minimum radius of curve

2. 영향인자

- 도로너비, 반출목재길이, 차량구조, 운행속도, 도로구조, 시거 등

3. 목재길이 반영식

$$R = \frac{L^2}{4B}$$

R : 최소곡선반지름(m)
L : 반출목재길이
B : 도로의 너비

4. 설계속도 반영식

$$R = \frac{V^2}{127(f+i)}$$

V : 설계속도(km/hr)
f : 타이어와 노면의 마찰계수
i : 노면의 횡단물매

최소곡선반지름은 노선이 어느 정도 구부러져 있는지를 나타낸다. 임도 중심선의 굴곡정도를 나타내는 것이 최소곡선반지름이다. 노선이 너무 심하게 구부러지면 자동차가 주행하기 어렵고, 시야를 확보하기도 어렵다. 그 때문에 최소한도의 기준을 정하고 그 이상으로 하도록 규정하고 있다. 최소곡선반지름은 평면선형과 종단선형에 따라 다르다. 평면곡선인 경우 두 직선구간이 만나는 부분의 내각이 155°보다 예각이면 설치하고, 종단곡선인 경우 두 직선구간이 만나는 부분의 기울기 차이가 5% 이상이면 설치한다.

설계속도가 시간당 20, 30, 40km일 때 각각 평면곡선은 15, 30, 60m이고 종단곡선은 100, 250, 450m이다.

기출문제 **임도 설계 시 최소곡선반지름에 영향을 미치는 인자를 네 가지 쓰시오.(4점)**

모범답안

가. 도로너비

나. 반출목재의 길이

다. 설계속도

라. 타이어와 도로의 마찰계수

마. 노면의 횡단물매

바. 도로의 구조

사. 시거

아. 차량의 구조

▼ 도로의 구조와 시거는 공식에 포함된 인자는 아니지만, 영향이 크므로 답에 포함됩니다.

▼ 공식에서 거꾸로 영향 인자를 산출하는 것이 쉽고 빠릅니다.

기출문제 **1/25,000의 지도상에서 양각기계획법에 의해 횡단경사 5%의 간선임도 임도 노선을 계획하였다. IP 3에서 교각이 95°이고, 타이어와 노면의 마찰계수는 0.8일 때 평면곡선의 최소곡선반지름을 구하시오.**

모범답안

$$R = \frac{40^2}{127(0.8+0.05)} = 14.8217 \fallingdotseq 14.82$$

∴ 14.82m

▼ 간선임도라고 했으므로, 설계속도는 40km를 적용하였으며, 임도 설치 관리 규정상 최저 속도인 20km 이상으로도 설계할 수 있지만, 규정상 최고 속도를 적용하였습니다. 위에 제시된 교각은 설계속도에 영향을 미치지는 않지만, 학습목적상 위에 제시된 것을 그림으로 그려 보는 것을 권합니다. 답안을 작성 후에도 시간이 많이 남게 되므로 반드시 연습장에 그려보시면 실수를 방지하실 수 있습니다. 계산상의 값은 14.82m이지만, 시간당 40km 이상으로 설계하는 도로의 경우 임도설치관리규정은 60m로 정하고 있으므로 최소곡선반지름은 60미터로 설치를 하는 것이 좋겠습니다.

기출문제 **설계속도가 40km/hr이고 마찰계수가 0.06, 횡단물매가 5%일 때 최소곡선 반지름을 구하시오.(4점)**

모범답안

최소곡선반지름$(R) = \frac{\text{설계속도}^2(V^2)}{127 \times (i+f)} = \frac{40^2}{127(0.06+0.05)}$

∴ 114.53m

설계속도를 가지고 종단물매를 구하는 공식에서 I는 횡단물매입니다. 종단물매와 헷갈리지 않도록 유의하시고, 타이어와 노면의 마찰계수 f값은 보통 문제에서 주어집니다.

핵심 39 곡선부 확폭

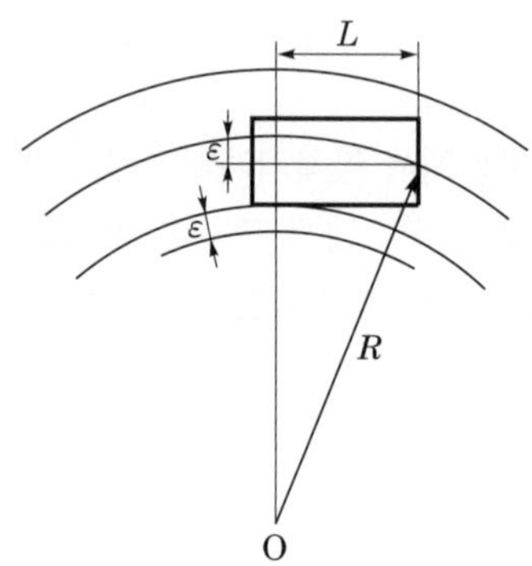

[곡선부의 너비 넓힘]

곡선부의 너비 넓힘

자동차가 곡선부를 주행하는 경우 전륜과 후륜 사이에 내륜차가 생겨, 후륜이 전륜보다 안쪽을 주행하게 되므로 곡선부의 너비를 넓혀야 한다. 이것을 곡선부의 너비넓힘(widening of road)이라고 하는데, 보통 길 안쪽에 설치한다.

$$\epsilon = \frac{L^2}{2R}$$

ϵ : 너비넓힘의 크기(m), L : 자동차 앞면부터 뒷차축까지 길이, R : 최소곡선반지름

일반적으로 임도의 곡선반지름이 40m 정도에서는 0.5m, 30m 정도에서는 0.75m, 20m 정도에서는 1.25m, 15m 정도에서는 1.75m 정도로 하면 무난하다.

기출문제 차의 앞면과 뒷바퀴 간의 축의 거리가 6.5m이고, 곡선반지름이 60m일 때 임도곡선부의 내륜차를 구하시오.

모범답안

$$e = \frac{6.5^2}{2 \times 60} = 0.3521 ≒ 0.35$$

∴ 0.35

임도 설계에 사용하는 자동차 중 보통자동차는 길이가 6.5m이고, 소형자동차는 2.7m입니다. 또한 간선임도의 경우 평면곡선의 최소곡선반지름은 도로의 설계속도 20, 30, 40km/h일 때 15, 30, 60m입니다. 종단곡선의 최소곡선반지름은 도로의 설계속도 20, 30, 40km/h일 때 100, 250, 450m이므로 반드시 구분하여야 합니다.

핵심 40 배수구 설치기준

1. 배수구의 통수단면

- 100년 빈도 확률강우량과 홍수도달시간을 이용
- 합리식으로 계산된 최대홍수유출량의 1.2배 이상으로 설계·설치한다.

2. 배수구의 설치방법

- 100미터 내외의 간격으로 설치
- 지름은 1,000밀리미터 이상, 필요한 경우 800mm 이상

3. 배수구의 외압강도

원심력 콘크리트관 이상의 것

4. 집수통 및 날개벽

콘크리트, 조립식 주철맨홀, 석축쌓기

5. 배수구의 유출부

유출부에서 원지반까지 도수로와 물받이 설치

6. 종단기울기가 급하고 길이가 긴 구간

- 노면 유수 차단용
- 노출형 횡단수로

7. 배수구의 유입방지시설

나뭇가지 토석 등으로 막힐 우려가 있는 경우

8. 생태적 단절에 대한 배려

배수구는 동물의 이동을 고려

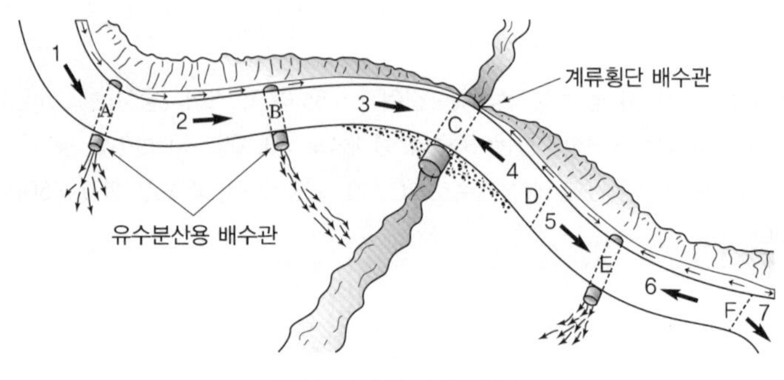

[배수시설의 설치위치]

임도 배수시설

- 산림자원 조성관리법 시행령

별표 2. 산림관리기반시설의 설계 및 시설기준

(2) 배수구

(가) 배수구의 통수단면은 100년 빈도 확률강우량과 홍수도달시간을 이용한 합리식으로 계산된 최대홍수유출량의 1.2배 이상으로 설계・설치한다.

(나) 배수구는 수리계산과 현지 여건을 고려하되, 기본적으로 100미터 내외의 간격으로 설치하며 그 지름은 1,000밀리미터 이상으로 한다. 다만, 현지 여건상 필요한 경우에는 배수구의 지름을 800밀리미터 이상으로 설치할 수 있다.

(다) 배수구는 공인시험기관에서 외압강도가 원심력 철근콘크리트관 이상으로 인정된 제품을 기준으로 시공단비 및 시공 난이도를 비교하여 경제적인 것을 선정하며, 집수통 및 날개벽은 콘크리트・조립식 주철맨홀 등으로 시공하되, 현지의 석재 활용이 용이할 때는 석축쌓기로 설계할 수 있다.

(라) 배수구에는 유출구로부터 원지반까지 도수로・물받이를 설치한다.

(마) 배수구는 동물의 이동이 용이하도록 설치한다.

(바) 종단기울기가 급하고 길이가 긴 구간에는 노면으로 흐르는 유수를 차단할 수 있도록 임도를 횡단하는 노출형 횡단수로를 많이 설치한다.

(사) 나뭇가지 또는 토석 등으로 배수구가 막힐 우려가 있는 지형에는 배수구의 유입구에 유입방지시설을 설치한다.

기출문제 임도의 배수구 설치에 대하여 괄호 안에 알맞은 말을 넣으시오.(3점)

모범답안

배수구의 통수단면은 (가) 빈도 확률강우량과 홍수도달시간을 이용한 (나)로 계산된, 최대홍수 유출량의 (다) 배 이상으로 설계, 설치하고 수리계산과 현지 여건을 고려하되, 기본적으로 (라) m 간격으로 설치하며 그 지름은 (마)mm 이상으로 한다. 외압강도는 (바) 이상의 것을 사용한다.

가. 100년, 나. 합리식, 다. 1.2, 라. 100, 마. 1,000, 바. 원심력콘크리트관

핵심 41 작업임도의 배수시설

1. 배수구

- 배수구 통수단면은 최대홍수유출량의 1.2배 이상
- 최대홍수유출량은 100년 빈도 확률강우량과 합리식으로 계산
- 홍수도달시간은 일일 강우량을 강우 강도로 환산하기 위해 사용

2. 노출형 횡단수로

- 임도를 횡단하여 노면을 유하하는 유수를 차단하기 위해 설치
- 30미터 내외의 간격으로 비스듬한 각도로 설치
- 현지 여건상 필요한 경우 간격 조정

3. 물넘이포장 등

- 작업임도가 소계류를 통과하는 지역
- 충분한 폭으로 물넘이포장 또는 세월교를 설치한다.
- 옆도랑을 설치, 배수구·암거 필요 시 물넘이포장은 설치하지 않음

작업임도 시설기준 중

마. 배수시설

(1) 배수구 : 배수구 설치가 필요한 경우, 배수구 통수단면은 100년 빈도 확률강우량과 홍수도달시간을 이용한 합리식으로 계산된 최대홍수유출량의 1.2배 이상으로 설계·설치하며, 현지 여건을 고려하여 적절하게 설치한다.

(2) 노출형 횡단수로

(가) 임도를 횡단하여 유수를 차단하는 노출형 횡단수로를 30미터 내외의 간격으로 비스듬한 각도로 설치한다. 다만, 현지 여건상 필요한 경우에는 설치 간격을 늘리거나 줄일 수 있다.

(나) 노출형 횡단수로의 성토면 쪽 끝부분에는 원지반까지 도수로·물받이를 설치한다.

(3) 물넘이포장 등

작업임도가 소계류를 통과하는 지역에는 충분한 폭으로 물넘이포장 또는 세월교를 설치한다. 다만, 옆도랑을 설치하는 경우 등 배수구 또는 암거가 필요한 경우에는 그러하지 아니하다.

핵심 42 흙깎기 비탈면 기울기

구분	기울기	비고
암석지 - 경암 - 연암 토사지역	1 : 0.3~1.2 1 : 0.3~0.8 1 : 0.5~1.2 1 : 0.8~1.5	토사지역은 절토면의 높이에 따라 소단 설치

경암 - 1 : 0.3~0.8

연암 - 1 : 0.5~1.2

토사 - 1 : 0.8~1.5

암석지 - 1 : 0.3~1.2

흙쌓기 비탈면 기울기 : 임도규정 1 : 1.2~2.0
사방규정 1 : 1.5~2.0
산지관리법 1 : 1 이하

핵심 43 소단의 역할

풍화암이나 토사로 이루어진 비탈면에 일정한 수직높이 간격으로 0.5~2.0m 폭의 평탄한 장소를 두는 것을 소단이라 한다.

이 소단은 다음과 같은 장점이 있다.

1. 유수의 흐름을 완화시켜 절성토면을 침식으로부터 보호한다.
2. 낙석이나 다른 이탈물을 잡아주는 역할을 하여 안정성을 향상한다.
3. 사면을 여러 부분으로 분리하여 보행자나 운전자의 심적 안정감을 높인다.
4. 소단에 배수구를 두어 절성토 사면의 지하수의 배출능력을 향상시킬 수 있다.
5. 사면보호공사 시 작업공간으로 활용할 수 있다.

소단이 가지는 단점은

6. 소단이 넓을수록 절성토량이 증가한다.
7. 소단이 넓을수록 공사비는 증가한다.

핵심 44 임도 설계 순서

예비조사 ⇨ 답사 ⇨ 예측 ⇨ 실측 ⇨ 설계도 작성 ⇨ 공사수량 산출 ⇨ 설계서 작성

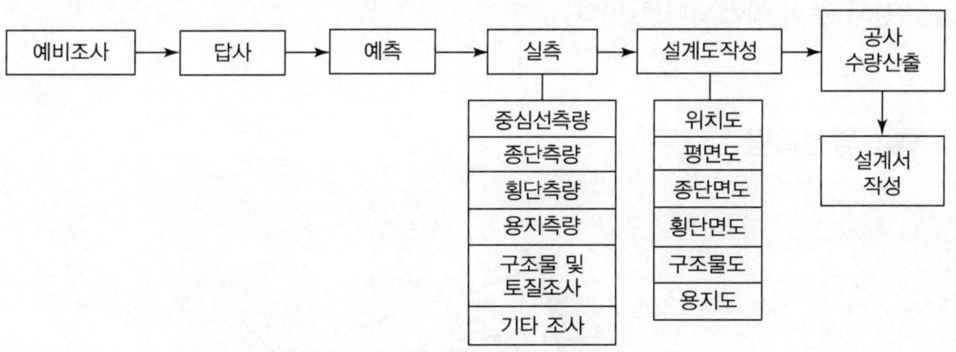

[임도 설계업무의 순서]

기출문제 **다음은 임도 설계의 순서이다. 빈칸을 채우시오.(3점)**

예비조사 – (가) – (나) – (다) – 설계도 작성 – 공사 수량의 산출 – 설계서 작성

모범답안

가. 답사, 나. 예측, 다. 실측

기출문제 **임도 설계도면 작성 전 준비작업 4단계를 쓰고 설명하시오.(4점)**

모범답안

가. 예비조사 : 임도 설계 도면 작성에 필요한 각종 요인을 조사하고 개략적인 검토를 마친다.

나. 답사 : 지형도상에서 검토한 임시노선을 가지고 현지에 나가서 그 적부 여부를 검토하여 노선선정의 대요를 결정하기 위한 것이다.

다. 예측 : 답사에 의해 노선의 대요가 결정되면 간단한 기계를 사용하여 측량하며, 그 결과를 예측도로 작성한다.

라. 실측 : 예측에 의해 구한 노선을 현지에 설정하여 정확하게 측량을 하는 것이다.

핵심 45 임도 설계서 작성내용

> 목차 – (공사설명서) – 일반시방서 – 특수시방서 – (예정공정표) – 예산내역서 – 일위대가표 – 단가산출서 – 각종 기계경비계산서 – 공종별 수량계산서 – (각종 소요자재 총괄표)토적표 – 산출기초

임도 설계서(specification)에는 목차 · 공사설명서(설계설명서) · 일반시방서 · 특별시방서 · 예정공정표 · 예산내역서 · 일위대가표 · 자재표 · 단가산출서 및 공종별 수량계산서 등이 작성되어야 한다.

핵심 46 영선측량

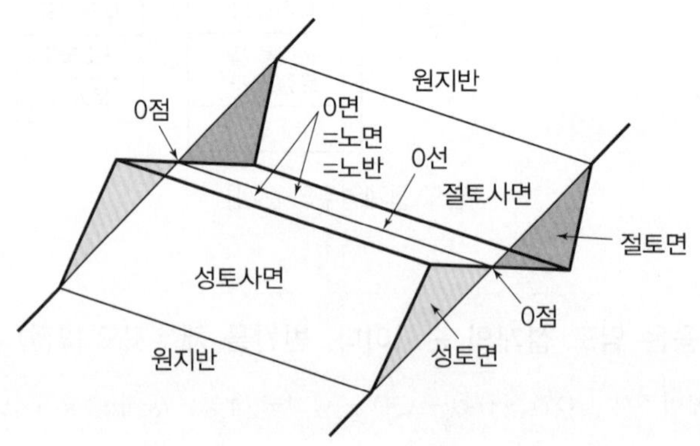

[경사지 임도시설의 0점, 0면, 0면 개념도]

영선을 기준으로 측량

- 영점 : 임도노면의 시공면과 경사면이 만나는 점
- 영선 : 영점을 연결한 노선의 종축으로 경사면과 임도시공 기면과의 교차선이며 노반에 나타난다. 임도 시공 시 절토작업과 성토작업의 경계선을 말한다.
- 영면 : 임도상 영선의 위치 및 임도의 시공기면으로부터 수평으로 연장한 면이다. 영선측량 하게 되면 지형의 훼손은 줄일 수 있으나, 노선의 굴곡이 심해진다.

핵심 47 중심선 측량

도로의 중심에 점이 있다고 가정하고, 이 점을 중심점이라고 한다면 중심점을 연결한 선인 중심선을 기준으로 측량하는 경우로 평탄지와 완경사지에서 이용, 20m마다 중심말뚝을 설치하고, 지형상 종횡단의 변화가 심한 지점, 구조물 설치지점 등 필요한 각 점에는 보조말뚝을 설치한다.

중심선측량하게 되면 노선의 굴곡은 영선측량에 비해 심하지 않으나 지형의 훼손이 많아 질 수 있다.

임도 설치 관리 규정은 중심선 측량을 하도록 하고 있다.

기출문제 **중심선과 영선을 설명하시오.**

모범답안

가. 중심선

임도 횡축의 중심점을 종으로 연결한 선

나. 영선

- 토공의 균형점인 영점을 연결한 노선의 종축
- 원 경사면과 임도 시공기면의 교차선
- 노반에 나타남
- 임도 시공 시 절토작업과 성토작업의 경계선

영점 : 산지의 경사면과 임도 노면의 시공 면이 만나는 점
절토면과 성토면이 만나는 점
영선 : 영점을 연결한 선
영면 : 임도상 영선의 위치 및 임도의 시공기면, 노반의 표면

핵심 48 토공작업 도면 기호

B.H＝성토고, B.A＝성토단면적, C.H＝절토고, C.A＝절토단면적

핵심 49 곡선설치방법

> **곡선**
> 도로의 굴곡부에는 교통의 안전을 확보하고, 또 주행속도와 수송능력을 저하하지 않도록 고려하여 곡선(curve)을 설치한다.

곡선의 종류는 단곡선, 복심곡선, 헤어핀커브, 에스커브가 있지만, 이 곡선은 가장 기본적으로 교각법에 의해 설치하고, 편각법과 진출법으로 매 20m마다 중간점을 확정한다.

곡선이 시작하는 점과 곡선이 끝나는 점을 확인해야 중간점을 확인할 수 있으므로 교각법에 있어선 곡선의 길이가 접선의 길이와 함께 중요한 계산요소가 된다.

1. 교각법 : 도상에서 1개의 굴절점에 단곡선 삽입
2. 편각법 : 현장에서 트랜싯과 테이프자로 중간점 확정
3. 진출법 : 현장에서 폴과 테이프자로 중간점 확정

1. 교각법

- 교각법(laying out a curve by intersection angle)은 교각(intersection angle ; IA)을 알고서 필요한 곡선을 설정할 때 유용한 곡선설치법이다. 즉, 교각법은 1개의 굴절점에 단곡선을 삽입하는 방법으로는 가장 기본적인 것이다.
- 곡선시점, 곡선중점 및 곡선종점으로 곡선을 규정하는 방법
- 곡선반지름을 먼저 결정하고 접선길이, 곡선길이, 외선길이를 결정하는 방법
- 접선길이를 먼저 결정하고 곡선반지름, 곡선길이, 외선길이를 결정하는 방법

2. 편각법

트랜싯으로 BC점에서 편각(접선과 현이 이루는 각)을 측정하고, 테이프자로 거리를 측정하여 곡선 상의 임의의 점을 측설하는 방법

높은 정밀도를 얻을 수 있으므로 중요 노선에 많이 사용된다.

$$\sin\alpha = S/2R$$

α : 편각, S : 현의 길이, R : 곡선반지름

편각 $\alpha = 0° \ 1{,}719'0'' \times S/R$

S=20, 시단현, 종단현

시단현의 길이는=(20-곡선 시작점(BC))

3. 진출법

현의 길이, 절선편거(tangent deflection ; Y), 현편거(chord deflection ; 2Y) 및 곡선반지름(radius ; R)과의 사이에는 직각삼각형에 적용되는 피타고라스의 정리에 의해 아래 식이 성립한다.

$$X = S^2/2R, \ X = \sqrt{S^2 - Y^2}$$

식에서, Y : 절선편거, 절선편거, S : 호의 길이, R : 곡선반지름

진출법(laying out a curve by tangent and chord produced)은 시준이 좋지 않은 곳에서도 폴과 테이프자만으로 곡선설정이 가능하므로 작업을 충분히 진행할 수 있다.

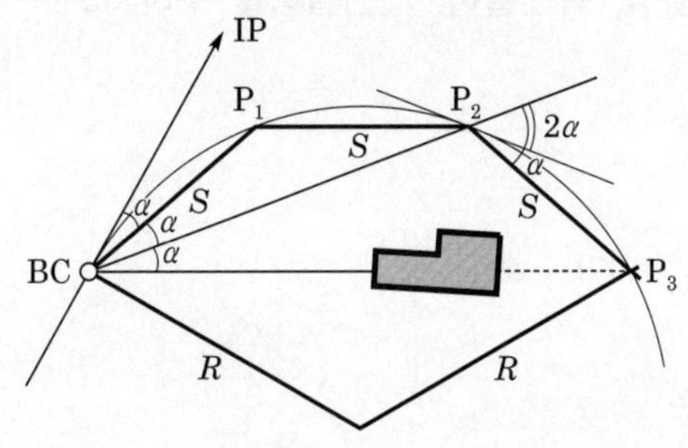

[편각법에 의한 곡선설치]

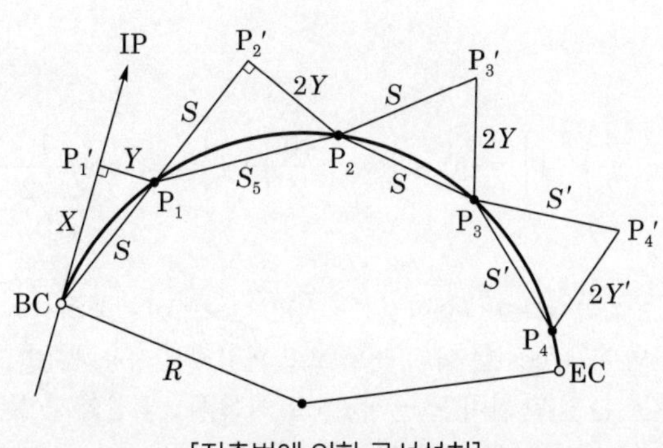

[진출법에 의한 곡선설치]

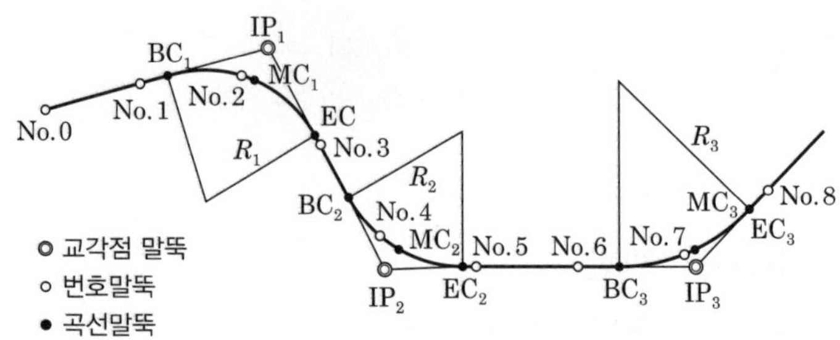

[번호말뚝 및 곡선말뚝의 위치]

기출문제 **교각법에 의해 곡선을 설정하려고 한다. 다음 용어를 우리말로 쓰시오.**
IP(가), TL(나), BC(다), EC(라), R(마), ES(바)

모범답안

가. 교각점
나. 접선의 길이 or 접선장
다. 곡선시점
라. 곡선종점
마. 곡선반지름
바. 외선길이, 외할장

기출문제 **교각법에 의해 곡선을 설정할 때 최소곡선반지름이 60m이고, 교각이 40°일 때 접선길이, 곡선길이, 외선길이를 구하시오.**

모범답안

가. 접선길이

$$TL = R \times \tan\left(\frac{\theta}{2}\right) = 60 \times \tan\left(\frac{40}{2}\right)$$

∴ 21.84m

나. 곡선길이

$$CL = 2 \times R \times \pi \times \frac{\theta}{360} = 2 \times 60 \times \pi \times \frac{40}{360}$$

∴ 41.89m

다. 외선길이

$$ES = R \times \left\{\sec\left(\frac{\theta}{2}\right) - 1\right\} = 60 \times \left\{\sec\left(\frac{40}{2}\right) - 1\right\} = 60 \times \frac{1}{\cos 20} - 1$$

∴ 3.85m

- 문제에 내각이 아니고 교각이라고 나오면 (내각=180−교각) 이렇게 환산해서 계산해야 합니다. 또한 sec(secant, cos의 역수, 1/cos)는 아래 표를 보고 환산해서 사용하시면 편합니다.
- 필수암기 : 접선의 길이는 알 탄 아이 둘(알타고 노는 아이 둘), 외선의 길이는 알고 세 아들 빼기 일(일부러 아들 일 안 하기)

참고자료

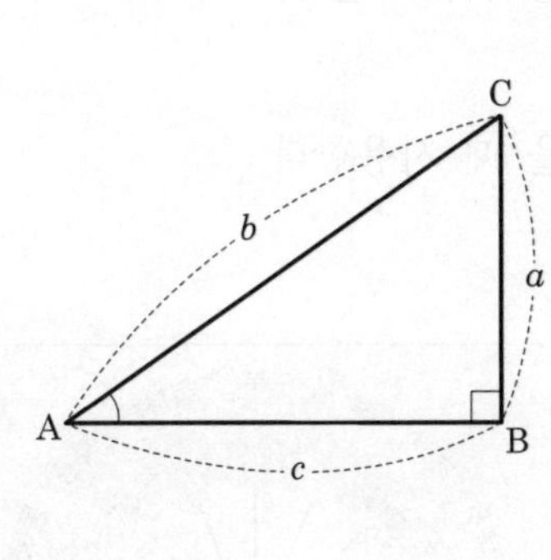

사인(sine)	$\sin A = \frac{a}{b}$
코사인(cosine)	$\cos A = \frac{c}{b}$
탄젠트(tangent)	$\tan A = \frac{a}{c}$
코시컨트(cosecant)	$\mathrm{cosec} A = \frac{1}{\sin A} = \frac{b}{a}$
시컨트(secant)	$\sec A = \frac{1}{\cos A} = \frac{b}{c}$
코탄젠트(cotangent)	$\cot A = \frac{1}{\tan A} = \frac{c}{a}$

[직각삼각형의 삼각비]

핵심 50 지형도에서 확인해야 할 요소

축척, 방위, 범례, 등고선 유형 및 간격

1. 축척

- 축척의 종류 : 현척(1 : 1), 배척(1 : 0.5), 축척(1 : 5)
- 축적은 나무의 부피를 가리키는 말

2. 방위

- 동, 서, 남, 북, 남동, 남서, 북동, 북서 총 8방위
- 북쪽을 기준으로 한 각은 방위각

3. 범례

- 지도에 나타내야 할 중요한 지형지물과 그 상태를 간단한 기호로 표시한 것
- 예 : 목욕탕(♨)

4. 등고선 유형 및 간격

- 주곡선의 간격
- 계곡선, 주곡선, 간곡선, 조곡선 등

핵심 51 방위와 방위각

1. 방위

- 어떤 한 지점에서 다른 지점을 바라본 것을 방위라고 한다.
- 목표하는 지점을 찾을 때 사용한다.
- 현재 자신의 위치를 기준으로 진행방향을 찾을 때 사용한다.
- 산림에서는 8방위로 표현한다.

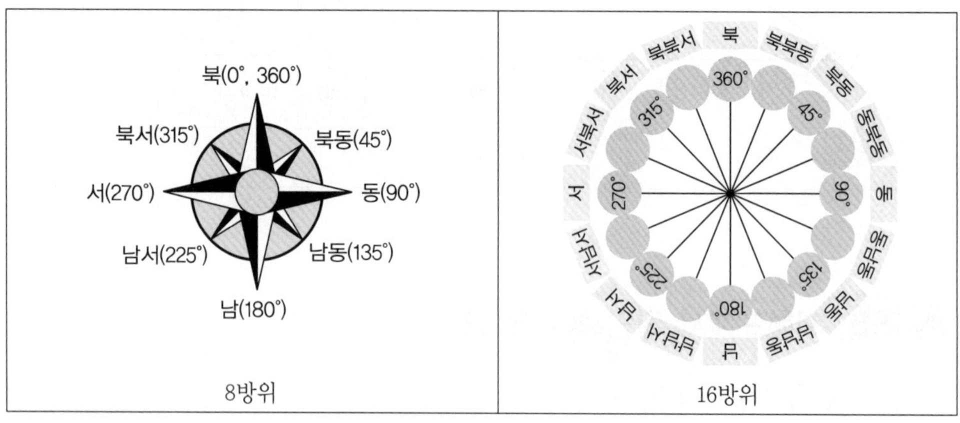

8방위 | 16방위

2. 방위각

- 자침의 북쪽에서 오른쪽으로 잰 각을 방위각이라고 한다.
- 자신의 위치를 “0”이라고 할 때 0에서 목표지점 “P”를 바라본 수평각을 방위각이라 한다.

  동, 서, 남, 북, 남동, 남서, 북동, 북서 총 8방위
- 북쪽을 기준으로 한 각은 방위각

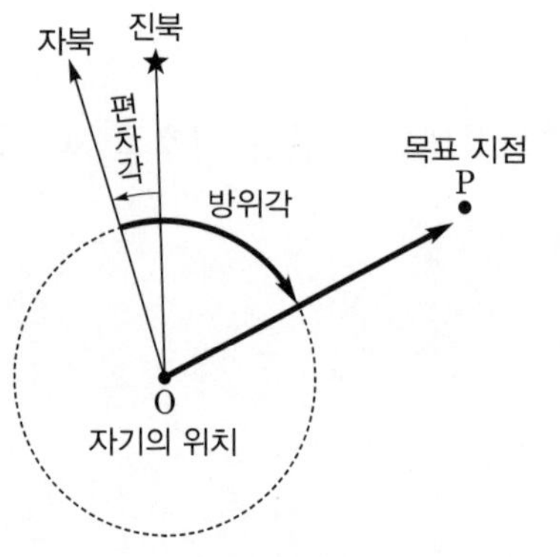

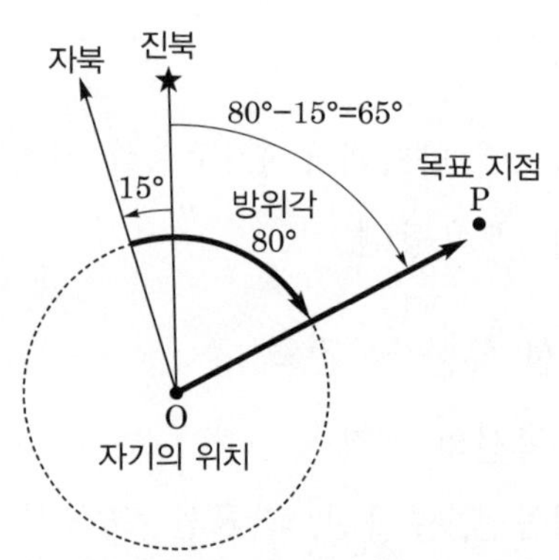

3. 나침반 사용 시 유의점

- 수평을 유지하면서 사용한다.
- 자침은 철, 전류 등의 영향을 받는다.
- 철로, 고압선, 광산 지대, 무전기, 전신주 등과 같은 전기, 자기, 철물에서 떨어져 사용해야 한다.

4. 자오선과 자침의 편차

- 자기의 극점은 북극점, 남극점과 일치하지 않는다.
- 나침반의 자침이 가리키는 방향은 지리상의 남북 방향과 일치하지 않는다.
- 자기의 자오선과 지리적 자오선에 의해 생기는 차이각이 자침 편차각이다.
- 자철광, 태양풍, 전신주, 고압 철탑 등의 영향을 받아 자침은 편차를 일으킨다.

5. 방위와 방위각 환산

- 방위는 북쪽을 기준으로 오른쪽으로 1°부터 360°까지 각도로 나타낸다.
- 방위각은 북쪽과 남쪽을 기준으로 동쪽으로 기울었는지, 서쪽으로 기울었는지 표현한다.

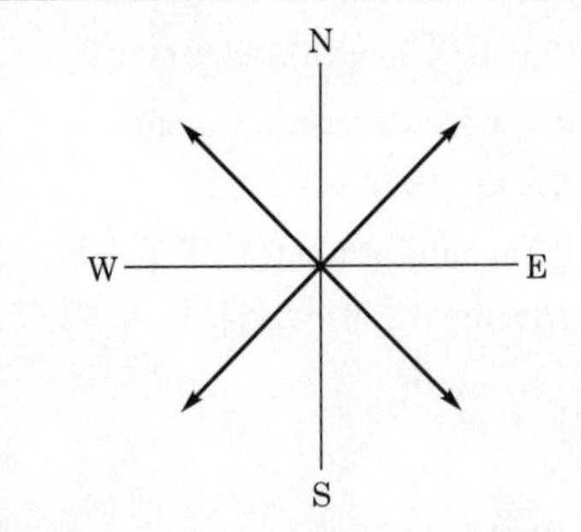

방위각 α	방위 θ	비고
0° − 90°	N 0° − 90° E	$\theta = \alpha$
90° − 180°	S 0° − 180° E	$\theta = 180° - \alpha$
180° − 270°	S 180° − 270° W	$\theta = \alpha - 180°$
270° − 360°	N 270° − 360° W	$\theta = 3600° - \alpha$

기출문제 **방위각 315°를 방위로 표시하시오.**

모범답안

315°는 북쪽과 서쪽 사이에 위치하고 360° − 315° = 45°이다.

∴ N45°W

방위각을 방위로 표시할 때는

1. 먼저 북쪽[N]에 해당하는지 남쪽[S]에 해당하는지 확인해야 한다.
2. 북쪽[360° 혹은 0°]에서 얼마나 동쪽이나 서쪽으로 기울었는지 계산한다.
3. 남쪽[180°]에서 얼마나 동쪽[E, east]이나 서쪽[W, west]으로 기울었는지 계산한다.

기출문제 **방위 S10°E를 방위각으로 표시하시오.**

모범답안

남쪽인 180보다 동쪽에 있으므로 180−10=170

∴ 170°

핵심 52 교각법

교각법(laying out a curve by intersection angle)은 교각(intersection angle(IA))을 알고서 필요한 곡선을 설정할 때 유용한 곡선설치법이다. 즉, 교각법은 1개의 굴절점에 단곡선을 삽입하는 방법으로는 가장 기본적인 것이다.

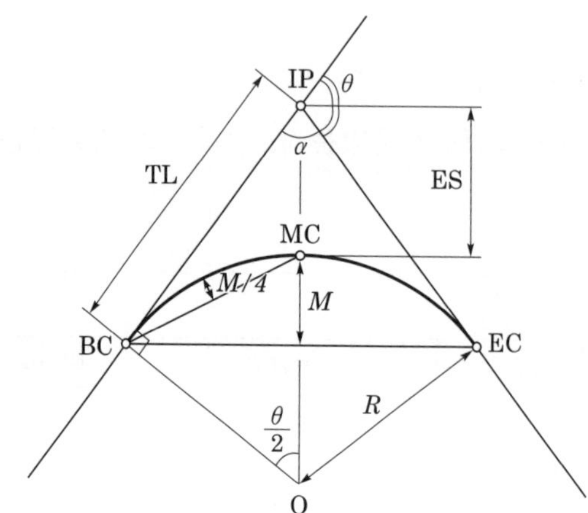

BC(beginning of curve) : 곡선시점
TL(tangent length) : 접선길이
IP(intersecting poit) : 교각점
ES(external secant) : 외선길이
MC(middle of curve) : 곡선중점
EC(end of curve) : 곡선종점
CL(curve length) : 곡선길이
θ : 교각(intersection angle)
α : 내각(180°−θ)
M(middle ordinate) : 중앙종축
R(radius) : 곡선반지름

[교각법에 의한 곡선설치 방법]

- 곡선시점, 곡선중점 및 곡선종점으로 곡선을 규정하는 방법
- 곡선반지름을 먼저 결정하고 접선길이, 곡선길이, 외선길이를 결정하는 방법
- 접선길이를 먼저 결정하고 곡선반지름, 곡선길이, 외선길이를 결정하는 방법

교각법에서 접선길이(TL) : $TL = R \times \tan\left(\frac{\theta}{2}\right)$

교각법에서 곡선길이(CL) : $CL = \frac{2\pi R\theta}{360}$

교각법에서 외선길이(ES) : $ES = R \times \left(\sec\left(\frac{\theta}{2}\right) - 1\right)$, $\sec(\theta) = \frac{1}{\cos(\theta)}$

핵심 53 임도 설계도면의 종류

1. 위치도

임도의 시점과 종점의 위치를 지형지물과 함께 기록한 지도

2. 평면도

임도가 진행하는 방향에 따라 1 : 1,200의 축척으로 작성한다.

3. 횡단면도

도로의 중심선과 직각방향으로 매 20미터 마다 깎기, 쌓기 사면과 노면의 단면을 1 : 100의 축척으로 작성한다.

4. 종단면도

도로의 중심선을 따라 매 20미터마다 높이를 횡단축척 1 : 1,000, 종단축척 1 : 200으로 작성한다.

5. 구조물도

임도시설에 설치하는 구조물의 상세도를 1 : 100의 축척으로 작성한다. 필요에 따라 시공자가 알아볼 수 있도록 더 상세하게 그릴 수 있다.

① 평면도

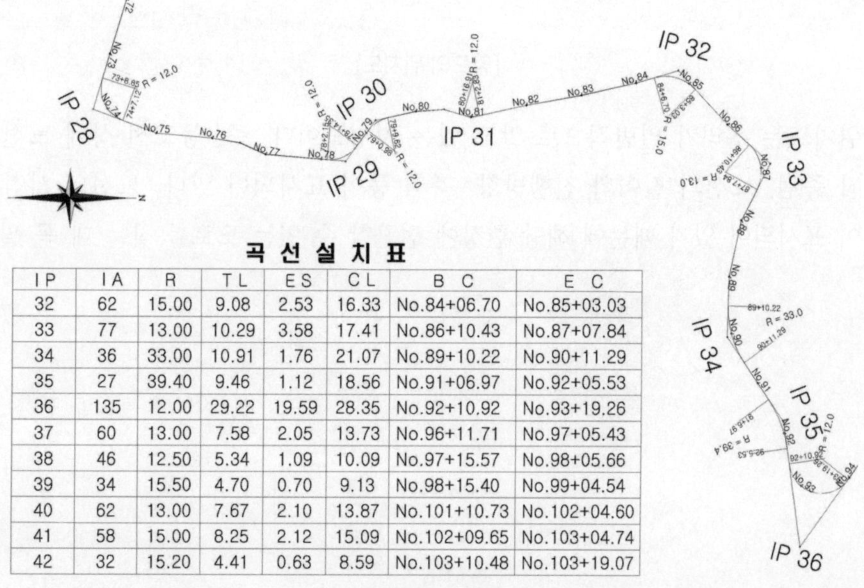

곡 선 설 치 표

IP	IA	R	TL	ES	CL	BC	EC
32	62	15.00	9.08	2.53	16.33	No.84+06.70	No.85+03.03
33	77	13.00	10.29	3.58	17.41	No.86+10.43	No.87+07.84
34	36	33.00	10.91	1.76	21.07	No.89+10.22	No.90+11.29
35	27	39.40	9.46	1.12	18.56	No.91+06.97	No.92+05.53
36	135	12.00	29.22	19.59	28.35	No.92+10.92	No.93+19.26
37	60	13.00	7.58	2.05	13.73	No.96+11.71	No.97+05.43
38	46	12.50	5.34	1.09	10.09	No.97+15.57	No.98+05.66
39	34	15.50	4.70	0.70	9.13	No.98+15.40	No.99+04.54
40	62	13.00	7.67	2.10	13.87	No.101+10.73	No.102+04.60
41	58	15.00	8.25	2.12	15.09	No.102+09.65	No.103+04.74
42	32	15.20	4.41	0.63	8.59	No.103+10.48	No.103+19.07

[임도 평면도와 곡선 설치표]

위치도가 임도의 전체 노선을 표시한 지도라면 평면도는 임도의 진행방향에 따라 노선의 굴곡 정도를 표시한 지도다. 노선의 굴곡 정도는 직선과 직선이 만나는 곳에 차량의 원활한 주행을 위해 설치하는 곡선의 반지름으로 구체적으로 표시된다. 곡선 반지름이 크면 클수록 차량의 주행이 쉽다. 평면도에는 교각법에 의해 설치하는 곡선의 제원이 지도와 함께 제시된다.

② 위치도

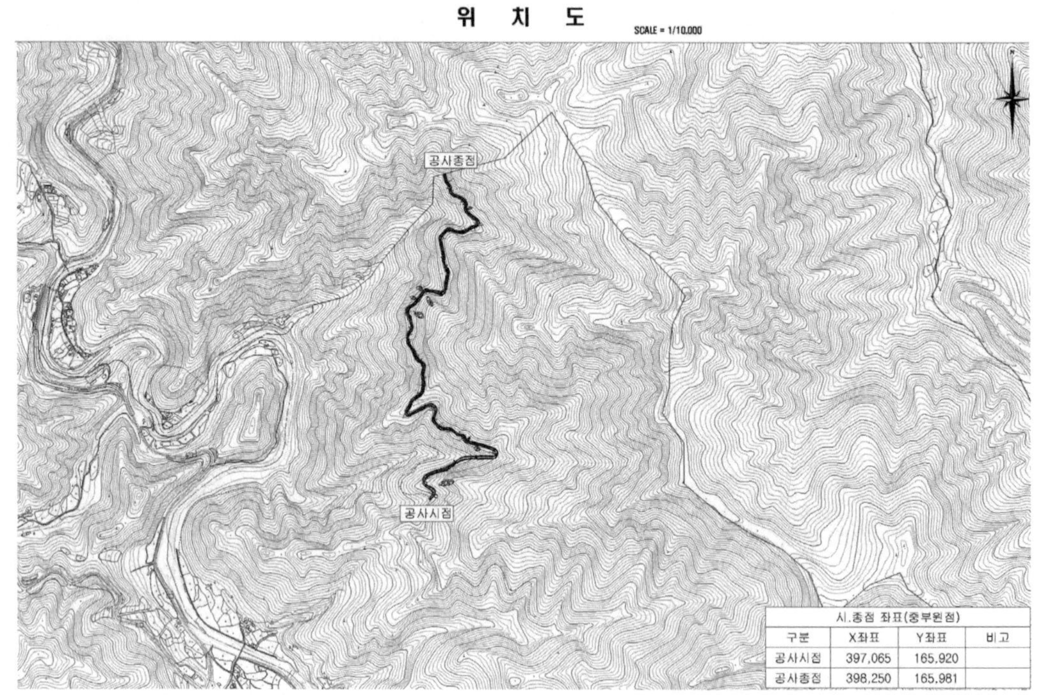

시.종점 좌표(중부원점)			
구분	X좌표	Y좌표	비고
공사시점	397,065	165,920	
공사종점	398,250	165,981	

[임도의 위치도]

위치도는 우리가 일반적으로 알고 있는 지형도이다. 즉, 등고선 상에 노선의 시점과 종점, 노선의 길이와 진행방향, 축척 등이 표시되어 있다. 노선의 시점과 종점이 표시되어 있기 때문에 해당 현장에 접근할 수 있는 도로를 찾는 데 꼭 필요하다.

③ 종단면도

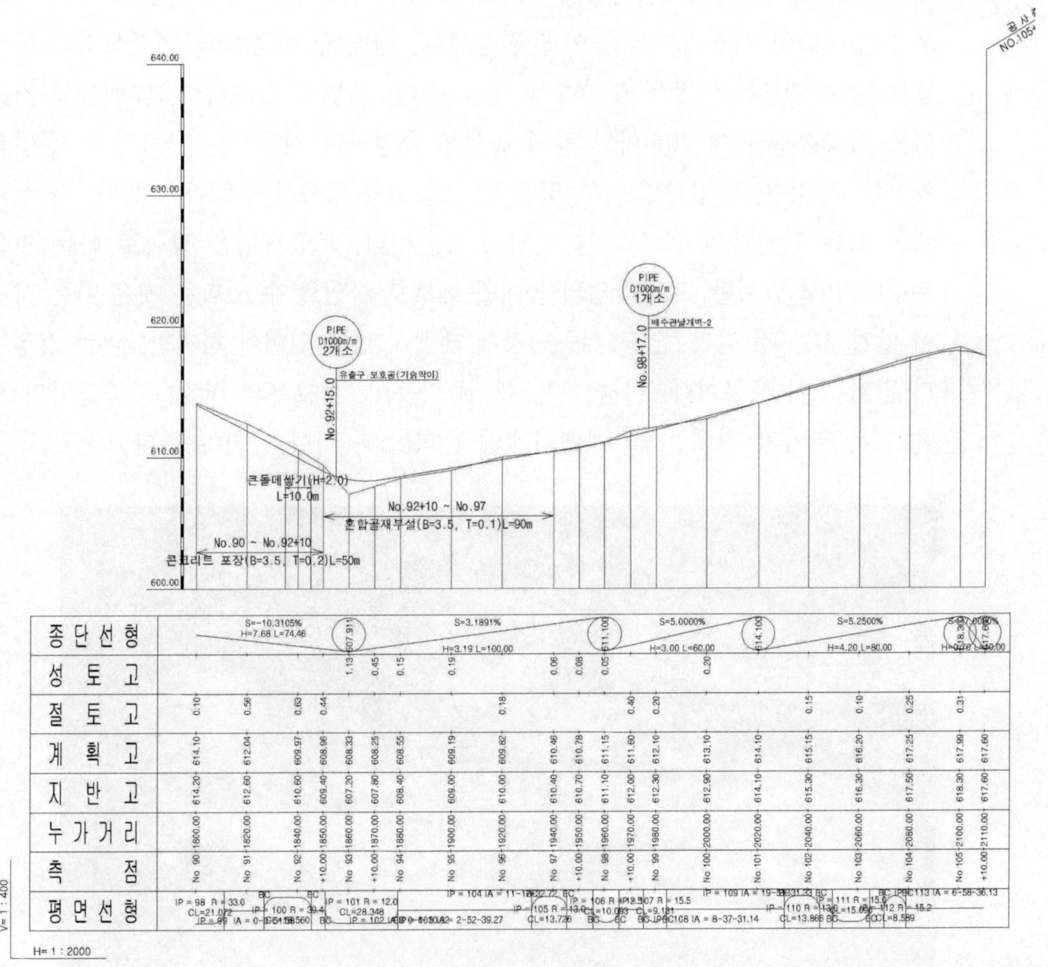

[임도 종단면도]

종단면도는 레벨 또는 토털스테이션으로 종단 측량한 결과를 나타낸 도면으로 축척은 횡 방향 1/1,000, 종 방향 1/200으로 작성한다. 사방사업의 경우 더 상세하게 나타낸다. 종단면도는 자동차의 주행과 노면의 물 빠짐에 적당한 물매의 계획선을 설정하여 시공기면의 높이를 결정한다. 원래 땅의 높이와 계획상의 높이를 모두 알 수 있다. 이것을 현장에서 확인하려면 레벨이 필요하다. 레벨을 가지고 임도 시작점부터 매 20m마다 땅의 높이를 측정하여 시공하는 위치의 땅 높이를 확인할 수 있다. 굴진작업할 때 땅을 깎는 높이를 정확하게 알아야 한다. 다시 되메운 흙은 원지반의 흙보다 잘 씻기기 때문이다. 토공작업은 장비로 하는 것은 누구나 알고 있지만, 토공작업의 높이를 레벨로 확인할 수 있다는 것은 아는 사람이 많지 않은 것 같다. 임도 시공현장에 레벨이 항상 있어야 하지만, 없는 경우를 더 많이 보기 때문이다. 바늘 가는 데 실 가듯이, 백호우의 버킷, 토공장비의 흙을 담는 바가지 곁에는 늘 레벨기계와 함척(스타프)이 있어야 한다.

[토공작업과 레벨측량]

④ 횡단면도

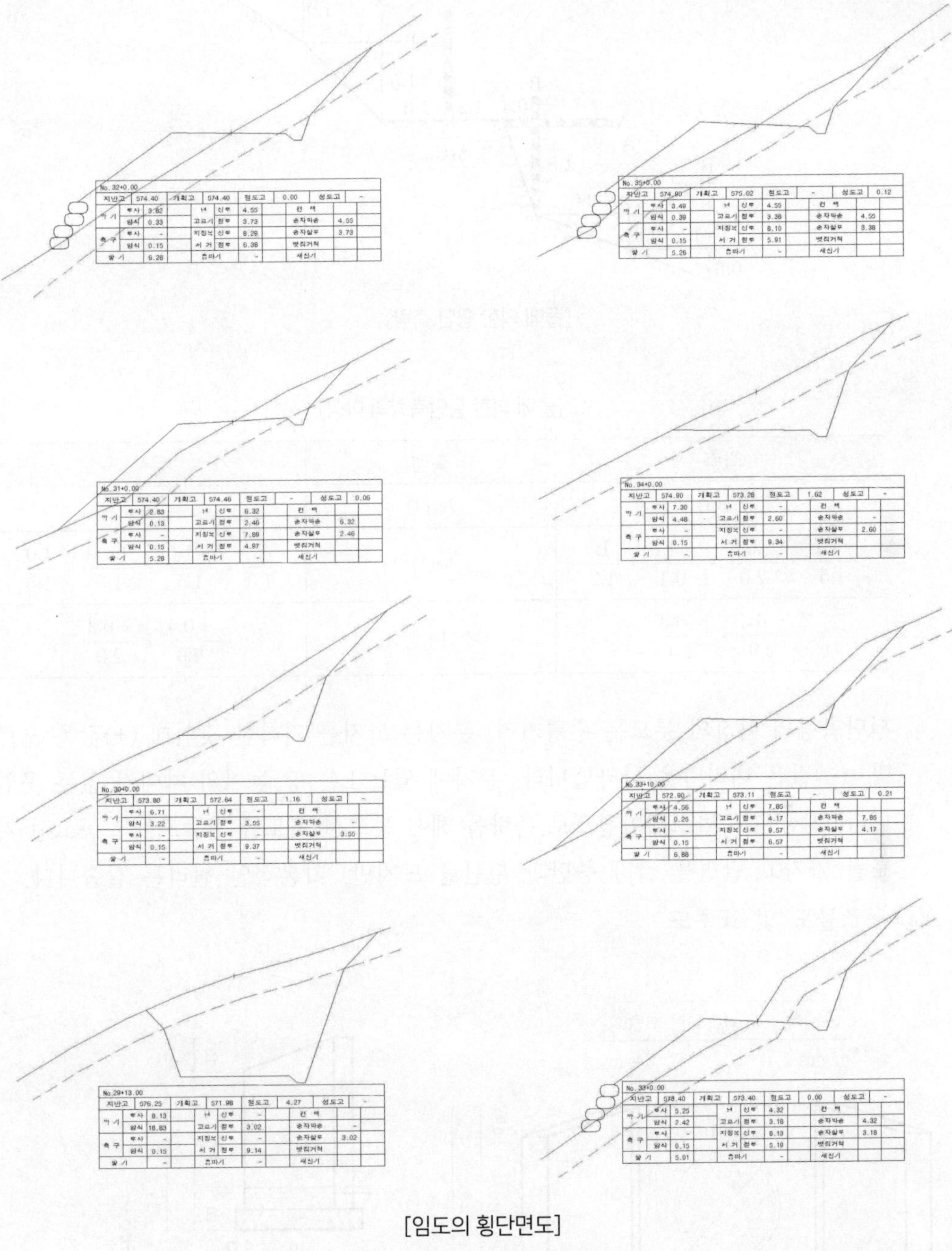

[임도의 횡단면도]

도로의 중심을 직각으로 가로지르는 선으로 도로를 잘라서 그 자른 면을 도면으로 옮긴 것이 횡단면도이다. 횡단면도는 가장 간단하게는 폴에 의해 종단측량의 매 측점마다 횡단측량을 하고 그 결과를 원래의 지형과 함께 흙을 깎아낼 부분과 흙을 쌓을 부분을 따로 표시하고 그 면적을 계산한 값을 표에 적어 같이 표시한다.

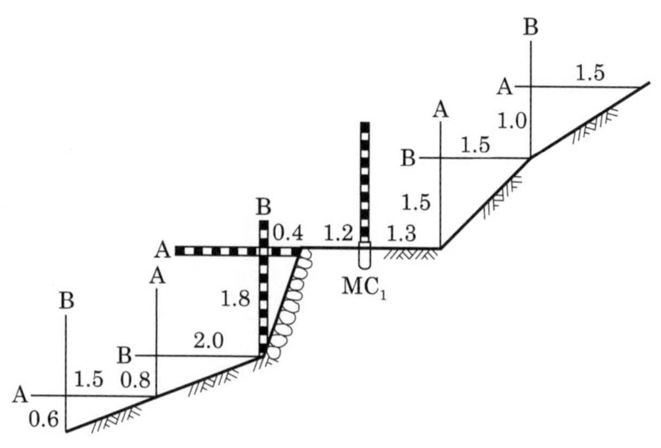

[폴에 의한 횡단 측량]

[폴에 의한 횡단측량의 야장]

좌측	측점	우측
L 3.0	No.0	L 3.0
$\frac{-0.6}{1.5} \cdot \frac{-0.8}{2.0} \cdot \frac{-1.8}{0.4} \cdot \frac{L}{1.2}$	MC1	$\frac{L}{1.3} \cdot \frac{+1.5}{1.5} \cdot \frac{+1.0}{1.5} \cdot \frac{1.0}{1.5}$
$\frac{-0.3}{2.0} \cdot \frac{-0.3}{2.0}$	MC1+3.70	$\frac{+0.4}{2.0} \cdot \frac{+0.4}{2.0}$

횡단측량의 야장의 분모는 수평거리, 분자는 고저를 기록한 것인데 (+)값은 오르막, (−)값은 내리막을 나타냅니다. 분자에 있는 L은 땅 높이의 차이가 없는 곳입니다. 지금은 토털스테이션으로 측량을 해서 등고선 지도를 만들고, 그 등고선 지도를 가지고 단면을 잘라 종단과 횡단을 뜨지만, 기본적인 원리는 같습니다.

⑤ 구조물도 및 표준도

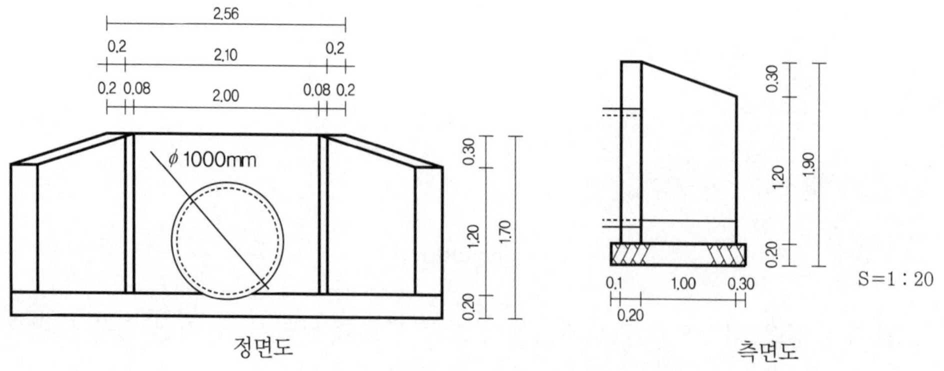

[배수관 날개벽의 정면도와 측면도]

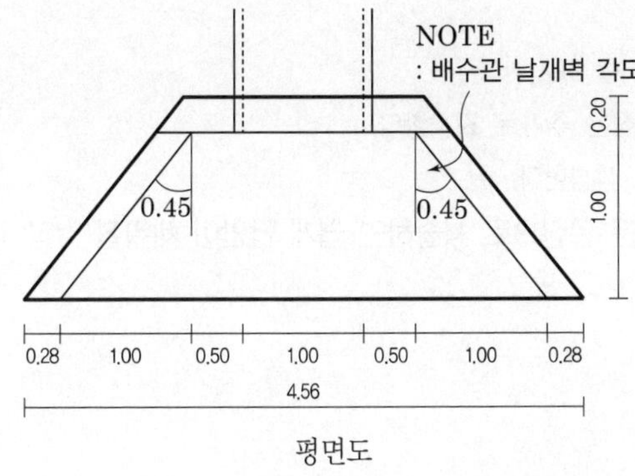

재 료 표

(개소당)

공 종	콘크리트(m^3)		거푸집(m^3)		기초잡석 (m^3)	터 파 기 (m^3)	되메우기 (m^3)	잔 토 (m^3)
	ø25		4 회	6 회				
벽 체	0.52		5.25					
날 개	0.76		8.31					
기 초		0.80		2.02				
지 수 벽								
계	1.28	0.80	13.56	2.02	1.01	8.47	4.04	4.43

[배수관 날개벽의 정면도와 측면도]

임도에서 주로 사용되는 구조물은 배수구와 집수정, 돌쌓기, 수로 그리고 세월포장 및 노면포장입니다. 구조물도는 현장에서 기능 인력들이 시공이 가능할 정도로 상세하게 그려야하기 때문에 보통 1/100의 축척보다 작은 값을 사용한다. 구조물의 종류에 따라 하중을 많이 받거나 큰 구조물은 구조계산을 별도로 실시하기도 하며, 그런 경우는 그 내용을 요약하여 설계도에 기록하기도 한다. 보통은 사용재료의 크기와 규격 그리고 수량을 재료표에 명시한다.

기출문제 **임도 설계 시 작성하는 도면 중 평면도, 횡단면도, 종단면도의 특징을 쓰시오.(3점)**

모범답안

가. 평면도 :

나. 횡단면도 :

다. 종단면도 :

임도 설계 시 작성하는 도면의 특징을 단문으로 살펴보면 아래와 같습니다.

1. 평면도
   - 임도가 진행하는 방향에 따라 넓은 방향으로 작성한다.
   - 1 : 1,200의 축척으로 작성한다.
2. 횡단면도
   - 도로의 중심선과 직각방향으로 매 20미터마다 작성한다.
   - 구조물이 있는 부분은 추가로 그린다.
   - 깎기와 쌓기의 토공량을 표시한다.
   - 1 : 100의 축척으로 작성한다.
   - 임도의 시공기면을 표시한다.

3. 종단면도

- 도로의 중심선을 따라 매 20미터마다 높이를 표시한다.
- 구조물을 설치하거나 지형이 급변하는 지점은 추가로 표시한다.
- 횡단축척 1 : 1,000, 종단축척 1 : 200으로 작성한다.

▶ 횡 단면도를 떠올리고 그 특징을 하나씩 짧은 문장으로 서술하면 쉽게 답안이 채워질 것입니다.

핵심 54 설계도 축척

1. 평면도 축척(1 : 1,200)
2. 종단면도 축척(횡 1 : 1,000, 종 1 : 200)
3. 횡단면도 축척(1 : 100)

핵심 55 임도예정선 측량 시 필요한 사항

임도의 설계순서는 '예비조사 - 답사 - 예측 - 실측 - 설계도 작성 - 수량 산출 - 설계서 작성'이다. 임도 예정선의 측량은 예비측량에 해당하는 예측으로 하게 되며, 이때는 간단한 측량기구로 방위와 거리, 경사를 재게 된다. 이때 사용하는 측량기구는 나침반(포켓 컴퍼스), 핸드레벨(경사계), 잼줄(테이프자) 정도이다.

1. 포켓컴퍼스

시준선이 있는 휴대용 나침반

2. 핸드레벨

손에 들고 약식으로 개략적인 높이를 관측하는 기계

측량에 사용되는 간단한 수준기

길이 12~15cm의 놋쇠로 만든 원통 또는 각통의 망원경

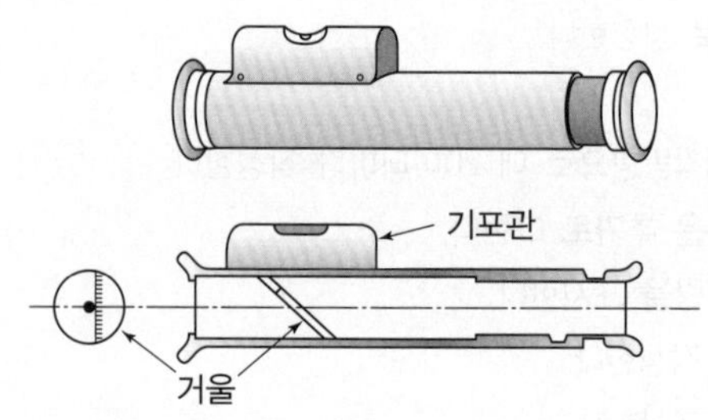

3. 잼줄

철제 테이프자

> **예측**
>
> 답사에 의해 노선의 대요가 결정되면 예정노선을 간단한 기계로 실측하여 예측도를 작성하는데, 이것을 예측(preliminary surveying)이라고 한다.
> 예측에서는 포켓 컴퍼스, 핸드레벨, 잼줄이 사용됩니다.
>
> **설계업무의 흐름**
>
> 예비조사 – 답사 – 예측 – 실측 – 설계도 작성 – 수량 산출 – 설계서 작성
>
> **답사**
>
> 지형도상에서 검토한 임시노선에 대해 현지에 나가서 그 적부를 조사하여 노선 선정의 대요를 결정하기 위하여 답사(reconnaissance)를 한다. 노선의 예정지 일대를 걸어 다니면서 지형, 지질, 하천의 상황, 가교지점 및 기타 용지관계 등을 조사하고, 노선의 기점과 종점 등을 현지에서 확정한다.
> 이때 장래의 노선 연장과 지선 등의 계획에 관해서도 충분히 조사할 필요가 있다. 답사 시에도 「임도망 계획을 위한 기초조사」 자료를 활용해야 한다. 답사 시에는 간단한 측량기구이다.즉, 핸드레벨, 컴퍼스, 잼줄, 테이프자, 폴(pole) 등을 휴대하여 고저차, 물매, 방위, 사거리 등을 측정한다.

핵심 56 측량

| 시험보다는 측량의 기본적 이해에 주안점을 두었습니다.

1. 측량 일반

1) 측량

- 일반 : 지구의 형상과 위치를 측정하여 지도상에 표시하는 일
- 산림 : 임도, 사방 등 지형을 측정하여 시설물의 종류와 위치, 방향 등을 도면상에 표시하여 설계, 시공, 감리 시 확인하는 일

2) 측량의 기준

- 형상(지구의 모양)
- 위치(위도와 경도)
- 높이(평균해수면)

3) 측량의 오차

관측값과 최확값의 차이

가. 오차의 원인은 자연, 기계, 인위적인 원인에 의해 발생

나. 오차의 종류는 정오차, 부정오차, 과오가 있다.

4) 측량의 방법

측량의 목적과 경제적 여건에 맞게 선택할 수 있다.

5) 측정의 대상

- 거리와 높이, 각도, 면적, 체적, 온도, 속도, 무게, 질량, 시간 등이 있으며, 약측과 실측의 방법을 선택할 수 있다.
- 실측의 정도 또는 정밀도는 측량의 목적에 맞는 방법을 선택할 수 있다.

2. 자주 사용하는 측정의 방법

1) 거리 : 줄자(스틸자)와 함척, 파장(점파, 음파, 광선 등)을 이용하여 측정

2) 높이 : 함척, 수준측량기(레벨기), 파장 등을 이용하여 측정

3) 각도 : 나침반, 각도측정기(트랜싯, 데오도라이트 등)

▶ 토털스테이션 : 거리, 높이, 각도를 한꺼번에 잴 수 있도록 만들어진 측량기

3. 특정한 기계와 기구를 이용한 측량

1) 평판측량 : 평판에 제도지를 고정하고 거리, 각도, 고저 등을 현장에서 제도

2) 수준측량 : 레벨기의 수평면을 기준으로 함척을 이용하여 땅의 높이를 측정

3) GNSS 측량 : 인공위성으로부터 신호를 받아 지형을 측정하여 디지털맵 작성

4. 면적 및 체적의 측정

1) 면적측정

가. 삼각형법 : 대상지를 여러 개의 삼각형으로 구분, 각 삼각형의 면적을 산출하여 합산하는 방법

나. 지거법 : 임의의 기준선에서 측정점에 내린 수선=지거, 다각형 면적

다. 도상거리법 : 도상에서 측정한 거리를 이용하여 면적 측정(방안법, 띠측법, 등량법)

라. 구적기 방법 : 정극플래니미터를 사용하여 도상면적을 측정하는 방법

마. CAD : 캐드 상에서 산출한 면적을 도상면적으로 결정하는 방법

2) 체적측정

가. 가늘고 긴 체적의 측정 : 평균단면적법, 평균거리법, 중앙단면적법, 각주법

나. 넓은 지역의 측정방법 : 사각형 구형주체법, 삼각형 구형주체법, 등고선법

5. 산림사업 대상에 따른 분류

1) 산복(허리)측량

가. 범위 : 붕괴지 및 주변을 포함, 시공범위와 지형의 상황 등을 파악할 수 있는 범위

나. 종류 : 평면, 종단, 횡단측량

2) 계간측량

가. 범위 : 계간사방공작물 배치에 필요한 시공장소 상하류 및 계안

나. 종류 : 평면, 종단, 횡단

3) 해안측량

가. 범위 : 정선(汀線) 및 부근의 해저와 해안방제림을 조성할 구역을 포함

- 구조물의 배치 등에 대한 종합적인 판단이 가능한 범위

나. 종류

a. 일반지형측량 : 평면, 종단, 횡단측량

b. 정선측량 : 결과도, 평면도, 종단면도, 횡단면도, 구조물도 등

c. 해저측량

- 측선방향 직각
- 측선간격 100m, 50m
- 측량범위 먼 바다 30km, 20km

4) 임도측량

가. 중심선측량과 영선측량

나. 종단측량과 횡단측량

핵심 57 수준측량

1. 개념

- 레벨측량
- 고저측량
- 수준측량은 임의의 수평면(기준면)으로부터 어느 지점까지의 수직높이를 측정하는 측량이다.
- 수준측량은 땅 위의 여러 점에 대해 높낮이의 차이나 해발고도를 측정하기 위한 측량이다.
- 수준이란 높이이다. 즉, 고저를 말하며, 수준측량이란 레벨기의 수평면(임의의 수평면)부터 어느 지점(함척의 눈금)까지의 수직거리를 측정하는 것을 말한다.
- 임의의 수평면으로부터 어느 지점까지의 수직거리를 기준면으로부터 측정하는 것을 고저측량이라고 한다.
- 수준측량의 목적은 쉽게 말해서 땅 높이를 알아내는 것이다.

2. 수준측량의 용어

- 시준면 : 수평으로 설치한 레벨의 회전에 의해 시준선이 이루는 수평면
- 수준기면 : 고저측량의 기준이 되는 수평면
- 수준점 : 고저측량의 기준이 되는 점

※ 아래 단어는 꼭 알고 가야 합니다. 처음 이것만 읽어서는 알 수 없는 것이 당연합니다. 당연히 이 책만으로 부족하면, 수업을 들으시거나, 레벨 측량과 관련된 다른 책을 보시는 것을 권합니다.
무작정 암기할 수 있는 내용이 아님을 다시 한번 말씀드립니다.

- 기계고(시준고, IH) : 기준이 되는 수준기면에서 레벨의 시준면까지의 수직거리
- 후시(BS) : 땅 높이를 이미 알고 있는 점
- 전시(FS) : 땅 높이를 측정하여야 할 점

표고를 아직 알지 못하는 점

- 이점(TP)과 새로운 후시(BS) : 레벨의 높이 또는 거리가 측정이 되지 않을 때, 전시를 측정한 후 그 자리에 스태프를 세워놓고, 지반고를 확인하여 이를 다시 후시로 삼고, 새로운 기계고를 산출하여 후시들을 측정하는 점 (이점=이기점)
- 스태프를 세워놓고 전시와 후시를 두 번 측정한다. 마지막 측점의 전시는 이점(TP)에 기재한다.
- 중간점 (간시, IP) : 전시만을 읽는 점

▶ 레벨기는 수평을 맞추면, 같은 높이를 잴 수 있는 망원경입니다.
레벨(또는 레벨기)을 이용한 측량을 수준측량이라고 합니다.

3. 수준측량의 야장 기입법

- 야장 : 측량의 결과를 현장에서 기록하는 공책, 기계의 높이를 이용하는 기고식, 전치와 후시의 차이만을 계산하는 승강식, 결과만 기입하는 고차식으로 기록한다.

1) 기고식 : 기계고를 기준으로 야장을 기입하여 지반고를 산출하는 방법(보통의 임도 측량에서 사용)
2) 승강식 : 기계고를 산출하지 않고 전시와 후시의 차이만으로 지반고를 산출하여 기입하는 방법(지형의 변화가 심하여 매번 기계를 옮겨야 할 때 편리)
3) 고차식 : 중간과정을 모두 생략하고 지반고만 기입

> **레벨**
>
> ① level, 높이, 수준, 수평, 표준이라는 뜻
> ② 수준측량에 사용하는 망원경을 주체로 한 측정 기계
> ③ 망원경의 기포관을 수평으로 조정하면, 접안렌즈와 대물렌즈에 있는 눈금의 높이가 같아진다.
> ④ 망원경으로 측점에 세운 표척의 눈금을 읽어서 높이를 측정한다.
> - 이후 측점과 측점의 높이를 비교하여 높낮이 차이를 알 수 있다.
> ⑤ 높낮이의 차이를 야장에 기록하였다가 도면을 작성하는 데 사용한다.
> - 임도・사방시설 공사의 종단도 도면을 작성하는 데 주로 사용한다.

핵심 58 야장기입 방법

1. 기고식

기고식 야장기입법은 레벨의 높이(기고, 기계고)를 기준으로 야장을 기입하는 방법으로 가장 많이 사용한다.

다음 그림에서 C점의 높이를 구하려고 한다. 이때 A점의 땅 높이는 10m로 가정한다.

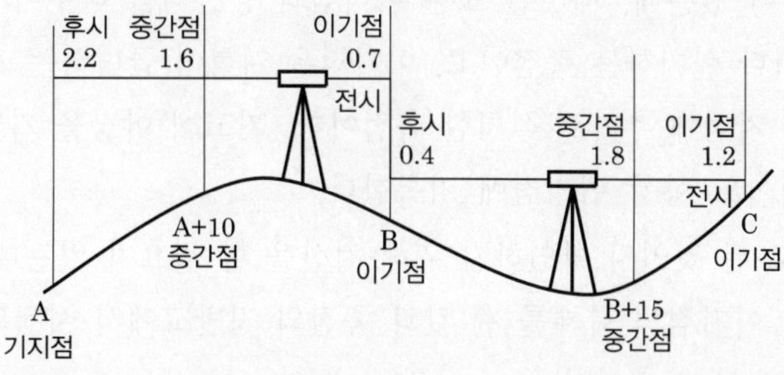

기고식 야장기입에서는 기계의 높이(기고)를 먼저 결정한다. 기계의 높이는 기지점의 높이에 레벨로 기지점에 세워진 함척의 눈금을 읽은 값을 합하여 결정한다. 아래 그림에서 기계고는 10+2.2=12.2m가 된다.

레벨은 기포관을 맞추고 나면 모두 같은 높이를 시준하게 되므로, 그다음 점의 위치는 기계고(IH, instrument hight)에서 A+10지점에 세워진 함척의 눈금을 읽은 값을 빼면 A+10지점의 높이를 알 수 있다.

제시된 그림에서는 12.2−1.6=10.6이 된다.

B점의 높이 역시 기계고에서 B점에 세워진 함척의 눈금을 읽은 값을 빼서 결정한다. 그림에서 12.2−0.7=11.5가 되어 B점의 높이는 11.5m이다.

B점에 함척을 세워놓은 상태로 기계를 옮기게 된다. 기고식 야장기입법은 기계를 옮기게 되면 새로운 후시(기지점, BS, back sight)는 B점의 지반고이다. 즉, 땅 높이가 된다. 새로운 후시는 B점의 지반고인 11.5m에서 B점에 세워진 함척의 눈금을 새로 읽은 값인 0.4가 된다.

측점	BS (후시)	IH (기계의 높이)	FS (전시)		지반고	비고 (단위 m)
			TP(이기점)	IP(중간점)		
A	2.2	12.2			10	Ha=10
A+10				1.6	10.6	
B	0.4	11.9	0.7		11.5	
B+15				1.8	10.1	
C			1.2		10.7	Hc=10.7
Total	2.6		1.9			

새롭게 세운 기계의 기계고는 B점의 지반고인 11.5m에 후시 값인 0.4를 합쳐서 11.9m가 된다.

B+15와 C점의 지반고는 새로운 기계고에서 전시를 각각 빼서 구할 수 있다.

기고식야장은 전시를 중간점과 이기점으로 나누어 기록하는 방법과 구분하지 않고 기록하는 방법이 있는데, 제시된 표는 이기점과 중간점을 나누어 기록하였다. 중간점은 매 20m마다 설치하는 측점이고, 이기점은 지형이 급변하는 지점이나 구조물의 설치가 필요한 지점에 추가로 설치한 측점이다. 기고식 야장을 기입할 때 마지막 전시는 중간점이어도 항상 이기점에 기록한다.

이 값이 제대로 된 것인지 확인하기 위해 검산을 할 필요가 있는데, 검산 방법은 후시의 합계에서 이기점의 합계를 뺀 값과 종점의 지반고에서 시점의 지반고를 뺀 값이 같은 지 확인하는 것이다.

☞ ΣBS－ΣTP＝Hc－Ha

2.6－1.9＝0.7이고, 10.7－10.0＝0.7이므로 이 기고식야장은 오류가 없이 작성되었음을 확인할 수 있다.

2. 승강식

승강식 야장기입은 후시에서 전시를 뺀 값이 + 이면 “승”란에, - 이면 “강”란에 기입하고, 이를 이용하여 매 측점의 지반고를 기록하는 야장기록 방법이다.

땅의 높이 차이가 심해서 매번 레벨을 옮겨야 할 때는 기고식 야장기입을 하면 분량이 많아지게 되므로 승강식을 이용하면 편리하다.

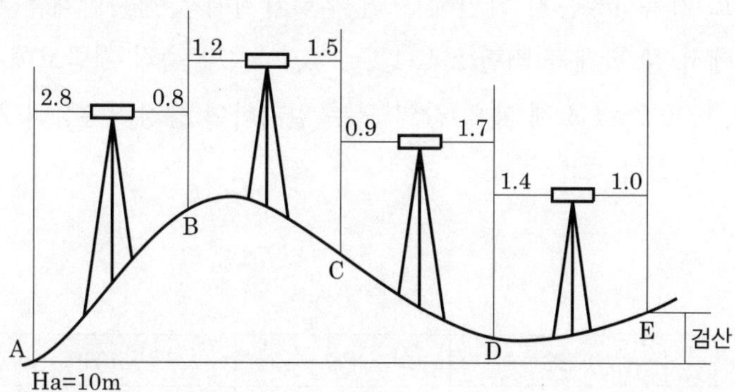

승강식은 땅의 높이가 올라가고, 내려가는 차이만으로 지반고를 산출하는 방법이다. 올라가는 높이를 승, 내려가는 높이를 강, 합쳐서 승강식이라고 부른다. 각 측점에서 전시와 후시를 반복해서 기록한다.

A점의 높이는 10m이고 이 값을 알고 있으므로 A점의 함척을 시준하여 눈금을 읽으면 이것이 후시가 된다. 그리고 B점으로 함척을 옮겨 이 눈금을 전시에 기록한다. 제시된 그림에서 2.8은 A점의 후시에 기록하고, 0.8은 B점의 전시에 기록한다. 이때 B점의 지반고는 전시 2.8에서 후시 0.8을 뺀 값에 A점의 지반고를 더하여 기록한다. 기지점의 후시(BS)에서 미지점의 전시(FS)를 뺀 값이 + 이면 승에, - 이면 강에 적고, 이 값을 이전의 지반고에 더하여 새로운 지반고를 산출하는 방법이 승강식 야장기입법이다.

승강식의 검산방법은 기고식의 검산방법과 기본적으로 같지만, 승 란의 합계에서 강란의 합계를 뺀 값도 검산에 사용할 수 있다.

ΣBS－ΣFS＝Σ승－Σ강＝He-Ha

위의 그림을 야장에 옮기면 아래와 같다.

측점	BS	FS	승(+)	강(−)	지반고(H)	비고(m)
A	2.8				10	Ha=10.0
B	1.2	0.8	2		12	
C	0.9	1.5		0.3	11.7	
D	1.4	1.7		0.8	10.9	
E		1	0.4		11.3	
Total	6.3	5	2.4	1.1		

야장을 제대로 기록하였는지 확인해 보면 후시합계에서 전시합계를 빼면 6.3−5.0=1.3, 승 합계에서 감 합계를 빼면 2.4−1.1=1.3, 마지막 측점 지반고에서 첫 측점 지반고를 빼면 11.3−10.0=1.3 세 개의 값이 모두 일치하여 승강식야장이 제대로 기입되었음을 확인할 수 있다.

3. 고차식

측점	BS	FS	지반고(H)	비고
A	2.8		10	Ha=10.0m
B	1.2	0.8		
C	0.9	1.5		
D	1.4	1.7		
E		1	11.3	
Total	6.3	5		

고차식 야장기입은 기지점에서 마지막 측점의 지반고만 알고자 할 때 사용하는 야장기입법이다.

고차식 야장기입에서 마지막 측점의 계산은 아래의 식을 사용한다.

$$He = Ha + \Sigma BS - \Sigma FS$$

이 식에 따라 계산하면

−10+6.3-5=11.3이 되어, 최종 지반고는 11.3m이다.

수준측량의 이해[요약]

1. 수준측량의 정의

   높이(표고, 지반고)를 측정하는 측량

2. 측량 장비

   레벨, 삼각대, 함척(스태프)

   수준점 위치 및 표고 확인하는 방법

   - 국토지리정보원 홈페이지의 '국가기준점 성과발급'을 이용한다.
   - 국토지리정보원 – 국가기준점 성과발급 – 기준점의 조서
   - 우리나라 수준원점은 인천만 평균해수면에서 26.6871미터

3. 용어 정의

   - 수준점(BM) : Benchmark
     - 임시수준점(TBM) : Temporary Benchmark
   - 기계고(IH) : Instrument Height
     - 이기점(TP) : Turning Point
     - 중간점(IP) : Intermediate Point
   - 지반고(GH) : Ground Height
   - 후시(BS) : Back Sight
   - 전시(FS) : Fore Sight

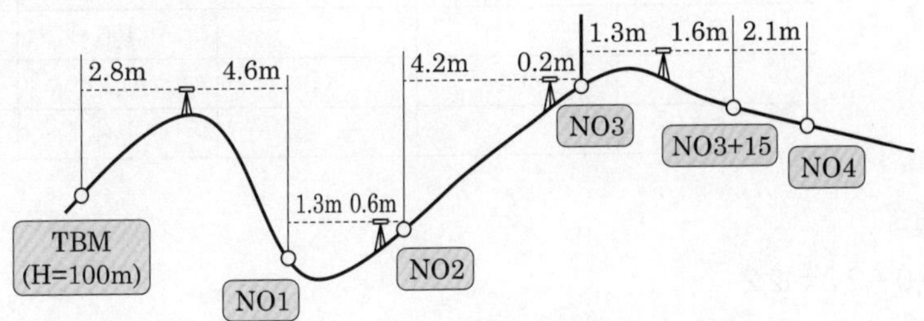

측점	BS (후시)	IH (기계의 높이)	FS (전시)		지반고	비고 (단위 m)
			TP(이기점)	IP(중간점)		
TBM	2.8	102.8			100.0	
No 1	1.3	99.5	4.6		98.2	
No 2	4.2	103.1	0.6		98.9	
No 3	1.3	104.2	0.2		102.9	
No 3+15				1.6	102.6	
No 4			2.1			
Total	9.6		7.5			102.1

- 기계고 = 지반고 + 후시
- 지반고 = 기계고 - 전시

- 마지막 측점의 전시는 항상 이기점(TP)에 기재한다.
- 검산 9.6-7.5=102.1-100=2.1

4. 현황측량(직접 수준측량)
   1) 작업순서 : 답사(선점) ⇨ 관측 ⇨ 계산
   2) 기계세우기 : 정준
      - 레벨은 높이만 구하는 장비로 수평을 유지해야 한다.
      - 원형 기포관을 보면서 정준나사를 이용해서 정준 작업을 한다.
   3) 정준나사 조작방법
      (왼쪽 엄지손가락 법칙 활용)
      정준나사는 3개로 정삼각형을 이루고 있는데 작업자의 몸을 삼각형의 밑변 쪽에 위치하고 아래의 2개 나사를 동시에 안쪽 또는 바깥쪽으로 이동하여 좌우 수평을 맞춘다. 그 후 위쪽의 나사를 돌려 상하 수평을 맞춘다.

기출문제 **아래는 기고식으로 야장을 기입한 표입니다. 빈칸을 채우세요.(5점)**

측점	후시(m)	기계고(m)	전시(m)	표고(m)
A	2.2	①		10.0
B			1.6	②
C	0.4	④	0.7	③
D			1.8	⑤

모범답안

① 10.0+2.2=12.2
② 12.2−1.6=10.6
③ 12.2−0.7=11.5
④ 11.5+0.4=11.9
⑤ 11.9−1.8=10.1

기출문제 아래는 승강식으로 야장을 기입한 표입니다. 빈칸을 채워 야장을 완성하시오.(4점)

측점	후시(m)	전시(m)	승(m)	강(m)	표고(m)
A	2.8				10.0
B	1.2	0.8	①	②	③
C	0.9	1.5	④	⑤	⑥
D	1.4	1.7	⑦	⑧	⑨

모범답안

① 2.8－0.8＝2.0(승)

②

③ 10.0＋2.0＝12.0

④

⑤ 1.2－1.5＝0.3(강)

⑥ 12－0.3＝11.7

⑦

⑧ 0.9－1.8＝0.8(강)

⑨ 11.7－0.8＝10.9

기출문제 기고식 야장을 기록하였다. 이 야장에 의해 기계고와 지반고를 구하시오.(4점)

측점	후시	기계고	전시		지반고	
			T.P	I.P		
B.M No.8	2.30	1)			30.00	
1				3.20	29.10	
2				2.50	29.80	
3	4.25	3)	1.10		2)	
4				2.30	33.15	
5				2.10	33.35	
6			3.50		4)	
sum	6.55		4.60			

모범답안

1) 기계고(I.H)＝지반고(G.H)＋후시(B.S)＝30.00＋2.30＝32.30

2) 지반고(G.H)＝기계고(I.H)－전시(T.P)＝32.30－1.10＝31.20

3) 기계고(I.H)＝지반고(G.H)＋후시(B.S)＝31.20＋4.25＝35.45

4) 지반고(G.H)＝기계고(I.H)－전시(T.P)＝35.45 － 3.50＝31.95

핵심 59 기계화시공의 장단점

1. 장점

- 규모가 큰 공사는 효율적으로 시공
- 공기는 단축
- 공사비는 절감
- 시공능률은 증가
- 인력으로는 힘든 공사를 무난하게 시공

2. 단점

- 기계구입비 비쌈
- 숙련된 운전원 필요
- 소규모에는 경비가 상대적으로 많이 발생
- 소음, 진동, 유류에 의한 토양오염 등 공해 발생

핵심 60 건설기계

1. 암석 굴착기계

- 파워셔블
- 백호우
- 리퍼(단단한 흙이나 연약한 암석 굴착용도)
- 브레이커

2. 적재 기계

- 트랙터셔블
- 셔블로더

3. 운반 기계

- 불도저
- 덤프트럭
- 백호우(굴착, 적재, 운반, 흙깔기, 흙다지기 등)

4. 정지 기계

땅을 고르거나 측구의 굴착 또는 노반, 경사면을 형성하는 작업 또는 이미 만들어진 도로의 노반을 파 일구거나 깎는 작업을 하는 장비

- 모터그레이더
- 불도저
- 스크레이퍼

5. 전압기계

지면이나 노반을 다지는 작업을 하는 장비

- 로드롤러(바퀴의 배치와 형식에 따라 : 머캐덤롤러, 탠덤롤러, 탬핑롤러)
- 타이어롤러
- 진동콤팩터
- 탬퍼

▶ 시험에는 "정지 및 전압기계의 종류를 쓰시오."라는 형태로 출제됩니다.

기출문제 **임도 사업 시 정지 및 전압에 사용되는 기계를 4가지 쓰시오.(4점)**

모범답안

핵심 61 정지 기계

1. 모터그레이더
2. 도저
3. 백호우

토공작업 기계

1. 굴착 기계 : 땅 파는 기계, 백호우, 클램셀, 리퍼 등
2. 정지 기계 : 땅을 다듬는 기계, 그레이더, 도저 등
3. 전압 기계 : 땅을 다지는 기계, 콤팩더, 로울러 등

[탬핑로울러]

핵심 62 건설기계의 주행 장치

1. 크롤러바퀴식

- 중앙고가 낮아 등판력이 우수하다.
- 바퀴가 땅에 닿은 면적이 커 접지압이 낮다.
- 연약지반이나 험지에서 주행성이 좋다.
- 임도나 임지에 피해가 적다.

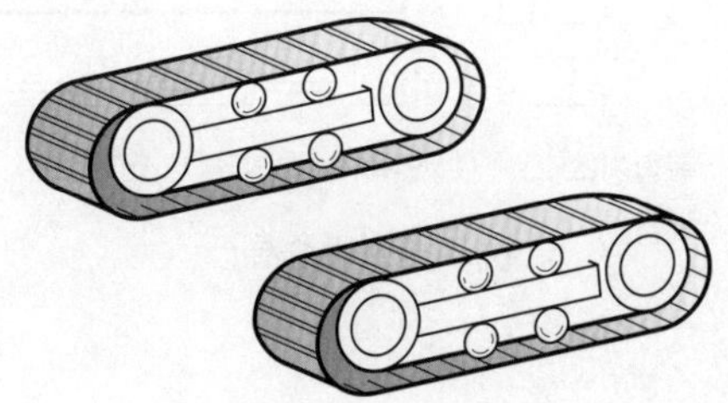

[무한궤도, 크롤러바퀴]

2. 타이어바퀴식

- 주행성과 기동성은 크롤러바퀴식에 비해 좋다.
- 크롤러바퀴식에 비해 바퀴가 땅에 닿은 면적이 작아 접지압이 높다.
- 연약지반이나 험지에서 이용은 어렵다.

∷ 주행장치는 임업용 트랙터, 쇼벨계 건설기계, 포워더의 주행장치에 공통된 사항입니다.

∷ 접지압은 땅에 닿는 압력을 말합니다. 압력의 단위는 무게/면적입니다. 분모가 크면 작아지는 것이 압력입니다. 분자가 커지면 당연히 커집니다. 접지압은 바퀴가 땅에 닿는 면적과 반비례합니다. 헷갈리기 쉽습니다. 영화에서 보는 전차의 바퀴인 크롤러바퀴가 땅을 많이 훼손하는 것으로 착각하지만, 오히려 접지압이 높은 타이어바퀴가 땅을 많이 훼손합니다.

핵심 63 기초공사

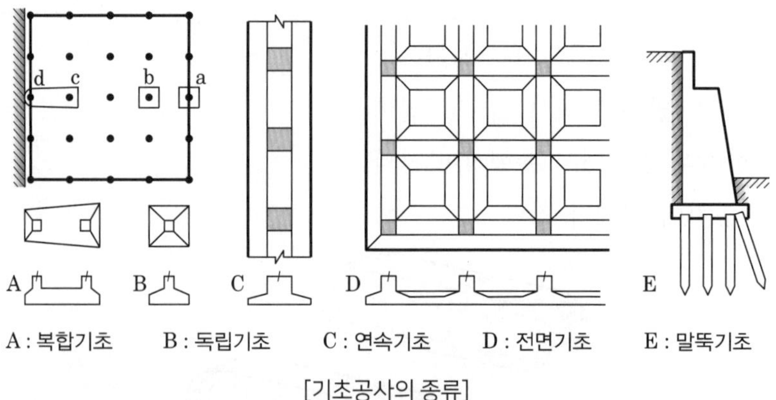

[기초공사의 종류]

1. 직접기초

견고한 지반 위에 기초 콘크리트 직접 시공

2. 확대기초

상부구조의 하중을 확대하여 직접 지반에 전달하는 기초

3. 전면기초

상부구조의 전면적으로 받치는 단일 지지층에 실려 있는 형태의 기초

① 직접 기초(얕은 기초) : 견고한 지반 위에 기초 콘크리트를 직접 시공하고 이 기초 콘크리트에 하중이 작용하는 기초

② 확대 기초 : 상부구조의 하중을 확대하여 직접 지반에 전달하는 기초

③ 전면 기초 : 상부구조의 전 면적을 받치는 단일 슬래브의 지지층에 실려 있는 형태의 기초

④ 깊은 기초 : 상부에 있는 토층이 연약하기 때문에 말뚝, 피어 등으로 깊은 곳에 있는 지지층에 하중을 전달하는 기초

⑤ 말뚝 기초 : 말뚝을 통하여 하중이 견고한 지반까지 전달되도록 하는 기초

⑥ 우물통 기초 : 큰 관과 같은 모양의 우물통의 내부를 수중 굴착하여 어느 깊이까지 침하시킨 다음 수중 콘크리트를 쳐서 만든 기초

⑦ 공기케이슨 기초 : 주위 및 천정을 가진 상자를 물속에 침강시켜 압축공기로 상자 속의 물을 배제하고 수중작업에 사용하는 기초

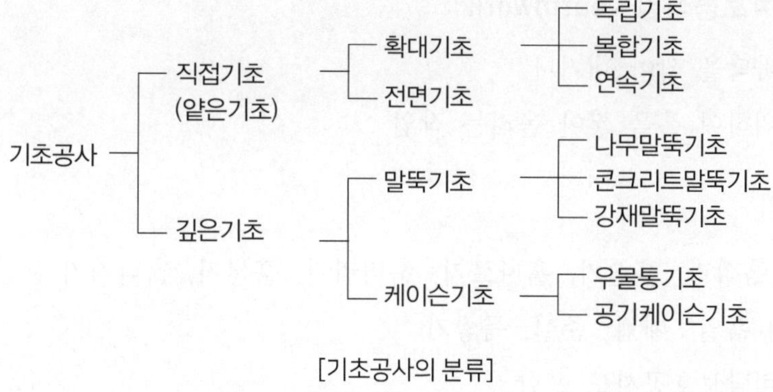

[기초공사의 분류]

핵심 64 토공작업 중 더 쌓기

> 토공사의 종류는 땅깎기와 흙쌓기가 있습니다.
> 흙쌓기할 때는 여러 가지 이유로 흙을 원하는 높이보다 더 높게 쌓아야 하는데, 이를 더 쌓기라고 합니다.

1. 공사 중 장비에 의한 흙의 압축
2. 공사완료 후 단면의 수축
3. 지반의 침하

1~3에 대해 단면유지를 위해 5~10% 흙을 예정 시공기면보다 더 쌓는 것

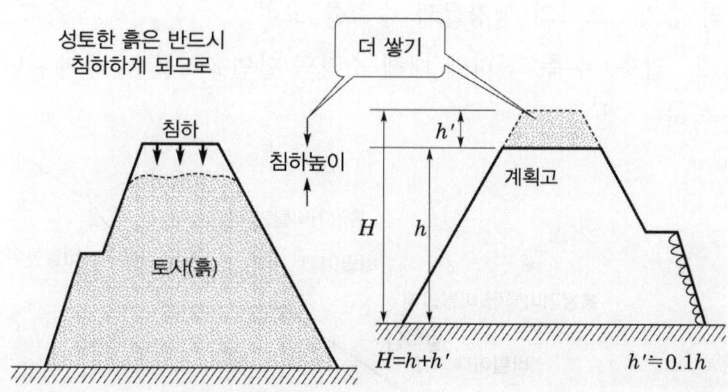

[공사 완료 후 성토면의 단면 수축 개념도]

1. 흙일 = 토공 = 토공작업 = earthwork

- 땅의 본바닥을 깎아 내거나,
- 공사를 위하여 흙을 쌓아 올리는 작업

2. 흙일의 범위

- 흙파기, 흙깎기, 흙싣기, 흙나르기, 흙버리기, 흙쌓기, 흙다지기
- 물에서의 흙일 : 매립, 준설, 둑쌓기
- 때로는 비탈보호공사도 포함
- 취토장 : 필요한 흙을 채취하는 곳, borrow
- 사토장 : 흙이 남아서 버리는 곳, spoilbank

3. 흙일계획

1) 토질조사

- 예비조사 : 현지조사 전 토양도 지질도 및 기상상황 등 주요항목 조사
- 현지조사 : 현지 토양의 입도, 팽창성, 소성, 건조도, 빛깔, 현장 부근 지형상태 등
- 정밀조사 : 토양시료 채취 실험실 내 토질시험(soil test)

2) 시공계획

- 흙일규준 : 흙일의 기본 단면형 = 토공정규, 겨냥틀, 규준틀, 기준틀 설치
- 토량의 증가 : 토사의 팽창률과 수축률 고려
- 더 쌓기 : 압축, 수축, 침하에 대해 소정의 단면유지를 위해 계획단면에 높이와 물매 더하는 것

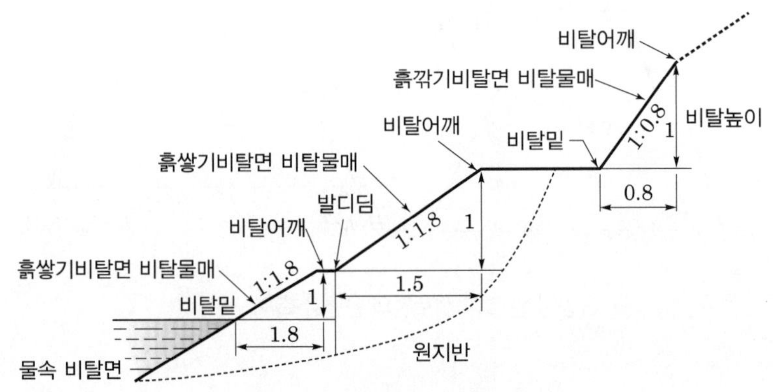

[흙깎기와 흙쌓기비탕의 각부 명칭 및 표준물매]

3) 준비일

- 흙일을 시작하기 전에 하는 일
- 흙일을 시작하기 전에 다음과 같은 준비일이 필요하다.
  ① 뿌리뽑기 : 흙일현장 내에 서 있는 나무, 나무뿌리, 잡초 등을 제거
  ② 배수 : 공사구역 안에 괸 물, 샘이 있을 때 배수도랑 파기
  ③ 공사측량 : 현장시공을 위한 측량
- 겨냥틀(leading frame)을 설치하는 일

4. 안정물매

비탈면 안정물매, 안식각

5. 토적계산

1) 노선의 토적계산 : 양중주상체

2) 넓은 면적의 토적계산 : 직사각형기둥법 = 거형주체법, 등고선법 = 프리즘방법

6. 흙일의 균형

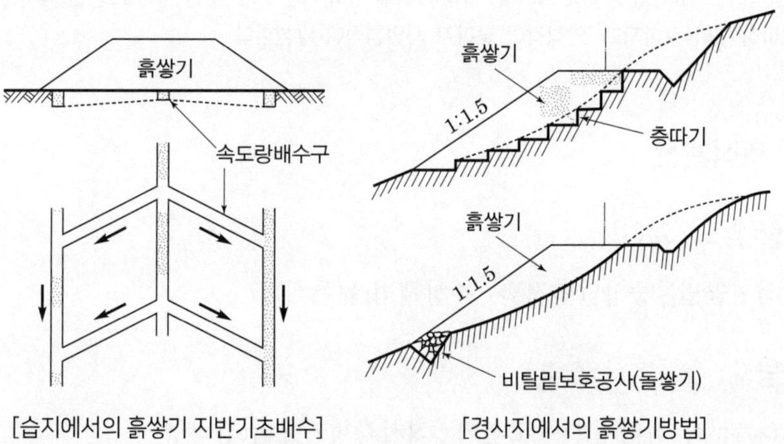

[습지에서의 흙쌓기 지반기초배수] [경사지에서의 흙쌓기방법]

흙쌓기공사 중 더 쌓기는

1. 공사 중 장비에 의한 흙의 압축
2. 공사완료 후 단면의 수축
3. 지반의 침하

1~3에 대해 단면유지를 위해 5~10% 더 쌓기

- 안식각 : 비탈면에서 물체가 미끄러지지 않는 최대각
- 사태 : 토양, 퇴적물, 암석 등이 중력에 의해 경사면을 따라 흘러내리는 현상

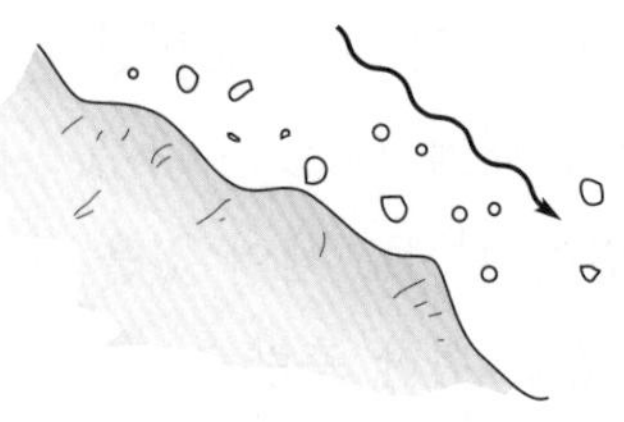

[사태의 개념도]

- 사면의 안정도 : 비탈면의 경사가 급할수록, 비탈면 물의 함량이 많을수록 사면의 안정도는 낮다. 즉, 사태가 잘 발생한다.

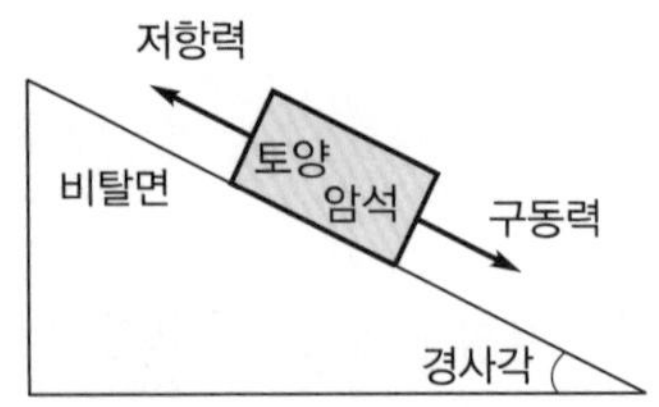

※ 경사각이 클수록 구동력은 커지고, 저항력은 작아지고, 안전율은 낮아진다.

- 안식각 변화가 없는데 사태가 잘 발생하는 경우, 사면침식이 발생
  ⇨ 경사각이 크거나, 구동력이 크거나, 저항력(마찰력)이 작은 경우 물을 많이 포함한 경사면의 흙은 저항력(마찰력)이 작아지고, 안식각이 낮아져 사면침식이 발생한다.

핵심 65 토적계산

1. 노선측량(임도, 계간)

양단면적평균법, 중앙단면적법, 주상체법(뉴튼식)

2. 산지사방

점고법(사각형, 삼각형), 등고선법, 직사각형기둥법(장방형)

체적계산법

- **노선의 토적 계산**

중앙단면적이 Am인 아래와 같은 물체가 있다면 이 물체의 부피는 양단면적법, 중앙단면적법, 주상체 공식을 이용한 방법으로 구할 수 있다.

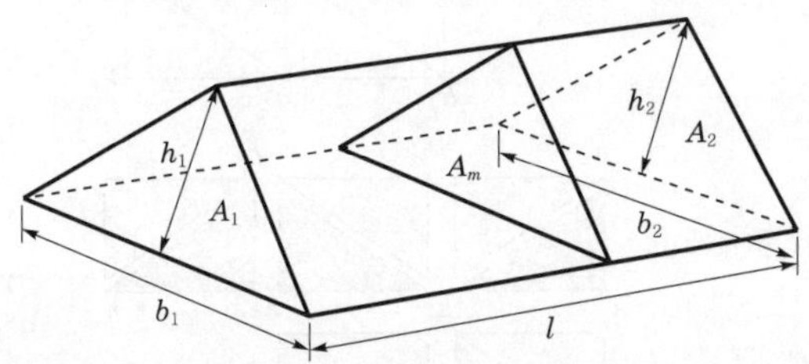

양단면적법	$V=\dfrac{A_1+A_2}{2}\times l$
중앙단면적법	$V=A_m\times l$
주상체공식법	$V=\dfrac{A_1+4A_m+A_2}{6}\times l$

- **넓은 지면의 토적 계산**

직사각형기둥법 (거형주체법) 아파트 부지처럼 정지해야 할 구역이 있는 경우 이용	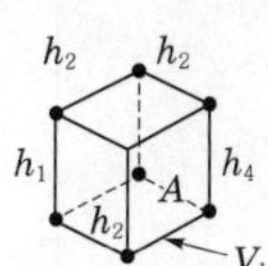 $V=A\times\frac{1}{4}\times\left(\sum h_1+2\sum h_2+3\sum h_3+4\sum h_4\right)$ A : 사각형 1개의 면적 $\sum h_1$: 사각형의 모서리 1개가 접한 점의 땅 높이 $\sum h_2$: 사각형의 모서리 2개가 접한 점의 땅 높이 $\sum h_3$: 사각형의 모서리 3개가 접한 점의 땅 높이 $\sum h_4$: 사각형의 모서리 4개가 접한 점의 땅 높이

삼각형기둥법 (삼각형 분할법)	$V=\left(\dfrac{a\times b}{2}\right)\times\dfrac{(\Sigma h1+2\Sigma h2+3\Sigma h3+4\Sigma h4+5\Sigma h5+6\Sigma h6+7\Sigma h7+8\Sigma h8)}{3}$ A : 삼각형 1개의 면적(A= $\frac{1}{2}$ ×a×b) $\sum h_1$: 삼각형의 꼭지각 1개가 접한 점의 표고합 $\sum h_2$: 삼각형의 꼭지각 2개가 접한 점의 표고합 ⋮ $\sum h_8$: 삼각형의 꼭지각 8개가 접한 점의 표고합
등고선법 (프리즘방법) 저수지의 담수량계산이나 물의 양을 계산할 때 이용	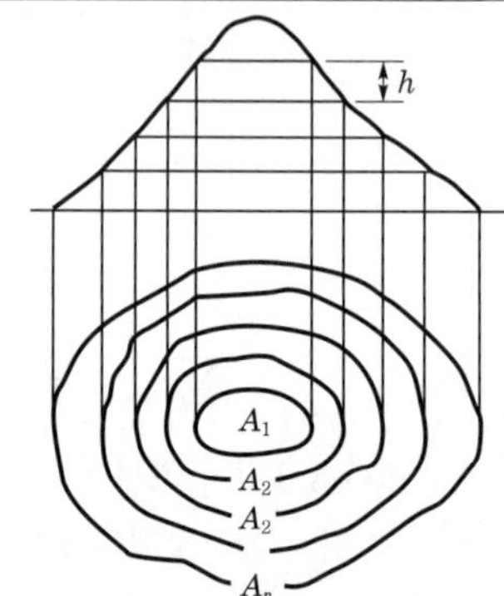 $V=\frac{h}{3}\times(A_1+4A_2+2A_3+4A_4+\cdots+2A_{n-2}+4A_{n-1}+A_n)$ $=\frac{h}{3}\times[A_1+4(A_2+A_4+\cdots+A_{n-1})+2(A_3+A_5+\cdots+A_{n-2})+A_n)]$ h : 등고선의 간격, n : 홀수

• **면적의 계산 방법**

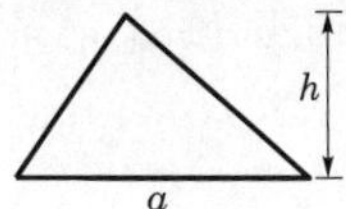

$$A=\frac{1}{2}ah$$

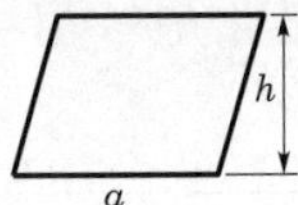

$$A=ah$$

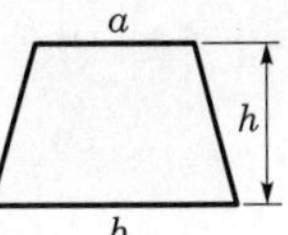

$$A=\frac{a+b}{2}h$$

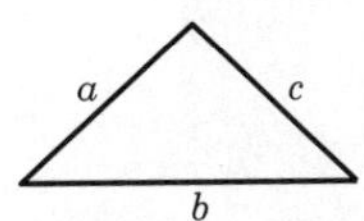

$$A=\sqrt{s(s-a)(s-b)(s-c)}$$

$$s=\frac{1}{2}(a+b+c)$$

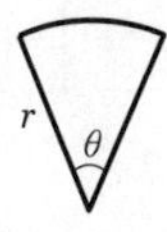

$$A=\pi r^2\cdot\frac{\theta}{360}$$

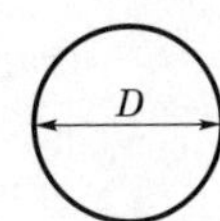

$$A=\frac{\pi D^2}{4}$$

기출문제 **다음과 같이 정지할 구역의 토량을 계산하시오.(4점)**

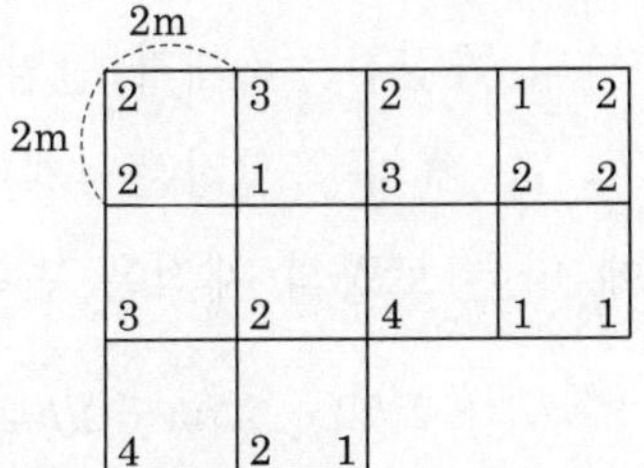

모범답안

$$V=A\times\frac{1}{4}\times(\sum h_1\times 1+\sum h_2\times 2+\sum h_3\times 3+\sum h_4\times 4)$$

1. 단면적은 2×2=4
2. 한 번 쓰인 모서리 평균높이
   (1+1+2+2+4)×1번=10
3. 두 번 쓰인 모서리 평균높이
   (1+2+3+2+3+2+1+2)×2번=32
4. 세 번 쓰인 모서리 평균높이
   4×3=12
5. 네 번 쓰인 모서리 평균높이
   (2+3+1+2)×4=32

$=4\times\frac{1}{4}\times(10+32+12+32)$

∴ 86m^3

사각형 모서리 부분의 숫자는 그 지점의 높이입니다.

구형분할법

사각형의 면을 각각으로 볼 때 면과 면이 만나는 꼭짓점이 몇 개냐에 따라 구분한다.

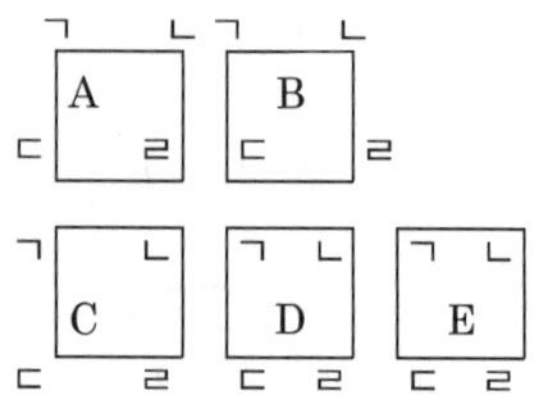

상기 그림의 각 사각면의 각 꼭짓점을 ㄱ, ㄴ, ㄷ, ㄹ 이라 하면 면A의 꼭짓점 ㄱ, 면B의 꼭짓점 ㄴ, 면C의 꼭짓점 ㄷ, 면E의 꼭짓점 ㄴ, ㄹ은 다른 면과 만나지 않으므로 h1(1개) 그룹 면A의 꼭짓점 ㄴ은 면B의 꼭짓점 ㄱ, 면A의 꼭짓점 ㄷ은 면C의 꼭짓점 ㄱ, 면C의 꼭짓점 ㄹ은 면D의 꼭짓점 ㄷ, 면D의 꼭짓점 ㄹ은 면E의 꼭짓점 ㄷ과 만남으로 h2(2개) 그룹이다.

면 B ㄹ, D ㄴ, E ㄱ의 꼭짓점은 3개가 만남으로 h3(3개) 그룹이다.

면 A ㄹ, B ㄷ, C ㄴ, D ㄱ의 꼭짓점은 4개가 만남으로 h4(4개) 그룹이다.

따라서 구형분할법에 따른 토량의 체적은 면적 : 밑변×높이=a×b라 하면

$$V = \frac{1}{4} \times (a \times b) \times (\Sigma h1 + \Sigma h2 + \Sigma h3 + \Sigma h4)$$

⇨ 4각형 꼭짓점이 4개니까 4로 나눕니다.

V값이 양수(+)이면 절토이고, 음수(-)이면 성토하여야 함을 의미한다.

삼각분할법

삼각형의 면을 각각으로 볼 때 면과 면이 만나는 꼭짓점이 몇 개냐에 따라 구분한다.

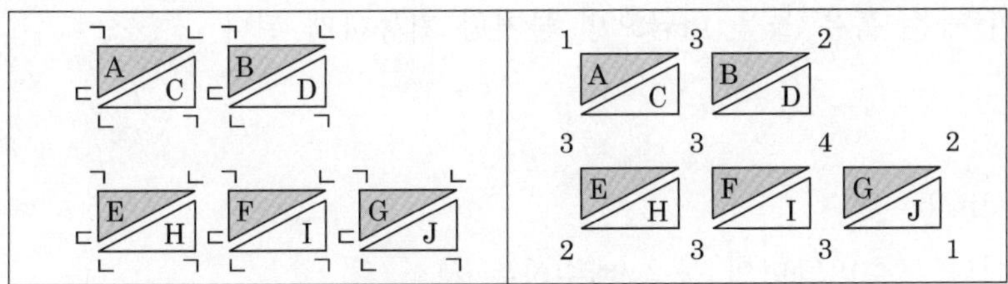

[꼭짓점의 개수 도해]

따라서 삼각분할법에 따른 토량의 체적은

면적 : 밑변×높이/2=a×b/2라 하면

$$V=\frac{1}{3}\times\left(\frac{a\times b}{2}\right)\times(\Sigma h1+2\Sigma h2+3\Sigma h3+4\Sigma h4+5\Sigma h5+6\Sigma h6+7\Sigma h7+8\Sigma h8)$$

⇨ 3각형 꼭짓점이 3개니까 3으로 나눕니다.

즉, $V=\frac{1}{3}\times\left(\frac{a\times b}{2}\right)\times(\Sigma h1+2\Sigma h2+\ldots+7\Sigma h7+8\Sigma h8)$

×V값이 양수(+)이면 절토이고, 음수(−)이면 성토하여야 함을 의미한다.

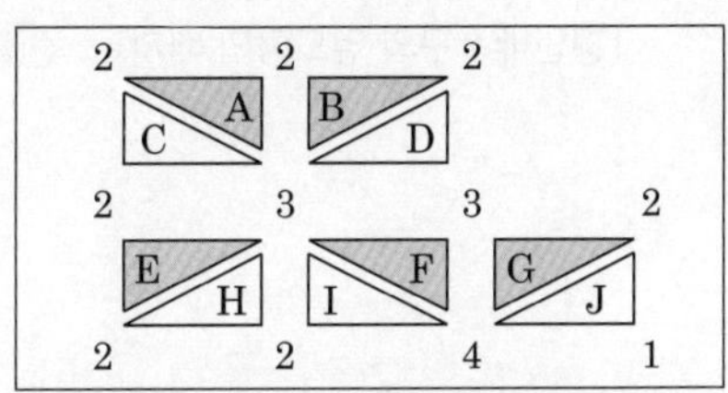

[그룹 8Σh8이 나오는 경우 도해]

핵심 66 임도의 배수시설

필요성 : 토양수분의 영향을 줄여서 임도의 구조적 안정성을 높여 붕괴방지를 한다. 점토같이 가는 흙은 물을 머금으면 물처럼 거동하게 된다.

1. 옆도랑

- side ditch
- 노면이나 노측비탈면의 물을 배수하는 시설
- 임도의 길어깨를 따라 종단방향으로 설치한다.

∴ 옆도랑의 종류는 LUV제환평, LUV사활갓콘이다.
⇨ 사다리꼴, 활꼴, 갓돌, 콘크리트

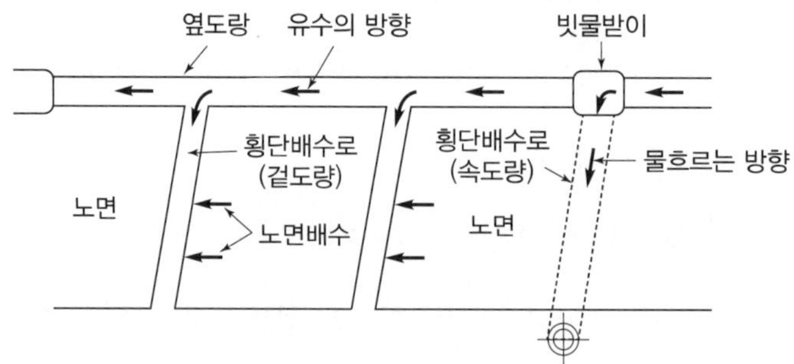

[횡단배수구와 옆도랑의 배치]

2. 횡단배수로와 부대시설

1) 횡단배수구

- 임도를 횡단시켜 아래골짜기로 배수하는 시설
- 속도랑(암거, closed culvert)
- 겉도랑(개거, 개수로, 명거, open culvert)
- 강우강도, 종단물매, 도로의 토질, 옆도랑의 종류 등을 검토
- 노상을 침식하지 않는 범위 내에서 절취장소에 설치한다.

∴ 渠 : 도랑 거, 도랑, 크다, 평면에 새긴 줄무늬

2) 빗물받이

- 침사지(sand basin, setting basin, grit chamber)라고도 한다.
- 콘크리트 상자구조나 콘크리트 블록 등으로 설치
- 배수관의 연결부, 다른 배수시설과 옆도랑이 교차하는 곳, 배수시설의 단면이 변하는 곳에 설치한다.

3) 맨홀

- manhole
- 하수구를 조사하거나 청소할 때 사용되는 사람들의 출입구

4) 세월시설

- 보통의 세월시설은 계류를 횡단하기 위한 시설이지만, 물이 많이 흐르지 않는 곳에 임도를 횡단하여 배수하기 위해서도 사용한다. 겉도랑을 크고, 넓게 설치한다고 생각하면 쉽다.
- 세월공작물의 일반적인 구조는 평상시에 유수를 관거 등으로 배수하고 홍수 시의 출수를 유하시킬 수 있는 정도로 한다.
- 노면은 콘크리트로 피복하고, 유로부분의 종단은 둥글게 하고, 크기는 유량에 따라 결정한다.
- 유입구와 유하구에 세굴의 위험성이 있는 경우 사방공작물을 설치하고, 다시 필요에 따라서는 물받침(apron fixation)을 설치한다.

  ∴ 유입구 : 물이 들어가는 구멍, 유하구 : 물이 흘러나가는 구멍

5) 암거

- 임도의 밑을 횡단하는 수로 및 통로에 대하여 설치하는 구조물
- 상자형 라멘구조, 문형 라멘구조, 아치형, 교량형, 콘크리트관, 코르게이트관 등을 사용

6) 컬버트

- 활하중 외에 흙이나 다른 하중을 지지
- 보통은 2m인 최소 스팬보다 작은 스팬을 갖고 교량과 같은 목적에 사용
- 수로용 컬버트는 종래의 수로와 그 높이와 물매를 일치한다.

3. 지하배수시설

맹거, 암거, 맹암거(속도랑)

1) 지하배수 : 일반적으로 본바닥에 흙도랑을 설치(노체 밖에 설치)

2) 노반배수 : 노면에 침투한 물 배제, 노상이 불투수성인 경우에 설치

3) 노상배수 : 골(溝)을 파고 유공관을 충분한 깊이로 부설

자갈 등을 위에 깔고 다시 투수성 재료(filter)로 덮는다.

맹암거 위는 30~60cm 정도 모래와 사리로 채우고, 맹암거 아래는 30cm 정도, 6~12cm 정도의 조약돌로 채움니다.

유공관은 내경 15~30cm, 구멍의 지름은 10mm 정도의 것을 사용한다.

4. 비탈배수로

1) 비탈돌림수로

길이가 긴 비탈면이 빗물에 의해 침식되는 것을 방지하기 위한 시설

2) 돌수로

찰붙임, 메붙임 돌수로

3) 콘크리트 수로

콘크리트블록수로, 콘크리트반원관, U자형관

4) 떼수로

- 물매가 완만하고 유량이 적고 토사의 유송이 적은 곳
- 떼의 경관을 필요로 하는 곳
- 단면은 사다리꼴이나 활꼴로 할 수 있다.
- 되도록 큰 떼를 붙이고 다지기를 잘하며, 떼꽂이를 사용할 수 있다.

5. 속도랑 배수구

- 산복비탈면에 호우 시 지하수 분출로 비탈면의 붕괴가 우려되는 곳
- 자갈속도랑배수구, 돌망태속도랑배수구, 콘크리트관속도랑배수구 등

∷ 길어서 명칭은 잘 기억이 안 날 수 있습니다.
이때는 차근차근 다시 임도의 횡단도를 떠올리면서 크게 분류하여 생각해 봅니다.

1. 노면배수 : 개거, 측구
2. 사면배수 : 소단배수구, 수로
3. 지하배수 : 속도랑, 암거
4. 인접지 배수 : 사면어깨배수시설, 배수구, 집수정, 맨홀

∷ 어떻게?
이렇게 하나하나 머릿속에 체계화시켜가는 과정이 공부입니다.
글자만, 단어만 기억하려 하지 마시고 그림을 먼저 떠올리고, 단어를 연결하는 겁니다.
자!!! 할 수 있습니다. 화이팅!

기출문제 임도 설계 시 배수시설 4가지를 쓰고 설명하시오.(4점)

모범답안

옆도랑배수구, 횡단배수시설, 지하배수시설, 사면배수시설, 속도랑배수구
얼핏 잘 생각이 안 나실 때는 일단 연습장에 임도 횡단면도를 그려봅니다. 그리고 차근차근 눈에 띄는 대로 서술합니다.
간단히 복습차원에서 다시 살펴봅니다.

1. 표면배수시설
   - 노면배수시설 : 길어깨배수시설, 중앙분리대 배수시설
   - 사면배수시설 : 사면끝배수시설, 소단배수시설, 도수로배수시설
2. 지하배수시설
   - 땅깎기 구간의 지하 배수시설 : 맹암거, 횡단배수구
   - 흙쌓기 구간의 지하 배수시설
   - 절성토 경계부 지하 배수시설
3. 임도인접지 배수시설
   - 사면어깨 배수시설 : 산마루측구, 감세공
   - 배수구 및 배수관 : 집수정, 배수구, 배수관, 맨홀

핵심 67 횡단배수구

1. 설치 목적

- 옆도랑 및 계곡의 물을 횡단으로 배수하기 위하여 설치
- 임도를 가로질러 설치한다.

2. 종류

1) 명거(겉도랑)

- 말구 10cm 내의 중경목 통나무 2개를 고정
- 폭은 통나무 하나 크기로 설치

2) 암거(속도랑)

- 철근콘크리트관, 파형철판관, 파형 FRP관 등 원통관
- 매설 깊이는 보통 배수관의 지름 이상

3. 설치 장소

1) 물이 아래방향으로 흘러내리는 종단기울기 변이점
2) 외쪽물매로 인해 옆도랑 물이 역류하는 곳
3) 체류수가 있는 곳
4) 흙이 부족하여 속도랑으로 부적합한 곳
5) 구조물의 앞과 뒤
6) 골짜기에서 물이 산 측으로 유입되기 쉬운 곳

∴ 횡단배수구는 쉽게 생각하면 임도를 가로질러 설치하는 배수구조물입니다. 배수구와 배수구조물을 구체적으로 한 번 연상해 봅니다.

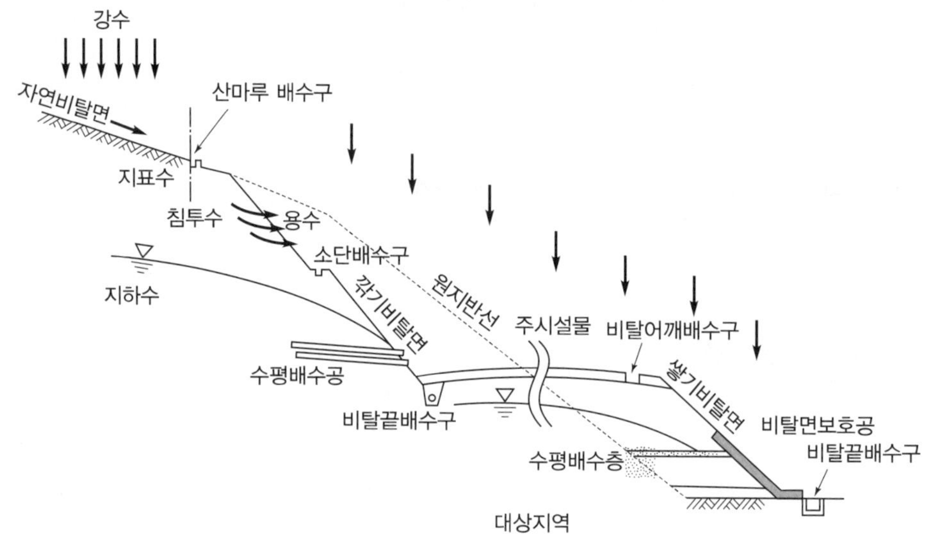

[지표수[표면수] 배수시설의 종류]

[콘크리트 횡단개거]

[횡단개거 유입부 수로]

[콘크리트 포장도의 겉도랑]

[옆도랑과 겉도랑]

겉도랑(개거), 속도랑(암거, 맹암거)

- 임도 배수구의 종류 : 표면배수와 지하배수
- 표면배수의 종류 : 노면배수와 사면배수
- 노면배수 : 개거, 암거, 맹암거
- 사면배수 : 산마루측구, 측구, 소단배수구, 수로내기

[비탈면 배수시설]

[비탈어깨배수구(산마루측구)]

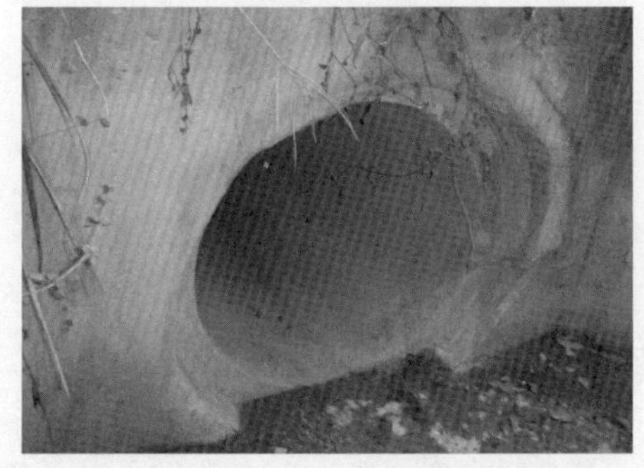

[콘크리트관 속도랑]

[파형강관 속도랑]

기출문제 임도의 횡단배수구의 종류를 쓰시오.(2점)

모범답안

가. 속도랑, 암거, 맹암거

나. 겉도랑, 명거

핵심 68 횡단배수구 설치 위치

횡단배수구 : cross drain 임도를 가로질러 설치하는 배수구조물

옆도랑을 유하하는 물이 고이거나 골짜기유역으로부터 집수되는 물을 임도를 횡단시켜 아래골짜기로 배수하기 위한 시설(속도랑(호박돌이나 자갈 등), 코르게이트구(파형강관), 콘크리트구)이다.

아래의 토양 절취장소에 설치한다.

1. 종단기울기의 변이점 : 유하방향의 종단물매 변이점
2. 구조물의 앞과 뒤
3. 골짜기로부터 물이 유하되는 곳
4. 흙이 부족하여 속도랑으로 부적당한 곳
5. 물이 체류하는 곳 : 체류수가 있는 곳
6. 옆도랑 물이 역류하는 곳 : 외쪽물매 때문에 옆도랑물이 역류하는 곳

[종구골속 체류역류] 종구가 술을 많이 먹었습니다.

핵심 69 세월교 설치장소

배수시설로서의 洗越工作物(세월공작물)은 다음과 같은 경우에 설치한다.

1. 선상지, 애추지대 등을 통과하는 경우
2. 상류부가 황폐계류인 경우
3. 관거 등으로 흙이 부족한 경우
4. 계상물매가 급하여 산 측으로부터 유입되기 쉬운 계류인 곳
5. 평시에는 유량이 없지만, 강우 시에는 유량이 급격히 증가하는 지역
   - 세월공작물 : 세월교, 물넘이포장

[세월교]

[물넘이포장]

※ 보통의 세월시설은 계류를 횡단하기 위한 시설이지만, 물이 많이 흐르지 않는 곳에 임도를 횡단하여 배수하기 위해서도 사용한다. 겉도랑을 크고, 넓게 설치한다고 생각하면 쉽습니다.

- 세월공작물의 일반적인 구조는 평상시에 유수를 관거 등으로 배수하고 홍수 시의 출수를 유하시킬 수 있는 정도로 한다.
- 노면은 콘크리트로 피복하고, 유로부분의 종단은 둥글게 하고, 크기는 유량에 따라 결정한다.
- 유입구와 유하구에 세굴의 위험성이 있는 경우 사방공작물을 설치하고, 다시 필요에 따라서는 물받침(apron fixation)을 설치한다.

기출문제 **세월공작물 설치장소를 네 가지 쓰시오.(4점)**

모범답안

1. 선상지·애추지대 등을 횡단하는 경우
2. 상류부가 황폐계류인 경우
3. 관거 등으로는 흙이 부족한 경우
4. 계상물매가 급하여 산 측으로부터 유입하기 쉬운 계류인 곳
5. 평시에는 출수가 없지만, 강우 시에는 출수하는 곳

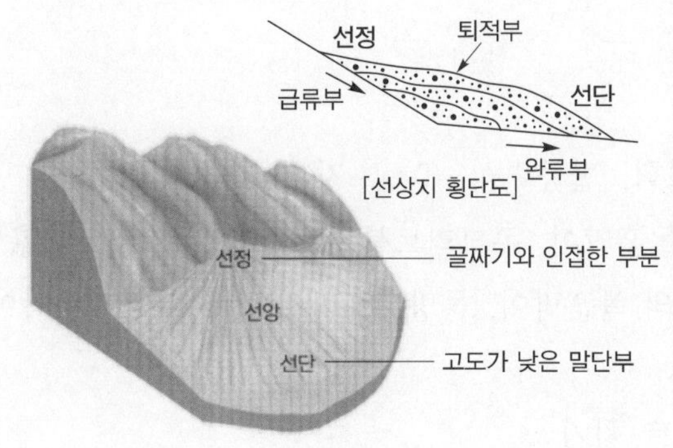

[애추지대]

핵심 70 횡단측량을 해야 할 지점

임도의 노선을 따라 매 20m마다 수준측량한다. 즉, 레벨로 높이를 재는 측량을 하는데, 임도노선의 직각방향으로 매 20m마다 횡단측량도 함께 한다. 그리고 지형이 다른 지역보다 낮아 구조물의 설치가 필요한 곳이나, 다른 지역보다 높아 땅을 많이 깎아야 할 곳도 횡단 측량을 하게 된다.

횡단측량의 범위는 땅깎기와 흙쌓기의 영향을 받는 범위를 모두 포함하게 된다.

1. 중심선의 각 측점, 매 20m마다
2. 지형이 급변하는 지점
3. 구조물 설치 지점

기출문제 임도측량 시 횡단측량을 해야 하는 지점을 세 가지 쓰시오.(3점)

모범답안

가. 중심선의 각 측점

나. 지형이 급변하는 지점

다. 구조물 설치 예정지점

핵심 71 사면안정공사 중 기초공사의 종류

> 사면안정공사 = 기초공사+녹화 기초공사+녹화공사
> 사면안정공사 = 비탈면안정공사 = 비탈면보호공사

- 돌쌓기 : 찰쌓기, 메쌓기, 골쌓기, 켜쌓기
- 벽돌쌓기
- 콘크리트블록쌓기
- 옹벽공법 : 중력식, 부벽식, 공벽식, 반중력식, T·L 자형 옹벽, 특수옹벽
- 비탈흙막이 : 비탈~콘크리트벽, 돌흙막이, 콘크리트블록흙막이, 콘크리트판흙막이, 콘크리트기둥틀흙막이, 콘크리트의 목흙막이, 돌망태흙막이, 통나무쌓기흙막이, 바자(얽기)흙막이
- 비탈힘줄박기공법 : 현장 콘크리트 치기
- 격자틀붙이기 공법 : 현장 조립방식, 콘크리트블록, 플라스틱제, 금속제품
- 콘크리트뿜어붙이기 : 쇼크리트공법

• 낙석방지망덮기 ⇨ 로크네트덮기공법

• 낙석저지책 : 독립기초 위에 지주를 세우고, 지주에 망을 걸어서 세움

핵심 72 돌쌓기공법

돌쌓기 : 찰쌓기, 메쌓기, 골쌓기, 켜쌓기

1. 골쌓기

견칫돌이나 막 깬 돌을 사용하여 마름모꼴, 대각선으로 쌓는 방법

2. 켜쌓기

가로줄눈이 일직선이 되도록 마름돌을 사용하여 돌을 쌓는 방법

3. 찰쌓기

- 경사 1 : 0.2 이하
- 뒤채움은 콘크리트, 줄눈은 모르타르 사용
- 시공면적 $2m^2$마다 직경 2~4cm 관으로 물빼기구멍 설치

4. 메쌓기

- 메쌓기
- 경사 1 : 0.3 이하
- 뒤채움 모르타르 없음
- 물이 돌 틈으로 빠지기 때문에 물빼기구멍 설치하지 않음
- 석재만을 사용하여 돌쌓기
- 물이 잘 빠지기 때문에 토압증가 염려는 없다.
- 견고도가 낮아 4m 이상은 쌓지 않는다.

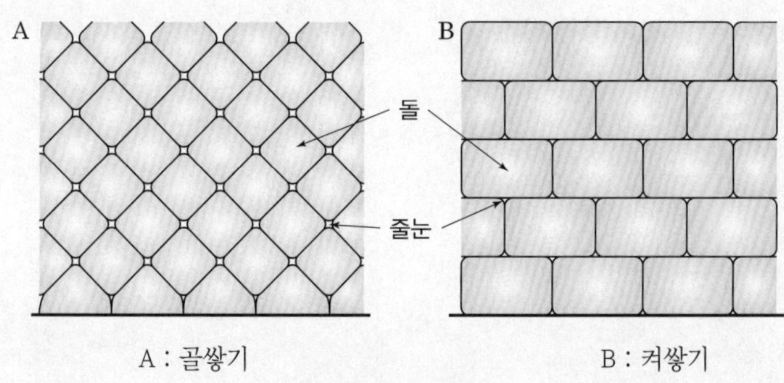

[돌쌓기 공법]

[큰 돌 찰쌓기]

[자연석 쌓기]

[돌붙임]

[메쌓기]

[비탈면 적용 구조물]

종류	방법	조건	경사도
비탈면	토양의 안식각을 줌	암반층같이 단단한 깎기사면 비탈면 녹화 필요	1 : 1~1 : 2
큰 돌쌓기	발파석, 굴림석 사용	장비로 시공하거나 석공이 시공	메붙임 1 : 1 이하 찰쌓기 1 : 0.2 이하 메쌓기 1 : 0.3 이하
견치석쌓기	다듬은 돌 사용	석공이 시공	찰쌓기 1 : 0.2 이하 메쌓기 1 : 0.3 이하
조경석쌓기	자연석, 발파석 사용	장비만으로 시공가능	
옹벽	철근콘크리트 무근콘크리트	견고함	1 : 0~1 : 0.1
보강토 옹벽	보강토 블록 쌓기	견고하고 옹벽보다 시공이 빠름	1 : 0~1 : 0.2

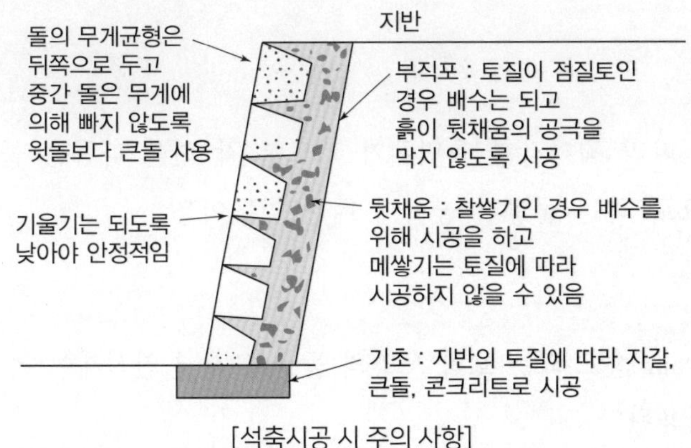

[석축시공 시 주의 사항]

핵심 73 돌쌓기에 사용하는 석재

1. 견칫돌

- 견치석, 모양이 개의 송곳니를 닮아 붙은 이름, wedge stone
- 화강암 등 단단한 돌을 사용한다.
- 돌의 치수를 특별한 규격에 맞도록 다듬은 돌
- 앞면은 사각, 뒤로 갈수록 가늘게 각 뿔형으로 다듬는다.
- 면 크기는 각 30~45cm, 뒷굄길이가 35~60cm 정도
- 견고도가 요구되는 사방공사, 특히 규모가 큰 돌댐이나 옹벽공사에 사용

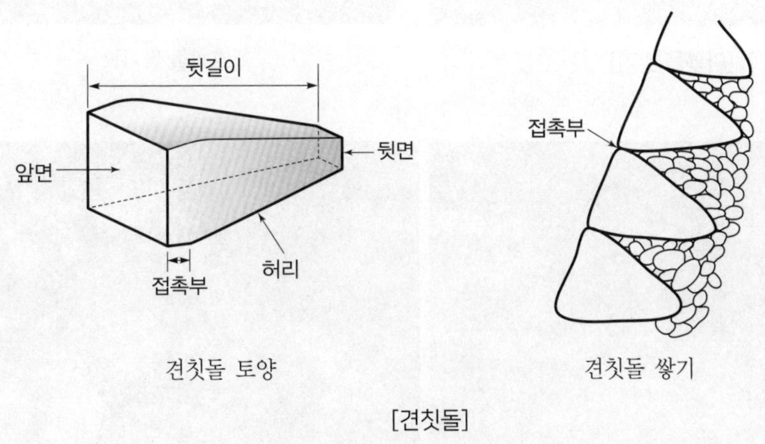

견칫돌 토양 견칫돌 쌓기

[견칫돌]

2. 다듬돌

- 마름돌
- 소요치수에 따라 직사각형 육면체가 되도록 각 면을 다듬은 돌
- 미관을 필요로 하는 돌쌓기 공사에 메쌓기로 이용

3. 호박돌

지름이 20~30cm 정도 되는 호박 모양의 둥글고 긴 천연석재이다. 기초공사나 기초 바닥용으로 사용된다.

4. 야면석

- 자연적으로 계천 바닥에 있는 돌
- 무게는 100kg
- 크기는 0.5m^3 이상 되는 석괴, 전석

[마름돌 쌓기]

[호박돌 쌓기]

[야면석 기슭막이]

[견칫돌 쌓기]

핵심 74 옹벽의 안정조건

1. 전도에 대한 안정

- 옹벽이 넘어지지 않도록 설치
- 합력의 작용점에 유의하여 설치

2. 활동에 대한 안정

- 옹벽이 미끄러지지 않도록 설치
- 옹벽바닥과 땅바닥의 마찰력을 고려하여 설치

3. 내부응력에 대한 안정

- 옹벽이 깨지지 않도록 설치
- 외부에서 가해지는 각종 압력에 견딜 수 있도록 설치

4. 침하에 대한 안정

- 옹벽이 가라앉지 않도록 설치
- 기초지반의 지지력을 충분한 강도로 확보하여 설치

1) 전도에 대한 안정

옹벽 밑변의 한끝에 균열이 생기지 않게 하려면 외력의 합이 밑너비의 중앙 1/3 이내에 작용하도록 하여야 한다.

2) 활동에 대한 안정

옹벽 밑변이 미끄러지는 것을 방지하려면 합력과 밑변에서의 수직선이 만드는 각이 옹벽 밑변과 지반과의 마찰각을 넘지 않아야 한다.

3) 내부응력에 대한 안정

외력에 의하여 옹벽의 단면 내부에 생기는 최대 응력은 그 재료의 허용응력 이상이 되지 않게 한다.

4) 침하에 대한 안정

합력에 의한 기초지반의 압력강도는 그 지반의 지지력보다 작아야 한다.

※ 말이 다소 어렵습니다. 가지고 계신 배경지식에 따라 아예 읽어지지 않는 단어도 있을 것입니다. 반복해서 읽으면서 눈에 안 들어오는 단어를 차근차근 책이나 인터넷에서 검색해 보면서 반복해서 익히시는 것이 좋습니다.

⁘ 전도는 넘어지는 것, 활동은 미끄러지는 것, 침하는 가라앉는 것이고, 내부응력은 깨지는 것에 저항하는 물체의 힘입니다.
쉬운 말로 쓰셔도 좋지만, 되도록 산림분야에서 쓰는 단어들을 사용하여 답안을 작성하셨으면 좋겠습니다.

기출문제 옹벽의 안정조건 네 가지를 쓰고 설명하시오.(4점)

모범답안

핵심 75 식물에 의한 사면보호공사

녹화공법을 채용하는 경우에는 현지의 토질과 기후 등에 적응할 수 있는 식물을 선택하고, 현지 여건에 맞는 공법을 선정한다.

1. 비탈 선떼붙이기 공법

- 비탈다듬기 - 단 끊기 - 되메우기 - 떼붙이기
- 비탈면 계단상의 매토면에 선떼를 세워 붙이는 공사
- 선떼가 되메우기흙, 머릿떼, 바닥떼, 받침떼와 잘 밀착되게 시공

2. 떼단쌓기 공법

- 비탈면 계단 위에 떼붙이기 공작물을 연속적으로 몇 단 쌓는 것
- 비탈다듬기공사나 단끊기로 발생된 퇴적토사의 비탈면 녹화
- 돌떼단쌓기공법, 볏짚단쌓기공법 등 떼단쌓기의 변법

3. 줄떼다지기공법

- 흙쌓기비탈에서 비탈 전체를 일정한 물매로 유지하여 비탈을 보호
- 수직높이 20~30cm 간격으로 반떼를 수평하게 삽입하고 떼달구판으로 다짐
- 길이 30~40cm, 너비 10~15cm, 두께 5~6cm 정도의 떼를 사용

4. 비탈초식공법

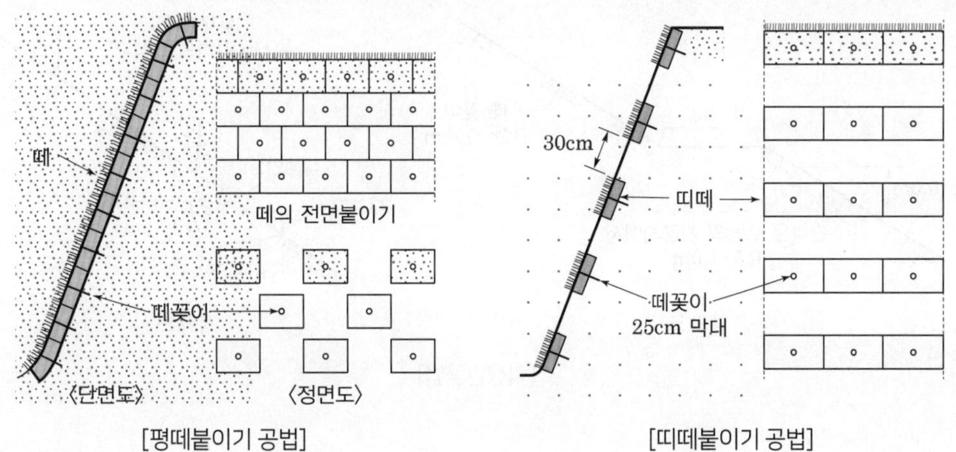

[평떼붙이기 공법]　　　　[띠떼붙이기 공법]

- 자연생 떼 또는 미리 파종하여 양성한 떼나 풀포기를 시공지에 옮겨 심고 시비
- 풀을 심어 비탈면을 녹화하는 공법
- 평떼붙이기, 평떼심기, 줄떼다지기, 줄떼심기, 띠떼심기
- 선떼붙이기, 떼단쌓기, 새심기 등 공법

1) 띠떼심기

- 물매 1 : 0.7 이상인 연암이나 경질토의 비탈면
- 깊이 6cm 골을 30cm의 간격으로 파고 무거운 반떼를 골속에 삽입
- 비탈면을 선적으로 녹화하는 공법

2) 평떼붙이기 공법

물매가 1 : 1보다 완만한 비탈면이나 평탄한 나지에 평떼를 전면적으로 붙이는 공법

3) 새심기공법은

- 포기다발을 이루는 초류이다. 즉, 포기 풀을 캐다가 나지비탈면에 옮겨 심는 녹화공법
- 새, 솔새, 개솔새 등

5. 인공 떼(人工芝) 공법

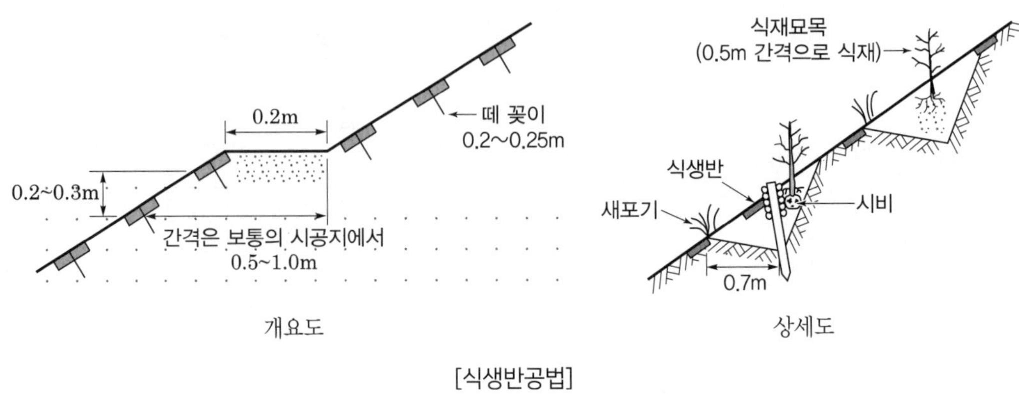

[식생반공법]

1) 식생반

- 평평한 모양의 그릇(식생반)에 비옥한 흙을 담고 떼를 발아시킨 것을 사용
- 기층이 노출되어 기층에 유기물이 거의 없는 지역에 시공
- 유기질이 많은 비옥토 사용 권장
- 객토효과가 있다.

2) 식생자루공법

- 식생대, 론타이, 그린벨트 등
- 객토효과가 매우 적은 녹화용 자재
- 비료성분을 띠모양의 망에 첨가하거나 띠모양으로 봉합할 때 부착한다.
- 입상(粒狀, 낱알모양)비료를 사용한다.
- 흙쌓기 비탈면의 녹화공법에 사용
- 비탈다듬기로 인해 발생한 토사의 퇴적지대
- 비교적 토질이 좋은 붕괴지에 식생대 공법 적용

6. 식수공법

- 직접 수목의 유묘 또는 성묘나 대묘 등을 심기
- 초본류에 비해 초기 피복효과는 적지만, 자연적인 수목경관과 녹화가 보장됨
- 근계가 깊으므로 비탈면의 붕괴에 대하여 초본류보다 효과적, 영속적임
- 소단 상에는 안정된 암반에서는 분을 파고 객토를 하고 심기

7. 분사식 씨뿌리기

1) 분사식 씨뿌리기 공법

- 분사식 파종공법
- 종자, 비료, 화이버(목질섬유), 침식방지제, 색소, 기타 첨가재료 등
- 공기압으로 재료를 비탈면에 뿜어서 고착하는 방법
- 등짐식 소형분사기, 이동식 분사기, 트럭에 싣는 대형분사기 사용

2) 객토종자뿜어붙이기공법심기

- 종비토뿜어붙이기공법
- 습식의 건(gun)으로 종자, 비료, 흙, 물 등을 혼합
- 압축공기로 비탈면에 뿜어 붙인다.
- 철사망덮기 공법과 조합으로 시공되는 경우가 많다.
- 목본류의 도입이 필요한 비탈면에 적용한다.
- 철망덮기공법, 구멍파기공법, 구파기공법 등과 조합하여 함께 적용한다.

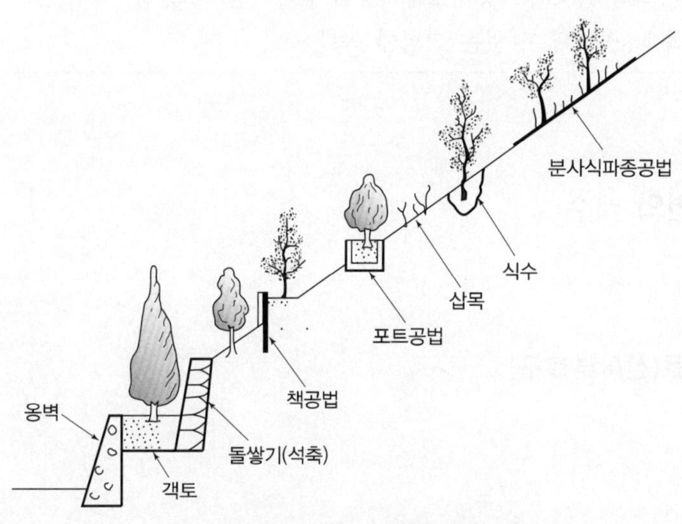

[토사비탈면 안정 및 녹화공법 종류]

8. 암반녹화공법

1) 암반녹화공법

- 암반비탈과 같은 흙이 없는 지역에 녹화를 목적으로 개발된 공법
- 급물매의 암반비탈면, 애추사면, 절개지 등에 적용
- 식생기반설치를 위해 옹벽식 소단설치공법, 식생상설치공법, 새집설치공법 사용

2) 새집공법

- 도로변의 절취한 암벽의 녹화와 조경공사를 목적으로 사용
- 제비집 모양의 구축물 안에 객토
- 개나리 또는 눈향나무 같은 조경수목을 심기
- 훼손된 암벽면에 점점상(점이 여러 개 찍힌 모양)의 식물녹을 조성한다.

> **비탈면을 녹화하는 공법은**
>
> 현지의 환경조건과 맞는 식물 도입
>
> 1. 떼심기 : 떼붙이기, 떼단쌓기
> 2. 풀심기 : 새류를 뿌리에 붙은 흙과 함께 이식
> 3. 풀씨뿌리기 : 산파, 조파, 점파
> 4. 나무 심기 : 유묘, 성묘, 대묘 심기
> 5. 인공떼 사용 : 식생반, 식생대
> 6. 분사식씨뿌리기
>   - 철망덮기와 병행하여 사용
>   - 분사식파종(풀씨), 종비토뿜어붙이기(나무심기 목적)
> 7. 암반녹화공법 : 흙이 없는 지역에 녹화

핵심 76 사면의 배수

사면=비탈면

1. 비탈돌림수로(산마루측구)

2. 소단배수구

3. 수로

비탈돌림수로, 돌수로(찰, 메), 콘크리트수로, 콘크리트블럭수로, 떼수로, 속도랑배수구(자갈, 돌망태, 콘크리트관)

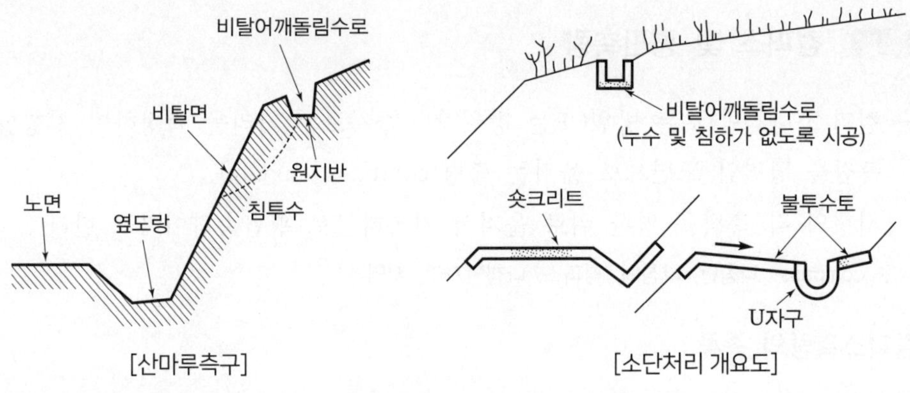

핵심 77 교량 설치 위치

1. 지반이 견고하고 복잡하지 않은 곳
2. 교면이 수면보다 높은 곳
3. 하폭이 좁은 곳
4. 사교가 되지 않는 곳
5. 하천이 가급적 직선인 곳
   - 사교 : 기울어진 교량
   - 지반 : 교량의 기초가 세워질 부분의 땅
   - 교면 : 교량의 윗부분

핵심 78 활하중

활하중=사하중+교통하중=차량통행하중

사하중(교량자체의 무게)에 실린 차량 보행자 등에 의한 교통하중=차량통행하중

무게산정기준 : 사하중 위에서 실제로 움직여지고 있는 DB-18하중(18×1.8톤) 이상의 무게에 의함

핵심 79 컴퍼스 및 평판측량

- 컴퍼스(나침반)로는 방위(또는 방위각), 줄자로는 거리를 측정하여 지형상의 각 측점을 평면인 도면으로 옮기는 측량(compass survey)
- 지형의 각 측점을 평판 위로 옮겨서 기록하므로 평판측량이라고 한다.

  ⁘ compass : 나침반, 나침의, 컴퍼스, 나침반자리, 지역

1. 컴퍼스측량의 종류

1) 도선법

각 측점 사이의 방위와 거리를 측정하고, 측점마다 이동하면서 측정하는 방법이다. 측점을 잇는 선을 따라 이동하므로 도선법이라고 한다.

2) 사출법

- 측량하려는 구역의 내부나 외부에 한 점을 정한 뒤, 이 점으로부터 각 측점에 이르는 직선의 방위와 거리를 재서 축척만큼 줄여서 도면으로 옮기는 측량방법
- 한 점으로부터 다른 점들이 뽑아져 나오는(사출) 형태의 측량이기 때문에 사출법이라고 한다.

3) 교차법

- 측량하려는 구역 내부나 외부에 점 대신 한 직선을 정하고 각 측점까지의 방위와 거리를 재어서 그 지점으로 이동할 수 없는 점에 대하여 거리와 방위를 측정하는 방법
- 직선으로부터 이동(측량)할 수 있는 점까지 잇는 선과 이동할 수 없는 점을 잇는 선이 서로 교차하게 되므로 교차법이라고 한다.

  ⁘ 컴도사교차

2. 컴퍼스 측량 시 후방 위를 측량하는 이유

1) 국지인력에 대한 검사 및 보정

2) 측량의 오차범위 최소화

3. 사용되는 컴퍼스의 종류

1) 버니어 컴퍼스

2) 능경 컴퍼스

3) 회중 컴퍼스

4) 걸침 컴퍼스

컴퍼스 측량은 자침의 끝이 정확하게 북극과 남극을 향하지 않습니다. 그렇지만, 대부분의 지역에서 비슷하게 일치하기 때문에 사용합니다. 나침반의 바늘이 북극과 남극을 잇는 자오선과 일치하지 않는 것을 알고 사용해야 합니다. 이를 보정하기 위해 지도에는 자오선과 나침반 방향의 차이를 표시해 둡니다.

핵심 80 평판측량 3요소

1. 정준

- 수평 맞추기
- 엘리데이드에 부착된 기포관을 이용하여 평판이 수평이 되도록 설치한다.

2. 치심

- 중심 맞추기
- 도면상의 한 측점을 땅 위의 기준점과 일치하는 작업

3. 표정

- 방향 맞추기
- 나침반을 사용하여 지도(평판)의 윗면이 북쪽이 되도록 설치한다.

행복암기[정치표 전방교회]

- 3요소는 정치표, 방법은 전방교회
- 정치하는 사람이 표를 얻으려면 전방에 있는 교회로 가야 한다.

평판측량에서 기포를 이용해 평판이 수평이 되도록 하지 않으면, 도면상으로 옮긴 각 측점 간 거리가 일정하지 않게 됩니다. 또한 지형상의 점과 도면상의 점을 일치하지 않으면 다음 점으로 이동했을 때 기준을 잡지 못하게 됩니다. 방향이 나침반의 방향을 맞추지 못하게 되면 지형의 모양이 다르게 됩니다. 이 세 가지는 모두 동시에 갖추어져야 하는 것이지 어느 한 가지라도 갖추지 못하게 되면 그 평판측량으로 만든 지도나 도면은 사용할 수 없습니다. 완성조차 하지 못할 것입니다.

핵심 81 평판측량에 사용되는 기구

- 평판 : 도면을 올려놓는 판
- 구심기와 추 : 지도상의 측점을 땅 위의 기준점과 일치하는 기구
- 엘리데이드 : 기포로는 수평을 확인하고, 접혀있는 시준 장치로는 도면상의 점과 폴대를 시준하여 직선상에 위치해 있는지 확인하는 장치
- 자침함 : 나침반, compass
- 폴대 : 각 측점에 세워 위치를 확인하는 막대자, 표적 역할
- 측량침 : 도면을 고정하는 침(pin)
- 연필, 지우개, 도면을 그릴 종이 등

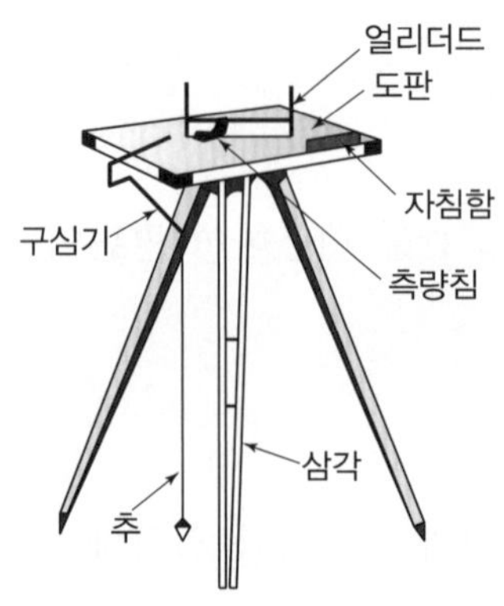

핵심 82 평판측량을 활용해 측량하는 방법

평판측량은 측량범위와 대상에 따라 측량방법을 달리한다.

1. 방사법(사출법)

시준을 방해하는 장애물이 없고, 비교적 좁은 거리에 사용

2. 전진법(도선법)

장애물이 많고, 측량할 구역이 비교적 넓은 구역에 사용

3. 교차법(교회법)

넓은 지역의 세부측량이나 소축척의 세부측량에 사용

∴ 정치표 전방교회

핵심 83 오차의 종류 3가지 쓰고 설명하시오.

오차는 참값이라고 부르는 정확치와 우리가 현실적으로 측정한 값의 차이를 말한다. 우리가 참값을 측정할 수는 없지만, 참값이 어느 정도 범위에 있는지는 알 수 있다. 참값에 가까이 있는 정도에 따라 측량이 참값에 가까운 정도를 정확도와 정밀도라는 말로 설명할 수 있다. 측량한 값들이 평균이 참값에 가까우면 정확도가 높다고 하고, 측량한 값들이 참값으로부터 일정한 정도의 차이는 있지만, 각 점들 간의 간격이 가깝다면 이를 정밀도가 높다고 표현할 수 있다.

1. 정오차

- 오차의 발생원인이 확실하며, 측정 후 오차 조절 가능
- 매 측정에서 늘 발생하므로 상차라고도 한다.
- 측정한 횟수만큼 누적되어 커지므로 누차라고도 한다.

2. 부정오차

- 오차의 발생원인이 불확실하여 제거가 어렵고, 계산으로 완전 조정할 수 없는 오차
- 참값으로부터 더 큰 값이 나오거나 더 작은 값이 나온다.
- 측정하는 횟수가 커질수록 서로 소거되어 작아지게 된다.
- 공차(tolerance, 公差) : 기계제작이나 측량에서 실용상 허용하는 범위

3. 과오

- mistake
- 기계의 취급방법이 틀린 경우나 관측자의 착각 등의 부주의
- 눈금의 오판독
- 잘못된 야장기입

⇨ 과오는 이론적으로 보정이 불가능하다.

※ 과실 : 어떤 결과의 발생을 예측할 수 있었음에도 불구하고, 부주의로 그것을 인식하지 못한 상태
  - 측정자의 부주의로 실용상 공차를 넘어 측정한 값

※ 과오는 과실을 포함하는 단어입니다. 과실보다는 과오, mistake라는 단어가 더 적절한 표현으로 보입니다.

기출문제 **평판측량을 할 때 오차를 줄이기 위해 고려하여야 할 사항을 쓰시오.(3점)**

모범답안

가. 평판이 수평이 되도록 기포관을 조정한다.

나. 지표상의 측점과 도면의 측점을 일치시킨다.

다. 나침반의 북쪽과 도면의 북쪽을 일치시킨다.

정준(정치)은 기포관으로 평판의 수평을 맞추는 것입니다.
치심(구심)은 구심기로 도면상 측점과 지표면상 측점을 일치하는 것입니다. 표정은 나침반의 북쪽과 도면의 위쪽을 일치시키는 것입니다. 이 세 가지가 모두 충족이 되어야 평판측량은 오차가 적어집니다.

핵심 84 위거와 경거의 계산

경거와 위거는 트래버스측량에 있어서 실제로 이동한 거리가 아니라 도면상 위아래 방향으로 이동한 거리를 위거라고 하고, 도면상 좌우로 이동한 거리를 경거라고 한다.

- 트래버스측량 : 트래버스가 가진 각 점의 각도와 거리를 구하는 측량 ⇨ 다각측량
- 개념 : 다각형의 측점 간 측선과 측선의 수평각 측정, 좌표 결정
- 위거, latitude : 일정한 자오선에 대한 어떤 관측선의 정사거리
  측선 AB에 대하여 측점 A에서 측점 B까지의 남북 간 거리
- 경거, departure : 측선 AB에 대하여 위거의 남북선과 직각을 이루는 동서선에 나타난 AB 선분의 길이
  AB의 위거[m] = AB × $\cos\theta$
  AB의 경거[m] = AB × $\sin\theta$

행복암기[경사위코]

핵심 85 폐합트레버스 측정치 충족 조건

- 내각측정 = 180도 × (n−2) − 측정각의 합(n = 변의 수)
- 외각측정 = 180도 × (n+2) − 측정각의 합(n = 변의 수)
- 편각측정 = 360도 − 측정각의 합

∴ 트래버스 측량

트래버스가 가진 각 변의 길이나 각도를 재어서 그 모양을 구하는 측량

(a) 폐합 트레버스 (b) 개 트래버스

측점을 이은 측선이 만드는 다각의 도형을 트래버스라고 한다.

완전히 도형의 모양을 갖춘 것을 폐합형트레버스이다. 폐합형트래버스와 개 트래버스를 혼합한 것을 개방형트래버스라고 한다.

핵심 86 시공기면 설계에 영향을 미치는 요인

시공기면이란 임도에서 노면의 높이를 말한다. 노면의 높이를 결정하는 데는 토공작업 중 땅깎기와 흙쌓기, 그리고 운반거리가 공사비용의 결정에 중요한 역할을 한다.

1. 절토량
2. 성토량
3. 토사 운반거리

핵심 87 공사기간 산출 공식

$$공기 = \frac{총작업량}{(1시간\ 평균작업량) \times 1일당\ 평균운전시간} \times \frac{1}{작업\ 가능일\ 수}$$

∴ 총작업량을 하루 평균 작업량으로 나누어 사업에 필요한 기간을 산출하고, 이것을 다시 작업가능일 수로 나누면 공사기간을 하루 단위로 산출할 수 있습니다.

핵심 88 시멘트 혼화제 사용 시 장점

시멘트의 혼화제는 작은 양을 콘크리트에 넣는 것이다.

1. 시멘트 사용량 절약
2. 시멘트 분리 방지
3. 콘크리트 질 개선
4. 동결 융해의 저항성 증대
5. 콘크리트의 수밀성 내구성 개선
6. 콘크리트 강도 향상
7. 수화열 저하 및 콘크리트 성질을 향상시킬 목적으로 사용한다.

핵심 89 콘크리트의 강도에 영향을 미치는 요인

콘크리트는 거푸집[성형틀] 안에 넣어 일정한 모양으로 만드는데, 이때 콘크리트는 외력에 대하여 일정한 강도를 가지게 된다. 강도는 무게를 면적으로 나누어 계산하게 된다. 콘크리트를 섞을(비빌) 때 성분에 따라 강도를 미리 예측할 수 있다. 이때 영향을 주는 가장 큰 재료의 비율은 아래와 같다.

1. 물 – 시멘트 비율
2. 시멘트 종류
3. 골재혼합비율
4. 혼화재료의 종류와 양
5. 양생관리

기출문제 콘크리트 배합비 1 : 3 : 6의 의미를 쓰시오.(3점)

모범답안

시멘트와 모래 그리고 자갈을 시멘트의 중량을 기준으로 모래는 3배, 자갈은 6배 배합하여 철근을 사용하지 않는 콘크리트를 제조할 때 사용하는 배합비율

시멘트의 단위중량 1,500kg/m^3

기출문제 **다음 (   ) 안에 알맞은 말을 쓰시오.(2점)**

모범답안

KSA 5101(표준체)에 규정되어 있는 10mm 체를 전부 통과하고, (   )mm 체에서 중량비로 ( )% 이상 통과하는 골재를 잔골재라 한다.

∴ 5, 85

[참고]

잔골재는 10mm 망을 전부 통과하고 (5)mm 망을 (85)% 통과한다. 굵은 골재는 체 규격 5mm 체에서 중량비 85% 이상 남는 골재이다.

기출문제 **토목재료 중 콘크리트 강도에 영향을 주는 요인 세 가지를 쓰시오.**

모범답안

① W/C%(물과 시멘트의 비율)

② 골재의 입도

③ 공기량

④ 슬럼프값

⑤ 혼화재의 양과 품질

⑥ 골재의 품질

⑦ 양생 방법

콘크리트 강도에 영향을 주는 요인

1. 물과 시멘트의 비율

- 물과 시멘트의 중량비율
- 콘크리트 강도에 가장 많은 영향을 준다.

2. 시멘트의 종류

- 콘크리트 강도는 시멘트 강도에 비례, 분말도가 클수록 초기 강도 증가, 풍화된 시멘트 사용 시 콘크리트 강도 저하

3. 골재 종류 및 크기

- 골재의 강도는 콘크리트 강도에 영향을 미치지 않음
- 입형이 평평하고 세장한 골재는 강도 저하

- 부순돌을 사용한 콘크리트는 시멘트 paste 사이에 부착력이 커지기 때문에 강도가 크다.

4. 수질

수질이 콘크리트 응결시간 및 강도 발현에 영향을 끼침

5. 혼화재료

혼화제 : 2차 반응, 볼베어링효과, 미세입자의 공극 채움 효과

혼화재 : 2차 반응, 알칼리골재 반응(AAR)에 대한 저항성 증가

- 1차 반응 : $CaO+H_2O$ ⇨ $Ca(OH)_2$+125cal/g(수화)
- 2차 반응 : $Ca(OH)_2$와 반응하는 것
  - 직접 : 포졸란 반응(Fly Ash, Silica Fume)
  - 간접 : 잠재적수경성 반응(고로슬래그)

핵심 90 암거 및 무근콘크리트 날개벽에 들어가는 자재의 종류

> ▼ 암거의 날개벽
> - 횡단배수구인 암거에 붙여서 세굴방지하고 물을 유도하는 구조물
>
> ▼ 무근콘크리트 날개벽
> - 사방댐 반수면에 붙이는 구조물

1. 거푸집
2. PVC파이프(물빼기 구멍)
3. 콘크리트
4. 철근
5. 스페이서

핵심 91 재해예방 4원칙

1. 예방가능의 원칙
2. 원인계기의 원칙
3. 손실우연의 원칙
4. 대책선정의 원칙

핵심 92 골재 운반작업에 있어 컨베이어벨트의 특징 4가지

1. 단위시간당 작업량이 많아서 대용량 운반 작업에 적합
2. 연속작업으로 작업량이 안정되고 기상변화의 영향이 거의 없다.
3. 경사 30도까지 운반가능하며 30~50도일 경우 클라이머 부착
4. 안전사고 위험도가 적고, 분진 배기가스 등의 환경 영향이 없다.
5. 설비의 제작, 해체, 이설 등으로 일정 공기가 잠식된다.

핵심 93 콘크리트 혼화재 종류

1. 포졸란
2. 플라이애쉬
3. 고로슬래그
4. 실리카흄
5. 팽창재
6. 착색재
7. 수축저감재

   혼화재 : 5% 이상 투입(재료에 가까워서 재)

   혼화제 : AE제, 감수제 등(주로 약품이라서 제)

   총 중량의 5% 이하면 혼화제, 이상이면 혼화재

※ 양이 많으면 재료, 양이 적으면 약제, 기준은 5%

핵심 94 비탈면 안정공법

> 1. 산복기초 : 비탈다듬기, 비탈흙막이, 비탈수로 등
> 2. 산복녹화
>   1) 녹화기초 : 단쌓기, 떼붙이기, 떼다지기, 조공, 비탈덮기
>   2) 식생공사 : 씨뿌리기, 나무 심기, 식생관리

1. 산복(허리)기초

- 돌쌓기 : 찰쌓기, 메쌓기, 골쌓기, 켜쌓기
- 벽돌쌓기
- 콘크리트블록쌓기
- 옹벽공법 : 중력식, 부벽식, 공벽식, 반중력식, T·L자형 옹벽, 특수옹벽
- 비탈흙막이 : 비탈~ 콘크리트벽, 돌흙막이, 콘크리트블록흙막이, 콘크리트판흙막이, 콘크리트기둥틀흙막이, 콘크리트의목흙막이, 돌망태흙막이, 통나무쌓기흙막이, 바자(얽기)흙막이
- 비탈힘줄박기공법 : 현장 콘크리트 치기
- 격자틀붙이기 공법 : 현장 조립방식, 콘크리트블록, 플라스틱제, 금속제품
- 콘크리트뿜어붙이기 : 쇼크리트공법
- 낙석망지망덮기 : 로크네트덮기공법
- 낙석저지책 : 독립기초 위에 책의 지주 설치

2. 녹화기초공사

- 단쌓기
- 떼붙이기, 떼다지기
- 조공
- 비탈덮기

3. 녹화공사

- 씨뿌리기 : 점파, 조파, 산파
- 나무 심기 : 배열, 수종 선택
- 식생관리

핵심 95 비탈 배수로

1. 설치 위치

- 비탈돌림수로
- 속도랑배수구

2. 재료

- 돌수로
- 콘크리트수로
- 콘크리트블록수로
- 떼수로
- 속도랑배수구

핵심 96 벌개제근

절토와 성토를 하기 전에 나무뿌리, 잡초, 유기물 등을 제거하는 작업
흙일 준비일 : 수목 제거, 유기물 제거, 배수공사

핵심 97 토질조사 항목

1. 예비조사

토양도, 지질도 및 기상상황 등

2. 현지조사

현지 토양의 입도, 팽장성, 소성, 건조도, 빛깔, 현장 부근 지형상태 등

3. 정밀조사

토양시료 채취 실험실 내 토질시험(soil test)

[산림관리기반시설의 설계 및 시설기준]

- 산림자원의 조성 및 관리에 관한 법률 시행규칙 별표 2
- 1. 임도시설 1. 임도의 설계기준 나. 실시설계 (2)각종 조사 (나)토질조사

(나) 토질조사

토질은 토사·암반으로 구분하고, 지하암반은 지형 또는 표면상태, 부근 지역의 절토단면을 참고하여 추정 조사한다.

1. 토사
2. 암반
3. 지하암반 : 지형 혹은 표면상태, 부근 지역의 절토단면을 참고하여 추정 조사
   1. 탄성파검사
   2. 전기검사
   3. 관입시험
   4. 베인시험
   5. 평판재하시험
   6. 현장투수시험

등등의 토목기사 시험에 나오는 부분도 있다.

핵심 98 새집공법

암반사면에 제비집 모양 구축물을 설치하고, 내부를 흙으로 채운 후 식생 조성

> **새집공법(nesting gradoni structures)**
> 주로 도로변의 절취한 암벽의 녹화와 조경공사를 목적으로 사용한다. 절취한 암반비탈면이 좋은 경암질도 아니고 장차 나무를 심을 수 있는 풍화암도 아닌 중도의 암반비탈면에 요철이 있는 곳에 석재·콘크리트블록 등으로 제비집 모양과 같은 반월상 구축물을 시공하기 쉬운 곳에 적용하는 암반녹화공법의 일종이다.

핵심 99 비탈면 보호공법 중 구조물에 의한 보호공

돌쌓기, 돌망태, 콘크리트 및 모르타르 뿜어붙이기공, 콘크리트블록공 등

1. 구조물의 종류

목 구조물, 돌 구조물, 콘크리트 구조물, 철 구조물 등

2. 구조물의 보호

도장(페인트칠), 방부처리 등

- 비탈면 보호공법 : 기초공사, 녹화기초공사, 녹화공사
- 비탈면 보호공법 중 기초공사에 해당하는 것을 쓰시면 됩니다. 비탈면 보호 기초공사는 작게는 흙막이, 규모가 좀 더 크면 돌쌓기 또는 돌 붙이기, 좀 더 규모가 크면 옹벽, 급한 경사의 기초는 보강토 옹벽 등 많은 방법이 있습니다.
- 임도의 노선이 결정되었다면 노선 중간마다 반드시 생기는 절토비탈면과 성토비탈면을 보강할 수 있는 방법을 현지의 여건에 따라서 결정할 수 있어야 합니다.
- 비탈면의 하단을 보강하는 비탈면 보호 기초공사를 할 것인지, 비탈면 자체를 보호하는 비탈면 힘줄박기나 숏크리트, 어스앵커 같은 공법을 쓸 것인지는 다양한 공법 중에 저렴하고 견고한 것을 선택하면 됩니다. 산림기사를 공부하면서 조금씩 이런 공법들과 친해지면 실무에도 사용하실 수 있을 것입니다.

핵심 100 비탈면 안정공법을 다섯 가지 쓰고 설명하시오.

1.

2.

3.

4.

5.

⁘ 어떻게 빈칸을 채울 것인지 한 번 생각해 봅시다.

주관식 시험에 있어서 문제를 해석하는 것은 중요한 능력입니다. 산림에 있어서 비탈면은 산복이고, 비탈면은 산복기초공사와 산복녹화공사로 분류를 하게 되고, 산복녹화공사는 다시 녹화기초공사와 녹화공사로 분류하게 됩니다.

이렇게 목차를 정리해 두면 기억에는 도움이 확실히 됩니다. 원래 공부는 이렇게 알고 있는 지식을 차근차근 목차 안에 분류해서 넣는 과정입니다. 이렇게 목차를 정확하게 분류할 수 있는 사람은 숲이라는 큰 그림을 볼 수 있게 되고, 큰 그림 안에서 자신이 잘 볼 수 있는 부분과 잘 볼 수 없는 부분을 파악할 수 있게 됩니다. 전교 1등 하는 친구들의 머릿속이 이렇게 잘 정리되어 있습니다.

이렇게 잘 정리된 지식을 시험지에 쓸 때는 다시 질문자의 의도에 맞추어 재구성해야 합니다. 세부적인 공법 다섯 가지를 쓰라는 것이니 녹화기초와 녹화공사도 포함해서 답안을 쓰면 좋을 것 같지만, 질문자의 의도에서 비탈면을 빨리 안정시킨다는 것이 포함된 것으로 보입니다. 그래서 주로 산복기초공사에 해당하는 구조물공으로 다섯 가지를 쓰는 것이 답일 것입니다.

만일 기술사나 기술고시를 공부하시는 분이라면 이런 질문에 당연히 중목차, 소목차를 쓰고 세부내용을 서술하시는 것이 좋을 것입니다.

Part

02

사방공학

Part 02 사방공학

❶ 사방공학의 개념

사방은 "재해"를 막는 것이다. 재해를 막는 것은 피해가 발생하기 전에 미리 예방하고, 피해가 발생하면 복구하는 활동을 포함한다. 사방사업법은 재해방지, 국토보전, 경관조성, 수원함양을 위한 사업과 복구사업을 사방사업으로 정의하고 있다. 사방시설은 사방사업의 목적을 달성하기 위해 필요한 시설을 설치하는 사업이다. 모래(沙)가 쓰인 것은 보통 붕괴재해나 토석류 재해의 현장에 남는 것이 모래이기 때문이다. 사방공학을 영어 단어로 erosion control engineering이라고 정의한다면, 사방공학은 과학적인 지식을 활용하여 붕괴재해를 막는 실용적 기술이다.

붕괴재해의 근본적인 원인이 보통 물 또는 비이기 때문에 수리수문학, 토양침식을 예방하는 것이기 때문에 토양보전학의 내용을 포함하고 있다. 또한 지질이나 지반의 기초를 단단하게 하기 위해 토목공학의 기술을 적용하고, 궁극적으로는 녹화 및 산림의 회복을 목표로 하고 있다. 사방공학은 다양한 학문분야의 지식을 활용하여 궁극적으로는 사람의 인명과 재산을 붕괴 등의 재해로부터 보호하는 것이다.

❷ 사방공학의 필요성

과거에는 땅에 대한 수요가 많지 않았지만, 인구가 늘어나고, 기술이 발전하면서 땅에 대한 수요는 급격히 증가하고 있다. 우리에게 남아 있는 땅은 대부분 산에 위치하고 있어 산지를 개발하여 사용하게 되므로 그로 인해 인위적인 비탈면이 발생하게 된다. 인위적인 비탈면에 기후변화의 영향으로 강도가 세진 집중호우가 더해지면 붕괴가 발생한다. 우리가 개발하여 사용하고 있는 땅의 끝자락에 대부분 산지가 위치하기 때문에 인명이나 재산피해가 더해지게 된다. 2011년 발생한 서울 우면산 사태와 춘천 천전리 산사태가 그 대표적인 사례이다.

사방공학은 재해를 예방하기 위해 시행하는 사업이기 때문에 사회적 역할이 크다. 사방공학은 궁극적으로 재해를 예방하여 국토를 보전하고, 경관을 보전하여 생활환경을 개선하고, 재해발생으로 수원함양에 필요한 토양조건이 나빠지는 것을 방지하여 수원함양이 되고, 숲을 재해로부터 보호하여 산림자원의 생산기반을 지킨다.

❸ 학습목표

1) 계류의 수리와 수문을 조사할 수 있다.
2) 토질기초 및 토양을 조사할 수 있다.
3) 사방공작물을 선정하고, 설계, 시공, 감리할 수 있다.
4) 사방사업의 설계도서를 작성할 수 있다.

핵심 01 사방사업의 분류

1. 사방사업법의 분류

산지사방, 해안사방, 야계사방

2. 시행장소에 따른 분류

① 산복사방
② 계간사방
③ 야계사방
④ 해안사방
⑤ 도시사방

3. 시행시기에 따른 분류

① 산림의 황폐를 미연에 방지하기 위한 예방 사방
② 재해발생지의 복구 사방

4. 수단에 따른 분류

① 토목적 방법
② 식생적 방법

5. 토사재해 대책에 따른 분류

① 구조물 대책
② 비구조물 대책
재해구역 알림, 경계피난체제 정비, 토지이용 규제, 이전 촉진 등

핵심 02 사방사업의 목적

사방사업의 목적은

1. 자연환경의 파괴로 발생하는 토사의 이동 및 퇴적을 방지
2. 황폐 악화된 구역을 복구 및 복원하여 자연재해를 경감 및 방지함
3. 자연환경의 회복 및 보전

∴ 구체적으로 들어보면 다음과 같다.

1. 산지에 있어서 토사의 생산·이동을 방지함으로써 산지를 보전하고 산지의 기능을 증대한다.
2. 토석류 등의 토사재해로부터 하류의 가옥·논밭과 하천을 보호한다.
3. 도시나 농·산촌에 있어서 생활 및 생산 공간을 지키며, 또한 생활환경을 개선한다.
4. 각종 산지자원을 지키고 동시에 새로운 자원공간을 조성한다.

핵심 03 사방사업의 직접적 효과

> 사방사업 = 산지사방+해안사방+계간사방(사방댐)
> 사방댐의 효과+해안사방효과+산지사방의 효과 ⇨ 사방사업의 효과

1. 간접적 효과

- 산림자원의 생산기반 조성효과
- 환경보전효과
- 국토보전 및 재해방지효과
- 수원함양효과

2. 직접적인 효과

- 산지침식 및 토사유출 방지
- 산복 및 계안붕괴 방지
- 산각고정 및 땅밀림 방지
- 계상물매 완화 및 계류생태계 보호
- 비사고정 및 해안방재림 조성
- 하구 및 항만 토사퇴적 방지
- 저수지 탄갱 및 농경지 매몰 방지
- 국토보전 등

핵심 04 사방사업의 간접적 효과와 기능적 효과

1. 간접적 효과

① 각종 용수 보전

② 하천공작물 보호

③ 경지와 택지 조성 및 안정

④ 자연환경 복구 및 보전 등

2. 기능면에서 효과

① 재해방지 효과

② 수자원함양 효과

③ 생활환경보전 효과

④ 정책상의 효과 등

핵심 05 산지의 토양침식 형태

1. 원인에 따라

① 정상침식(자연침식, 지질학적 침식)

② 가속침식(이상침식)

2. 작용에 따라

① 기계적 침식

② 화학적 침식

3. 토양침식의 형태

① 물침식

- 우수침식(우적침식, 면상침식, 누구침식, 구곡침식, 야계침식)
- 하천침식(종침식, 횡침식)
- 지중침식(용출침식, 복류심침식)
- 바다침식(파랑침식, 연안류침식, 저류침식)

② 중력침식
- 붕괴형 침식(산사태, 산붕, 붕락, 포락, 암설붕락)
- 지활형 침식(지괴형 땅밀림, 유동형 땅밀림, 층활형 땅밀림)
- 유동형 침식(토류, 토석류, 암설류)
- 사태형 침식(눈사태, 얼음사태)

③ 침강침식 : 곡상침식, 틈내기 및 구멍내기

④ 바람침식 : 내륙사구침식 및 해안사구침식

핵심 06 산사태의 종류

| 붕괴형 침식 - 산사태

산사태의 종류

1. 붕괴형
2. 땅밀림형
3. 유동형

1. 개념

산지 비탈에서 주로 여름철의 집중호우 시에 우수로 포화하여 어느 정도 깊이의 토층이 균형을 잃어 일시에 계곡 및 계류를 향하여 길게 붕괴하는 침식현상이다. 산지의 경사가 급하고, 비탈면의 토층바닥에 암반이 깔려 있는 곳에 발생한다.

2. 유형

1) 붕괴형 산사태

① 비탈붕괴 : 자연사면 붕괴, 인공사면 붕괴

② 산붕 : 작은 규모의 산사태, 산지 사면붕괴

③ 붕락 : 물에 의한 토층의 포화, 주름모양의 지표층

④ 포락 : 계류로 떨어진 산사태

⑤ 암설붕락 : 중력에 의한 토석더미 붕괴

2) 땅밀림형 산사태 : 땅밀림

3) 유동형 산사태 : 토석류, 토류, 이류

땅밀림형 산사태와 붕괴형 산사태의 구분

항목	땅밀림형 산사태	붕괴형 산사태
지질	제3기층, 파쇄대 또는 온천지대에서 많이 발생	특정 지질 조건에 한정하지 않음
지형	• 5~20°의 완경사지에서 많이 발생 • 독특한 지형 많음	급경사지에서 또는 미끄러짐면이 점성토에 한정하지 않고 사질토에서도 다발
규모	이동 면적이 크고, 깊이도 일반적으로 수 m 이상 깊음	• 이동 면적이 1ha 이하 • 깊이도 수 m 이하 많음
이동 상황	• 속도 완만, 토괴는 교란하지 않고 원형 유지 • 계속적으로 이동 • 일단 정지한 후에도 재이동함	• 속도 빠름 • 토괴는 원형을 유지하지 못함 • 붕괴 토사는 유출 • 퇴적 토사의 재이동 적음
기구·원인	• 활재가 있는 경우 많음 • 지하수는 유인되는 경우 많음	• 활재가 없는 경우 적음 • 중력이 유인되는 경우 많음 • 강우강도에 영향받음
징후	발생 전에 균열, 함몰, 융기, 지하수의 변동 및 입목 뿌리의 절단음 등 일어남	징후 없고 돌발적으로 활락

기출문제 다음 제시어 중 땅밀림 산사태에 해당하는 것을 골라 동그라미 표시하시오.(2점)

(토질) : 사질토/점토
(규모) : 크다/작다
(경사) : 급경사/완경사
(지질) : 특정 지질/일반적 지질

모범답안

땅밀림은 완경사의 점토지대에서 느리게 큰 규모로 발생한다.

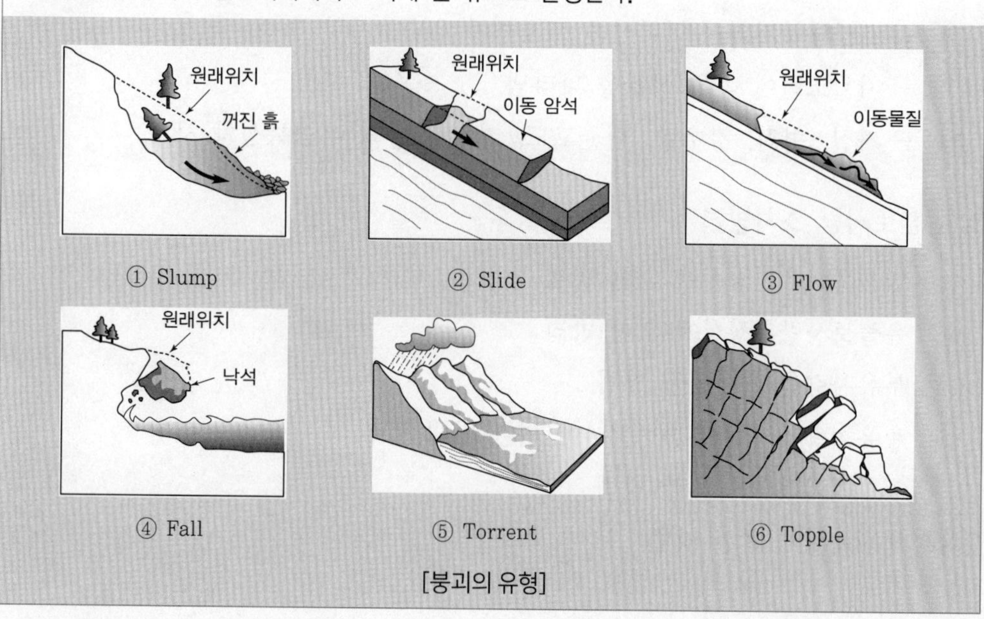

[붕괴의 유형]

핵심 07 유출토사량 추정방법

1. 범용토사유실량식에 의한 방법
2. 유출토사량추정식에 의한 방법
3. 부유사량측정에 의한 방법
4. 총유실량과 유사운송비계산에 의한 방법
5. 저수지퇴적량에 의한 방법
6. 정점측량에 의한 방법

유출토사량 조사방법

1. 개념

산지유역의 유출토사량은 일정기간에 유역으로부터 유출된 토사량으로 산지는 토사 생산량의 전부가 유출하지 않고, 일부는 유역 내에 퇴적하므로 측정지점까지 도달하는 양을 유출토사량이라 한다.

2. 유출토사량 조사

① 사방댐을 이용한 조사
- 사방댐에 유입된 토사량 측정
- 부유사 미포함

② 유역의 특성치에 의한 조사
- 조사대상지의 유역특성을 조사하여 유출토사량 추정
- 지질조건에 높은 상관을 나타냄
- 지질, 면적, 강우량, 평균고도, 기복량 등의 유역특성치 사용

3. 유출토사량 조사방법

① 범용토사유실량식에 의한 방법
② 유출토사량추정식에 의한 방법
③ 부유사량측정에 의한 방법
④ 총유실량과 유사운송비계산에 의한 방법
⑤ 저수지퇴적량에 의한 방법
⑥ 정점측량에 의한 방법

핵심 08 모암 종류

> 생성원인에 따라
> 1. 화성암
> 2. 수성암
> 3. 변성암

1. 화성암

- igneous rock : 마그마가 굳은 위치에 따라 성질이 결정
- 화강암, 섬록암, 현무암, 안산암

2. 수성암 = 퇴적암

- sedimentary rock
- 생물학적 퇴적암 : 석회석, 규조토, 석탄 등
- 물리적 퇴적암 : 혈암, 사암, 응회암, 점판암, 화산재 등

3. 변성암

- metamorphic rock
- 편마암, 천매암, 대리석 등

핵심 09 떼 대용 녹화자재

> 1. 식생반
> 2. 식생자루
> 3. 식생대
> 4. 식생매트

1. 개념

부족한 자연생떼를 대체하고, 뗏일의 시공기를 단축하기 위해 사용하는 여러 가지 대용 떼

2. 종류

식생반, 식생자루, 식생대, 식생매트, 식생망, 식생로우프, 식생포트 등

3. 식생조성용 제품

- Geo mesh(Netting, Fencing) : 토목섬유 사용
- Coir net : 야자섬유 사용
- Jute mesh : 황마섬유 사용한 mesh
- Jute net : 황마섬유를 사용한 네트
- 론생 백, 론생 Net, Filter mat, 각종 녹화용 sheet와 mat : 합성수지 볏집 사용

핵심 10 녹화 보조재료

1. 녹화기반재

1) 개념

녹화기반재는 식물의 생육기반이 되는 토양공간을 조성하기 위한 자재

건축물의 인공지반, 옹벽, 실내 등의 생육공간은 지표토양의 교란 및 유실

토양조건이 열악한 곳, 무토양지를 녹화하기 위해 녹화기반재가 사용됨

2) 종류

토양개량제, 비료, 배수자재, 보수재를 말한다. 각종 훼손지와 암반비탈면, 건축물의 인공지반, 옹벽, 실내 등의 생육공간은 지표토양의 교란 및 유실로, 토양조건이 열악한 경우가 많으므로 이러한 곳이나 무토양지를 녹화하기 위해 녹화기반재가 사용되어야 한다.

2. 녹화보조제

1) 개념

식물을 녹화목적에 따라 건전하게 생육할 수 있는 수단으로 활용하는 자재

2) 종류

- 토양안정제 : 양생제(침식방지 : 피복형, 침투형), 혼화재
- 토양피복재 : 섬유류, 시트류, 매트류, 비닐류

핵심 11 황폐산지 사방녹화용 식물

1. 사방녹화용 식물의 필요성

황폐산지는 토지 생산력이 낮아 식물이 정상적으로 생육하기 곤란한 환경이기 때문에 악조건에서 비교적 활착과 생육이 용이한 식생을 선정하여 파종, 심어야 한다.

2. 사방녹화용 목본식물

① 3대 치산사방녹화수종 : 리기다소나무, 사방오리나무, 아까시나무

② 기타 : 상수리나무, 졸참나무, 싸리류 등

3. 사방녹화용 초본식물

① 새류 : 새, 솔새, 개솔새, 참억새, 기름새 등(키 큰 초본)

② 질소고정 : 매듭풀, 차풀, 비수리 등(근류균, 콩과식물)

핵심 12 산복(허리)사방 공종

1. 산복(허리) 기초공사

- 비탈다듬기 : 비탈다듬기, 단끊기, 묻히기
- 비탈흙막이 : 찰쌓기, 메쌓기, 틀, 돌망태, 콘크리트벽, 콘크리트블록, 콘크리트판, 섶다발, 바자, 콘크리트기둥 등
- 묻히기 : 비탈흙막이와 같음
- 누구막이 : 돌, 떼, 콘크리트블록 등
- 배수로 : 찰붙이기, 메붙이기, 콘크리트관, 콘크리트사석, 돌망태, 떼 등
- 속도랑 : 돌망태, 자갈, 콘크리트관, 섶다발, 터널, 집수정 등

2. 산복(허리) 녹화기초공사

- 바자얽기 : 편책 목책 콘크리트책 등
- 선떼붙이기 : 1~9급 선떼붙이기, 밑돌선떼붙이기(臺石立芝工)
- 떼단쌓기 : 떼단쌓기, 돌떼단쌓기
- 줄떼다지기 : 줄떼다지기, 줄떼심기
- 조공 : 떼, 돌, 새, 짚, 통나무, 섶, 콘크리트판, 녹화, 2차 자재 등
- 비탈덮기 : 짚, 거적, 망, 섶 등

3. 산복(허리) 녹화공사

- 사방파종공법 : 조공식, 사면혼파, 분사식, 항공파종 등
- 사방식재공법 : 사방식재공법, 사방조림

핵심 13 비탈다듬기 토사량 계산, 평균단면적법 이용

기출문제 **산복사방에서 비탈다듬기공사를 실시할 경우 단면 A1과 A2의 단면적이 $20m^2$와 $15m^2$이고, 단면 A1과 A2 사이의 길이(ℓ)가 40m일 때 평균단면적법을 이용하여 토사량(V)을 구하시오.**

모범답안

토사량(V, m^3)과 단면의 단면적(A1과 A2, m^2) 및 단면 사이의 길이(ℓ, m)와의 관계는

V={(A1+A2)/2}×ℓ 이므로

={(20+15)/2}×40

∴ 700m,

핵심 14 비탈다듬기 설계, 시공 시 유의점

1. 설계 시 유의점

- 수정물매는 지질, 면적 및 공법에 따라 다르지만, 대체로 최대 35° 이내로 한다.
- 퇴적층 두께가 3m 이상일 때는 묻히기를 도입한다.
- 급물매지는 선떼붙이기와 산복돌쌓기로 조정한다.
- 붕괴면 주변 상부는 충분히 끊어낸다.

2. 시공 시 유의점

- 비옥한 표토는 산복면에 남도록 시공한다.
- 공사는 상부에서부터 하부를 향해 실시한다.
- 속도랑공사 및 묻히기 공사는 미리 실시한다.
- 정단부를 단순히 삭취하지 말고, 절단하여 오목한 곳에 단번에 투입한다.

핵심 15 산비탈 흙막이의 시공 목적

1. 비탈면의 경사완화
2. 붕괴위험 비탈면 유지
3. 구조물과 수로의 지지
4. 매토층의 하단부 지지

흙막이는 [경비 구매]

1. 흙막이의 개념
   흙으로 된 비탈면의 경사를 완화하고 무너질 위험이 있는 곳을 유지하기 위해 비탈면에 설치하는 구조물(構造物)
2. 시공목적
   ① 비탈면의 경사 완화
   ② 붕괴 위험성이 있는 비탈면 유지
   ③ 수로의 지지
   ④ 매토 층의 하단부 지지
3. 배치원칙
   비탈면 공사의 기초 골격이기 때문에 잔벽면의 안정을 유지할 수 있는 안식각보다 각도가 더 큰 경사면에는 계단차를 두고 흙막이 공작물을 시공하여 뒷면에 가해지는 토사와 석력에 의한 압력을 지지할 수 있도록 시공한다.

핵심 16 산비탈흙막이의 종류와 특징

종류[재료]	특징
떼흙막이	• 토압이 비교적 적고, 높이가 낮은 흙을 유치하기 위해 시공 • 비탈면적이 $2m^2$ 내외의 소규모로 설치 • 높이는 선떼붙이기 하부와 수평이 되도록 설치하되, 지상고 60cm 내외로 설치
돌흙막이	뒷면의 토압이 비교적 적고 높이가 낮은 경우에 시공하며, 메쌓기흙막이와 찰쌓기흙막이는 석재를 사용하나 콘크리트블록을 사용하는 경우도 있다.
돌망태흙막이	돌흙막이와 비슷하지만, 돌망태의 유연성을 이용하여 땅밀림지대 등과 같이 지반이 연약한 곳이나 붕괴비탈면에 호박돌과 자갈이 많은 곳에 적용한다.
목제흙막이	기초지반에 대한 적응성이 높으며, 기초 터파기, 절취 토량 및 1기당 연장이 짧기 때문에 시공이 용이하다. 또한 배면 침투수의 배수가 좋고, 뒤채움 재료는 현장의 토석을 사용할 수 있으며, 주변 산림과의 보전 조화를 도모할 수 있다.
콘크리트벽	충분한 안정성과 안전성을 필요로 하는 경우나 비탈면의 토층이동 위험성이 있고 토압이 커서 기타 흙막이로는 안정을 기대할 수 없는 경우에 이용된다.
콘크리트판	토압에 대한 저항력이 필요하지 않는 곳이나 석재 구득이 용이하지 않은 곳에서 시공하지만, 높이가 높을 경우에는 뒤채움자갈을 해야 하며, 경우에 따라서는 흙시멘트를 채우기도 한다.
콘크리트 기둥틀	자재를 철재로 간단히 연결한 것으로 가동성이 있어 지반변동에 대응이 용이하여 연약지반지대나 불규칙한 토압을 받는 지대, 또는 충진할 석재재료가 많은 지대에 설치한다.

흙막이 개념

흙이 무너지거나 흘러내림을 막는 공작물
사면물매 완화, 표면유하수의 분산, 수로공사의 기초 등
다기능적인 비탈 안정공종
사면붕괴의 위험이 있거나 비탈다듬기 등으로 생기는 토사가 유치되는 곳에 설치

핵심 17 산복(허리)수로의 종류 및 특징

1. 종류

돌붙임수로, 콘크리트수로, 콘크리트블록수로, 떼붙임수로, 바자수로, 통나무수로, 속도랑배수구 등

2. 특징

1) 돌붙임수로

속도랑에서의 배수, 용수에 의해 상수가 있는 경우, 급경사지로 토사유출이 많아 침식이 현저한 경우, 붕괴비탈면을 유하하는 상수가 있는 자연유로 고정 시에 시공

① 메붙임수로 : 잡석, 호박돌, 막 깬돌 등으로 축설하며, 유량이 적고, 물매가 비교적 급한 산복에 사용된다. 시공방법은 돌의 긴 면이 유수에 직각이 되도록 하고, 뒤채움 자갈을 잘 다져서 붙임돌이 빠져나오지 않도록 한다.

② 찰붙임수로 : 돌붙임 시 뒷부분의 공극에 콘크리트를 채우고 축설하는 것으로 메붙임수로로는 위험한 경우에 시공한다. 집수유량이 많고, 유하 토석에 의한 충격으로 돌붙임에 사용된 돌이 빠져나오거나 침투수에 의해 수로바닥이 침식될 위험이 있는 경우에 시공한다.

2) 콘크리트수로

유속이 빠르고, 사류와 토류 대비책을 필요로 하는 구간에 시공하는 것으로 형상과 크기를 자유롭게 조절할 수 있다. 수로단면은 일반적으로 사다리꼴이며, 측벽의 앞쪽 물매는 1 : 0.3~0.5, 뒤쪽 물매는 수직, 또는 1 : 0.1의 역물매로 한다. 콘크리트수로의 규격은 밑두께 30cm 이상, 측면의 두께가 벽마루에서 20cm가 되도록 한다.
×사류 : 모래의 흐름×토류 : 흙의 흐름×암설류 : 자갈과 흙의 흐름

3) 떼붙임수로

물매가 완만하고, 유량과 토사유송이 적은 곳에 시공하는 것으로 소규모 붕괴지의 수로, 대규모 붕괴지의 지선수로, 민둥산의 산복수로로 이용된다. 시공지가 떼의 생육조건과 잘 맞는 곳에 적용하며, 떼수로의 횡단모양에 따라 사다리꼴떼수로와 활꼴떼수로 등으로 구분한다.

4) 마대수로

떼붙임수로보다 다소 물매가 급하거나 유량 및 유송토사가 많은 지역에 설치한다. 최근에는 다양한 마대가 적용되고 있으며, 응급복구에 활용되고 있다. 특히 식생마

대는 수로의 물리적 안정과 생태면에서도 효과적이며, 지역 고유의 식생을 활용하는 방안이 강구되어야 한다.

5) 목제수로

유연성이 풍부하여 시행지에 순응할 수 있다. 측면으로부터의 침투수를 동시에 배수할 수 있으며, 사용목재는 짧거나 구부러지더라도 사용할 수 있다. 물매가 급한 경우 등 수로부지가 침식될 우려가 있는 곳에 적합하며, 국산재를 치산분야에 활용하는 방안이 강구되고 있다.

기출문제 **산복사방공사 계획 시 반영되는 산비탈수로(산복수로)의 종류를 4가지 쓰고 유량과 경사도로 등을 이용하여 간단히 설명하시오.(4점)**

모범답안

가. 떼수로 : 유량이 적고 경사가 완만한 곳에 설치

나. 메붙임돌수로 : 유량이 적고 경사가 완만한 곳에 설치

다. 찰붙임돌수로 : 유량이 많고 경사가 급한 곳에 설치

라. 콘크리트수로 : 유량이 많고 경사가 급한 곳에 설치

답안작성의 포인트는 경사와 유량에 맞추어 수로의 적절한 재료를 선택하는 것입니다. 유량이 적고 경사가 완만한 곳에 콘크리트수로를 배치하면 환경적인 문제를 포함하여, 예산도 더 많이 들게 됩니다. 또한 유량이 많고 경사가 급한 곳에 떼수로를 선정한다면 결국 떼수로도 사라지고 침식이 진행되게 될 것입니다.

그러므로 키워드를 유량과 경사도로 보고, 4단계로 작성하시면 쉽습니다.

굉장히 좋은 문제입니다. 간단하게 실무능력을 점검하는 문제입니다.

핵심 18 물의 순환에서 산림의 역할

1. 산림은 증산작용에 의하여 지표면의 열 환경을 완화한다.
2. 산림의 파괴는 지표의 열 환경을 변화시킬 뿐만 아니라 증산량을 감소시켜 물순환을 변화시킬 수 있다.
3. 산림은 물질생산을 하며, 물질순환에도 깊게 관계하고 있다. 이 물질순환과정에서 산림토양이 형성된다.
4. 산림토양은 지표 주변의 유출수의 경로를 결정하며, 하천의 홍수나 갈수에 크게 영향을 미친다.

5. 유출수의 경로는 지표의 침식 형태를 결정하며, 침식량에도 크게 영향을 미친다. 나지는 표면침식, 산림지는 붕괴형의 침식을 발생시킨다.

6. 산림과 산림토양은 하천의 토사함유량과 수질에 크게 영향을 미친다.

정리하면

위에 있는 문장을 반복해서 읽는 것도 좋지만, 이렇게 읽어서 외우시려면 많은 시간이 걸립니다. 시험응시를 목적으로 다른 책을 읽으실 때는 아래처럼 정리하셔야 합니다.

1. 지표 열환경 완화
2. 산림파괴 시 증산량 감소
3. 물질생산 과정에서 산림토양 형성
4. 유출수 경로 결정
5. 지표침식 형태 결정(평지 : 표면침식, 경사지 : 붕괴형 침식)
6. 홍수와 갈수 완화
7. 하천에 영향, 토사함유량과 수질

이렇게 정리하시면 암기가 됩니다.

물론 글자 따고 스토리 만들고 연상하며 점검하고, 시험장에는 최소한의 것만 가지고 들어갑니다.

핵심 19 산지에서의 물의 순환

1. 필수 개념

유역 : 하천의 임의 지점에 집수되는 물의 근간이 되는 강수가 낙하하는 전 지역, 집수구역과 동의어, 지형상의 분수계, 지표수분수계에 의하여 유역 구분

2. 물의 전체 순환

강수와 침투 ⇨ 바다

전순환과정 = 바다강수 + 바다증발 + 육지강수 + 육지증발산 + 유출 + 침투

3. 산지에서 물의 순환

강수 = 증발산 + 지표유출 + 침투

침투 = 중간유출 + 지하수유출

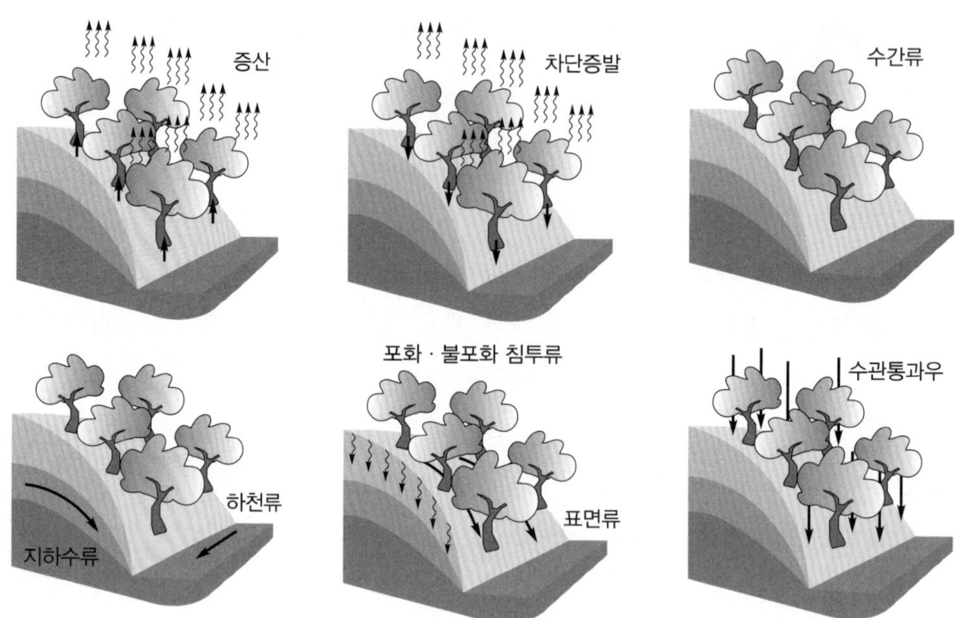

[산림지대에서의 물의 움직임<일본생태학회, 2008>]

핵심 20 강수의 거동에 관계하는 유역 조건

1. 기상 : 기온, 바람, 습도, 강우량
2. 식생 : 엽면적, 수종, 수확방법
3. 토양 : 공극의 양과 질, 토양층위
4. 지형 : 지형해석(형상계수, 원상률, 세장률, 곡밀도), 지표경사, 기복량
5. 지질 : 토질, 모암층, 암반층의 구성

지형해석 방법

1. 형상계수 : 유역의 평면형상 비교
2. 원상률=원면적(유역주변 길이와 같은 크기를 갖는 원의 면적)/유역면적
3. 세장률=원의 지름/유역최대변장(≒ 주류의 길이)
4. 곡밀도=계류의 수 or 길이/유역면적

핵심 21 산림의 강수 차단

1. 수관 차단

강수의 일부가 수목의 잎, 가지 등에 닿은 후에 일부가 대기로 증발하는 것

2. 하층식생 차단

임관을 통과, 적하한 강수의 일부가 하층식생에 의해 수관차단 형태로 증발하는 것

3. 임상물 차단

수관 및 하층식생에 의해 차단하지 않은 강수가 임상물에 의해 차단

4. 임분 차단

수관, 하층, 임상물 차단 강수량과 임분의 식물체와 임상물 전체의 보유 강수량

핵심 22 수관에 의한 강수차단

1. 수관적하우

강수가 표면장력과 중력의 균형이 깨져 지면으로 떨어지는 강수

2. 수간유하우

강수가 가지와 줄기를 타고 임상으로 이동하는 강수

3. 수관통과우

수목에 닿지 않고 직접 임상에 도달하는 강수

핵심 23 산림지대의 유출

1. 유량측정법

- 양수웨어법 : 사각웨어, 삼각웨어, 사다리꼴웨어
- 유속법 : 체지식, 바진식, 매닝식

2. 최대홍수량 산정법

1) 시우량법

시우량과 유역면적에 의해 산정

2) 비유량법

강수 관측자료가 적고, 첨두유량을 산정하기 어려운 경우

유역의 크기별로 비유량을 정하고 비유량으로 유량 추정

3) 합리식법

홍수도달시간, 평균강우강도, 유효강우강도, 유수의 대상유량 등에 의해 산정

4) 홍수위흔적법

홍수 직후 유로를 조사하여 홍수위와 유량을 추정

웨어(weir)는 둑이라는 말입니다.
삼각형은 삼각형 모양의 둑, 사각웨어는 사각형 모양의 둑입니다. 물은 삼각형, 사각형, 사다리꼴 둑에 통과하면 단면적을 계산하기 쉽고, 거기에 이 단면을 지나는 유속을 곱하면 유량이 나오므로 유량을 직접 잴 때 유용합니다.

핵심 24 유속과 유량

유량 Q=유속 V×유적 A

V : 유속(m/s), A : 유적(m^2), Q : 유량(m^3/s)

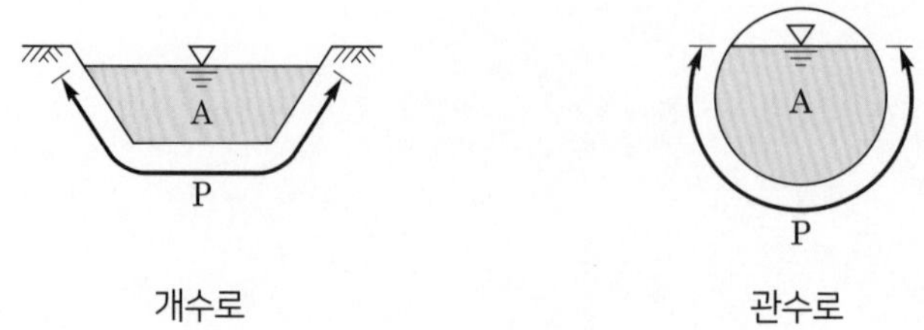

개수로　　　　관수로

경심 R=유적 A/윤변 P

윤변(P) : 배수로의 횡단면에서 물과 접촉하는 배수로 주변의 길이

경심(R=A/P) : 유적을 윤변으로 나눈 것≒동수반지름

❖ 경심(윤변 여친)이랑 윤변(윤변호사)이랑 개수로 유적에 놀러 갔다.

핵심 25 평균유속 산정방법

1. Chezy 공식

$V = c\sqrt{RI}$

V : 평균유속, c : 유속계수, R : 경심, I : 수로기울기

2. Manning 공식

$$V = \frac{1}{n} \times R^{\frac{2}{3}} \times I^{\frac{1}{2}}$$

n : 유로 조도계수

핵심 26 평균강우량 산정방법

1. 산술평균법=측우기 유량합계/측우기 갯수=유역의 평균 강우량
2. 티에센법(산지지형에 적합)
3. 격자법
4. 등우량선법

핵심 27 유역면적에 의한 최대시우량

| 단위에 따라 분모의 숫자가 달라짐에 유의합니다.

1. 시우량법

$$Q = K \times a \times \frac{m}{1000} \times \frac{1}{60 \times 60}$$

Q : 1초 동안 유량, K : 유거계수, a : 유역면적[m^2], m : 최대시우량[mm/hr]

2. 합리식법

유역면적이 ha일 때

$Q = \frac{CIA}{360}$ C : 유거계수, I : 강우강도, A : 유역면적

유역면적이 km^2일 때

$Q = \frac{CIA}{3.6}$ C : 유거계수, I : 강우강도, A : 유역면적

기출문제 **유역면적이 5.5ha, 강우강도가 160mm/hr, 유거계수 0.8일 때 유량을 계산하시오.(4점)**

모범답안

$\frac{1}{360} \times 0.8 \times 160 \times 5.5 \fallingdotseq 1.9557... = 1.96m^3/sec$

∴ $1.96m^3/sec$

단위가 km^2면 분모가 360에서 3.6으로 바뀌는 것에 주의하셔야 합니다. 단위가 ha인지 km^2인지 꼭 확인하시기 바랍니다.

기출문제 **유속이 2m/sec이고, 5초 동안의 유량이 $20m^3/sec$였다. 단면적을 계산하시오.**

모범답안

$\frac{20}{5} \div 2 = 2$

유량(Q)=단면적(A)×유속(V))

단면적(A)=유량(Q)/유속(V)

$=(20m^3/sec \div 5sec)/2m/sec = 2m^2$

∴ $2m^2$

핵심 28 침식의 종류

1. 물침식 : 빗물침식, 하천침식, 지중침식, 바다침식

2. 중력침식 : 붕괴형, 지활형, 유동형, 동상침식[유동지붕]

3. 바람침식 : 모래날림

4. 침강침식 : 지반의 침하와 융기에 의하여 발생하는 침식

침식 : 물침식+중력침식+바람침식(원인 : 정상+가속, 작용 : 기계+화학)

동상침식(solifluction)은 과습한 토양과 다른 포화한 입상물질이 토사 비탈면 하부로 천천히 포행하는 침식현상, 나지비탈면이나 절·성토 비탈면의 지표층이 동결융해작용에 의하여 발생한다.

[침식은 중풍침수] 주요 원인은 물

핵심 29 빗물의 침식유형과 진행순서

1. 우격침식

빗방울이 땅 표면의 토양입자를 타격하여 분산 및 비산하는 현상

2. 면상침식

토양표면 전면이 엷게 유실되는 현상

3. 누구침식

침식 중기 유형으로 토양표면에 잔도랑이 불규칙하게 생기면서 깎이는 현상

4. 구곡침식

침식이 가장 심할 때 생기는 유형으로 표토뿐만 아니라 심토까지 깎이는 현상

우면산 누구야? 빗물 때문이야?

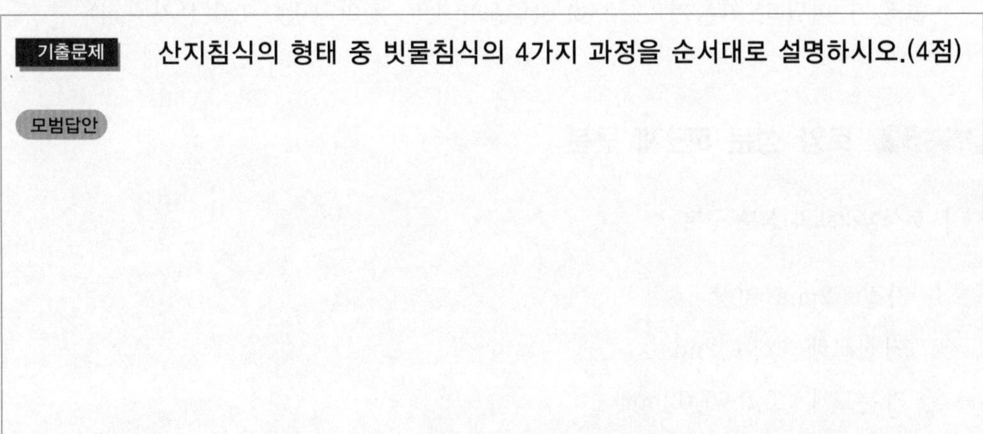

기출문제 **산지침식의 형태 중 빗물침식의 4가지 과정을 순서대로 설명하시오.(4점)**

모범답안

핵심 30 붕괴형 침식

1. 산사태

산정 가까운 부분에서 사면계곡으로 길게 붕괴

2. 산붕

산사태와 같은 원인으로 발생하지만, 규모가 적고 산록부에서 발생

3. 붕락

토층이 물에 의해 포화하여 무너짐, 무너진 토층이 주름이 잡힌 상태로 정지

4. 포락

계천의 흐름에 의한 가로침식작용으로 토사가 무너져 내리는 현상

5. 암설붕락

핵심 31 땅깎기 비탈면 기울기

- 경암 – 1 : 0.3~0.8
- 연암 – 1 : 0.5~1.2
- 토사 – 1 : 0.8~1.5
- 암석지 – 1 : 0.3~1.2
- 흙쌓기 비탈면 기울기 : 1.2~2.0(임도), 1.5~2.0(사방), 1.0(산지관리)

핵심 32 토양 성분 5단계 구분

토성삼각표의 성분 구분

1. 자갈 : 2mm 이상
2. 거친모래 : 2~0.2mm
3. 가는모래 : 0.2~0.02mm
4. 고운모래 : 0.02~0.002mm
5. 점토 : 0.002mm 이하

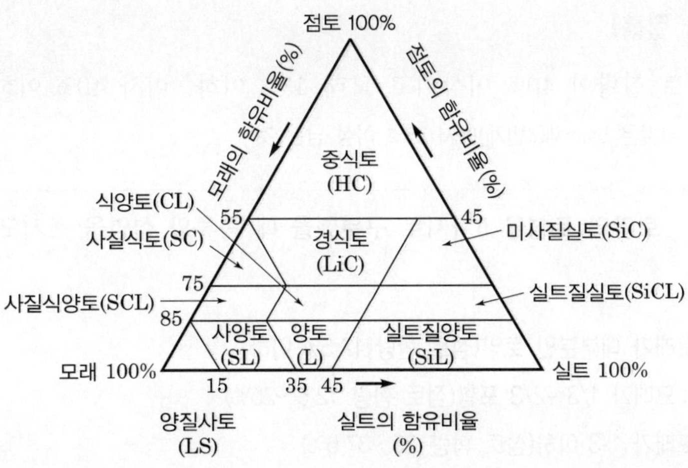

토성의 구분

토성(土性, soil texture)

토성은 토양의 무기성분을 입자의 지름에 따라 모래, 미사(거친, 가는, 고운모래 silt), 점토의 3가지로 구분한다.

국제법의 입자 지름 구분

1. 모래 : 2~0.05mm
2. 미사 : 0.05~0.002mm
3. 점토 : 0.002mm 이하로 규정하고 있다.

1. 사토(沙土)

모래 85% 이상, 점토 12.5% 이하인 토양 : 응집력, 점성이 적어 경작이 쉽다. 투수성이 좋으나 양분이 적다.

2. 양토(壤土)

흙 중에 점토가 25~37.5% 함유된 토양 : 양토는 토성이 좋고 경작도 잘되며, 모든 작물에 적합하다.

3. 사양토(砂壤土)

흙 중에 점토가 비교적 적은 12.5~25%가 포함된 토양

4. 식양토(埴壤土)

흙 중에 점토가 비교적 많은 37.5~50%가 포함된 토양

5. 식토(埴土, 질흙)

흙 중에 점토 함량이 40% 이상이고 모래 45% 이하, 미사 40% 이하인 토양

※ 골재로서의 자갈은 5mm채(4번채)에서 85% 이상 남는 것

기출문제 **토양의 토성을 5가지로 구분했을 때 종류와 설명을 쓰시오.**

모범답안

가. 사토 : 모래가 대부분인 토양(점토 함량 12.5% 이하)

나. 사양토 : 모래가 1/3~2/3 포함(점토 함량 12.5~25%)

다. 양토 : 모래가 1/3 이하(점토 함량 25~37.5%)

라. 식양토 : 점토가 1/3~2/3 포함(점토 함량 37.5~50%)

마. 식토 : 점토가 대부분인 토양(점토 함량 50% 이상)

핵심 33 산비탈 흙막이 시공목적

산비탈=산복=산록, 산비탈흙막이=산복흙막이

1. 사면의 기울기 완화
   - 비탈면의 안정각 유지
2. 표면유하수의 분산
3. 공작물의 기초와 수로의 지지
4. 불안정한 토사의 이동 억지
5. 매토층의 하단부 지지

※ 산복은 산의 배부분이라고 해서 정상과 계곡부를 제외한 부분입니다.

※ 산복이 산과 산 사이에 있는 것이라면, 산록은 들판이나 강으로 이어지는 부분에 있는 산복부입니다.

※ 매토층 : 매립된 흙으로 이루어진 층

이렇게 옮겨온 흙은 무너지기 쉽습니다. 그래서 아래부분을 받치는 구조물로 안정각을 유지하게 됩니다.

사방공학

산복흙막이[유토공(留土工) ; soil arresting structures on slope]

1. 불안정한 토사의 이동 억지
2. 비탈면 경사의 수정
3. 표면 유하수의 분산
4. 공작물의 기초와 수로의 지지
5. 매토층의 하단부 지지 등을 목적으로 시공

임업토목공학

비탈흙막이공법(soil arresting and sheathing measures on slopes)은

1. 비탈기울기의 완화
2. 붕괴의 위험성이 있는 비탈의 안정 유지
3. 매토층의 밑부분 지지
4. 침식의 방지 등을 위하여 비탈에 설치하는 각종 공작물의 총칭

핵심 34 성토면의 산비탈 흙막이공법

1. 콘크리트벽흙막이
2. 돌흙막이
3. 콘크리트블록흙막이
4. 콘크리트판흙막이
5. 콘크리트기둥틀흙막이
6. 콘크리트의목흙막이
7. 돌망태흙막이
8. 통나무쌓기흙막이
9. 바자(얽기)흙막이

⁘ 콘크리트의목은 콘크리트로 통나무 모양처럼 만든 것입니다. 자연적인 경관을 필요로 하는 곳에 사용하게 됩니다.

핵심 35 비탈면 안정공법

1. 산복기초 : 비탈다듬기, 비탈흙막이, 비탈수로 등

2. 산복녹화

1) 녹화기초 : 단쌓기, 떼붙이기, 떼다지기, 조공, 비탈덮기

2) 식생공사 : 씨뿌리기, 나무 심기, 식생관리

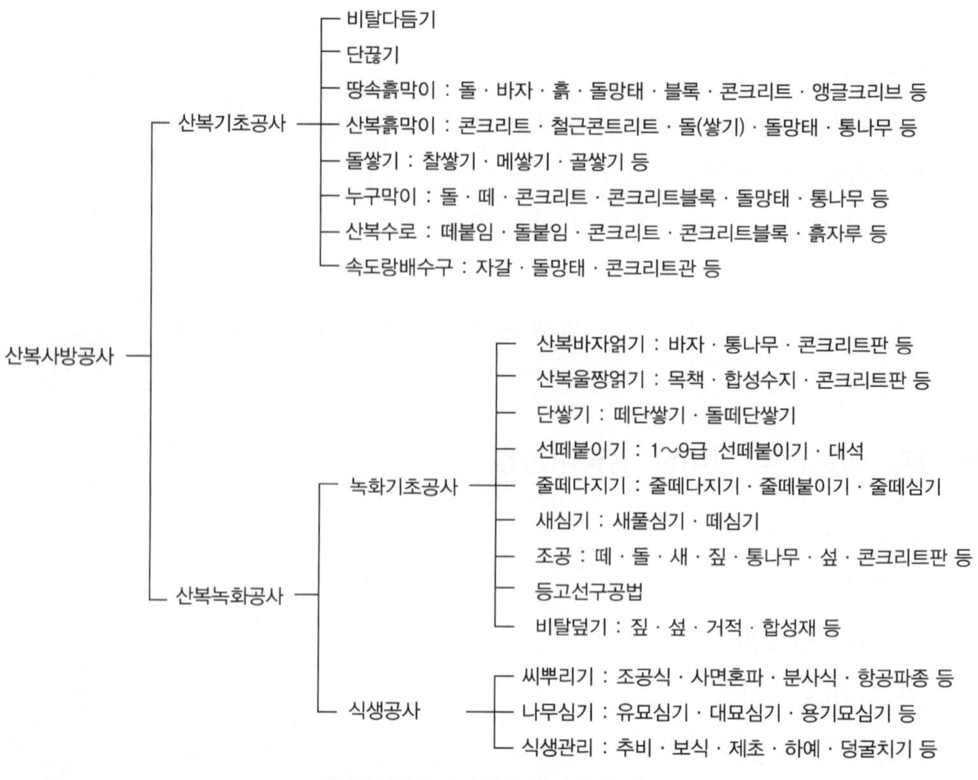

[산복사방공사의 공종에 따른 분류]

∴ 카테고리를 잘 분류하는 것이 공부의 시작입니다. 산복기초와 녹화기초, 식생공사로 카테고리를 잘 나누고 여기에 속하는 공법을 분류하면 비탈면의 처리에 필요한 공법들을 쉽게 외울 수 있습니다.

핵심 36 녹화공법 보강방법

> 녹화공법을 보강하기 위한 방법이라는 질문은 얼핏 생각하면 녹화 후에 이루어질 것 같지만, 결국 녹화를 하기 위해 실시하는 녹화기초공사를 말하거나, 토목적 방법인 산복기초공사를 가리키는 것 같습니다. 더 정확하고 가까운 의미인 산복녹화기초공사의 종류를 서술하는 것이 마땅한 것으로 여겨집니다.

1. 비탈다듬기
2. 단끊기
3. 땅속흙막이
4. 산복흙막이
5. 돌쌓기
6. 누구막이
7. 산복수로
8. 속도랑배수구

- [비단 산 땅 누구 산속] 비단장사가 산속에 산 땅, 돌쌓기 누구지?
- 다시 한번 반복해 봅시다.
- 녹화공사는 식생의 생육기반을 조성, 개선하는 녹화기초공사와 식생을 도입하는 식생공사로 분류됩니다. 이러한 녹화공사를 보강하는 방법은 산복기초공사일 것입니다.
  향문사 사방공학에서 산복사방공사는 이렇게 서술되어 있습니다.
  산복공사는 붕괴지 등의 상태나 특성에 따라 산복기초공사와 산복녹화공사의 각 공종이 효과적이고도 상호 유기적 보완적으로 기능할 수 있도록 규모나 배치를 정해야 한다.
  산복기초공사는 산복의 비탈면을 안정시켜 침식을 억제하기 위해 실시하는 토목적 기초공사이며, 산복녹화공사는 식생으로 비탈면을 피복하여 토양침식을 방지하고 수목심기가 가능한 환경조건을 정비하는 공사이다. 또한 산복녹화공사는 식생의 생육기반을 조성·개선하는 녹화기초공사, 식생을 도입하는 식생공사로 분류된다.

행복암기 비단장사가 산속에 산 땅, 돌쌓기 누구지?

연상하기 비탈다듬기, 단끊기 산복수로, 속도랑, 산복흙막이, 땅속흙막이, 돌쌓기, 누구막이

핵심 37 비탈면 녹화공법

1. 녹화기초

울짱엮기, 바자엮기, 단쌓기, 선떼붙이기, 줄떼다지기, 평떼심기, 새심기, 조공, 등고선구공, 비탈덮기

2. 식생공사

씨뿌리기, 나무 심기, 식생관리

식생공사의 종류

1. 씨뿌리기 : 조공식, 사면혼파, 분사식, 항공파종 등
2. 나무 심기 : 유묘심기, 대묘심기, 용기묘심기 등
3. 식생관리 : 추비, 보식, 제초, 하예, 덩굴치기 등

녹화기초공사의 종류

1. 산복바자얽기 : 바자, 통나무, 콘크리트판 등
2. 산복울짱얽기 : 목책, 합성수지, 콘크리트판 등
3. 단쌓기 : 떼단쌓기, 돌단쌓기, 혼합쌓기, 마대쌓기
4. 선떼붙이기 : 1~9급 선떼붙이기, 밑돌선떼붙이기(臺石立芝工)
5. 줄떼 : 줄떼다지기(성토면), 줄떼붙이기(절토면), 줄떼심기(평지)
6. 평떼 : 평떼붙이기, 평떼심기, 띠떼심기
7. 새심기 : 새풀심기, 떼심기
8. 조공 : 떼, 돌, 새, 짚, 섶, 통나무, 콘크리트판 등
9. 등고선구공법
10. 비탈덮기 : 짚, 섶, 거적, 합성재 등

행복암기 새떼3 등단 비탈 조공 바자 울짱 ⇨ 스토리는 각자 만들어 봅니다.

연상하기 새심기, 선떼, 줄떼, 평떼, 등고선구공, 단쌓기, 비탈덮기, 조공, 산복바자, 산복울짱

∴ 결과는 어떻습니다.

혼자서 연상하시고, 전체를 다 기억하려고 하시기보다는 총 열 개 중에서 여섯 개~일곱 개 정도 기억나셨으면 만족합니다.

어차피 기사시험문제에서는 보통은 "네 개 쓰고 설명하시오." 이렇게 나옵니다. 산업기사라면 "네 개 쓰시오."라고 나옵니다.

행복한 공부는 만족할 줄 아는 공부입니다. 그래도 합격은 합니다.

핵심 38 치산녹화용 사방목본수종

| 리기다, 곰솔, 사방오리. 아까시, 싸리, 참싸리, 상수리, 신갈 등

리기다는 척박지에 잘 자라고, 곰솔은 자라는 환경이 모래와 염풍에 노출된 곳이다. 사방오리는 프랑키아속 박테리아와 공생하기 때문에 척박지에 잘 자라고, 아까시, 싸리, 참싸리는 리조비움속 박테리아와 공생하기 때문에 척박지에 잘 자란다. 상수리와 신갈나무는 소나무가 자라는 건조한 땅에서도 많은 잎을 만들어 광합성 하며, 소나무와 경쟁하며 살아온 수종이다.

∴ 글자로만 외우려고 하지 마시고, 천천히 하나하나의 특징을 알게 되면 좋을 것 같습니다.

핵심 39 사방댐의 부위별 명칭

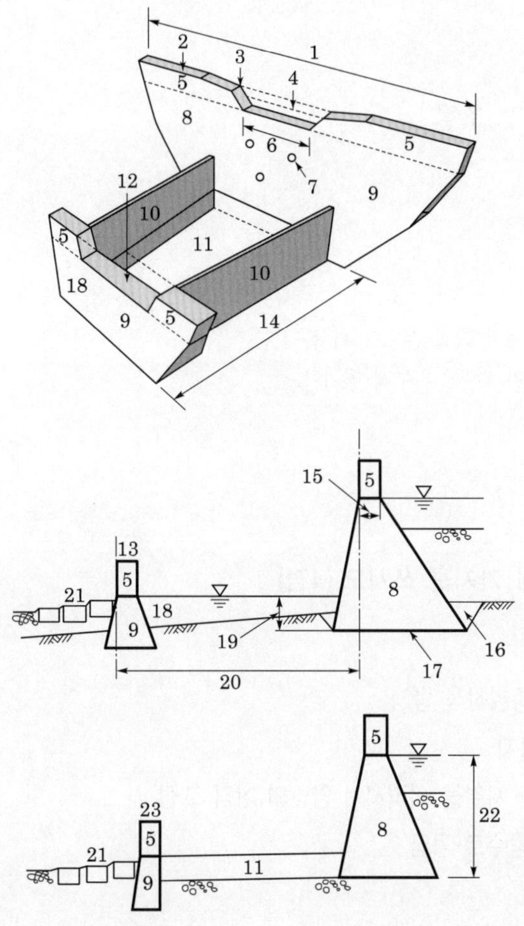

1. 댐 길이
2. 댐둑마루
3. 댐둑어깨 물매
4. 방수로
5. 댐둑어깨
6. 방수로 폭
7. 물빼기구멍
8. 본댐
9. 본체
10. 측벽
11. 물받이
12. 앞 댐의 방수로
13. 앞 댐
14. 전정보호공
15. 댐둑마루 폭
16. 사이채움
17. 댐둑밑
18. 물방석
19. 중복높이
20. 본댐과 앞 댐의 거리
21. 막돌놓기
22. 댐 높이
23. 수직벽

[사방댐의 부위별 명칭
일본하천협의회, 1985]

핵심 40 사방댐 설치 목적

(=사방댐의 기능)×계²산²토종란

1. 계상물매 완화
2. 계상 퇴적토사 유동방지, 계상안정
3. 산각 고정
4. 산복붕괴 방지
5. 토사 공급 조절
6. 종횡 침식방지
7. 난류구역유로정비
   - 계상물매의 완화에 의한 안정물매 유도
   - 종횡 침식의 방지
   - 산각의 고정
   - 산복붕괴 방지
   - 계상퇴적물 유출 억제 및 조절
   - 난류구역의 유로 정비
   - 계류생태계 보전

> 두 개의 답을 써서 헷갈릴 때
> 편하게 잘 외워지는 쪽을 재구성해서 직접 손으로 써 봅니다.
> 결국 내 손으로 직접 써 본 사람이 더 잘 외우게 됩니다.
> 이것이 바로 수험생의 적자생존입니다.
> 적는 사람만이 살아남습니다.

기출문제 사방댐의 기능 네 가지를 쓰시오.(4점)

모범답안

1. 상류계상의 물매를 완화하고 종횡침식 방지
2. 산각을 고정하여 산복 붕괴 방지
3. 흐르는 물은 배수하고 토사 및 자갈을 퇴적시켜 양안의 산각 고정
4. 산불진화용수 및 야생동물 음용수로 공급

기출문제 사방댐 중 앞 댐의 설치 목적과 요구사항을 각각 2가지씩 쓰시오.(4점)

모범답안

▸설치목적

1) 본댐의 방수로를 통하여 월류하는 물의 힘을 약화한다.

2) 본댐 반수면 하단의 세굴을 방지한다.

▸요구사항

1) 본댐과 종단적으로 중복되어야 한다.

2) 중복 높이는 본댐 높이의 1/3~1/4 정도이다.

3) 앞 댐의 어깨높이와 댐의 측벽, 측변, 하류단의 천단고는 같게 해야 한다.

핵심 41 사방댐 설치 위치

1. 계상 및 양안에 암반이 존재하는 곳

2. 댐 부분은 좁고 상류 부분은 넓은 곳

3. 두 곳의 지류가 만나는 합류점의 하류부

4. 다량의 계상퇴적물이 존재하는 지역의 직하류부

- 지반의 지지력이 부족할 경우에 발생하는 댐의 침하, 월류수에 의한 세굴, 계안침식 등에 의한 댐의 파괴를 방지하기 위해 계상 및 양안이 견고한 암반인 곳을 선정하는 것이 바람직하다.
- 원칙적으로 상류부가 넓고 댐자리가 좁은 곳을 선정해야 하지만, 계폭이 지나치게 좁은 곳은 댐둑어깨가 파괴될 위험이 있으므로 주의해야 한다.
- 붕괴·산사태·토석류 등에 의하여 유출된 토사가 퇴적된 곳에 사방댐을 축조할 때는 그 직하부에 계획하는 것이 원칙이지만, 구간이 길거나 계상물매가 급한 경우에는 저댐을 군적(群的)으로 배치한다.
- 현 계상을 고정하기 위해 배치하는 댐은 종침식에 의하여 계상이 저하될 위험성이 있는 곳에 계획한다.
- 굴곡부의 하류나 계폭이 넓은 장소는 난류가 발생하여 산각이 침식될 위험이 높으므로 유로를 고정할 수 있는 댐을 계획한다.

- 유출토사를 억제하기 위한 댐은 계상물매가 완만하고 계폭이 넓은 곳에 배치하며, 특히 토석류가 발생하여 형성된 계상퇴적지는 2차 이동이 발생하지 않을 곳에 계획한다.

기출문제 **사방댐 시공 시 사방댐의 위치를 결정하는 원칙을 3가지 쓰시오.(3점)**

모범답안

1. 계안과 계상이 암반에 노출되어 침식이 방지되고 댐이 견고하게 자리 잡을 수 있는 곳
2. 댐 부분은 좁고 상류 부분은 넓어 많은 퇴사량을 간직할 수 있는 곳
3. 상류 계류바닥 기울기가 완만하고 두 지류가 합류하는 곳

핵심 42 사방댐에 작용하는 외력

1. **자중 :** 체적×재료의 비중

2. **정수압 :** 물의 비중×물의 높이

3. **퇴사압 :** 완성 시 예상 퇴사높이

   수직방향 : 퇴적물의 비중×퇴적물의 부피×퇴적물의 높이

   수평방향 : 토압계수×퇴적물의 비중×퇴적물의 부피×퇴적물의 높이

   수중퇴사의 단위체적 중량=퇴적물의 비중×퇴적물의 부피

4. **양압 :** 암반인 경우

   (상류수심+양압계수×(상류수심-하류수심))×물의 비중

5. **토석류의 유체력**

   유체력계수×(단위체적중량/중력가속도)×토석류 수심×토석류의 속도

6. **사력 등의 충격력 :** 매스콘크리트 추정식

   (사력질량/댐질량)×사력의 속도2×사력충력력계수×요면량 3/2

   실험정수=(사력질량/댐질량)×사력의 속도2

7. 유목의 충격력

- 체적 : 부피
- 비중 : 물의 무게와 비교한 중량
- 퇴사 : 쌓인 모래
- 유체 : 흐르는 물체
- 사력 : 모래와 자갈
- 유목 : 물에 떠내려오는 나무
- 매스콘크리트 : 큰 덩어리 형태의 콘크리트
- 요면량 : 영향을 받는 면적, 여기서는 충격의 영향을 받는 면적

핵심 43 정수압

- 문제는 "사방댐에 작용하는 정수압에 관해서 설명하시오."의 형태로 출제되었다.
- 사방댐에 작용하는 수압은 원래 흘러서 내려오는 물이지만, 결국 사방댐에 의해 갇히게 되므로 움직이지 않는 정수압으로 가정하여 계산한다.
- 정수압(靜水壓)은 댐의 표면에 직각방향으로 작용하는 압력

수심은 대상유량의 유하수위

$$P = W_0 \times H_w$$

P : 정수압(kN/m^2), W_0 : 유수의 단위체적중량(kN/m^3), H_w : 임의 지점의 수심(m)

댐의 대수면에 직각방향으로 작용하는 정수압에 의해 댐은 넘어(전도)질 수 있습니다. 이렇게 전도에 대한 안정성을 확보하기 위하여 댐에 작용하는 수직방향의 중력인 댐 자체의 중량을 이용하여 정수압의 작용점을 댐의 밑바닥 1/3 이내로 끌어내린 댐을 중력식 사방댐이라고 합니다.

핵심 44 사방댐 설계순서

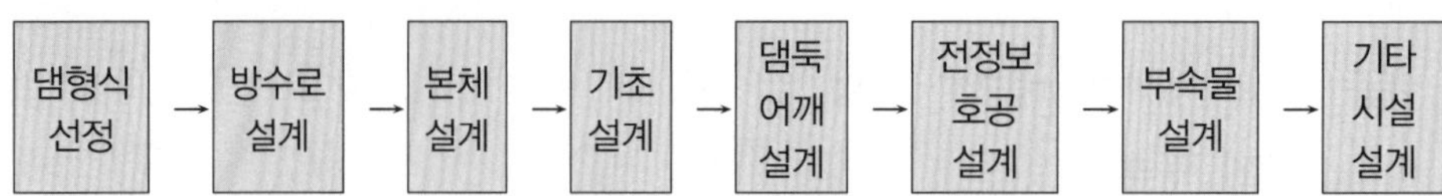

[사방댐의 설계순서]

1. 댐형식 선정 : 버팀식, 중력식, 복합식
2. 방수로설계 : 단면형상과 크기
3. 본체설계 : 단면 결정과 크기 및 길이 결정
4. 기초설계
5. 댐둑어깨설계
6. 전정보호공 설계
7. 부속물 설계
8. 기타시설 설계

핵심 45 사방댐 안정조건

> 개념 : 중력식 사방댐이 자중에 의하여 수압·토압 등의 외력에 저항하는 형식으로 안정을 유지하기 위한 조건

사방댐의 안정조건의 자연적인 물리의 법칙에 근거하여 사방댐의 모양을 결정하는 가장 큰 변수입니다. 사방댐을 설치하는 데 필요한 규격을 결정하게 되므로 시험에서 중요하게 다루는 부분입니다. 다만 어려운 용어들이 많이 나와서 처음 읽은 사람을 부담을 가지게 됩니다. 잘 아시는 분의 상세한 설명이 있으면 더 쉽고 빠르게 이해하실 수 있습니다.

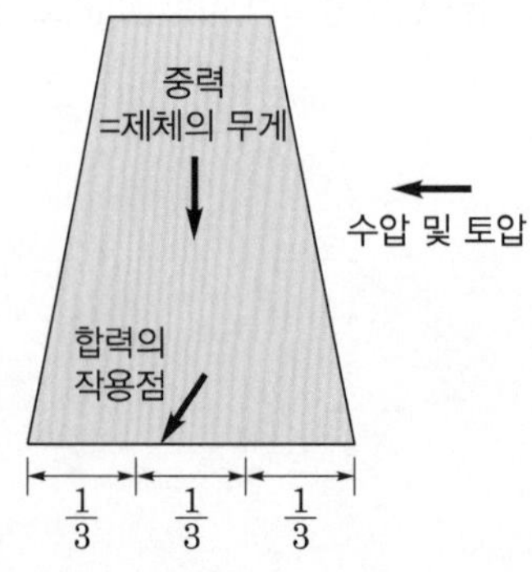

[중력식 사방댐의 전도에 대한 안정조건]

반수면의 기울기와 댐둑마루의 두께를 먼저 결정한 이후에 아래의 안정조건을 만족하도록 설계 및 설치하여야 한다.

1. 전도에 대한 안정

수압과 사방댐 중력의 합력이 댐 밑바닥의 1/3 이내를 통과해야 한다.

2. 활동에 대한 안정

미끄러짐에 저항하는 마찰 저항력의 총합이 수평외력의 총합 이상이 되어야 한다.

3. 제체의 파괴에 대한 안정

댐 몸체가 댐 몸체인 제체에 가해지는 외부 충격을 견뎌서 깨지지 않아야 한다. 제체에 가해지는 최대압축력은 그 허용응력을 초과하지 않아야 한다.

4. 기초지반 지지력에 대한 안정

합력에 의한 기초지반의 압력강도는 그 지반의 지지력보다 작아야 한다. 댐으로 인해 지반에 가해지는 압력을 지반이 견뎌서 가라앉지 않아야 한다.

1. 전도에 대한 안정
   합력이 댐 밑의 중앙 1/3 이내
2. 활동에 대한 안정
   안전율≤마찰계수×(수평분력의 합/수직분력의 합)
3. 제체의 파괴에 대한 안정
   - 제체에 부응력이 안 생기는 범위
   - 응력≤제저폭/6

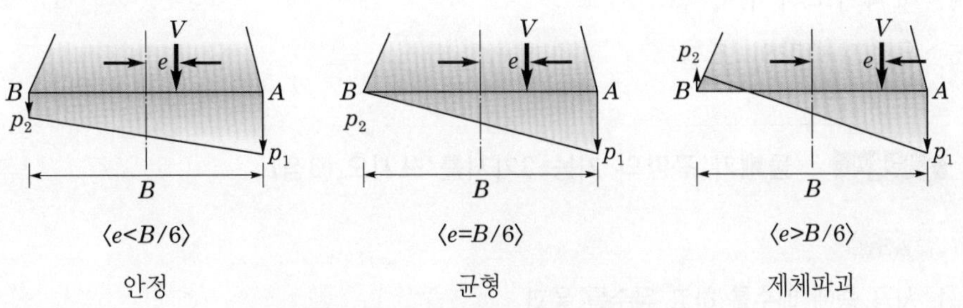

[연직분력 V의 작용점 e에 따른 부응력의 변화]

e : 연직분력 V의 작용점, V : 연직분력(제체의 중량, 수직분력)

4. 기초지반의 지지력에 대한 안정
   - 기초지반반력으로 인한 최대응력이 기초지반의 지지력보다 작으면 안정
   - 최대응력=(2×수직압)/(3×d), 단 d=(제저폭/2)−응력

- 전도 : 넘어지는 것
- 활동 : 미끄러지는 것
- 제체 : 댐의 몸체
- 지반 : 구조물(사방댐)의 하중을 받쳐주는 지각의 바깥부분
  지구의 껍질인 지각 중 건물이나 공작물의 기초가 되는 땅
- 응력 : 재료에 압축 · 인장 · 비틀림 등의 하중(외력)을 가했을 때, 그 크기에 대응하여 재료 안에 생기는 저항력, strain
- 부응력 : secondary strain

기출문제 **사방댐의 안정조건 4가지를 쓰고 설명하시오.(4점)**

모범답안

1.
2.
3.
4.

핵심 46 물빼기 구멍 기능

1. 댐 시공 중의 배수와 유수의 통과
2. 댐 시공 이후 대수면에 가해지는 수압의 감소
3. 퇴사 이후의 침투수압의 경감
4. 사력기초의 잠류속도 감소
5. 유출토사량의 조절

기출문제 **물빼기 구멍의 기능 3가지를 쓰시오.(3점)**

모범답안

1. 시공 중에 배수를 하고 유수를 통과
2. 시공 후에 대수면의 수압 감소 및 퇴사 후에 침수 수압 경감
3. 사력층에 시공할 경우 기초하부의 잠류 속도 감소

핵심 47 사방댐 반수면의 기울기를 급하게 하는 이유

일반적으로 댐의 반수면 물매는 완만하게 하는 것이 물리적으로 안정적이지만, 사방댐의 경우는 사방댐을 월류하여 낙하하는 석력 및 유목 등의 낙하에 의하여 월류부의 아래에 있는 반수면이 손상될 위험이 있기 때문에 댐 높이 6.0m 이상은 1 : 0.2 표준으로 하고 이하는 1 : 0.3 표준으로 합니다.

※ 저댐인 경우 수직 반수면의 물매는 1 : 0.3으로 계획해도 문제가 없으므로 경제성을 고려하여 결정합니다.

기출문제 **사방댐의 반수면의 기울기를 대수면 보다 급하게 하는 이유를 설명하시오. (3점)**

모범답안

사방댐은 저수댐과 달리 홍수 시에 월류사력이 유하하기 때문에 방수로로부터 낙하하는 사력의 충돌에 의해 반수면이 마모되거나 손상을 받기 쉬우므로 월류사력이 반수면상에 낙하하지 않도록 기울기를 급하게 합니다.

월류 : 넘어서 흐름, 흘러서 넘침
사력 : 모래와 자갈
반수면 : 댐의 넓은 단면 중 하류쪽으로 향한 면(반대 개념 : 대수면)

핵심 48 fill dam, 필댐

필댐은 흙댐과 같은 말이다. 흙댐은 보통 바깥에 단단한 재료인 석재 등을 사용하고 중간에 흙을 채워서 다지는 형태로 시공하기 때문에 채운다는 뜻을 가진 “fill”을 사용하여 필댐이라고 부른다.

- 방수로는 원지반에 설치
- 흙댐 : 비가 적게 내리는 지역의 계곡에서 제체를 흙을 이용하여 축조
- 록필댐 : 석재가 풍부한 곳에서 석력을 이용하여 축조

핵심 49 흙댐의 구조

1. 높이 2~5m
2. 반수면 기울기 1 : 2
3. 대수면 기울기 1 : 1.0~2.0
4. 흙댐의 댐마루 너비 : $\frac{\text{댐 높이}}{5} + 1.5\text{m}$

핵심 50 골막이와 사방댐의 차이점

1. 사방댐보다 규모가 작다.
   - 대체로 유효고 2m 이하
2. 계류의 상부에 위치
3. 반수면만 축설
4. 골막이 양쪽 끝을 높게 하고 중앙부를 낮게 함
5. 방수로를 별도로 축설하지 않음

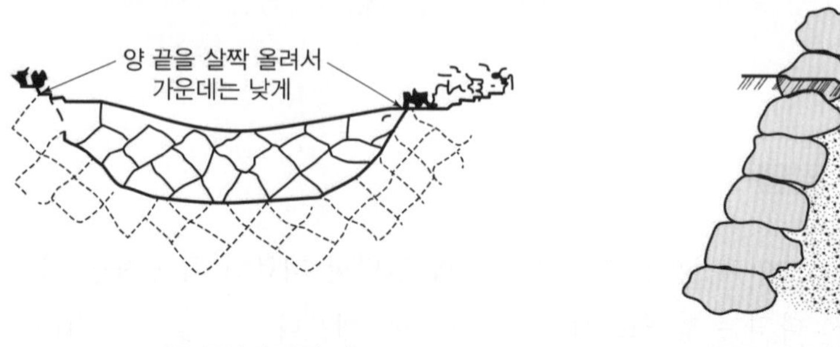

[돌골막이 정면도]　　　[돌골막이 횡면도]

기출문제 **사방댐과 골막이의 가장 큰 차이점을 골막이를 중심으로 쓰시오.(4점)**

모범답안

사방댐 보다 규모가 작다.

사방댐은 계류의 중하부에, 골막이는 계류의 상부에 설치한다.

사방댐은 대수면과 반수면을 모두 설치하고, 골막이는 반수면만 설치한다.

골막이는 사방댐과 달리 방수로를 별도로 축설하지 않고 중심부를 낮게 시공하며, 댐마루 양쪽 끝을 높여준다.

핵심 51 사방시설 설계시공 기준 중 골막이

1. 골막이란 황폐된 작은 계류를 가로질러 몸체 하류면(반수면)만을 쌓는 횡단구조물을 말하며, 몸체 상류면(대수면)은 설치하지 아니한다.
2. 골막이는 비탈면의 기울기가 급하여 종횡 침식이 심한 산복계곡에 설치하며, 종단기울기의 완화, 유속의 감속, 기슭의 안정, 토사유출 및 사면붕괴 방지 등을 위해 시공한다.
3. 곡선부는 피하고 직선부에 설치한다.
4. 바닥 비탈 기울기가 급한 곳에서는 단계적으로 여러 개소를 시공한다.
5. 가급적 물이 흐르는 중심선 방향에 직각이 되도록 시공한다.
6. 골막이몸체 하류면 아래쪽의 바닥은 침식 방지를 위하여 돌 또는 콘크리트 등으로 할 수 있다.

[다단계 댐 형식의 골막이]

핵심 52 사방시설 설계시공 기준 중 기슭막이

1. 산기슭 또는 계류의 기슭에 설치하여 기슭붕괴 또는 계류의 물이 넘치는 것을 방지한다.
2. 시공 비탈면은 가급적 1 : 0.3~0.5로 한다.
3. 계류의 폭이 비교적 넓고, 기슭의 비탈이 완만한 개소는 1 : 1.1~1.5를 기준으로 시공할 수 있다.
4. 물이 부딪히는 곡선부에 설치하는 구조물은 높게, 반대쪽에 설치하는 구조물은 상대적으로 낮게 시공한다.
5. 기슭막이 높이는 계획홍수위 기준 이상으로 하여야 한다.
6. 물이 부딪히는 곡선부에는 물의 속도를 완화하는 공작물을 설치하여 유속을 줄이고 토사퇴적으로 인한 수위 상승을 예방한다.

핵심 53 수제

1. 개념

- 계안으로부터 유심을 향해 적당한 길이와 방향으로 돌출한 공작물
- 유로 규제, 계안붕괴 또는 붕괴의 확대 방지를 위해 계폭이 넓은 굴곡부에 계획한다.
- 계안에서 물흐름의 중심을 향하여 돌로 돌출물을 만들어 유수에 저항을 주는 공작물

2. 수제의 종류

설치방향에 따라 : 상향, 하향, 횡, 평행수제

재료의 투과성 정도에 따라 : 투과, 불투과수제

월류정도에 따라 월류수제, 불월류수제

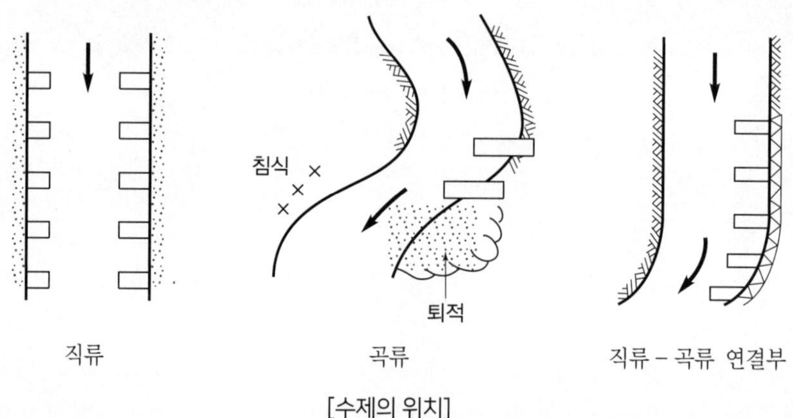

[수제의 위치]

3. 수제의 시공 위치

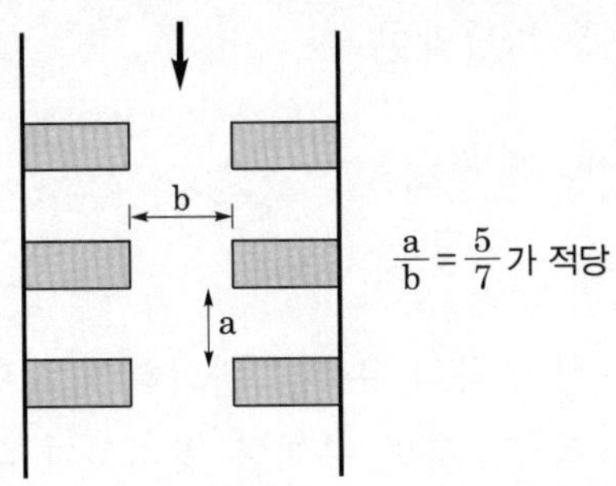

4. 시공방법

- 수제공의 높이는 최고수위로 하고, 끝부분은 다소 낮게 한다.
- 수제공 길이는 하천폭의 10% 이하로 하고, 간격은 수제공 길이의 1.5~3배로 한다.

5. 수제공의 효과

- 상향수제는 수제공 아래편 기초부에 토사가 침전되는 끝부분이 세굴되기 쉽다.
- 하향수제는 수제공 위로 넘어 흐르는 물로 와류되어 수제공 아래편이 세굴될 위험이 있다.

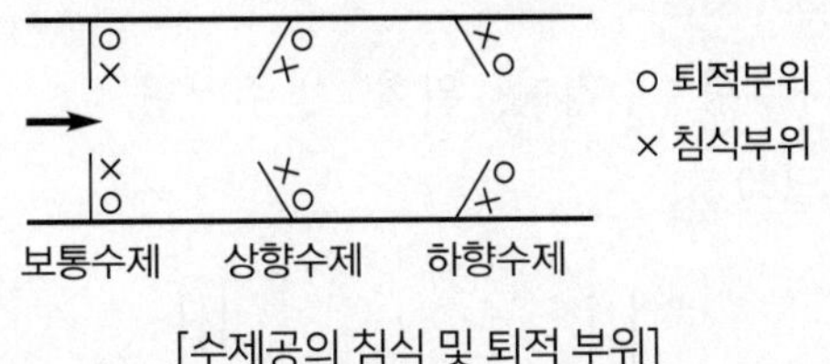

[수제공의 침식 및 퇴적 부위]

행복암기 하얀퇴적

핵심 54 계간사방 공종 종류

1. **횡공작물 :** 골막이, 사방댐, 바닥막이

2. **종공작물 :** 기슭막이, 수제, 제방

3. **기타 :** 계간수로, 모래막이

- 골막이(구곡막이) : 침식성 구곡의 유속을 완화하여 종횡침식을 방지, 수세를 줄여 산각을 고정하고 토사유출 및 사면 붕괴를 방지하기 위한 공작물
- 바닥막이 : 황폐계류나 야계바닥의 종침식방지 및 바닥에 퇴적된 불안정한 토사력의 유실방지와 계류를 안정적으로 보전하기 위한 공작물
- 기슭막이 : 황폐계류에 의한 계안 및 야계의 횡침식방지, 산각안정, 계류의 흐름 방향에 따라 설치
- 수제 : 계류의 유속과 흐름방향을 변경시켜 계안의 침식과 기슭막이 공작물의 세굴을 방지하기 위해 둑이나 계안으로부터 돌출하여 설치하는 계간사방 공작물
- 계간수로 : 황폐된 계천의 구불구불한 유로를 정리하여 안정시키는 것
- 모래막이 : 유출 토사량이 많은 상류지역이나 호우 등에 따른 과도한 토사유출에 의한 재해예방의 목적으로 유로의 일부를 확대하여 토사류를 저류하기 위해 설치한다.
- 모래막이의 형태 : 자루형, 주걱형, 위형, 반주걱형

⁂ 모래막이 자주위반 삼십도(30°)

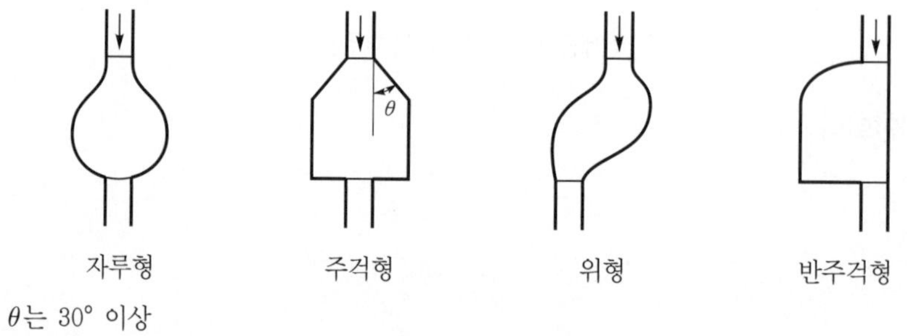

[모래막이 개념도]

핵심 55 요사방지

| 직접적인 뜻은 사방 공사가 필요한 땅이라는 뜻입니다.

1. 개념

산지의 지피식생이 소멸 또는 파괴되고, 이에 따라 각종 토양침식이 발생하여 토사가 유출되기 쉬운 황폐지를 요사방지라고 한다.

2. 유형

1) 황폐지

- 척악임지
- 임간나지
- 초기황폐지
- 황폐이행지
- 민둥산
- 특수황폐지

> **황폐지의 특징**
> - 지피식생 소멸
> - 토양침식 발생
> - 토사 유출
> - 경사지 급함

2) 붕괴지

산사태발생지

3) 밀린땅

지괴가 천천히 움직임

4) 훼손지

채광지, 채석지, 깎은 땅(절토지), 쌓은 땅(성토지)

5) 황폐계류

계간황폐지, 야계

6) 해안사지

해안사구지, 해안비사지

> **황붕밀훼 척임초이민특수**
> - 요사방지 : 황폐지, 붕괴지, 밀린땅, 훼손지, 황폐계류, 해안사지
> - 황폐지 : 척악임지, 임간나지, 초기황폐지, 황폐이행지, 민둥산, 특수 황폐지

기출문제 황폐지의 표면유실 방지방법을 쓰시오.(4점)

모범답안

가. 지표면 피복

나. 비탈면 경사 완화

다. 우수 분산 유하

라. 우수를 특정한 유로에 모아 나출면에 흐르는 유량 감소

마. 단 사이의 사면에선 초목종자 직파

바. 단에는 사방수종 식재 또는 종자파종

핵심 56 황폐계류의 유역 구분

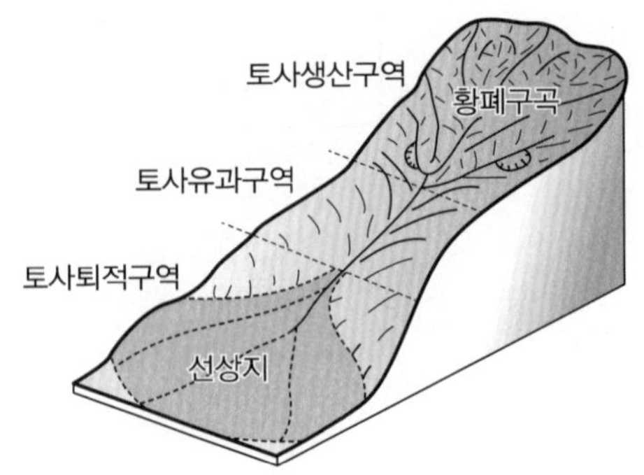

[황폐계류의 유역구분, 木村, 1984]

1. 토사생산구역

– 토사가 만들어지는 상류지역

2. 토사유과구역

– 토사가 지나가는 중류지역

3. 토사퇴적구역

– 토사가 쌓이는 하류지역

유목발생구역과 구분해 봅니다.

- 토석류발생유하역
- 토석류퇴적역
- 소류역

⁘ 유하 : 떠내려간다는 말입니다.

⁘ 소류역 : 흐름(류)이 작아지는(소) 곳(역)입니다.

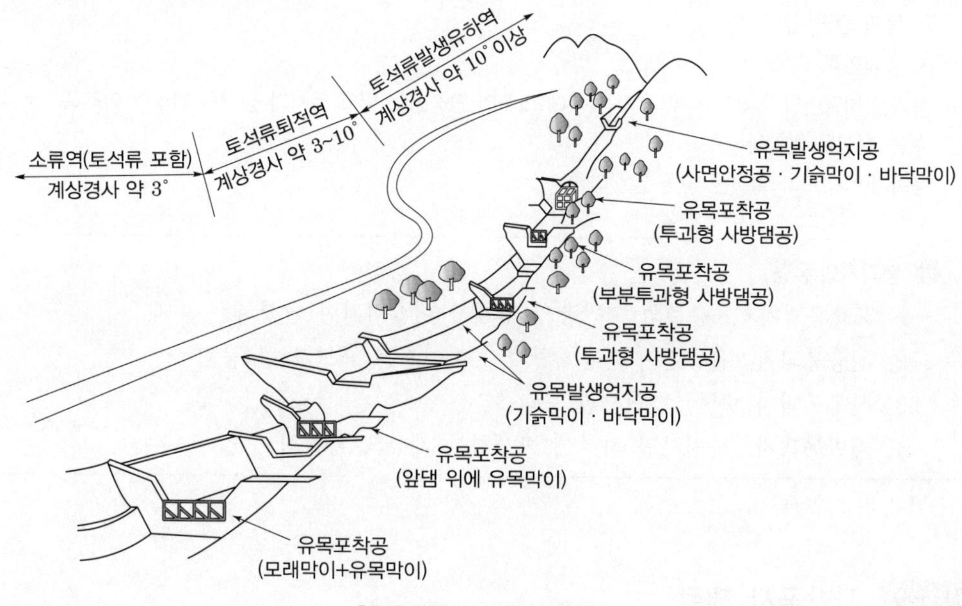

[유목대책시설 배치 개념도]

핵심 57 황폐지의 발달순서

척악임지 ⇨ 임간나지 ⇨ 초기황폐지 ⇨ 황폐이행지 ⇨ 민둥산 ⇨ 특수황폐지

▶ [척임초 이민특수]

핵심 58 붕괴의 주요 요인

| 붕괴가 발생하는 주요 요인으로 해석을 한다면 지질, 지형, 강우 정도의 답이 될 것입니다.

1. 지질
2. 지형
3. 기상(강우)

⁘ 붕괴의 3요소 : 붕괴 평균 경사각, 붕괴 면적, 붕괴 평균 깊이

:: 붕괴를 해석하는 데 필요한 요소로 질문을 이해하였다면 붕괴사면의 경사각, 붕괴되어 무너진 흙의 영향 범위인 평균 깊이, 붕괴한 면적, 이렇게 세 개 정도의 답이 나오게 될 것입니다.

1. 붕괴사면의 평균 경사각
2. 붕괴 평균 깊이
3. 붕괴면적

:: 붕괴란 비탈면의 일부가 강우나 지진 등에 의하여 안정성을 잃고 토사가 집단을 이루어 아래쪽으로 이동하는 현상을 말한다.

붕괴지란 붕괴가 일어난 땅을 말한다.

붕괴지의 유형

1. 표층붕괴지 : 표층토와 지반층의 경계가 미끄러지며 발생하는 붕괴
2. 심층붕괴지 : 활동면이 심층지반까지 이어지는 규모가 큰 붕괴
3. 산복붕괴지 : 산복 자연사면 붕괴
4. 계안붕괴지 : 산지사면 하부에 발생하는 계류의 횡침식

핵심 59 사방공사 재료

- 목재 : 외관이 아름답고 구입 가공 취급 쉬움, 공기 중에 잘 썩음, 내구성이 적고 화재의 위험성
- 석재 : 원석 마름돌(메쌓기), 견칫돌(돌댐, 옹벽), 막 깬돌(찰쌓기), 전석 호박돌 잡석 석재비중 2.65
- 골재 : 경량골재-2.5 이하, 보통골재-2.5~2.65, 중량골재-2.65 이상
- 콘크리트 : 배합비(시멘트 : 모래 : 자갈) 보통 1 : 3 : 6, 철근 1 : 2 : 4
- 시멘트 : 포틀랜드시멘트, 조강시멘트, 중용열포틀랜드시멘트

기출문제 강제
콘크리트
콘크리트 의목

모범답안

목재, 석재, 콘크리트, 콘크리트 의목, 강재

핵심 60 골재의 공극률

골재의 공극률 : $(1-\frac{\text{골재의 단위용적중량}}{\text{골재의 비중})\times 100(\%)$

- 공극 : 작은 구멍이나 빈틈, 토양입자 사이의 틈, 여기서는 골재 사이의 틈
- 골재의 공극률이란 골재의 전체 부피에서 공극이 차지하는 부피의 비율을 백분율로 나타낸 것이다. 그래서 100을 곱해준다. ~율이라는 말이 붙어 있으면 공식에 ×100이 반드시 있다.
- 단위용적중량은 그릇에 채운 재료의 무게를 그릇의 부피로 나눈 값이다. 단위용적이라는 말은 부피의 1단위를 말한다.
- 비중은 어떤 물질의 질량과, 이것과 같은 부피를 가진 표준물질의 질량과의 비율이다. 액체의 표준물질은 1기압 상태에서 4℃의 물(H_2O)이다.

핵심 61 산지사방공작물 기능 및 공종

1. 산지사방 공작물의 기능

산지사방공사 = 기초공사 + 녹화공사

녹화공사 = 녹화기초공사 + 식수공사

2. 산지사방공작물 공종

1) 기초공사 : 비탈다듬기, 단끊기, 땅속흙막이, 누구막이, 산비탈수로내기, 산비탈흙막이, 골막이
2) 녹화기초공사 : 바자얽기, 선떼붙이기, 조공, 단쌓기, 줄떼다지기
3) 식수공사(녹화공사) : 씨뿌리기, 나무 심기

핵심 62 선떼붙이기 급수별 1m당 떼 사용 매수

1급 : 12.5매

2급 : 11.25매

3급 : 10매

4급 : 8.75매

5급 : 7.5매

6급 : 6.25매

7급 : 5매

8급 : 3.75매

9급 : 2.5매

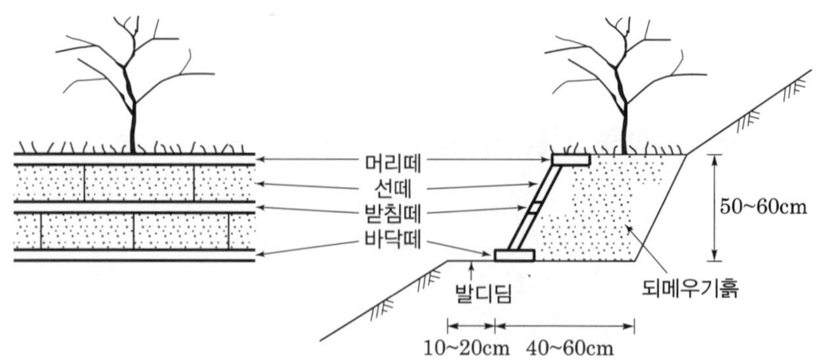

> **비탈선떼붙이기 공법의 시공순서는**
>
> 1. 비탈다듬기 공사
> 2. 등고선 방향으로 단끊기
> 3. 계단의 뒷부분에 되메우기
> 4. 계단의 앞부분에 떼를 붙인다.
> 5. 떼의 뒷면에 흙을 되메우기한다.
> 6. 묘목을 심는다.

- 선떼붙이기 공작물의 바로 아래에 돌을 쌓고 그 위에 시공할 경우 밑돌선떼붙이기공법(臺石立芝工)이라고 한다.
- 1급에 가까운 것을 고급선떼붙이기공법이라고 하고, 9급에 가까운 것을 저급선떼붙이기 공법이라고 한다. 저급일수록 안정적이다.

핵심 63 산복 선떼붙이기의 시공목적

1. 떼의 뒷부분에 있는 되메우기 부분 유지
2. 묘목의 생육을 조장
3. 비탈면을 흘러내리는 유수의 속도를 감소
4. 산복 비탈면에서의 누구침식을 방지

⇨ 비탈면을 안정 및 녹화하는 효과

핵심 64 산복 줄떼공의 종류와 시공방법

| 줄떼공은 줄떼만들기 공법의 줄임말입니다.

1. 줄떼다지기

(가) 흙쌓기 비탈면에 폭 10~15cm의 골을 파고 떼나 새 또는 잡초 등을 수평으로 놓고 잘 다진다.

(나) 비탈면의 기울기는 대개 1 : 1~1 : 1.5로 하며, 한층의 높이를 20~30cm 내외의 간격으로 반복하며 시공한다.

2. 줄떼붙이기

(가) 절토 비탈면에 주로 시공하며 사면은 수평이 되도록 고랑을 파고 떼를 붙인다.

(나) 비탈면의 줄 떼 간격은 20~30cm 내외로 한다.

3. 줄떼심기

(가) 도로가시권・주택지 인근 등에 조기피복이 필요한 지역에 시공하되 줄로 골을 판 후 떼를 놓고 흙을 덮은 다음 고루 밟아준다.

(나) 여건에 따라 전면에 떼붙이기할 수 있다.

4. 선떼붙이기

(가) 비탈다듬기에서 생산된 뜬흙을 고정하고 식생을 조성하기 위하여 필요한 공작물로서 산복비탈면에 단을 끊고, 단의 전면에 떼를 쌓거나 붙인 후 그 뒤쪽에 흙을 채우고 심기・파종을 한다.

(나) 선떼붙이기는 사용매수에 따라 1~9급으로 구분하며, 기초에 돌을 쌓아 보강하는 경우 밑돌 선떼붙이기라 한다.

(다) 단의 직고 간격은 1~2m 내외, 너비는 50~70cm 내외, 발디딤은 10~20cm 내외, 천단폭은 40cm 내외를 기준으로 하며, 떼붙이기 비탈면은 1 : 0.2~0.3으로 한다.

핵심 65 사면보호하기 공사

> 사방시설 설계 시공 지침 중에 나옵니다.
> 임도공학 중의 식물에 의한 사면보호공과 답안내용이 완전히 다릅니다.

1. 섶덮기

(가) 섶덮기는 동상과 서릿발이 많은 지대에 사용한다.

(나) 섶은 좌우를 엇갈리도록 놓고, 상하에 말뚝을 1m 내외의 간격으로 박은 후 나무나 철사를 사용하여 고정한다.

2. 짚덮기

(가) 산지비탈이 비교적 완만하고 토질이 부드러운 지역의 뜬흙 표면을 짚으로 피복한다.

(나) 바람이 강하고 암반이 노출된 지역은 피하고 주로 서릿발이 발생하는 지역에 시공한다.

3. 거적덮기

거적을 덮은 다음 적당한 크기의 나무꽂이를 사용하여 거적이 미끄러져 내려가지 못하도록 고정한다.

4. 코아네트

도로사면, 주택지 인근 등 주요 시설물 주변에 사용할 수 있다.

※ 향문사 사방공학 황폐지의 표면유실 방지공법에 관한 내용입니다.

황폐지의 표면유실방지공법

① 불규칙한 지반정리
② 경사 완만한 초기 및 중기 황폐지역은 단을 주지 않고 가급적 표토이동 없이 파종상을 만든다.
③ 누구나 작은 구곡 수로에는 떼수로, 누구막이나 수로를 만들어 침식방지
④ 경사가 급한 지역은 단을 끊으며 생산된 부토(뜬 흙)는 선떼붙이기, 흙막이, 산비탈돌쌓기, 땅속 흙막이, 골막이 등으로 고정한다.
⑤ 작은 수로에서는 위쪽에 누구막이 아래쪽에 수로를 설치하며, 큰 구곡 수로에서는 돌 또는 콘크리트 골막이를 시공하여 산각을 고정한다.
⑥ 단간사면에서는 초목종자를 직파하고, 단상에는 리기다소나무, 오리나무류, 아까시나무, 상수리나무, 소나무 등을 심거나 아까시나무, 싸리류, 새 등과 같은 초목종자를 파종한다.
⑦ 직파로서 성공하기 어려운 급경사 단간사면은 짚 또는 거적덮기 공법으로 피복한다.

핵심 66 정지작업

사방시설 설계 시공 지침 중에 있는 내용입니다.
임도공학 중의 정지작업과는 약간 차이가 있습니다. 비탈다듬기가 빠져 있습니다.

1. 단끊기

(가) 단끊기는 수평으로 실시하며 위쪽에서 아래쪽으로 시공해 내려간다.
(나) 단의 너비는 50~70cm 내외로 상・하 계단 간의 비탈경사를 완만하게 하여야 한다.
(다) 단의 수직높이는 0.6~3.4m 내외로 하되 조정하여 시공할 수 있다.
(라) 단끊기에 의한 절취토사의 이동은 최소한으로 한다.
(마) 상부 첫 단의 수직 높이는 1m 내외로 한다.

2. 흙막이

(가) 흙막이 재료는 돌・통나무, 바자, 떼, 돌망태, 블록, 콘크리트, 앵글크리브망 등으로 현지 여건에 맞도록 선택 사용한다.
(나) 흙막이 설치방향은 원칙적으로 산비탈을 향하여 직각이 되도록 한다.

3. 땅속흙막이

(가) 비탈다듬기와 단끊기 등으로 생산되는 뜬흙(浮土)을 계곡부에 투입하여야 하는 곳은 땅속흙막이를 설치하여야 한다.

(나) 안정된 기반 위에 설치하되 산비탈을 향하여 직각으로 설치되도록 한다.

핵심 67 수로내기

1. 수로내기 설계시공 방법

- 수로내기는 사면의 유수가 집수되도록 계획하여야 하며, 수로 집수유역을 고려하여 사용 재료를 선택하여야 한다.
- 수로는 좌우 사면의 지반보다 낮게 설치하여야 하며, 수로의 길이가 길어지는 경우에는 유속을 줄여주는 흙막이 등의 공정을 계획하여야 한다.
- 수로의 단면은 배수구역의 유량을 충분히 통과시킬 수 있는 단면이어야 하고 사면의 유수가 용이하게 유입되어야 한다.
- 수로방향은 가급적 흐르는 물의 중심선과 직선이 되도록 설치하며, 수로를 곡선으로 하는 경우에는 외측을 높게 하여 넘는 물을 방지하여야 한다.

2. 수로내기의 종류와 시공방법

1) 돌수로

- 찰붙임 수로는 유량이 많고 상시 물이 흐르는 곳에 선정하고, 돌붙임 뒷부분에 있는 공극이 최소가 되도록 콘크리트로 채워야 한다.
- 메붙임 수로는 지반이 견고하고 집수량이 적은 곳을 선정하여야 한다.
- 유수에 의하여 돌이 빠져나오거나 수로바닥이 침식하지 않도록 시공한다.

2) 콘크리트수로

콘크리트수로는 유량이 많고 상수가 있는 곳을 선정한다.

3) 떼수로

- 떼수로는 경사가 완만하고 유량이 적으며 떼 생육에 적합한 토질이 있는 곳을 선정한다.
- 수로의 폭(윤주)은 60~120cm 내외를 기준으로 하고, 수로 양쪽 비탈에는 씨뿌리기, 새심기 또는 떼붙임 등을 하여야 한다.

4) 콘크리트플륨관수로

- 콘크리트플륨관수로는 집수량이 많은 곳에 사용하며 가급적 평탄지나 산지경사가 완만한 지역에 설치하여야 한다.
- 설치 전에는 기초지반을 충분히 다져 부등침하가 되지 않도록 하여야 한다.

핵심 68 줄만들기 공법의 종류

> 사방시설 설계 시공 지침 중에 있는 내용입니다.
> 임도공학 중의 조공법 내용과 유사합니다.

1. 돌줄(條) 만들기

- 돌줄 상단부는 씨뿌리기 또는 새 등을 심어 단이 고정되도록 한다.
- 시공 높이는 50cm 내외, 돌쌓기 비탈면은 1 : 0.2~0.3으로 한다.

2. 새(풀포기)줄(條) 만들기

새줄 만들기는 새가 생육하기 용이한 완경사지에 계획한다.

3. 섶줄(條) 만들기

- 섶 채취가 용이하고 토질이 좋은 곳에 계획한다.
- 복토 부분에는 새나 잡초 등을 심는다.

4. 통나무줄(條) 만들기

- 통나무 채취·설치가 용이한 곳에 통나무를 일렬로 포개 쌓은 후 그 뒤에 흙을 채운다.
- 통나무 사이에는 초본류·목본류 등을 심을 수 있다.

5. 등고선형 물고랑 파기

수분이 부족한 산복 등에 등고선을 따라 물고랑을 파서 토양침식을 방지하고 토사 건조방지 기능을 높이기 위하여 시공한다.

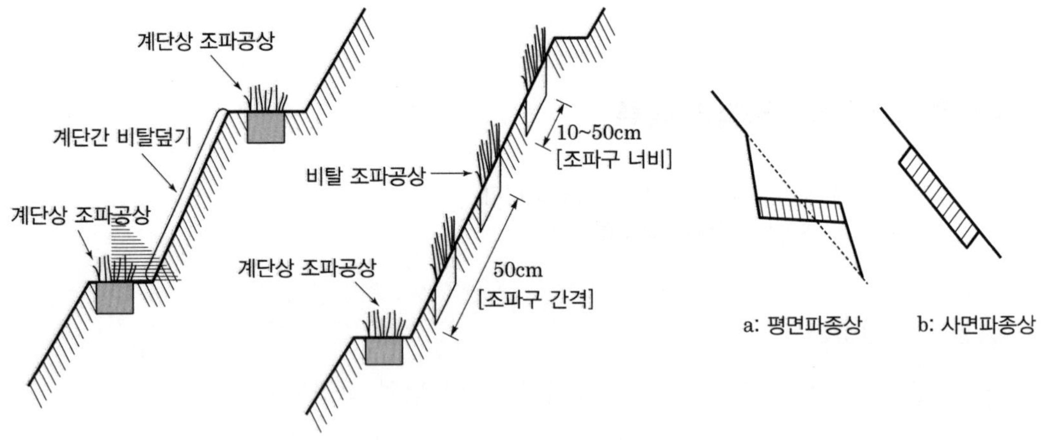

핵심 69 사방시설 설계시공 지침 중 단쌓기 공법

1. 떼단쌓기

- 경사가 25° 이상인 급경사지를 대상
- 떼단의 높이와 너비는 30cm 내외
- 5단 이상의 연속 단쌓기는 피한다.
- 기초부에는 아까시, 싸리류 등을 파종한다.

2. 돌단쌓기

- 돌단쌓기 비탈면은 가급적 1 : 0.3으로 한다.
- 돌단쌓기 비탈면의 높이는 1m 내외로 한다.
- 비탈면의 높이가 1m 이상일 경우는 2단으로 한다.
- 용수가 있는 곳은 천단에 유수로를 만들어 준다.

3. 혼합쌓기

- 떼와 돌을 혼합하여 쌓는다.
- 떼단쌓기와 돌단쌓기 기준을 적용한다.

4. 마대쌓기

- 떼 운반이 어려운 지역에 실시한다.
- 높이는 2단 이하로 한다.

핵심 70 사방시설 설계시공 지침 중 편책·바자얽기

1. 비탈면 또는 계단 바닥에 편책·바자를 설치하고 뒤쪽에 흙을 채워 식생을 조성한다.
2. 떼의 채취가 곤란하고 떼붙이기로 실효를 거둘 수 없는 곳에 설치한다.
3. 말목은 비탈면의 직각선과 수직선의 이등분선이 되도록 시공함을 원칙으로 하나 경사가 완만한 경우에는 수직으로도 할 수 있다.
4. 얽기의 상하 간격은 0.5~1.0m 내외로 한다.

핵심 71 사방시설 설계시공 지침 중 씨뿌리기 공법의 종류

1. 줄뿌리기

- 단과 단 사이의 비탈면에 너비 15~20cm 내외의 골을 설치하여 파종한다.
- 파종골에는 객토를 하고, 그 위에 종비토(종자+비료+토양) 등을 넣고 밟아준다.

2. 흩어뿌리기

씨뿌리기는 종비토를 만들어 파종한다.

3. 점뿌리기

경사가 비교적 급하고 딱딱한 토양 등 줄뿌리기가 곤란한 지역에 실시한다.

핵심 72 산복 사방용 수종 요구조건

1. 생장력이 왕성하여 잘 번무할 것
2. 뿌리의 자람이 좋고, 토양의 긴박력이 클 것
3. 척악지, 건조, 한해, 풍해 등에 대하여 적응성이 클 것
4. 갱신이 용이하게 되고, 가급적이면 경제가치가 높을 것

5. 묘목의 생산비가 적게 들고, 대량생산이 잘될 것

6. 토양개량효과가 기대될 것

7. 피음에도 어느 정도 견디어 낼 것

※ 해당 수종 : 아까시, 오리, 리기다, 싸리, 참싸리

해안사지 조림용 수종 요구조건

1. 양분과 수분에 대한 요구가 적을 것
2. 온도의 급격한 변화에도 잘 견딜 것
3. 비사, 한해, 조해 등의 피해에도 잘 견딜 것
4. 바람에 대한 저항력이 클 것
5. 대표 수종 : 곰솔(해송), 소나무, 섬향나무, 노간주나무, 사시나무, 떡갈나무, 아까시나무

기출문제 산복사방용 수목의 구비조건을 3가지 쓰시오.(3점)

모범답안

1. 피음에 어느 정도 견딜 것
2. 갱신이 용이하고 경제가치가 높을 것
3. 묘목의 생산비가 적게 들고 대량생산이 잘될 것
4. 생장력이 왕성하여 잘 번무할 것
5. 토양개량 효과가 기대될 것

핵심 73 파종량의 계산

묘상파종량 : $W = \frac{A \times S}{D \times P \times G \times L}$

A : 파종면적, S : m^2당 남길 묘목 수, D : g당 종자입수, P : 순량률, G : 발아율, L : 득묘율

사방파종량 : $W = \frac{G}{S \times P \times B}$ (단위 : $\frac{g}{m^2}$)

G : 발생기대본수(본/m^2), S : g당 종자입수, P : 순량률, B : 발아율

핵심 74 해안사방공사의 종류

1. **방조공사 :** 방조제, 방조호안, 소파제, 돌제

2. **해안방제림조성공사**

   1) 사구조성공법 : 퇴사울세우기공법, 모래덮기공법, 파도막이공법

   2) 사지조림공법 : 정사울세우기공법, 사구녹화공법(모래덮기와 모래언덕조림)

   ⁘ [소돌 방조 제방 호안]

핵심 75 모래언덕 형성과정

1. 치올린 모래언덕

파도에 의하여 모래가 퇴적하여 얕은 모래둑이 형성된 것

2. 설상사구

해풍이 치올린 언덕의 모래를 비산하여 내륙으로 이동시킬 때 방해물이 있으면 방해물 뒤편에 모여 형성된 혀모양의 모래언덕

3. 반월사구

설상사구에서 바람이 모래를 수평으로 이동시켜 양쪽에 반달모양의 모래언덕을 형성하게 되는데, 바르한이라고도 한다.

⁘ 크기가 다릅니다. 치 설 반(이치 혀설 반달, 입안의 이와 혀를 떠올려 봅니다.)

치올린 모래언덕 → 설상사구 → 반월사구

1. 치올린 모래언덕 : 해안선에 형성되는 얕은 모래언덕(모래언덕의 시초)
2. 설상사구 : 수목, 사초 등에 의해 풍력이 약화된 지역의 혀 모양 모래언덕
3. 반월사구 : 설상사구 비탈을 따라 상승하며, 양쪽 끝이 돌출된 반달모양 모래언덕

기출문제 **자연상태의 해안에서 모래언덕이 형성되는 과정을 3단계로 구분하여 쓰시오.(3점)**

모범답안

1. 치올린 모래언덕
2. 설상사구
3. 반월사구

핵심 76 사지식재 수종 구비조건

1. 양분과 수분에 대한 요구가 적을 것
2. 온도의 급격한 변화에도 잘 견딜 것
3. 비사, 한해, 조해 등의 피해에도 잘 견딜 것
4. 바람에 대한 저항력이 클 것
5. 대표 수종
   곰솔(해송), 소나무, 섬향나무, 노간주나무, 사시나무, 떡갈나무, 아까시나무
6. 울폐력이 좋고 낙엽, 낙지 등에 의하여 지력을 증진 시킬 수 있는 것

핵심 77 돌의 종류

1. 크기와 다듬은 정도에 따라

견칫돌, 호박돌, 마름돌, 막 깬돌

2. 사용하는 부위에 따라

갓돌 : 돌쌓기의 가장 윗부분에 얹은 돌, caping stone

귓돌 : 돌쌓기에서 꺾이는 모서리에 댄 돌, corner stone

굄돌 : 돌쌓기에서 밑을 받쳐 고이는 돌, chair stone, 飼石

※ 길의 가장자리에 보도블럭 등을 보호하기 위해 설치한 돌도 갓돌이라고 부릅니다. 하지만, 사방공학에서 말하는 갓돌은 가장자리의 돌이 아니라 갓처럼 가장 꼭대기에 올린 돌을 말합니다.

1. 견칫돌

- 견치석, 모양이 개의 송곳니를 닮아 붙은 이름, wedge stone
- 화강암 등 단단한 돌을 사용한다.
- 돌의 치수를 특별한 규격에 맞도록 다듬은 돌
- 앞면은 사각, 뒤로 갈수록 가늘게 각 뿔형으로 다듬는다.
- 면 크기는 각 30~45cm, 뒷굄길이가 35~60cm 정도
- 견고도가 요구되는 사방공사, 특히 규모가 큰 돌댐이나 옹벽공사에 사용

2. 다듬돌

- 마름돌
- 소요치수에 따라 직사각형 육면체가 되도록 각 면을 다듬은 돌

- 미관을 필요로 하는 돌쌓기 공사에 메쌓기로 이용

3. 호박돌

- 지름이 20~30cm 정도 되는 호박 모양의 둥글고 긴 천연석재
- 기초공사나 기초바닥용으로 사용

4. 야면석

- 자연적으로 계천 바닥에 있는 돌
- 무게는 100kg
- 크기는 $0.5m^3$ 이상 되는 석괴, 전석

> **KSF2530 석재형태 : 각석, 판석, 견치석 및 사고석의 4종으로 분류**
> 사방공사에서는 석재를 원석, 각석, 판석, 마름돌, 막마름돌, 견칫돌, 막 깬돌, 야면석, 전석, 호박돌, 잡석, 뒤채움돌, 굄돌, 조약돌, 굵은 자갈, 자갈, 력, 굵은 모래, 잔모래, 돌가루, 고로슬래그부순돌 등으로 구분하고 있다.

핵심 78 사면붕괴와 관계가 깊은 흙의 성질

2가지를 쓰고 설명하시오.

흙의 성질과 특성은 다음과 같다.

1. 함수량에 따라 : 팽창작용, 수축작용
2. 점성토의 함수량에 따라 비화작용
3. 점성토의 온도에 따라 연화현상 or 융해현상
4. 점질토와 사질토에 따라 히빙현상 or 파이핑현상

※ 산림기사를 획득하기 위해서는 위의 내용을 끝까지 이해하실 필요는 없습니다. 관심이 가시면 찾아보시기는 하되, 시험에 출제되기는 어려운 내용입니다.

- 사면이 붕괴하는 데 관여하는 흙의 물리적 성질은 아래와 같다.

1. 내부마찰각 : 토립자 간의 마찰저항
2. 점착력 : 토립자 간의 결합력
3. 전단력 : 토층 사이의 분리에 저항하는 힘

Part

03

입목수확

Part 03 입목수확

❶ 임목수확의 개념

숲에 있는 나무를 목재로 사용하기 위해 수확하는 것이 입목수확이다. 임도공학과 사방공학이 engineering 영역이라면 임목수확은 기술, technology의 영역이다. 숲에 있는 나무인 입목을 수확할 때는 도구와 기계를 사용하여 작업하게 된다. 나무를 수확하는 데 사용하는 기계를 좁은 의미의 임업기계라고 한다면, 넓은 의미에서 임업기계는 숲을 만들고, 가꾸는 데 사용하는 모든 기계를 말한다.

산림을 수확하는 데 기계를 사용하면 인력에 의존한 작업보다 힘이 덜 들고 빠르게 많은 양을 생산할 수 있으므로 목재의 가격을 낮출 수 있다. 목재의 가격을 낮추면 임업이 활성화 되고, 임산업에 종사하는 사람들의 소득이 높아진다.

❷ 임목수확기술의 필요성

산림에서 입목을 수확하는 데 장비를 사용하게 되면 일시적이지만, 나무가 자라는 기반인 토양이 교란되고 식생이 파괴된다. 토양교란과 식생의 파괴를 최소화하여 임지 피해를 최소화 하면서 수확하는 것이 임업기술의 과제다. 또한 임목을 수확한 산물인 목재는 무겁기 때문에 원목의 생산과 운반과정에서 발생하는 비용이 목재가격의 50% 이상을 차지한다. 이 비용을 최소화하기 위하여 장비사용과 인력투입 계획을 작성하여야 한다. 목재의 동선에 따라 장비와 인력을 효율적으로 배치하여야 한다.

❸ 학습목표

1) 작업공정을 이해하고 작업장을 안전하게 관리할 수 있어야 한다.
2) 작업장 개발 및 시스템을 구축할 수 있어야 한다.
3) 대상지에 맞는 입목수확기계를 적정하게 도입할 수 있어야 한다.

핵심 01 임업기계화의 목적

1. 작업 생산성 향상
2. 생산 비용절감
3. 중노동으로부터 해방
4. 지형조건 극복
5. 상품가치 향상

핵심 02 기계화 벌목 장점

1. 원목의 손상을 줄일 수 있다
2. 인력을 줄일 수 있어 경제적이다.
3. 동일 기계로 조재작업과 집재작업을 동시에 수행함으로써 장비의 이용률과 생산성을 높일 수 있다.

벌목(cutting, felling)

- 임지에 서 있는 나무의 땅 윗부분을 자르는 것
- 벌목한 수목의 가지를 자르고(limbing), 필요에 따라서는 박피(剝皮, peeling)를 하며, 목재(wood, timber)의 용도에 적합한 길이로 자르는 것(작동, 斫棟 벨 작 용마루 동 ; cross cutting)을 조재(wood conversion, bucking)라고 한다. 조재한 목재를 原木(素材 ; log, bolt)이라고 한다.
- 때로는 벌목의 개념에 별도, 통나무자르기(造材 ; bucking), 測定(measuring), 가지자르기(limbing), 우듬지(稍頭木, 초두목), 자르기(topping) 등이 포함되기도 한다.

기출문제 기계화 벌목의 장점을 3가지 쓰시오.(3점)

모범답안

1. 원목의 손상이 적다.
2. 인력을 줄일 수 있어 경제적이다.
3. 장비의 이용율과 함께 작업 생산성을 높일 수 있다.

:: 줄여서 쓴다면 아래의 답을 쓸 수 있습니다.

1. 원목의 손상이 적다.
2. 인력을 줄일 수 있어 경제적이다.
3. 장비의 이용률과 함께 작업 생산성을 높일 수 있다.

전체를 다 기억하려고 하기보다는 키워드 위주로 기억하시는 것이 효율적입니다. 원목 손상, 인력 감축, 생산성 향상 이렇게 쓰신다고 해서 답이 아닐 수는 없습니다. 같은 내용이기 때문입니다.

가. 원목 손상 적음

나. 인력 감축으로 경제성 향상

다. 작업 생산성 향상

핵심 03 임목수확 작업 시스템

벌목 - 조재- 집재 - 운재

- 벌목 : 벌도
- 조재 : 적절한 길이로 절단(가지자르기, 통나무자르기, 껍질벗기기)
- 집재 : 임지 내 목재 수집
- 운재 : 임지 외 목재 반출

:: 입목의 가지를 정리하는 것은 가지치기, 벌목한 나무의 가지를 정리하는 것은 가지자르기입니다.

:: 조재목검지란 벌도목을 조재하기 위해 자를 부위를 표시하는 작업을 말합니다.

핵심 04 목재생산 방법

임지에서 생산하여 집재하기 전까지의 생산방법을 말합니다.

1. 전목 생산 : 벌도하여 바로 집재
2. 전간 생산 : 벌도 → 가지자르기 → 집재
3. 단목 생산 : 벌도 → 가지자르기 → 조재 → 집재

1. 전목생산방법

임분 내에서 벌도목을(스키더, 타워야더 등으로) 전목 집재한 뒤 임도변 또는 토장에서 가지자르기, 통나무자르기 하는 작업형태이다. 고성능 임업기계를 이용하여 소요 인력을 가장 최소화(펠러번처, 타워야더 작업 시스템)한다.

2. 전간재생산방법

임분 내에서 벌도와 가지자르기만을 실시한 벌도목을(트랙터, 스키더, 타워야더 등을 이용하여) 임도변이나 토장까지 집재하여 원목을 생산하는 방식

3. 단목생산방법

임분 내에서 벌도, 가지자르기, 통나무자르기 등 조재작업을 실시하여 일정규격의 원목으로 임목을 생산하는 방식, 주로 인력작업에 많이 활용

⁘ 목재생산방법의 키워드는 벌도, 가지자르기, 통나무자르기입니다.
이것을 벌도, 지타, 조재라고 부르기도 하고, 통나무자르기 길이를 표시하는 작업을 검척이라고 합니다.

기출문제 **1. 임목 가공 상태에 따른 목재 생산 방법을 구분하고 설명하시오.**
2. 전목생산방법의 작업형태와 문제점은?

모범답안

1. 작업형태 : 그래플스키더, 케이블크레인 등으로 벌도목을 임도변이나 토장까지 끌어내어 지타, 작동하는 작업형태
2. 문제점 : 가지 등이 임내에 환원하지 않아 물질순환 면에서 불리하다.

기출문제 **전간생산방법의 작업형태와 문제점은?**

모범답안

1. 작업형태 : 임분 내에서 벌도, 지타한 벌도목을 트렉터, 케이블크레인을 이용하여 임도변에 집재하는 작업형태
2. 문제점 : 수간이 긴 목재가 이동하므로 잔존임분에 피해를 줄 우려가 있지만, 물질순환의 문제점은 감소한다.

기출문제 **단목생산방법의 작업형태 및 문제점은?**

모범답안

1. 작업형태 : 임분 내에서 벌도와 지타, 작동을 하여 일정 규격의 원목으로 임목을 생산하는 작업형태
2. 문제점 : 임내에서 체인톱을 이용하여 벌목 조재작업을 하므로 인건비 비중이 높다.

핵심 05 조재작업의 종류

1. 벌도목의 가지자르기

- 체인톱을 이용하여 밑동부리에서 끝동부리를 향하여 순차적으로 가지를 절단하는 작업
- 조재목 가지자르기

2. 조재목 마름질

- 굴곡, 부패, 마디, 상처 등 목재의 품등에 영향을 미치는 결함을 조사
- 가장 유리한 목재가 얻어지도록 원구에서 초단부에 이르기까지 표시하는 것

3. 통나무 가로자르기

- 조재목 마름질에 의해 표시된 곳을 수심(樹心)에 대하여 직각으로 자르는 것
- 작업안전을 위해 경사면의 위쪽에서 절단작업을 한다.

4. 조재목 검지

- 통나무자르기한 목재의 수종, 지름, 재장, 품등 등을 조사하여 야장에 기입하는 것
- 통나무마구리에 지름, 재장 및 품등을 기입하는 것
- 통나무마구리에 소유권을 표시하는 쇠도장을 찍는 일

품등 : 品等, 품질과 등급
수심 : 樹心, 목재의 중간부분을 이은 선

핵심 06 조재작업 기계

1. 지타기

가지자르기용 동력기계

2. 기계톱

소형 이동식 벌목절단기

3. 하베스터

벌도, 가지자르기, 통나무자르기용 다공정처리기계

4. 프로세서

가지자르기, 통나무자르기용 다공정처리기계

5. 그래플톱

통나무 가로자르기 전용기계(grapple saw)

6. 브랜치커더

가지치기 전용기계, branch cutter

핵심 07 벌목용 기구

1. 마세티(무육낫)

벌목작업지 정리, 덩굴 및 잡목 제거

2. 도끼

소경목와 소량의 벌목, 귀중한 나무의 작은 벌목에 사용

3. 톱

벌목 및 조재용으로 사용, 때로는 가지자르기용으로 사용

4. 쐐기

벌도방향의 결정과 안전작업

5. 박피도구

draw shave, timber shave, spuds

6. 지렛대

- 벌목 시 다른 나무에 걸려 있는 나무를 밀어 넘길 때
- 대경목의 가지자르기 작업 시에 벌도목의 방향 전환

7. 견인기

- 소경목의 벌목 시 벌목할 나무를 미는 도구
- 밀어서 원하는 방향으로 넘어가게 한다.

- 수구작업과 쐐기박기 작업을 생략하고 벌목할 원하는 방향으로 민다.
- 밀게, 넘김대라고 한다.

핵심 08 중력에 의한 집재방법 중 활로에 의한 집재방법

미끄럼틀 = 활로 = 수라

1. 토수라
2. 목수라
3. 판자수라

핵심 09 집재방법

1. 인력에 의한 집재

직경 25cm 내외의 단재, 작업능률이 떨어진다.

2. 축력에 의한 집재

가축에 의한 집재

3. 중력에 의한 집재

① 활로에 의한 집재

- 판자수라, 플라스틱 수라
- 수라 = 미끄럼틀 = 활로

② 와이어로프에 의한 집재

강선에 의한 집재

4. 기계력에 의한 집재

① 트랙터 집재

지면끌기식(skidding), 적재식(forwarding)

② 가선 집재

가공본선이 있는 방식 : 타일러식, 엔들러스 타일러식 등

[호스폴엔 타일러슬]

가공본선이 없는 방식 : 던함식, 모노케이블식 등

[본선없이 모던하러]

핵심 10 아키아윈치

- 플라스틱수라 4~5개를 연결해서 산정까지 운반하는 장비
- 벌도목의 운반, 가벼운 장비의 운반, 끌기 집재
- 소형 집재기계 중 활용도 높음

핵심 11 벌도맥의 역할 4가지

1. 작업의 안전
2. 벌도목의 파열을 방지해 준다.
3. 나무가 넘어지는 속도를 감소시켜 준다.
4. 입목의 넘어갈 방향을 지시하는 데 도움을 준다.

핵심 12 바버체어

벌목 시 수간의 수직방향으로 갈라진 임목을 말하며, 임목의 밑동이 제대로 절단하지 않고 쪼개지는 현상

[바버체어 현상]

- 바버체어의 원인 : 불충분한 수구 작업 때문에 발생한다.
- 직경 40cm가 넘는 나무는 최소한 수간 직경의 1/4 이상 충분히 내야 한다.

핵심 13 벌목의 수구와 추구

1. 벌목의 개념

벌목이란 산지에서 벌목용 기계와 기구를 이용하여 나무를 잘라 지면으로 넘기는 작업이다.

작업 중 수목의 전도 및 사용하는 기계, 기구에 의한 사고 위험성이 크므로 철저한 안전관리가 요구된다.

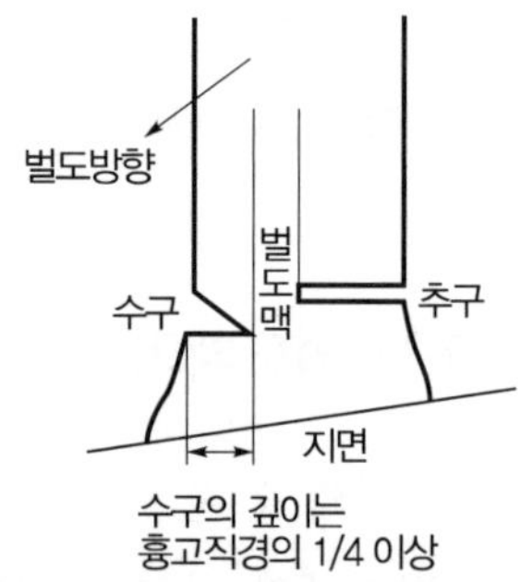

[벌목할 때 수구와 추구의 세부 명칭]

2. 벌목 시 재해의 유형

1) 절단수목의 전도

- 절단수목의 전도 시 인명피해 사고
- 안전거리 미확보 및 대피통로 부적합

2) 기계기구에 의한 사고

- 톱과 도끼 등 기계와 기구의 사용 미숙
- 접촉사고 및 덮개 등을 부착하지 않고 작동

3) 화재

- 장비의 급유
- 담뱃불에 의한 화재

4) 장비 및 차량 사고

- 경사지에서 장비의 전복
- 적재불량으로 인한 차량의 전도 및 낙하비래

3. 벌목 작업 시 안전사고 원인

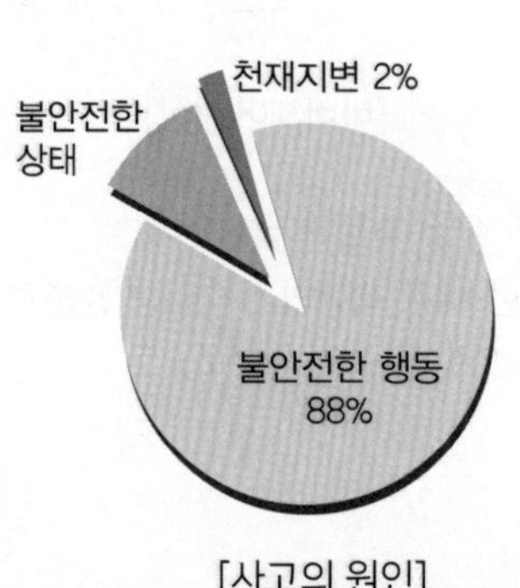

[사고의 원인]

1) 안전수칙 미준수

- 작업표준을 지키지 않거나, 교육 불충분

2) 벌목작업 방법 미숙

3) 기계 · 기구 방호장치 부족

4) 안전교육 미흡

5) 작업자의 불안전한 행동

4. 벌목작업 시 안전대책

1) 벌채사면의 구획은 종방향으로 실시

- 상하 동시작업 금지
- 홍수 피해 예상하여 작업계획 수립

2) 인접 벌목 시 안전거리 확보

- 나무 높이의 1.5배 이상 이격

3) 절단수목 주위 관목, 고사목, 넝쿨, 부석 등 제거

4) 대피장소 지정, 사전 장애물 제거

5) 작업책임자 선정

- 흉고직경 70cm 이상 입목 벌목 시
- 흉고직경 20cm 이상 기울어진 입목 벌목 시
- 안전대나 비계 등을 사용하여 벌목 시

6) 절단방향

수형, 인접목, 지형, 풍향 등을 고려하여 안전한 방향으로

7) 벌목 시 수구를 내는 방법

- 흉고직경 40cm 이상은 1/4 이상 충분히 깊게
- 일반적으로 수구의 깊이는 지름의 1/5~1/3 정도
- 흉고직경 20cm 이상은 수구 각도를 30° 이상
- 수구의 높이는 지면으로부터 벌근지름의 1/5 이내 지면에 가깝게

8) 신호체계 구축 및 대피 후 작업

9) **체인톱 사용 시 안전수칙 준수**

- 체인톱 연속운전은 10분 이내
- 1일 2시간 이내

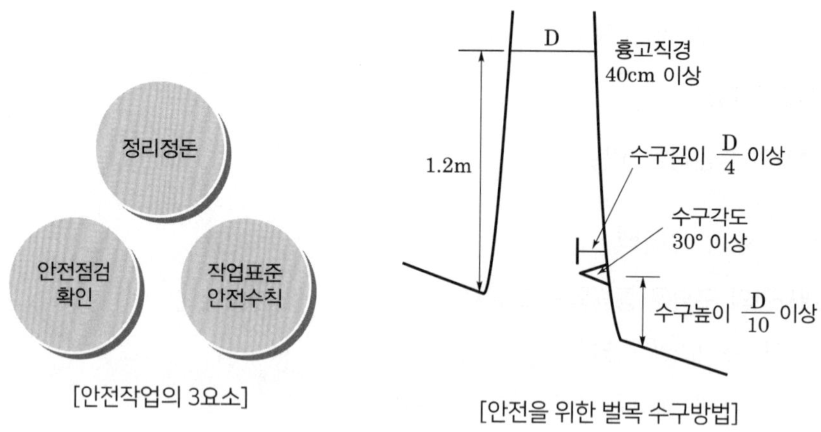

[안전작업의 3요소]

[안전을 위한 벌목 수구방법]

핵심 14 여름수확 작업 장단점

1. 장점

작업환경 온화, 접근성 수월, 긴 일조시간

2. 단점

벌도목 건조, 좀과 바구미 등 피해

핵심 15 겨울수확 작업의 장단점

1. 장점

해충 균류 피해 적음, 농한기 인력수급 원활, 잔존임분 영향 적음

2. 단점

작업효율 낮고, 사고 위험 높음

핵심 16 체인톱의 구조

1. 원동기부
2. 동력전달부
3. 톱날부로 구분한다.

핵심 17 체인톱 원동기 구성요소

1. 실린더
2. 피스톤
3. 크랭크축
4. 점화장치
5. 기화기
6. 시동장치
7. 연료탱크
8. 에어필터

핵심 18 체인톱 구비조건

| 체인톱 구비조건은 부품 취급 무소유

1. 부품공급이 용이하고 가격이 저렴할 것
2. 무게가 가볍고 취급이 용이
3. 소음진동이 적고 내구성이 좋을 것
4. 유지비가 저렴하고 경제적일 것

체인톱에 의한 벌목 및 조재작업을 효율적으로 실행하기 위해서는 다음과 같은 조건을 갖추어야 한다.

1) 무게가 가볍고 소형이며, 취급방법이 간편할 것
2) 견고하고 가동률이 높으며 절삭능력이 좋을 것
3) 소음과 진동이 적고 내구력이 높을 것
4) 근주(그루터기)의 높이를 되도록 낮게 절단할 수 있을 것

5) 연료의 소비, 수리비, 유지비 등 경비가 적게 소요될 것

6) 부품의 공급이 용이하고 가격이 저렴할 것

⁘ 답안 작성은 위처럼 하시면 안 됩니다.
기억도 하기 어렵고, 오답률도 높습니다.
그래서 아래처럼 단순하게 적습니다.

1. 부품공급이 용이할 것
2. 부품가격이 저렴할 것
3. 무게가 가벼울 것
4. 취급이 쉬울 것
5. 소음진동이 적을 것
6. 내구성이 좋을 것
7. 유지비가 저렴할 것
8. 절삭력이 좋을 것

⁘ 외우기도 쉽습니다.[부품취급 무소유가 절삭내구 경비저렴]

핵심 19 체인톱의 안전장치

1. 앞손보호판

- 핸드가더
- 작업 중 가지와 체인톱의 튕김에 의한 손과 신체의 위험방지 장치

2. 뒷손보호판

체인톱날이 끊어졌을 때 오른손을 보호하기 위한 장치

3. 방진고무손잡이

- 앞손과 뒷손으로 잡는 손잡이 부분에 진동을 감소시켜주기 위해 설치하는 고무손잡이
- 추운 곳에서는 온열기능을 사용하기도 한다.

4. 스로틀레버차단판

스로틀레버차단판을 정확히 잡지 않으면 스로틀레버(엑셀레이터)가 작동하지 않도록 하는 안전장치

⁘ 아래는 보통 정답이라고 여겨져서 인터넷을 뒤지면 카페나 블로그에 올라와 있는 글입니다. 내용이 맞으니 답은 맞는다고 느껴집니다.

⁘ 위 문장들과 비교해 보시고 빠진 키워드를 골라봅니다. 어느 쪽이건 좋은 답입니다.

1. 핸드가드(앞손 보호판)

   앞손잡이에 부착되어 작업 중 가지의 튐에 의하여 손에 위험이 생기는 것을 방지

2. 자동체인브레이크

   앞손보호판과 연동하여 부착되어 있으며, 가지치기작업 시 kick-back 현상에 대비하기 위하여 앞손보호판에 손이 접촉할 경우 원심클러치드럼에 급제동을 주는 장치

3. 안전스로틀

   엔진이 저속회전할 때 스로틀밸브에 작은 가지가 접촉하게 되면, 기관의 회전이 빨라져 위험하므로 이것을 방지하기 위한 것

4. 핸들

   진동을 완화하기 위하여 진동고무가 부착되어 있다.

⁘ 기타 안전과 관련된 장치들

- 체인캐처 : 체인을 제대로 관리하지 않으면 체인이 사용 도중 튕겨 나오거나 끊어질 수 있다. 이때 체인이 뒤로 튕겨 나오는 것을 방지한다.
- 체인브레이크 : 이동 중이거나 작업을 잠시 중단할 때 핸드가더를 앞으로 내밀면 체인이 회전하지 않으며 체인톱의 튕김에 손과 신체 위험을 방지하는 장치, 앞손보호판과 연동하여 설치되어 있다.
- 정지스위치 : 엔진을 신속히 정지시킬 수 있는 장치

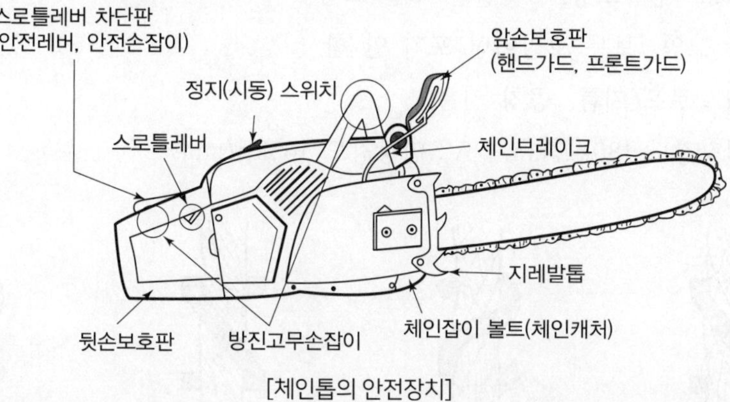

[체인톱의 안전장치]

기출문제 체인톱의 안전장치 종류를 4가지 쓰고 설명하시오.(4점)

모범답안

[앞뒤빵 스로틀]

1. 앞손보호판(핸드가드)
2. 뒷손보호판
3. 스로틀레버차단판
4. 방진고무손잡이

기타 체인캐처, 체인브레이크, 안전레버, 정지스위치 등

핵심 20 와이어로프 표기 내용

> 와이어로프 구성기호
> 6×7 . C/L . 20mm . B종

1. 6×7 ⇨ 6개의 스트랜드×7개의 와이어로 구성된 스트랜드
   ⇨ 스트랜드의 본수×와이어의 개수, 예 6×9
2. C : 콤포지션유도장, O : 일반 오일 도장
3. L : 랑 꼬임, 보통 꼬임이면 표기 안 함
4. 20mm : 로프 지름, 공칭 지름
5. B : 인장강도 $180kg/mm^2$, A : 인장강도 $165kg/mm^2$

Z 보통 꼬임

S 보통 꼬임

Z 랑 꼬임

S 랑 꼬임

- 소선의 꼬임과 스트랜드의 꼬임
  방향이 같으면 랑 꼬임, 다르면 보통 꼬임
- [같으 랑, 다르 보]
- 스트랜드가 꼬인 방향이
  오른쪽 아래에서 왼쪽 위로 가면 S 꼬임, 왼쪽 아래에서 오른쪽 위로 가면 Z 꼬임
  Z와 S의 글자 중간부분이 향한 방향을 보면 쉽습니다.

⁘ [오아 S, 오위 Z]

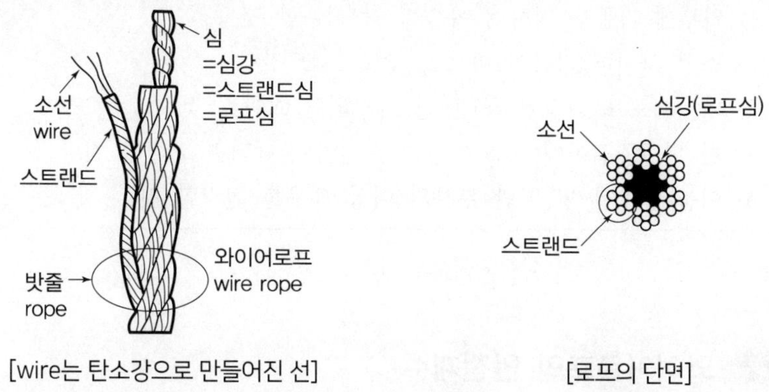

[wire는 탄소강으로 만들어진 선]

[로프의 단면]

기출문제 **다음은 와이어로프의 종류를 표시한 것이다. 이에 관해 설명하시오.**
6×7 · C/L · 20mm · B종

모범답안

가. 6×7 : 6은 스트랜드 수, 7은 1개의 스트랜드를 구성하는 와이어의 개수

나. C/L : 컴포지션유도장, 랑 꼬임

다. 20mm : 공칭지름

라. B종 : 와이어로프의 인장강도 B 종(180kg/mm²), A 종(165kg/mm²)

와이어로프에서 제일 먼저 기억해야 할 단어는 스트랜드입니다.
소선인 와이어의 꼬임으로 이루어져 있는 스트랜드는 낯선 단어입니다.
이 낯선 단어를 기억해야 와이어로프를 기억할 수 있습니다.

핵심 21 와이어로프 폐기 기준

1. 와이어로프 1피치 사이에 와이어소선의 단선수가 10% 이상인 것
   소선이 10% 이상 절단된 것
2. 마모에 의한 와이어로프 지름의 감소가 공칭지름의 7%를 초과한 것
   공칭지름이 7% 이상 감소한 것
3. 꼬인 것=킹크된 것
4. 현저히 변형된 것
5. 부식된 것

⁘ [칠공주 껌씹소]그래서 인생 꼬이고, 변형, 부식됨

와이어로프의 점검관리 방법

1) 외부에 기름을 칠하여 녹슬지 않도록 할 것
2) 소선 사이에 기름이 마르지 않도록 할 것
3) 와이어로프 직경이 7% 이상 마모되면 교환할 것
4) 한 번 꼰 길이에 10% 이상의 소선이 절단되면 교환할 것
5) 이음매 부분 및 말단 부분의 이상 유무를 점검할 것

핵심 22 와이어로프의 안전계수

- 가공본줄 : 2.7
- 짐당김줄, 되돌림줄, 버팀줄, 고정줄 : 4.0
- 짐올림줄, 짐매달음줄, 호이스트줄 : 6.0
- 안전계수=파괴강도/설계강도 : 안전한 작업을 위해 주는 강도의 여유분

[짐매달고 올리면 호이호이 6427] 신나서 호이호이

기출문제 와이어로프의 점검관리 방법을 쓰시오.(5점)

모범답안

핵심 23 집재가선의 설계 및 시공

준비작업 - 지주설치 - 삭장작업 - 삭장점검
삭장 : 집재가선 시스템 또는 집재가선 시스템의 설치

1. 준비작업

1) 내업 기초, 현지조사
2) 설계 및 제도

3) 기자재 조달 및 점검

4) 가선위치 임목벌채 및 정리

5) 관리용 보도 부설

6) 전화선 가설

7) 야더집재기 반입과 고정 및 설치, 집재기 고정용 앵커 점검

2. 지주 설치

머릿기둥, 꼬릿기둥, 안내기둥, 근주앵커

1) 지주에 사다리 부설

2) 생입목의 경우 줄기 보강, 바대(덧댐), 첨목(덧댄 나무) 부설

3) 도르래류 설치

4) 버팀줄 설치

3. 삭장작업

로프발사기, 모형비행기(안내줄의 당김)

1) 안내줄에 작업줄 부착

2) 안내줄 감기

3) 본줄과 작업줄 설치

4) 본줄의 죔쇠(clamp)와 당김줄 및 고정줄 부착

5) 본줄의 긴장 및 당김줄의 고정상태 점검

4. 삭장점검 및 조정

1) 본줄의 긴장도의 점검

2) 삭장의 점검 및 조정

- 정지 시 점검 : 전체를 일순하여 이상유무 확인
- 무부하 시운전 : 공반송기 주행, 원동기 및 제동장치 점검
- 부하 시운전 : 설계 하중의 1/2~1/4 부하 반송기 주행

5. 집재가선에 필요한 기계 및 기구

1) 야더집재기

- 엔진과 권선기를 이용하여 와이어로프를 구동하는 장치
- 권선기가 하나인 단동식과 두 개인 복동식이 있다.

2) **반송기**

- 동력을 사용하여 벌채한 원목을 운반이 편리한 곳에 모을 때 사용하는 기계
- 짐올림줄이나 호이스트줄로 목재를 들어 올리고, 짐당김줄에 의해 이동한다.

3) **지주**

가공본줄을 공중에 띄우는 기둥

4) **가공본줄**

집재 대상목을 매달고 스카이라인을 왕복하는 장치

5) **작업줄**

반송기를 이동하는 목적으로 사용하는 와이어로프

6) **도르래류**

와이어로프를 안내하는 장치

기출문제 **반송기를 사용하여 삭장 방식을 하는 기계 및 기구 4가지를 쓰고 설명하시오.(4점)**

모범답안

1.

2.

3.

4.

핵심 24 가공본줄 노선을 선정함에 있어 집재선 측량 시 조사사항

트랜싯이나 휴대용 컴파스를 이용하여

1. 지간거리
2. 지간경사각
3. 고저차
4. 장애물
5. 중간지지대 조사

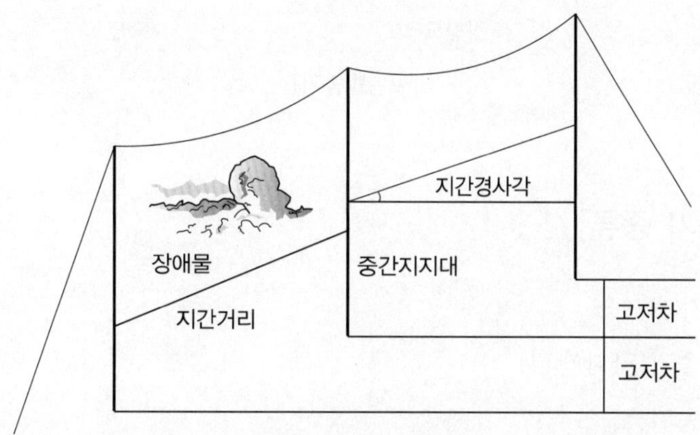

[가공본줄 노선 선정 시 조사사항]

핵심 25 집재가선에 쓰이는 도르래의 종류

1. 짐달림도르래

반송기에 매달려서 화물을 내리는 기능을 지닌 도르래로 하부에 자유로이 선회하는 짐달림고리 부착

2. 죔 도르래

가공본줄에 적당한 장력을 주기 위해 사용하는 도르래

3. 안내도르래

가선집재지의 임지 내를 광범위하게 순회하는 작업줄을 유도하는 데 이용되는 도르래

4. 삼각도르래

앞기둥과 뒷기둥에 장치되어 가공본줄의 하중을 지지하는 것으로 장력을 분산하기 위해 2개의 서브도르래가 부착

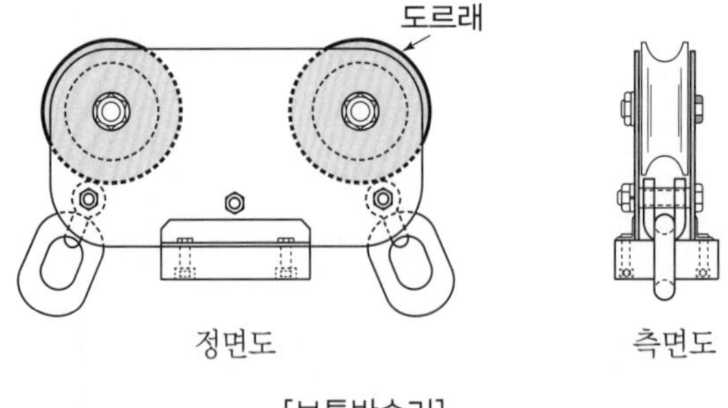

[보통반송기]

핵심 26 반송기 종류

1. 보통반송기
2. 자주식반송기(라디캐리)
3. 계류형반송기
4. 슬랙플반송기
5. 특수반송기

핵심 27 작업줄(operating line)의 종류

1. 가공본줄(sky line, SKL)

적재 지지, 철도에서 레일과 같은 역할=가공삭, 친삭

2. 되돌림줄(haul back line, HBL)

짐달림줄(loading line)과 반송기를 되돌리는 줄

3. 짐당김줄(haul line, HAL)

목재를 집재장소까지 당겨주는 줄

4. 짐올림줄(lifting line, LFL)

목재를 가공본줄까지 올림, 짐달림 도르래 올림

5. **순환줄(endless line, ELL)**

엔들리스 드럼에 감겨 순환하는 줄

핵심 28 집재가선 시스템

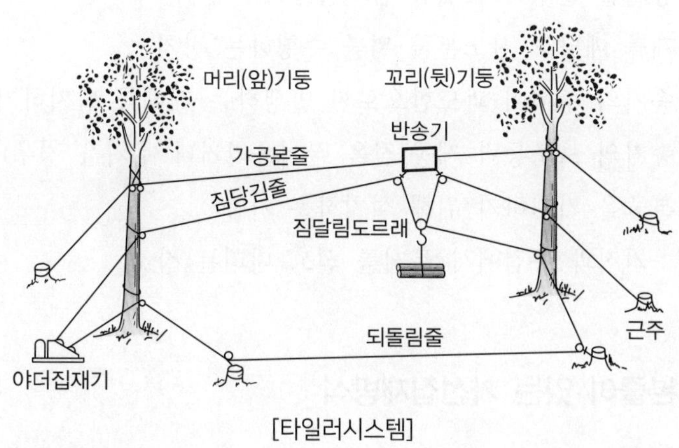

[타일러시스템]

핵심 29 운재삭도 시스템

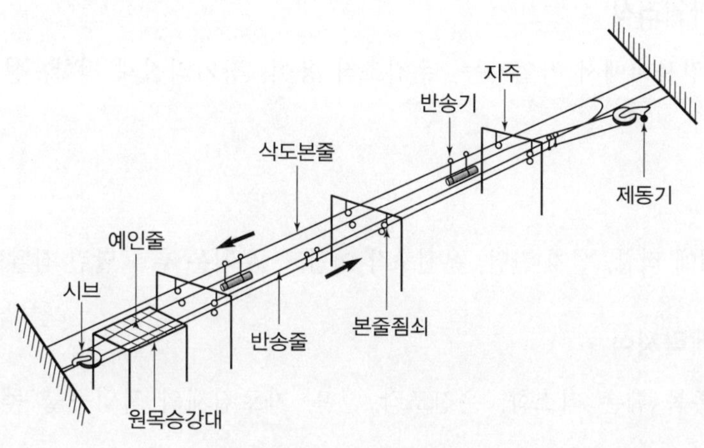

[순환식 삭도의 시설부분]

삭도시스템의 기계 및 기구

1. 운재삭도

목재를 운반하기 위해 공중에 반송기를 장착한 가공삭

2. 운재삭도의 구성요소

- 삭도본줄 : 반송기에 적재한 목재를 운반하는 레일의 역할 담당
- 예인줄 : 반송기를 운행하기 위한 움직줄(動索)
- 반송기 : 목재를 매달고 산도본줄 위를 주행하는 장치
- 제동기 : 반송기의 주행이 과도함으로써 발생하는 재해를 방지하기 위한 장치
- 운재기 : 반송기의 보조동력 제공(짐을 끌어올리거나 무거울 경우)
- 지주 : 삭도본줄을 지지하기 위해 설치하는 기둥
- 원목승강대 : 기점과 종점에서 목재를 싣고 내리는 장소

핵심 30 가공본줄이 있는 가선집재방식

1. 타일러식

짐올림줄의 한쪽 끝이 뒷기둥에 고정되므로 마모가 심한 결점이 있으며, 개벌지에 적합, 경사지에서 자중에 의한 반송기 운반

2. 엔드리스 타일러식

평탄지, 완경사지에서 작업가능, 운전조작 용이, 장거리집재 적합, 설치에 많은 인력 소요

3. 폴링블록식

소면적 집재에 적합, 설치 간단, 운전조작 어렵고, 무거운 추가 달린 짐달림도르래 필요

4. 호이스팅 케리지식

임지와 잔존목 훼손 최소화, 운전조작 간편, 가로집재의 작업능률 높음

5. 스너빙식

상향집재, 가공본줄의 경사가 10~30도의 범위에 적용, 설치 간단, 운전 쉬움

6. 슬랙라인식

반송기를 본줄의 긴장 및 완화에 의해 올리고 내리는 방식

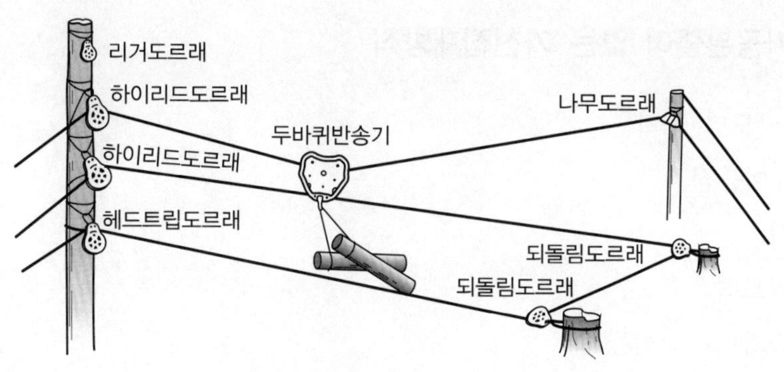

[슬랙라인시스템]

⁘ 호스폴엔 타일러슬
가공본선이 있는 방식 : 타일러식, 엔들러스 타일러식 등

⁘ 본선없이 모던하러
가공본선이 없는 방식 : 던함식, 모노케이블식 등

방식	그림	적용여건	특징
타일러식 (tyler system)	SKL, LFL, HBL, LFL	• 지간경사각 10~25도 • 대면적 개벌지 2드럼식 야더집재기 사용	• 반송기가 자중에 의해 주행하므로 내림집재를 하면 경제적, 능률적임 • 택벌작업지의 측방집재는 잔존목의 손상으로 부적당
엔드리스 타일러식 (endless tyler)	SKL, LFL, ELL, ELL	10도 이하로 반송기의 자중주행이 불가능하거나 20도 이상에서 가속하지 않을 때	• 운전, 측방집재, 쵸커풀기 등이 용이 • 택벌지에서는 직각집재도 가능
폴링 블록식 (falling block)	SKL, HAL, HBL	10도 전후의 단거리, 소면적, 소량집재 시	• 방식이 간단하여 설치 및 철거가 용이 • 운전조작이 어렵고 집재속도가 느리다.
호이스팅 캐리지식 (hoisting carriage)	SKL, LFL, 走行用ELL, 走行用ELL	임지 및 잔존목 손상을 되도록 적게 할 경우	• 조작이 용이하고 측방집재 시 잡아당기기 용이하다. • 전용반송기가 필요하고 설치에 시간이 걸린다.
스너빙식 (snubbing)	SKL, HAL	집재기를 상부에 두고 10~30도 집재에 적합	• 삭장이 단순하여 운전 용이 • 측방집재가 어렵다.

핵심 31 가공본줄이 없는 가선집재방식

본줄없이 [모던 하러]

1. 모노케이블식
2. 던함식
3. 하이리드식
4. 러닝스카이라인식

방식	그림	적용여건	특징
러닝 스카이라인식	HBL, HAL	지간 300m, 경사각 10도 전후의 소경목집재, 간벌지에 적합	• 가선방식이 간단 • 운전이 비교적 어렵다.
던함식 (dunham)	HAL, HBL	지간 300m, 경사각 10도 전후의 소경목집재, 간벌지에 적합	견인 힘은 크지만, 이동속도가 늦고 와이어로프의 소모가 크다.
모노케이블식	HAL, HBL	간벌, 택벌재의 집재방식에 적합	• 연속 이동식이므로 효율이 높다. • 지장목이 많고 잔존목 손상도 비교적 많다.
하이리드식		지간 100m 전 후, 완경사지의 소량 하향집재 시 적합	• 가선설치 및 운전이 간단 • 원목과 임지의 손상이 크다.

핵심 32 백호우 작업량 계산

백호우 시간당 작업량 계산

$$Q = \frac{3600 \times q \times K \times F \times E}{Cm} \left[\frac{m^3}{hr}\right]$$

Q : 시간당 작업량, q : 버킷용량($1.1m^3$), K : 버킷계수 : 0.9

F : 토량 환산계수, E : 작업효율(0.65)

Cm : 1회 cycle 시간(21초, 선회각도 90도)

⁘ 백호우는 용계토작 나 사이클

핵심 33 토량환산계수

Ⅰ. 개념

1. 토공의 작업단계 : 절토, 굴착, 운반, 성토, 다짐
2. 토량의 구분
   1) 자연 상태의 토량
   2) 흐트러진 상태의 토량
   3) 다져진 상태의 토량
3. 토량의 변화율
   - 자연상태의 흙의 양을 기준으로 한 느슨해진 상태와 다져진 상태의 체적비

Ⅱ. 토공작업 시 흙의 상태

1. 자연상태의 토량
   - 자연상태 흙의 부피
   - 굴착할 땅의 원지반 상태
2. 흐트러진 상태의 토량
   - 흐트러진 흙의 부피
   - 운반할 수 있도록 굴착해 놓은 상태
3. 다짐상태의 토량
   성토시공을 완료한 상태

Ⅲ. 토량변화율(L값과 C값)

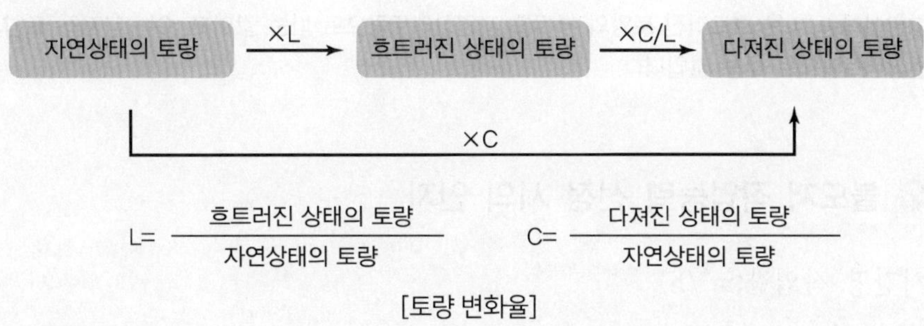

[토량 변화율]

Ⅳ. 토공작업 시 기준이 되는 흙의 상태

1. 굴착, 적재, 운반토량
   흐트러진 상태의 토량
2. 토공장비의 작업량 계산
   흐트러진 상태의 토량
3. 성토량 계산
   다져진 상태의 토량

Ⅴ. 토량환산계수 f

구하려는 토량 \ 기준 토량	자연상태의 토량	흐트러진 상태의 토량	다져진 상태의 토량
자연상태의 토량	1	1/L	1/C
흐트러진 상태의 토량	L	1	L/C
다져진 상태의 토량	C	C/L	1

Ⅵ. 토량환산계수의 이용 시 유의사항

1. 인근현장이나 유사현장의 실적과 결과값을 활용한다.
2. 많은 장소의 흙과 굴착 깊이별로 세분화하여 시험한 결과값을 활용하는 것이 좋다.
3. 대규모 공사 시 현장시험에 의하여 토량환산계수를 도출한다.
4. 현장에서 토공사의 공정계획 수립 시 토량환산계수를 적용한다.
5. L값에 의해 운반량과 운반장비의 대수를 결정한다.

토량은 L 흐C다.
토량환산계수 : L은 흐트러진 토양의 부피를 자연상태토량으로 나눈 값이고, C는 다져진 토양의 부피를 자연상태토량으로 나눈 값입니다.

핵심 34 불도저 작업능력 선정 시의 인자

1. 1시간당 작업량(m^3/h)
2. 1회 굴착토량(m^3)
3. 1회 사이클시간(min)
4. 토량환산계수

5. 작업효율

- 불도저는 보통 19t, 대형 27t, 소형 11t, 습지용 15t, 9t이 사용된다.
- 1시간당 토공량 산정

$$Q = \frac{60 \cdot q \cdot f \cdot E}{cm}$$

Q : 1시간당 작업량(m^3/ha)

q : 1회의 굴착압토량(m^3)

f : 토량환산계수

E : 작업효율

cm : 1회 사이클 시간(min)

- cm 구하는 방법

도우저의 사이클 시간(min)

$$cm = \frac{\ell}{V_1} + \frac{\ell}{V_2} + t$$

ℓ : 평균굴착압토거리(m)

V_1 : 전진속도(m/min), 1~2단

V_2 : 전진속도(m/min), 2~4단

t : 기어 바꾸는 데 필요로 하는 시간 및 가속 시간(min)(0.25분)

- 도저의 작업효율(E)

흙의 명칭	작업효율
모래, 조건이 좋은 보통토	0.8~0.6
역질토, 보통토, 조건이 좋은 돌이 섞인 점질토, 점토	0.7~0.5
조건이 나쁜 보질토, 암괴, 호박돌, 역	0.6~0.4
조건이 나쁜 돌이 섞인 점질토, 점토, 고결된 역질토	0.5~0.2
조건이 나쁜 점질토, 점토	0.4~0.2

[불도저는 육십굴토효 나 사이클]

핵심 35 리퍼의 기능

단단한 흙이나 연약한 암석을 파내는 용도

⁘ 유압리퍼의 암 파쇄능력

1. 산정식

$$Q = 60 \cdot An \cdot L \cdot f \frac{E}{cm}$$

Q : 1시간당 파쇄량(m^3/ha)

An : 리핑 단면적(m^2)

L : 1회 작업거리(m)

f : 토량환산계수

E : 리퍼의 작업효율

cm : 사이클 시간(min)

- f : 작업량을 자연상태의 토량으로 구할 때는 1
- 파쇄되어 흐트러진 상태는 $f = L$

2. cm 구하는 방법

$$cm = \frac{\ell}{V_1} + \frac{\ell}{V_2} + t$$

L : 1회 작업거리(m)

V_1 : 리핑속도(m/min), 전진 1단의 0.09~0.6

V_2 : 후진속도(m/min), 1~2단

t : 기어 바꾸기, 리퍼승등 등에 필요로 하는 시간(min)

3. 암질과 석질의 탄성파속도에 대응시킨 표에서 E값을 구한다.

구분(예)	날의 개수	탄성파속도(m/sec)		표준작업효율 E	
		32t 급	21t 급	32t 급	21t 급
중	2개	900	700	0.70	0.80
		1,200	900	0.50	0.60
		1,400	1,200	0.40	0.40

핵심 36 트랙터집재 장단점

1. 장점

기동성과 작업 생산성이 높고, 작업이 단순하며 비용이 낮음

- 기동성이 높다.
- 작업 생산성이 높다.
- 작업이 단순하다.
- 작업비용이 낮다.

2. 단점

환경 피해가 크고, 완경사지에서만 작업이 가능하며, 높은 임도밀도와 임목밀도가 요구된다.

- 환경피해가 크다.
- 완경사지에서만 작업이 가능하다.
- 높은 임도밀도가 필요하다.

기출문제 **트랙터의 집재작업 능률에 미치는 인자 5가지를 쓰시오.(5점)**

모범답안

1. 임목밀도
2. 임도밀도
3. 집재거리
4. 단재적
5. 경사도
6. 토양상태

트랙터의 능력별 집재능률

1. 주행속도 : 속도는 빠를수록 능률이 높아진다.
2. 등판력 : 경사지를 올라가는 능력이 좋을수록 능률이 높아진다.
3. 회전반경 : 집재작업에 쓰는 크레인의 회전반경이 크면 능률이 높아진다.
4. 접지압 : 바퀴가 지면에 닿는 접지압이 낮을수록 집재능률은 좋아진다.
5. 견인력 : 트랙터가 짐을 끌어당기는 힘인 견인력이 좋을수록 능률은 높아진다.

핵심 37 가선집재 장단점

1. 장점

입목 및 목재에 대한 피해가 적고, 낮은 임도밀도 및 급경사지에서도 작업이 가능하다.

- 목재 피해가 적다.
- 낮은 임도밀도에서도 작업이 가능하다.
- 급경사지에서도 작업이 가능하다.

2. 단점

기동성이 떨어지고 작업 생산성이 낮다. 장비가 고가, 숙련된 작업원이 필요, 설치 및 철거에 많은 시간이 소요된다. 치밀한 작업계획이 필요하다.

- 기동성 떨어짐
- 장비 비쌈
- 기술 숙련 필요
- 세밀 작업계획 필요
- 작업 생산성 낮음
- 설치와 철거에 많은 시간이 소요됨

기출문제 트랙터 집재의 특징을 4가지 쓰시오.(4점)

모범답안

기출문제 가선집재의 단점을 4가지 쓰시오.(4점)

모범답안

핵심 38 트랙터집재와 가선집재의 비교

① 트랙터집재는 완경사지에 적용하며, 재해발생과 잔존목의 피해가 적은 곳에 적합하다.

② 가선집재는 중・급경사지에 적용하며 임목밀도가 낮은 곳에 적합하다.

[집재작업별 장단점]

구분	장점	단점
트랙터집재	• 기동성이 높음 • 작업 생산성이 높음 • 단순작업 및 낮은 작업비용	• 토양교란이 큼 • 완경사지에서만 작업 가능 • 높은 임도밀도 필요
가선집재	• 잔존임분에 피해가 적음 • 급경사지에서도 작업 가능 • 낮은 임도밀도 지역에서 가능	• 기동성이 떨어짐 • 세밀한 작업계획 필요 • 숙련된 기술 필요 • 설치 및 철거시간 필요 • 임업기계장비의 가격이 높음

핵심 39 목재수확 작업 시스템

목재수확 작업 시스템은 벌채, 조재, 집재, 운재의 4개 요소 작업이 원활히 수행될 수 있도록 구성한다.

1. 벌도작업

벌도 시 발생할 수 있는 목재의 손상과 저해, 집재작업 능률 등을 고려한다.

① 작업조건은 집재방법, 생산재의 종류(단목, 전간, 전목) 등을 고려한다.

② 벌도목 표시는 벌도대상목은 페인트, 비닐테이프 등으로 표시한다.

③ 벌도방향은 임도, 집재로, 집재방향 등과 관계를 고려하여 선정한다.

2. 집재작업

집재작업은 작업지의 임지 훼손과 답압이 적은 장비를 사용하며 작업 시의 잔존목의 피해를 최소화한다.

① 트랙터집재는 완경사지에 적용하며, 재해발생과 잔존목의 피해가 적은 곳에 적합하다.

② 가선집재는 중・급경사지에 적용하며 임목밀도가 낮은 곳에 적합하다.

3. 체인톱을 사용하여 조재 및 벌도작업할 때 유의사항

가. 작업 전에 안전복과 안전장갑 등 보호장구를 미리 착용한다.

나. 작업 전에 지장물을 제거한다.

다. 쐐기 등을 준비하여 톱날이 낄 때 사용한다.

라. 작업 중에는 항상 정확한 자세와 발디딤을 유지한다.

마. 이동할 때는 반드시 엔진을 정지시킨다.

4. 벌도작업할 때 유의 사항

체인톱을 이용하여 작업할 경우

1) 먼저 벌도목 주위의 장애물을 제거하고, 편안한 작업자세를 취한다. 그리고 나무의 벌도방향을 정하고 벌도되는 방향으로 수구자르기를 한 후 반대쪽에 추구자르기를 한다.
2) 추구를 자를 때는 충분한 주의를 필요로 한다.
3) 나무가 쓰러지기 시작할 때 빨리 체인톱을 빼고, 나무가 넘어갈 때도 톱을 작동하면 체인톱이 나무에 끼이게 되고 목편이 날아갈 위험이 있다.
4) 뿌리를 제거하기 위해서는 종방향으로 충분히 아래까지 수평자르기를 한다.
5) 절단방향은 수형, 인접목, 지형, 풍향, 풍속, 절단 후의 집재방향 등을 고려하여 가장 안전한 방향으로 선택한다.

5. 조재작업할 때 유의 사항

체인톱을 이용하여 작업할 경우

1) 작업 시작 전에 조재작업에 지장을 주는 주위의 나뭇가지 등을 제거한다.
2) 끼인 나무를 절단할 때는 끼지 않도록 쐐기 등을 사용한다.
3) 경사지에서 조재작업할 때는 작업자의 발이 나무 밑으로 향하지 않도록 주의한다.
4) 작업 중에는 항상 정확한 자세와 발디딤을 유지한다.
   - 체인톱을 이용한 작업은 일일 2시간 이내, 연속작업 10분 이내로 한다.
   - 안내판의 끝부분으로 작업하는 것은 피함
   - 이동 시에는 반드시 엔진 정지
   - 절단 작업 중 안내판이 끼일 경우 엔진을 정지시킨 후 안전하게 처리
   - 안전복, 안전장갑 등 보호장구를 철저히 갖추고 작업

기출문제 체인톱을 이용하여 벌목작업할 때 유의할 사항을 쓰시오.(5점)

1.
2.
3.
4.
5.

기출문제 엔진톱을 조제 및 벌목작업할 때 유의할 사항을 4가지 쓰시오.(5점)

1.
2.
3.
4.
5.

기출문제 벌도방향 결정에 영향을 미치는 인자를 5가지 쓰시오.(5점)

1.
2.
3.
4.
5.

수형, 인접목, 지형, 하층식생, 풍향, 풍속, 대피장소, 집재방향, 집재방법 등

핵심 40 다공정 임업기계

1. 트리펠러

단순히 벌도기능만 갖추고 있는 기계

2. 펠러번처

- 벌도도 하고, 모아 쌓을 수도 있는 기계
- 임목을 붙잡을 수 있는 장치를 갖추고 있음

번처, buncher(bunch 1. 다발, 송이, 묶음 2. 양이나 수가 많음)

3. 프로세서

가지자르기, 집재목의 길이를 측정하는 조재목 마름질, 통나무자르기 등 일련의 조재작업을 한 공정으로 수행

4. 하베스터

대표적인 다공정 처리기계로써 벌도, 가지치기, 조재목 마름질, 토막내기 작업을 한 공정에 수행할 수 있는 장비

5. 포워더

화물차에 크레인을 달아 조재목을 싣고, 운반하는 기계

6. 타워야더

트랙터에 인공철기둥과 가선집재장치를 부착한 집재기계

∴ 임목벌도기계 = 손톱, 체인톱, 트리펠러, 펠러번처, 하베스터

기출문제	**대표적인 다공정 작업기의 임목 수확장비 3가지 종류를 들고 그 기능을 쓰시오.(3점)**
1.	
2.	
3.	

핵심 41 타워야더

- 인공 철기둥과 가선집재장치를 트랙터, 트럭, 임내차 등에 탑재한 기계
- 주로 급경사지의 집재작업에 적용한다.
- 이동식 차량형 집재기계
- 가선의 설치·철수·이동이 용이하다.
- 가선집재전용 고성능 임업기계이다.
- 러닝스카이라인 삭장 방식과 전자식 인터록크를 채택하여 가설, 철거가 쉽다.
- 최대집재거리 300m까지 가선을 설치하며 상, 하향 집재가 가능하다.
- Köller 200 HAM300

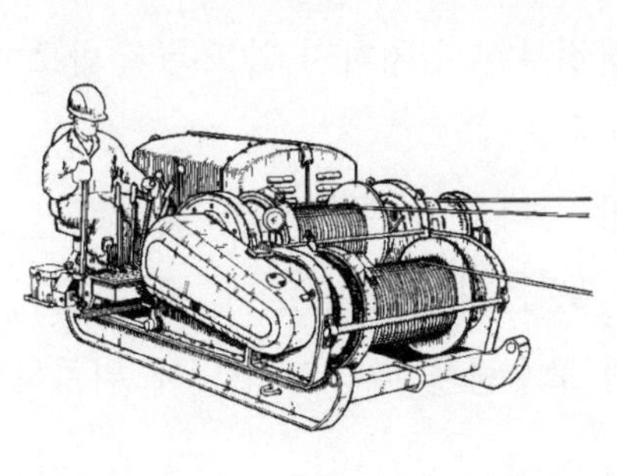

썰매형 집재기

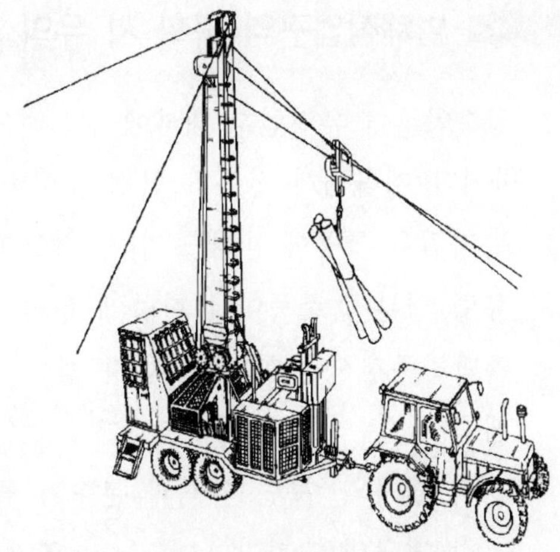

이동식 타워형 집재기

[야더집재기]

인공 철기둥과 가선집재장치를 트럭, 트랙터, 임내차 등에 탑재하여 주로 급경사지의 집재작업에 적용하는 이동식 차량형 집재기계로 가선의 설치, 철수, 이동이 용이한 가선집재 전용 고성능 임업기계

인터로크(interlock)

기계 각 부분의 작동이 정상적으로 작동하는 조건이 만족하지 못하는 경우에 기계적, 유·공압적 등의 방법에 의해 자동으로 그 기계를 작동할 수 없도록 하는 기구를 인터로크라 한다. 또한 기계들이 기계적, 전기적으로 연결성 있게 조합되고 각 기능이 제대로 작동되도록 제어하는 회로를 인터로크 회로라고 한다.

기출문제 **타워야더 임목수확시스템의 특징을 5가지 쓰시오.(5점)**

1.

2.

3.

4.

5.

핵심 42 벌채작업구역 구획 시 유의 사항

1. 성숙임분이 유령임분 내부에 위치하거나 산정부에 위치하지 않도록 운반로에 접하거나 계곡에서 산복과 산정을 향하여 배치
2. 평지림이 폭풍에 피해를 입지 않도록 항상 풍하의 임분을 먼저 벌채
3. 유령 임분이 폭풍이나 한풍에 우선 보호되도록 배치
4. 측방하종갱신을 할 때는 종자 성숙 계절에 모수림을 바람의 상방에 위치하도록 배치
   - 각 벌구의 수종, 재적과 본수가 될 수 있으면 균등하게 한다.
   - 한 벌구의 크기가 너무 크지 않게 집재방법에 적합하게 한다.
   - 벌목지 구획은 계곡으로부터 산봉우리방향으로 설정하는 세로나누기가 원칙이다.

참고

벌목 및 조재작업을 능률적으로 실행하고 집재 및 운재작업을 원활히 하기 위해서는 벌목하기 전에 벌목면적을 벌목조(group) 또는 개개인 작업원이 분담하기에 적당한 크기로 구분해야 하는데, 이것을 벌목지구획(산할 : setting of cutting area) 또는 벌채구역나누기(벌채면할)라고 한다. 하나의 벌채구역은 하나의 벌구(벌목구역 ; block, cutting area, coup)를 이룬다. 벌구의 크기와 배분방법 등은 지방의 관습과 집재의 규모 등에 따라 다르다. 벌목지구획은 축척 1/5,000의 지형도에 표시하고, 수종・본수・재적 등을 기입하여 계획 및 점검의 자료로 이용한다.

기출문제 벌목지를 구획할 때 주의 사항을 설명하시오.(6점)

1.

2.

3.

보통 인터넷으로 검색하면 아래의 문장들이 답으로 제시되어 있습니다.
위의 본문을 보면 아래 답안이 약간 불충분하거나 원래 답의 일부라는 것을 알 수 있습니다.
그래도 아래의 답은 외우기는 편합니다.

1. 각 벌구(베어낼 구역)의 수종, 재적 및 본수가 균등히 되도록 한다.
2. 한 벌구의 크기가 너무 큰 것은 비효율적이며, 집재방법과 적합하도록 한다.
3. 벌목지 구획은 계곡으로부터 산봉우리의 방향으로 설정하는 세로나누기가 원칙이다. 가로나누기는 가급적 피해야 한다.

핵심 43 임시저목장 설치 장소

임시저목장 = 산지에 임시로 설치하는 저목장, 토장

1. 장비 이동에 지장이 없는 곳
2. 작업로와 임도 연결점 부근에 위치

(일반)저목장

저목장을 설치할 때는 먼저 토지를 정지하고 목재의 반입로는 되도록 높은 곳에 개설하며, 반출로는 낮은 곳에 설치한다. 그 사이에는 물매를 완만하게 하여 목재의 이동과 집적을 용이하게 한다. 또한 저목장 내의 배수가 잘되도록 배수구를 만든다. 저목장의 면적은 저재량 및 저재기간의 차이 등에 따라 다르지만, 일반적으로 1ha당 4,000m^3를 표준으로 한다.

- 저목 : 임지에 집재된 반출 예정 목재를 일시적으로 적당한 장소에 집적하는 일
- 저목장 : 저목을 하는 장소

저목장의 종류

1. 산지저목장 = 산토장 : 간선운재로의 운재기점
2. 중간저목장 = 중간토장 : 운반거리가 먼 경우 설치하는 저목장
3. 최종저목장 = 최종토장 : 운재의 종점

저목의 종류

1. 육상저목 : 산지저목장, 중계저목장, 최종저목장
2. 수중저목 : 충해, 균해방지, 목재 장기보존

핵심 44 삭도 운재 시 1일 운반량 계산

삭도로 원목 운반 시 1일 공정(m^3)

$$= 반송기대당운반량 \times 보정계수 \times \frac{1일\ 작업시간(8시간)}{대당주행시간 \times 적재시간 \times 여유시간}$$

핵심 45 장비사용 시 시간에 따라 변하지 않는 것

1. 자본이자
2. 보험료
3. 재료비
4. 기계수선비, 세금

∴ 감가상각비는 실제로 금전거래는 발생하지 않았지만, 시간에 따른 장비의 가격이 하락한 부분만큼을 비용으로 장부에 반영하는 것입니다.

핵심 46 임업기계의 내용연수

1. 트랙터, 포워더, 하베스터 : 10,000시간
2. 타워야더, 트랙터용 고정윈치 : 8,000시간
3. 트랙터 부착용 윈치 : 4,800시간
4. 체인톱 : 1,500시간
5. 안내판 : 300시간
6. 체인톱 날 : 100시간

Part

04

산림경영학

Part 04 산림경영학

1 산림경영학의 개념

숲을 이용하여 산림자원을 생산하려고 하는 사람은 의사결정에 다양한 정보를 필요로 한다. 숲은 근본적으로 생물과 비생물환경이 서로 영향을 주고받으며 만들어진 생태계다. 아무 땅에나 좋은 나무를 심는다고 잘 자랄 수 없는 것처럼 나무의 종류를 선택하는 것도 토양과 환경에 대한 정보가 필요하다. 숲을 조성하고, 가꾸고, 이용하고, 보전하는 모든 것이 경영자의 의사결정에 달려있다. 경영자가 충분한 정보를 가지고 현명한 선택을 하면 숲은 자신이 생산할 수 있는 최대의 수확량을 내면서도 환경을 보전할 수 있다. 숲 가꾸기와 환경보전은 따로 존재하는 것이 아니라 하나의 것이다.

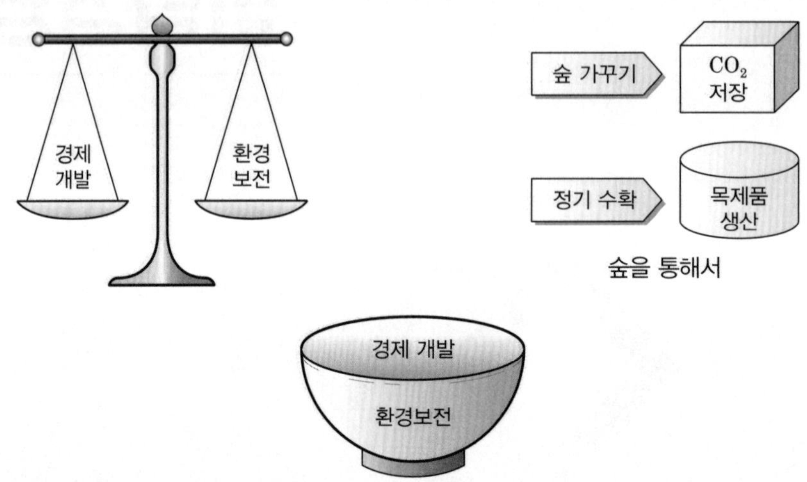

경제개발과 환경보전은 전통적으로 동시에 추구하기가 어렵다고 생각되어 왔다. 하나를 얻으면 하나는 버려야 하는 off set이나 trade off인 것으로 생각되었다. 그러나 숲 가꾸기를 통해서 이산화탄소를 저장하고, 정기적인 수확을 통해서 목제품을 생산하면 기후변화가 완화된다. 경제개발과 환경보전을 숲이라는 그릇에 한꺼번에 담을 수 있다.

우리는 이미 알고 있다. 울창하게 잘 가꾸어진 숲이 생물다양성도 높고, 더 많은 목재를 생산할 수 있고, 그런 숲에서는 산사태나 토석류가 거의 발생하지 않는다. 숲을 통해 환경적으로 건전하고 지속가능한 발전(environmentally sound & sustainable development)이 가능하다.

산림자원의 생산에 이용되는 것은 산지라고 부르는 토지와 노동의 대상이 되는 임목과 임산물, 그리고 투입되는 노동력이다. 이렇게 투입되는 자원을 이용해서 목재, 버섯, 산채, 약초와 같이 시장에서 거래할 수 있는 자원과 경관, 맑은 공기, 맑은 물, 휴양과 치유 등 시장에서 거래하지 않는 자원을 생산한다. 산림경영학은 산림경영자가 설정한 목표를 달성할 수 있는 다양한 방법을 제시한다.

❷ 산림경영학의 필요성

숲에서 자원을 생산하는 산림경영은 개인의 이익과 공익적 기능의 조화를 도모하여야 한다. 산림경영의 목표는 산림경영자의 판단에 따르는 것이지만, 산림이 가지는 기능에 맞추어 수립하여야 한다. 산림경영학은 환경과 나무에 대한 정보를 토대로 공익적 목표에 어긋나지 않으면서 경영자의 이익을 극대화할 수 있는 방법을 찾아준다. 거기에 따라 구체적인 계획을 세우는 방법론도 산림경영계획이라는 이름으로 제공한다.

❸ 학습목표

1) 산림측량 및 구획을 할 수 있어야 한다.
   독도법, 측량, 임소반구획, 면적계산
2) 산림식생을 조사할 수 있어야 한다.
3) 산림을 운영하기 위한 산림경영계획서를 작성할 수 있어야 한다.
4) 산림의 경제적 가치를 평가할 수 있어야 한다.
   임지평가, 임목평가, 임분평가
5) 산림의 수확조절을 할 수 있어야 한다.

핵심 01 산림의 기능과 종류

1. 자연환경보전림

학술교육형, 문화형, 보전형

2. 생활환경보전림

방음방풍형, 경관형, 목재생산형, 미세먼지저감형

3. 산지재해방지림

산사태, 토사, 병충해, 산불 우려 단순림, 침엽수림

4. 수원함양림

- 저수지 주변 1km 집수구역
- 4대강 주변 3km 이내 국공유림
- 유역면적 500,000m^2 이상 대면적 집수구역

5. 산림휴양림

공간이용지역, 자연유지지역

6. 목재생산림

- 인공림 대경재, 중경재, 소경재
- 천연림 대경재, 중경재, 특용소경재

핵심 02 산림구획순서

경영계획구 ⇨ 임반 구획 ⇨ 소반 구획

임소반의 표기 ⇨ 임소반의 면적 규모와 수

기출문제 **임반과 소반의 구획 시 기준을 설명하시오.(4점)**

모범답안

1. 임반 구획 방법
   - 부득이한 경우를 제외하고 100ha 내외로 구획
   - 능선, 하천 등 자연경계나 도로 등의 고정적 시설을 따라 구획
2. 소반 구획 방법
   - 1ha 이상으로 구획하되 부득이한 경우에는 소수점 한자리까지 기록
   - 지형지물 또는 유역경계를 달리하거나 시업상 취급을 다르게 하는 구역을 구분하여 구획
   - 운반계통이 상이한 구역을 구분하여 구획
   - 시업상 기능 : 산림의 기능, 지종, 임종, 임상, 작업종, 임령, 지위, 지리 또는 운반계통

기출문제 **임반을 구획하는 이유에 관해 4가지 쓰시오.(4점)**

모범답안

1. 산림의 위치를 명확히 한다.
2. 벌채개소의 경계 및 벌구의 정리, 경영의 합리화에 유리하다.
3. 측량 및 임지의 면적을 계산하는 데 유리하다.
4. 절개선을 따라 이용하는 데 편리하도록 구획한다.

임반은 절측경위 때문에 한다.
(임반 : 연애하는 사람의 무리, 경찰 때문에 조용한 절측에서 모인다.)

기출문제 **소반을 구획하는 요인에 관해 4가지를 쓰시오.(4점)**

모범답안

1. 기능이 상이할 때(목재생산림, 수원함양림, 산림휴양림, 산지재해방지림, 자연환경보전림, 생활환경보전림)
2. 지종이 상이할 때(법정제한지, 일반경영지 및 입목지, 무입목지(미입목지, 제지))
3. 임종, 임상, 작업종이 상이할 때
4. 임령, 지위, 지리 또는 운반계통이 상이할 때

소반은 기지종영이 상이할 때 구획한다.
(기지에서 더 이상 영화를 못 본다. 소반 : 소들의 무리, 무리지은 소 때문에 ...)

기출문제 **임반과 소반의 구획방법을 설명하시오.(4점)**

모범답안

1. 임반구획방법
   - 가능한 100ha 내외로 구획한다.
   - 능선, 하천 등 자연경계 및 도로 등 고정시설물에 따라서 임반을 구획한다.
   - 신규재산 취득의 경우에 별도의 임반 구획이 필요하나, 불가피하게 기존의 마지막 임반번호를 이어 편성할 수 없는 경우 연접된 임반의 번호에 보조번호를 부여하여 보조임반을 구획한다.
2. 소반구획방법
   - 1.0ha 이상으로 구획하되, 부득이한 경우 소수점 한자리까지 기록한다.
   - 지형지물 또는 구역경계를 달리하거나 시업상 취급을 다르게 할 구역은 소반을 달리 구획한다.
   - 소반 내에서 이용형태, 수종그룹, 계획상 계획기간 동안 달리 취급할 필요가 있는 경우 보조소반을 편성한다.
   - 보조소반을 장기적으로 독립해서 취급하는 것은 바람직하지 않다

핵심 03 산림측량

- 주위측량 : 산림의 경계선을 명백히 하고 그 면적 산출
- 산림구획측량 : 각종 산림구획의 경계선(즉, 임반 소반의 구획선 및 면적 측량)
- 시설측량 : 임도의 신설 및 보호

▶ 주위측량 ⇨ 구획측량 ⇨ 시설측량

산림측량

산림측량(forest survey)은 주위측량, 산림구획측량, 시설측량으로 나누는데, 주위측량이 가장 중요하다.

1. 주위측량

산림의 면적을 확정하고, 그 경계선을 명백히 하기 위해 토지 주위를 측량하는 것을 주위측량이라 한다.

산림의 주위는 산림경영계획구에 편입된 필지의 주위가 아니라 경영계획구의 주위를 말한다. 국유림의 경우에는 행정구역 단위로 구분하는 것이 일반적이고, 사유림의 경우에는 방화선, 하천, 계류 등으로 구분할 수 있다. 주위측량은 경계를 확정하

는 측량이므로 정밀해야 한다. 500ha 이상의 비교적 큰 단지는 삼각측량으로 경계를 확정한다. 면적이 크지않은 경우 컴퍼스 또는 평판측량을 하기도 한다. 근래에는 GNSS를 이용한 측량을 많이 한다. 협각측량에서의 면적계산은 경위거 계산을 하고, 방위측량에서는 삼각망의 삼각형이 완전히 경영계획구에 포함되어 있으면 삼각경위거로 계산할 수 있다. 과거에는 플라니미터를 이용하여 면적을 계산하기도 했지만, CAD를 이용하여 면적을 계산하는 것이 일반적이다.

2. 산림구획측량(山林區劃測量)

주위측량으로 경영계획구의 경계가 확정되면 임반과 소반의 구획선 및 면적을 확인하기 위해 산림구획측량을 한다.

3. 시설측량(施設測量)

임도를 개설 또는 보수하거나 산림경영에 필요한 건물 등을 설치하고자 할 때 하는 측량을 시설측량이라고 한다. 측량한 결과는 건물의 경우 1 : 300 정도 축척의 도면으로 표시하며, 임도의 경우 도면의 종류에 따라 축척이 다르다.

[산림측량 주구시]
(산림측량은 산림 주위를 구획하고 시설을 결정한다.)

기출문제 **산림구획 시 기본도의 축척을 쓰시오.(2점)**

모범답안

1/6,000 또는 1/3,000

기출문제 **산림경영계획에서 측량은 어떤 것이 있는지 간단히 설명하시오.(3점)**

모범답안

- 주위측량 : 산림의 경계선을 명백히 하고 그 면적을 확정하기 위해 토지의 주위를 측량
- 산림구획측량 : 각종 산림구획의 경계선인 임・소반의 구획선 및 면적을 명확하게 하기 위한 측량
- 시설측량 : 임도의 신설, 보수 및 그 밖의 산림경영에 필요한 건물을 설치할 때의 측량

핵심 04 생장량

1. 생장량의 개념

- 생장량은 임목의 부피가 늘어난 양이다.
- 최초 조사시점에서 측정한 임목의 재적을 기준으로 산출한다.
- 나중에 조사하여 측정한 임목의 재적에서 초기 임목 재적을 빼면 늘어난 생장량을 산출할 수 있다. 이렇게 증가한 축적을 측정한 기간으로 나누면 평균생장량, 1년 동안에 늘어난 생장량만을 대상으로 한다면 이것을 연년생장량이라고 한다.
  생장량=(현재 축적-과거 축적)/경과기간

2. 생장률

생장률은 증가한 축적이 과거의 조사시점을 기준으로 얼마나 늘어났는지를 비율로 써 알기 쉽게 표현해 준다. 예를 들면 생장률이 높게 측정된다면 그 임지의 품질등급이 높다는 것을 쉽게 알 수 있다.

생장률의 측정은 현재 축적에서 과거의 축적을 뺀 값에 100을 곱하여 나타낸다.

생장률=(현재 축적-과거 축적)/과거 축적×100

보통은 나무의 생장주기인 1년 단위로 계산한다.

생장률=(추계 축적-춘계 축적)/춘계 축적×100

1년 주기의 조사값이 없는 경우 현재의 축적에서 성장률을 IRR(내부반환률) 공식을 이용하여 추정할 수 있다.

3. 생장률의 계산

생장률을 구하는 공식은 1. 단리산, 2. 복리산, 3. 프레슬러식, 4. 슈나이더식이 있다. 슈나이더가 제안한 식은 나무의 흉고직경을 측정한 결과를 정리하여 식을 제안한 것이어서 과거의 측정값이 없어도 쉽게 생장률을 계산할 수 있는 장점이 있다.

1) 단리산 생장률={(현재 축적-과거 축적)/(과거 축적)}×100

2) 복리산 생장률= $\left(\sqrt[\text{경과기간}]{\text{현재축적} / \text{과거축적}} - 1\right) \times 100$

3) 프레슬러 성장률= $\dfrac{\text{기말 재적} - \text{기초 재적}}{\text{기말 재적} + \text{기초 재적}} \times \dfrac{200}{\text{경과시간}}$

4) 슈나이더 생장률= $\dfrac{\text{상수 } K}{\text{연륜수 } n \times \text{흉고직경 } D}$

- 상수값=수피 벗긴 흉고직경 30cm 미만 550, 30cm 이상 500

- 연륜 수는 목편 바깥쪽부터 1cm 안에 있는 나이테 수, 당해 자란 부분 제외
- 당해 자란 부분을 제외하는 이유는, 당연히 생장률은 기초 축적기준이기 때문

4. 생장량

1) 연년생장량

1년 동안에 늘어난 나무의 재적이다.

연년 생장량=추계축적-춘계축적

2) 평균생장량

- 특정한 기간 동안 늘어난 나무의 재적이다.
- 윤벌기 동안 늘어난 1년 평균 생장량
  평균생장량=(기간 말 축적-기간 초 축적)/기간

3) 정기평균생장량

- 특정한 기간 동안 1년 평균 늘어난 나무의 재적이다.
- 윤벌기를 몇 개의 분기로 나누거나 영계로 나누었을 때 그 분기나 영계의 기간 동안 늘어난 1년 평균 생장량
  정기평균생장량=(기간 말 축적-기간 초 축적)/특정한 기간[년]

5. 산림생장의 구성요소

(가) 생장량은 살아 있는 현존 임목에 의하여 이루어지지만, 각 임목생장량의 합계가 임분 전체의 생장량을 나타내지는 않는다.

(나) 일부 유령목은 조사대상 크기로 생장하기도 한다.

(다) 진계생장량(ingrowth)은 산림조사기간 동안 측정할 수 있는 크기로 생장한 새로운 임목들의 재적을 말하고, 고사량(mortality)은 산림조사기간 동안 고사하는 측정 가능 임목들의 재적에 해당한다.

(라) 벌채량(cut)은 측정기간 동안 벌채되는 임목재적을 말한다.

(마) 임분의 구성인자들은 상징적으로 아래와 같이 나타낼 수 있다.

㉠ V1 : 측정 초기의 생존 입목의 재적

㉡ V2 : 측정 말기의 생존 입목의 재적

㉢ M : 측정기간 동안의 고사량

㉣ C : 측정기간 동안의 벌채량

㉤ I : 측정기간 동안의 진계생장량

기출문제 40년생 낙엽송의 재적이 $290m^3$인 임분이 35년생일 때는 $215m^3$이었다면 이 임분의 생장률을 구하시오.

모범답안

$$\frac{(290-215)/5}{215}\times 100=6.9767 ≒ 6.98[\%]$$

∴ 6.98%

기출문제 다음 표에서 제시하는 각 나무의 연륜수는 생장추를 이용하여 수피부분을 제외하고 측정을 한 것이고, 흉고직경은 윤척을 사용하여 측정하였다. 각 나무의 생장률을 구하시오.[4점]

구분	흉고직경	연륜수	풀이과정	생장률	비고
가	24	4			
나	28	3			
다	32	3			
라	36	4			

모범답안

가. $\frac{550}{4\times 24}=5.7291 ≒ 5.73[\%]$

나. $\frac{550}{3\times 28}=6.5476 ≒ 6.55[\%]$

다. $\frac{500}{3\times 32}=5.2083 ≒ 5.21[\%]$

라. $\frac{500}{4\times 36}=3.4722 ≒ 3.47[\%]$

∴ 가. 5.73%　나. 6.55%
　다. 5.21%　라. 3.47%

핵심 05 산림경영계획의 운영과정

경영계획 ⇨ 연차계획 ⇨ 사업예정 ⇨ 사업실행 ⇨ 조사업무

핵심 06 주벌 주요 작업종

1. 모두베기 작업

- 작업급에 속하는 임분을 한꺼번에 벌채하는 작업

- 벌채 이후에는 동령림 조성
- 인공조림과 천연갱신이 잘되는 소나무류의 갱신에 적합한 작업
- 대면적의 모두베기 작업은 산림을 황폐화 한다.
- 황폐의 우려가 있는 산림에서는 소면적의 모두베기 작업을 적용해야 한다.

소면적의 모두베기 작업은 산림 황폐방지에도 도움이 될 뿐만 아니라, 벌채 면적이 작으므로 주변에서 종자가 많이 떨어져 갱신이 확실하다. 또한 소면적의 모두베기 작업은 한번에 많은 자본이 들지 않으므로, 자본이 많지 않을 경우에 적용할 수 있다.

2. 모수작업

- 벌채 시에 종자공급을 위한 모수를 남기고 벌채하는 작업방법
- 모수의 수는 종자가 가벼운 수종일 경우엔 적게 남긴다.
- 키가 작은 수종의 경우에는 모수의 수를 늘려야 한다.

3. 골라베기 작업

- 벌채 대상구역에서 수확대상 나무만 골라서 벌채하는 작업방법
- 산림 전체를 대상으로 하는 전림택벌과 산림을 몇 개 구역으로 나누어 차례로 돌아가면서 실시하는 벌구식 택벌이 있다.
- 골라베기 작업은 임지의 품질이 유지되고, 후계 치수의 보호가 확실하다는 장점이 있지만, 수확목 주변 나무들의 보호라는 점에서 고도의 기술이 요구된다.
- 택벌은 대부분의 음수수종의 갱신에 적합하다.

4. 산벌작업

- 산벌작업은 몇 차례의 벌채를 통하여 임목을 수확하며 동시에 갱신이 이루어지도록 하는 방법이다.
- 예비벌은 성숙 임분에서 일부 나무를 벌채하여 지표면의 유기물이 분해되기 쉽게 하고 남아있는 나무의 결실을 촉진하는 벌채방법이다.
- 하종벌은 예비벌 후 어느 정도 시간이 지난 다음 다시 벌채하여 어린나무가 충분히 자랄 수 있도록 공간을 확보하는 벌채방법이다.
- 후벌은 극히 일부의 나무만 남겨서 밑에서 갱신된 나무가 산목의 보호 아래에서 변화된 환경에 충분히 적응될 수 있도록 여러 번에 걸쳐서 수확하는 벌채방법이다.
- 개벌작업의 단점을 보완하는 것으로써 모수작업에서 남기는 본수가 증가하게 되어 갱신되는 임목을 보호하면 산벌작업이 된다.

5. 왜림작업

- 뿌리나 그루터기에서 나오는 맹아를 기반으로 하고 개벌을 주로 하여 벌채를 하며

갱신되는 산림은 동령림이다.

- 맹아력이 우수한 활엽수에 제한적으로 적용될 수 있으며 벌채 주기가 짧고, 벌채목은 연료재나 펄프재로 사용되는 것이 일반적이다.
- 작업이 간단하고 비용이 적게 들며 벌채 후 갱신이 확실하게 되지만, 반복적으로 왜림작업하게 되면 맹아의 생장이 나빠지고 임지생산력도 떨어지게 된다.
- 맹아력이 왕성한 수종을 대상으로 한다.
- 왜림 작업은 벌기령이 짧기 때문에 자본의 순환은 빠르지만, 지력이 많이 소모되는 단점이 있다.

6. 중림작업

- 상층나무는 일반용재 생산 목적으로 벌채 주기를 길게 하며, 하층나무는 연료재나 소경재를 목적으로 왜림작업으로 갱신하는 것이 중림작업방법이다.
- 상층과 하층에 있는 나무의 종류가 다른 것이 보통이지만, 경우에 따라 같을 수도 있다.
- 임지가 햇빛이나 바람 등 숲 외부의 환경에 노출하지 않으며 각종 재해에 대한 피해가 적고 경관적인 가치가 높다.
- 기술적으로 실행하기 쉽지 않고 상층 임관이 폐쇄되면 하층으로 들어오는 광선이 줄어들게 되어 맹아 발생이 억제되며 왜림작업이 성공하기 어려울 수도 있다.

7. 기타 작업종

죽림, 이단림 등

작업종 선정조건
천연적 요소, 축적관계, 재적관계, 지방적 수요관계, 운반설비 등

- 작업종은 조림부터 수확까지 전체를 아우르는 하나의 시스템 silvicultural system
- 이단림, 중림, 복층림은 목표로 하는 산림의 형태로 볼 수도 있다.
- 주요 작업종[개산택 이모왜죽]

기출문제 사유림경영계획서 작성 시 주벌작업의 작업종을 3가지 쓰고 설명하시오. (3점)

1.
2.
3.

핵심 07 사유림경영계획구 종류

1. 일반경영계획구

사유림의 소유자가 자기 소유의 산림을 단독으로 경영하기 위한 경영계획구

2. 협업경영계획구

서로 인접한 사유림을 2인 이상의 산림소유자가 협업으로 경영하기 위한 경영계획구

3. 기업경영림계획구

기업경영림을 소유한 자가 기업경영림을 경영하기 위한 경영계획구

핵심 08 우리나라 6대 산림기능

1. 산림자원의 조성 및 관리에 관한 법률 시행규칙 제3조

제2장 산림자원의 조성・육성

제1절 지속가능한 산림경영

제3조(산림의 기능별 구분・관리) ① 「산림자원의 조성 및 관리에 관한 법률」(이하 "법"이라 한다) 제8조에 따른 산림의 기능은 다음 각 호와 같이 구분한다.

1. 수원함양림 : 수자원함양과 수질정화를 위하여 필요한 산림
2. 산지재해방지림 : 산사태, 토사유출, 대형산불, 산림병해충 등 각종 산림재해의 방지 및 임지의 보전에 필요한 산림
3. 자연환경보전림 : 생태・문화・역사・경관・학술적 가치의 보전에 필요한 산림
4. 목재생산림 : 생태적 안정을 기반으로 하여 국민경제활동에 필요한 양질의 목재를 지속적・효율적으로 생산・공급할 수 있는 산림
5. 산림휴양림 : 산림휴양 및 휴식공간의 제공을 위하여 필요한 산림
6. 생활환경보전림 : 도시 또는 생활권 주변의 경관 유지, 쾌적한 생활환경의 유지를 위하여 필요한 산림

① 산림을 소유 또는 경영하고 있는 중앙행정기관의 장 및 지방자치단체의 장은 산림의 기능구분 결과를 해당 산림경영계획에 반영하고 그 내용을 기록・관리하여야 한다.

② 제1항에 따른 산림의 기능별 관리지침은 산림청장이 따로 정하고, 산림을 소유 또는 경영하고 있는 중앙행정기관의 장 및 지방자치단체의 장은 그에 따라 소관 산림을 경영하여야 한다.

2. 요약

1. 자연환경보전림 : 생태, 문화, 역사, 경관, 학술적 가치의 보전
2. 생활환경보전림 : 도시생활권 경관 및 쾌적한 생활환경 유지
3. 수원함양림 : 수자원 함양, 수질 정화
4. 산지재해방지림 : 산림재해 방지, 임지의 보전
5. 산림휴양림 : 휴양, 휴식공간의 제공
6. 목재생산림 : 양질의 목재 공급

핵심 09 생활환경보전림과 자연환경보전림

구분	생활환경보전림	자연환경보전림
관리방향	생태적 건전성과 시각적 아름다움 유지·증진	생태계 보전과 생물다양성 증진 및 야생동물서식지 관리
목표산림	• 다층혼효림 • 계단식 다층림	• 다층혼효림 • 지정 목적을 달성할 수 있는 산림
관리대상	도시림, 경관보호구역, 생활환경보호구역, 개발제한구역 등	국립공원, 산림유전자원보호구역, 백두대간 보호지역 등
관리작업	• 경관·생태학적으로 건전한 숲으로 조성·관리 • 계절감을 주는 수종 도입 • 경관성이 강한 지역에 관해서는 강도의 솎아베기를 통해 임내 조망효과 거양 • 도로변 등 가시권은 동절기 녹색의 부족함을 보완하기 위해 상록수 침엽수 보전 • 산벚나무 등 풍치효과가 높은 수종은 존치하고, 주변의 상층목을 조절 • 활엽수림은 침엽수가 30%, 침엽수림은 활엽수가 30% 수준으로 혼효되도록 유도 • 임연부는 초본, 관목, 아교목, 교목순의 계단형 조성·관리 • 미세먼지 저감 기능(흡수, 흡착, 침강)을 최대한 발휘할 수 있는 다중혼효림	• 지정 목적 달성을 위해 필요하다고 인정되는 경우에 작업을 실행하되, 인공림 우선 추진 • 숲의 상태와 천이과정을 고려하여 약도의 솎아베기 실시 • 멸종위기 식물, 희귀식물 출현지역은 별도로 표시·관리 • 고사목은 조류의 서식지역할을 하므로 ha당 5개(흉고직경 25cm 이상) 이상 균일하게 배치 • 산림생물의 서식지관리 차원에서 벌채부산물의 10% 정도 임내에 존치하고, 도복목도 ha당 5개 이상 존치 • 임연부는 약 30m 정도로 설정하고, 간벌강도 차등화 • 생태적 민감도가 높은 지역은 실시설계 시 식생조사 실시

핵심 10 수원함양림과 산지재해방지림

구분	수원함양림	산지재해방지림
관리방향	수원함양기능 고도 발휘	생태적으로 건강하고 재해에 강한 숲으로 구조 개선
목표산림	다층혼효림	• 다층혼효림 • 내화수림대가 포함된 다층림
관리대상	수원함양보호구역, 상수원보호구역, 댐유역 산림 등	재해방지보호구역, 산사태 취약지역 등
관리작업	• 솎아베기 ⇨ 임내유입 강우량 증가 • 토양구조 개선 ⇨ 토양내수분 저류 • 수관울폐도 50~80% 유지 • 수변부 기계톱 작업 시 바이오오일 사용 • 유역완결원칙 적용 • 상부구역, 계안구역, 계류구역을 구분하여 차별화된 숲 가꾸기 • 상부구역 : 급경사는 벌채높이 30~50cm 유지 • 계안구역 : 중장비 제한, 임지에 지조물과 낙엽더미를 잔존시켜 침식 최소화 • 계류구역 : 계류보전사업 등 사방사업 실시	• 사방지 등 토사유출이 우려되는 산림은 사방기능 제고를 위한 경우를 제외하고는 숲 가꾸기 미실시 • 뿌리 발달과 하층식생의 생육촉진을 위해 Ⅲ영급 이상의 산림에 솎아베기 실시 • 숲의 활력이 회복될 때까지 약도의 솎아베기를 5년 이상의 간격으로 여러 차례 실시 • 장기적으로 뿌리 발달이 좋은 혼효림으로 전환 • 대형산불에 취약한 소나무 등 침엽수 단순림은 혼효림으로 유도하여 내화수림대 조성 • 자연발생 활엽수가 부족할 경우, 하층에 활엽수 심음 • 산불예방을 위하여 가지치기 강화

핵심 11 산림휴양림

1. 관리방향

산림의 휴양·체험적 가치 및 치유기능을 최적 발휘

2. 목표산림

- 다층혼효림
- 지역특성에 맞는 다층림

3. 관리대상

자연휴양림, 치유의 숲, 산림욕장

4. 관리작업

- 산림내 투광량을 증가시켜 휴양객의 활력과 생기 부여
- 숲길 내 주요경관 포인트지역에 방해물 제거
- 단풍나무, 붉나무, 복자기 등 시각적으로 아름다운 경관수종 육성
- 열식간벌 등 기계적 솎아베기는 금지하고, 형질불량목, 경관저해목 등을 우선 제거하는 선택적 간벌방식 적용
- 폭포, 바위, 연못 등 휴양자원이 있는 경우 주변 경관에 조화되는 나무를 선정하여 조경개념의 수형조절 가지치기 실시
- 공한지에는 편백, 잣나무 등 피톤치드가 다량 방출되는 수종 심음

핵심 12 산림의 수자원함양기능

1. 홍수조절기능

- 강우 시 홍수유량 경감
- 물이 흘러내리는 양을 줄여 줌

2. 갈수완화기능

- 갈수 시 하천유량 유지
- 계곡의 물이 마르지 않게 함

3. 수질정화기능

- 각종 오염물질을 흡수
- 계곡의 물이 맑게 해 줌

핵심 13 지위지수를 사정하는 방법

1. 지위지수를 나타내는 방법

가. 지위지수에 의한 방법

- 지위를 수치적으로 평가하기 위해 일정한 기준 임령에서 우세목의 평균 수고로 지위를 분류하여 지수화한 것
- 종류 : 지위지수 분류곡선에 의한 방법, 지위지수 분류표에 의한 방법

나. 지표식물에 의한 방법

지표식물 또는 지표종에 의거하여 생육상황을 이용하여 지위를 분류하는 방법으로, 기후가 한랭하여 지표식물의 종류가 적은 곳에서 적용한다.

다. 환경인자에 의한 방법

무립목지, 치수지 등의 임지에 대한 평가방법으로, 환경인자에 의한 지위지수 판정기준표에 의거 각 인자에 해당하는 점수를 합계한 값이 임지의 지위지수다.

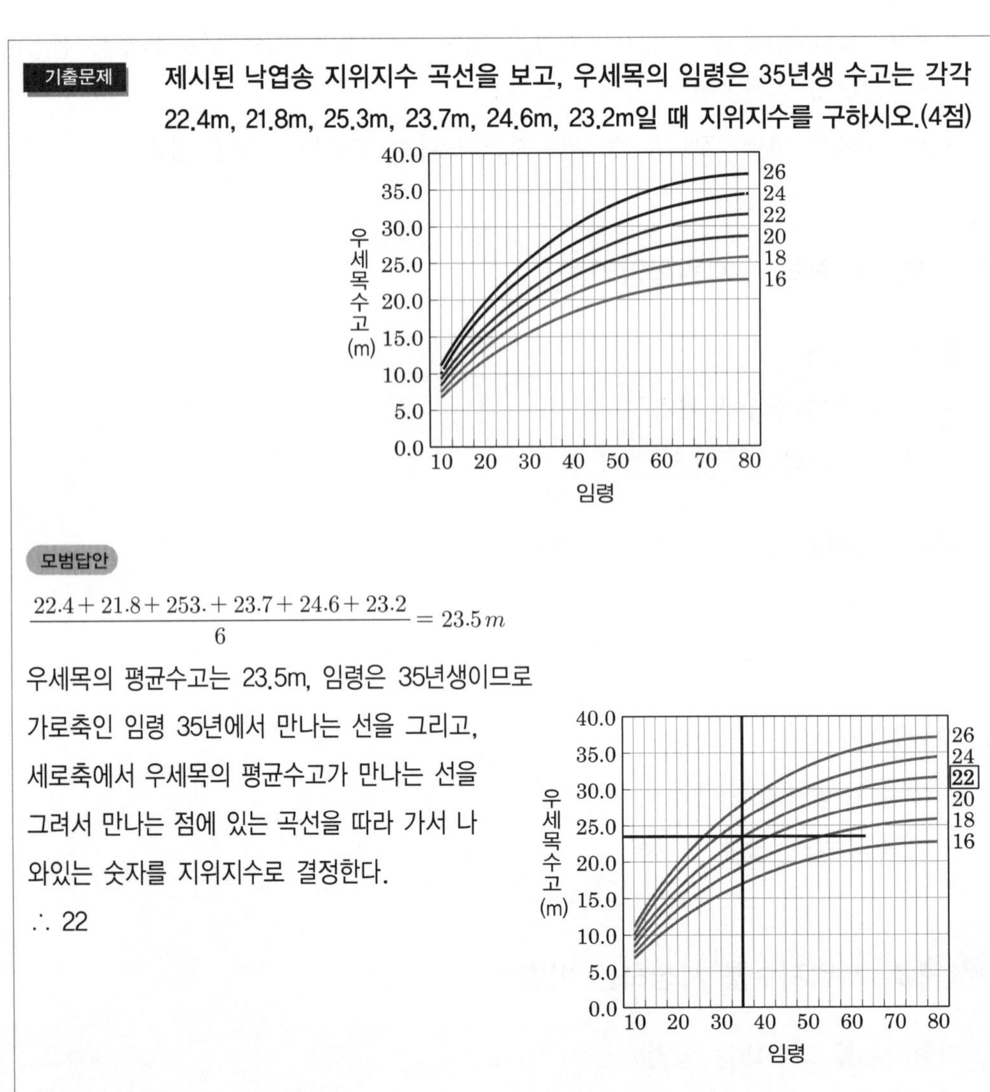

기출문제 **제시된 낙엽송 지위지수 곡선을 보고, 우세목의 임령은 35년생 수고는 각각 22.4m, 21.8m, 25.3m, 23.7m, 24.6m, 23.2m일 때 지위지수를 구하시오.(4점)**

모범답안

$$\frac{22.4+21.8+253.+23.7+24.6+23.2}{6}=23.5m$$

우세목의 평균수고는 23.5m, 임령은 35년생이므로 가로축인 임령 35년에서 만나는 선을 그리고, 세로축에서 우세목의 평균수고가 만나는 선을 그려서 만나는 점에 있는 곡선을 따라 가서 나와있는 숫자를 지위지수로 결정한다.

∴ 22

간접측정방법과 반드시 구분합니다.

2. 지위지수를 사정하는 방법

1. 지위지수에 의한 방법

   우세목의 평균수고와 영급곡선표로 지위지수 사정

2. 환경인자에 의한 방법

   환경인자가 지위에 영향을 주는 요인으로 지위지수 사정

3. 재적에 의한 방법

   해당임분의 단위면적당 재적으로 지위지수 사정

4. 수고에 의한 방법

   우세목의 평균수고로 지위지수 사정

5. 지표식물에 의한 방법

   우점하는 지표식생의 종류에 의해 지위지수 사정

   ⁘ [지환재수식] 지환이는 경건하게 재수도 식을 올리고 한다.

3. 지위지수를 결정하는 방법 [산림측정학]

1. 직접측정법

   우세목과 준우세목의 수고와 영급으로 평균지위지수곡선을 그려서 결정하는 방법

2. 간접추정법

   수고 이외의 지위인자에 의하여 평가하는 방법

⁘ 질문은 비슷하지만, 글자 몇 자에 따라서 전혀 다른 답을 써야 하는 경우가 있습니다. 이 경우 최대한 두 가지를 다 병행해서 쓰는 것이 좋습니다.

기출문제 **지위지수를 나타내는 방법에 관해 쓰고 설명하시오.(3점)**

1.

2.

3.

핵심 14 간접 지위지수 측정방법

1. 입지환경인자에 의한 방법
2. 토양단면인자에 의한 방법
3. 지표식물에 의한 방법

기출문제 간접 지위지수 측정방법을 쓰고 설명하시오.(3점)
1.
2.
3.

핵심 15 선형계획 모형의 전제 조건

선형계획의 전제 조건을 쓰고 설 명하시오.

∴ 일차함수의 해를 구하는 방법을 일차함수의 그래프 x축과 y축에 그리고, 그림을 설명하듯이 이해하시면 쉽습니다.

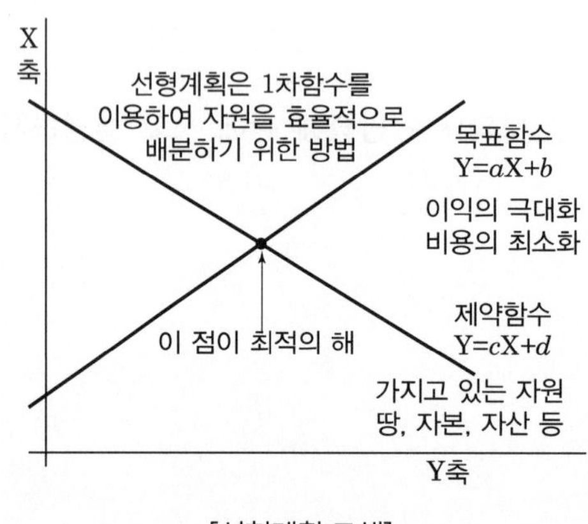

[선형계획 도해]

1. 비례성 : 일차함수니까 X의 값에 따라 Y가 정비례 또는 반비례한다.
2. 비부성 : 가지고 있는 자원을 부의 값으로 가질 수 없다.
3. 부가성 : 자원을 배분하더라도 전체 총량을 넘을 수 없다. 바꾸어서 배분된 자원을 합하면 전체 총량이 나온다.

4. 분할성 : 자원은 분할이 가능함
5. 선형성 : 그래프에서 도해된 함수들은 모두 직선모양
6. 제한성 : 자원을 무제한 사용할 수 있는지 확인한다. 가지고 있는 한도 내에서 결정해야 한다.
7. 확정성 : 선형계획을 할 때 사용하는 변수들은 모두 확정적으로 고정된 값들을 사용해야 한다. 변수들이 고정되어 있다는 전제하에 해답을 얻는 것이다.

이런 수학의 쉬운 개념들을 산림경영에 적용하면 아래와 같이 설명할 수 있다.

1) 비례성 : 선형계획모형에서 작용성과 이용량은 항상 활동수준에 비례하도록 요구된다. 선형계획모형의 이러한 특성은 '비례성 전제'라고 하는 표현으로 알려져 있다.
2) 비부성 : 의사결정변수 X1, X2 ... Xn은 어떠한 경우에도 음(-)의 값을 나타내서는 안 된다.
3) 부가성 : 두 가지 이상의 활동이 동시에 고려되어야 한다면 전체 생산량은 개개 생산량의 합계와 일치해야 한다. 즉, 개개의 활동 사이에 어떠한 변환작용도 일어날 수 없다는 것을 의미한다.
4) 분할성 : 모든 생산물과 생산수단은 분할이 가능해야 한다. 즉, 의사결정변수가 정수는 물론 소수의 값도 가질 수 있다는 것을 의미한다.
5) 선형성 : 선형계획모형에서는 모형을 구성하는 모든 변수들의 관계가 수학적으로 선형함수(linear function)이다. 즉, 일차함수로 표시되어야 한다. 그러므로 목적함수와 모든 제약조건들은 일차함수로 표시되어야 한다.
6) 제한성 : 선형계획모형에서 모형을 구성하는 활동의 수와 생산방법은 제한이 있어야 한다. 그래서 제한된 자원량이 선형계획모형에서 제약조건으로 표시되며, 목적함수가 취할 수 있는 의사결정변수 값의 범위가 제한된다.
7) 확정성 : 선형계획모형에서 사용되는 모든 매개변수(목적함수와 제약조건의 계계수)들의 값이 확정적(deterministic)으로 일정한 값을 가져야 한다는 것을 의미한다. 즉, 이것은 선형계획법에서 사용되는 문제의 상황이 변하지 않는 정적인 상태(static state)에 있다고 가정하기 때문이다.

⁘ [비비부분 선제확] 머릿글따기

핵심 16 공·사유림 경영계획도의 지형축척

1 : 5,000 또는 1 : 6,000

- 건물배치 1 : 300 정도
- 노선 설정 1 : 25,000
- 임도 평면도 1 : 1,200
- 임도 종단도 1 : 200, 1 : 1,000
- 임도 횡단도 1 : 100
- 임도 구조물도 : 중요도에 따라 현척(1 : 1)~축척(1 : 50 또는 필요에 따라 조정)

핵심 17 경영계획서의 기본조사 중 산림소유자 조사사항

기출문제 산림경영계획서상 산림소유자에 대한 기재사항을 3가지 쓰시오.

모범답안

성명, 주민등록번호, 주소

핵심 18 산림계획의 수립에 따른 주체

- 산림계획은 산림경영계획과 지역산림계획, 양대 체계
- 지역 산림계획은 국가 - 광역지자체 - 기초자치단체의 위계
- 산림경영계획은 경영계획의 주체가 수립

※ 산림경영학 책의 도표는 정리가 잘못된 것으로 보입니다. 사실 약간 헷갈릴 수 있습니다. 아래의 표는 산림경영계획서 작성요령(2007년)에 실려 있는 도표입니다.

산림경영계획 작성 체계

- 산림기본계획은 20년 단위, 산림경영계획은 10년 단위 계획이다.

⊙ 작성 체계도

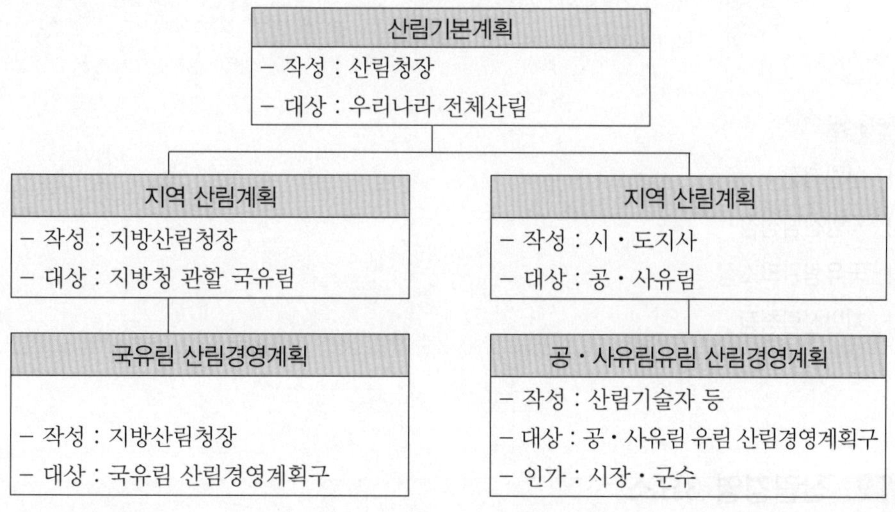

1. 산림경영계획

- 산림청
- 전국토 - 산림기본계획구 - 지역산림계획구

  산림기본계획 ⇨ 지역산림계획

  (산림청장) (지방산림청장) (국유림관리소장)

  산림기본계획 ⇨ 지역산림계획

  (산림청장) (시, 도지사) (시장군수)
- 전국토 - 산림기본계획구 -지역산림계획구

2. 국유림종합계획

- 산림청 - 지방산림청 - 국유림관리소

×전국 국유림관리소가 관리하는 국유림 대상

- 대상 경영계획구

기출문제 다음의 산림계획을 수립하는 주체를 쓰시오.(4점)

가. 산림기본계획 : (㉮)
나. 지역산림계획
- 국유림 : (㉯)
- 사유림 : 광역자치단체장(시장, 도지사), 기초자치단체장(시장, 군수, 구청장)

다. 국유림종합계획 : (㉰)
라. 국유림경영계획 : (㉱)
마. 사유림경영계획 : 소유자, 관리자

모범답안

가. 산림청장
나. 지방산림청장
다. 국유림관리소장
라. 지방산림청장

핵심 19 산림경영 3요소

| 노동, 토지, 자본

산림경영을 위해서는 인적자원이다. 즉, 노동이 필요하다. 산림경영학이 아닌 일반 경영학에서는 이것을 인사관리라는 과목으로 따로 배우게 된다. 또한 산림경영을 위해서는 돈이 필요하다. 이렇게 사업에 필요한 돈을 자본이라고 한다. 자본의 조달은 어떻게 할 것인지, 이렇게 조달한 자본을 어떻게 사용하여야 할 것인가를 일반 경영학에서는 재무관리라는 과목으로 따로 배우게 된다. 또한 산림경영을 위해서는 나무를 키워 목재로 만들기 위한 땅이 반드시 필요하다. 땅을 한자어로 표시하면 토지가 된다. 경영학에서는 이 세 가지를 경영의 3요소로 불렀고, 이후에 약간씩 변형하여 부르고는 있지만, 이 3가지가 기본이다.

핵심 20 산림경영 지도원칙

1. 경제원칙

1) 공공성의 원칙
   국민 복리 증진, 후생 증진
2) 수익성의 원칙
   수익/자본, 수익/비용
3) 경제성의 원칙
   최소 비용, 최대효과
4) 생산성의 원칙
   생산량/생산요소 투입량

2. 복지원칙

1) 합자연성의 원칙
   - 자연법칙을 존중하는 산림경영
   - 경제원칙과 보속원칙을 달성하기 위한 기초적 지도원칙
2) 환경보전의 원칙
   - 환경자원을 보전하는 산림경영
   - 국토 보안, 수원 함양, 야생조수 보호 등

3. 보속성의 원칙

1) 목재수확균등의 보속
   - 산림에서 매년 같은 재적의 목재를 수확
   - Hundeshagen, Mantel, Heyer 등의 법정림 사상
   - 목재공급의 보속
2) 목재생산의 보속
   - 임지의 생산력을 최고로 유지
   - 토지순수확설의 영향으로 탄생한 개념
   - 지력을 유지하면서 목재생산을 지속적으로 실현
   - Judeich, Charolwits 등

기출문제 **목재가 부족한 우리나라에서 가장 중요시할 만한 산림경영의 지도원칙을 쓰시오.(3점)**

모범답안

생산성의 원칙 : 단위면적당 평균적으로 가장 많은 목재를 생산할 수 있도록 경영하는 원칙

기출문제 **다음의 산림경영지도원칙을 설명하시오.(3점)**

가. 목재생산의 보속
나. 목재생산력의 보속
다. 합자연성의 원칙

모범답안

가. 목재를 최대로 보속 생산하는 것

나. 임지의 생산력을 최대가 되도록 하는 것

다. 자연법칙을 존중하여 산림을 경영하는 것

핵심 21 임업이율 특징

1. 대부이자가 아니고 자본이자이다.
2. 현실이율이 아니고 평정이율이다.
3. 실질적 이율이 아닌 명목적 이율이다.
4. 장기이율이다.

임업 이율의 특징

1. 임업 이율의 성격

가. 대부이자가 아니고, 자본이자이다.

- 타인자본인 부채가 아니고 자기자본에 대한 이율이다.
- 이자는 자본사용의 대가이므로 자본의 가격이라고 한다.
- 임업이율은 산림이라는 실물을 자본으로 하므로 자본이자이다.
- 이자를 화폐자금의 사용대가라고 보면 대부이자이다.

나. 현실이율이 아니고, 평정이율이다.

- 사업이율의 평정기준으로 쓰이는 이율이다.
- 임업의 이율을 현실이율을 그대로 쓰는 것이 아니라 계산(평정)해야 나온다.
- 명목적 이율 r, 일반물가등귀율 S, 실질적 이율 P
- $(1+r)=(1+P)\times(1+S)=1+P+S+PS$

  PS는 생략해도 좋을 만큼 작으므로 $1+r≒1+P+S$

  $r≒P+S$

다. 실질이율이 아니고, 명목이율이다.

- 실질이율은 실제로 거두어들이는 이자율
- 이자는 여러 번 받게 되더라도 연이율은 정해져 있으니 명목이다.
- $P(\%)=r(\%)-S(\%)$

라. 임업이율은 장기이율이다.

- 1년 미만의 기한부 이율을 단기이율이라고 하고, 1년 이상 수십 년을 기한으로 하는 연이율을 장기이율이라고 한다.
- 임업은 생산에 장기간이 소요되기 때문에 재해발생의 위험성이 존재한다.
- 이 때문에 보험료 해당분만큼 이자가 비싸지게 되는데, 이 때문에 보통이자 보다 낮게 평정해야 한다.

2. 임업이율이 저리가 되어야 하는 이유

가. 재적 및 금원수확의 증가와 산림재산가치의 등귀

나. 산림 소유의 안정성

다. 산림 재산 및 임료수입(賃料收入)의 유동성

라. 산림 관리, 경영의 간편성

마. 생산기간의 장기성

바. 경제발전에 따른 이율 저하

사. 기호 및 간접 이익의 관점에서 나타나는 산림소유에 대한 개인적 가치평가

평정이율 = 명목이율 = 계산이율

이자와 자본액 중에서 어느 하나가 불분명할 때 추정에 의하여 정해지는 이율
자본인 임목의 축적은 확실하지만, 이자에 해당하는 생장량이 불확실하므로 명목이율에 해당한다.

3. 산림평가에서 임업이율의 역할

가. 과거의 수입이나 지출을 현재가로 환산한다.

나. 장래에 예측되는 수익을 현재가로 환원한다.

다. 이자와 이율을 알고 있으면 자본액을 추정할 수 있다.

라. 자본과 이율을 알고 있으면 이자액을 산정할 수 있다.

마. 사업의 수익률을 이율과 비교하여 판단한다.

바. 그 사업의 수익성을 판단한다.

핵심 22 입목수확기간

1. 윤벌기

- 개벌 전제
- 임목이 정상적으로 생육하여 벌채할 때까지 필요로 하는 기간을 산림경영개념으로 택한 것
- 보속작업에 있어서, 작업급에 속하는 전체 산림을 일순벌하는 데 필요로 하는 기간 작업급에 관하여 성립하는 기간개념

2. 벌기령

임분이 처음 성립하여 성장하는 과정에 있어서 어느 성숙기에 도달하는 계획상의 연수

① 법정벌기령

- 벌기령과 벌채령이 일치할 때

② 불법정벌기령

- 벌기령과 벌채령이 일치하지 않을 때

③ 벌채령

- 임목이 실제로 벌채되는 연령

④ 회귀년

- 택벌된 벌구가 또다시 택벌될 때까지의 기간(벌구식 택벌)

⑤ 정리기=갱정기

- 불법정인 영급관계를 법정인 영급으로 정리 및 개량하는 기간(개벌)

⑥ 갱신기

- 산벌작업의 예비벌에서 후벌을 끝낼 때까지의 기간(산벌)

윤벌기와 벌기령의 차이

1) 윤벌기는 작업급에 성립하는 개념이지만, 벌기령은 임분 또는 수목에 있어서 성립하는 개념이다.
2) 윤벌기는 기간개념이고, 벌기령은 연령개념이다.
3) 윤벌기는 작업급을 일순벌하는 데 필요로 하는 기간이며, 반드시 임목의 생산기간과 일치하지는 않지만, 벌기령은 임목 그 자체의 생산기간을 나타내는 예상적 연령 개념이다.

기출문제 **벌기령이 40년, 갱신기가 2년일 때의 윤벌기를 계산하시오.(1998년)**

모범답안

윤벌기 = 윤벌령 + 갱신기
= 40 + 2 = 42년

※ 윤벌령
- 한 작업급의 평균 벌기령
- 대면적의 산림의 경우 임분에 따라 지위가 다르고 임분별 벌기령이 달라서 임분별 벌기령이 달라지는데, 이때 평균 벌기령을 의미

기출문제 **윤벌기에 대하여 설명하시오.(2000년)**

모범답안

보속작업에 있어서 한 작업급에 속하는 모든 임분을 일순벌 하는데 필요로 하는 기간
윤벌기(R) = 윤벌령(R_a) + 갱신기간(r)

핵심 23 수종별 벌기령

포플러의 벌기령은 가장 짧다. 국유림과 공유림, 사유림 모두 3년 이상이다.
또한 벌기령은 "산림자원의 조성 및 관리에 의한 법"에서는 벌채의 제한 연령이고, 산림경영학에서는 "산림 경영계획상의 연수"이다.

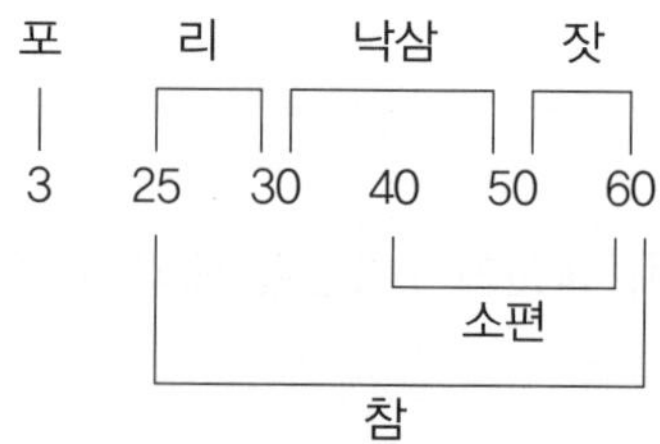

⁘ 일단 소리 내 읽어봅니다. [포리낙삼잣 소편참] 그리고 순서대로 숫자를 적어봅니다. 3, 25, 30, 40, 50, 60선을 차례대로 연결하면서 "포리낙삼잣 소편참"을 확인하면 암기가 어렵지 않습니다.

- 위의 그림에서 막대기가 긴 쪽은 국유림, 짧은 쪽은 공유림과 사유림이다. 예를 들면 리기다는 공유림과 사유림 25년 이상에서 벌채할 수 있으며, 국유림은 30년 이상 되어야 벌채할 수 있다.
- 온대지방의 속성수인 낙엽송과 삼나무는 벌기령이 30~50년으로 가장 짧다.
- 또한 소편으로써 놓은 것은 소나무, 편백이며 기타 벌기령을 정하지 않은 활엽수와 침엽수는 모두 40~60년이다.
- 참나무는 벌기령의 편차가 가장 큰 25~60년이며, 잣나무의 경우는 가장 긴 50~60년이다.

기출문제 **사유림에서 아래 수종의 벌기령을 쓰시오.(2점)**

가. 낙엽송 :　　　년
나. 삼나무 :　　　년
다. 참나무 :　　　년
라. 포플러 :　　　년

모범답안

가. 30
나. 30
다. 25
라. 3

- 산림경영학에서 벌기령은 산림경영의 목적을 달성할 수 있는 나무의 생장기간이다. 예를 들면 표고자목의 경우는 15~20년생을 사용하고, 바이오매스를 생산하기 위한 포플러의 경우는 3년이면 수확하여 사용한다. 또한 기둥용 목재는 80년 이상 키운 소나무를 사용한다. 이렇게, 경영목적에 따라 생산하려는 목재가 달라지기 때문에 벌기령도 달라진다.
- 또한 "산림자원 조성 및 관리에 관한 법률"에서도 벌기령을 정하고 있는데, 이때 벌기령은 벌채가 가능한 연령의 하한선이다.

이 벌기령 아래에서는 개인소유의 숲일지라도 수확하면 안 되는 것이다. 우리법은 나무의 종류별로 정하고 있다.

핵심 24 벌기령의 종류

1. 생리적 벌기령
2. 공예적 벌기령
3. 재적수확 최대의 벌기령
4. 화폐수익 최대의 벌기령
5. 산림순수익 최대의 벌기령
7. 토지순수익 최대의 벌기령
8. 수익률 최대의 벌기령

벌기령의 개념

- age of maturity, final age
- 어느 성숙기에 도달하는 계획상의 연수
- 임분이 처음 성립하여 생장하는 과정에 있어서 어느 성숙기에 도달하는 계획상의 연수를 말한다.
- 경영목적에 따라 미리 정해지는 연령
- 경영상 가장 적합한 벌채연령
- 벌기령은 경영목적뿐만 아니라 경영사정과 생산요소 등 여러 요인에 따라 달리 정할 수 있다.
- 벌기령은 산림의 자연적·경제적 요소를 고려하여 가장 유리한 때가 벌채연령이 되도록 해야 한다.
- 벌기령은 임업경영의 목적을 만족시킬 수 있는 벌기령 결정방법을 택하여 정한다.

벌기령의 종류

① 조림적 벌기령

- silvicultural rotation
- 자연적 벌기령 또는 생리적 벌기령
- 산림 자체를 가장 왕성하게 육성하고 유지하는 것
- 조림학적·병충학적 및 생리학적인 점들을 고려하여 벌기령을 결정

② 공예적 벌기령

- technical final age
- 임목이 일정한 용도에 적합한 크기의 용재를 생산하는 데 필요한 연령
- 예를 들면 표고버섯 자목, 펄프채 및 신탄재 생산 등과 같이 용도에 따라 형상이나 규격에 알맞은 때를 기준으로 정한다.
- 신탄재의 경우 흉고직경 10~15cm에 도달하면 사용에 적합하다.
- 그 수종과 지위에 해당하는 수확표에서 흉고직경 10~15cm에 대한 연령을 찾게 되면, 해당 연령이 공예적 벌기령이 된다.
- 이때 채택된 공예적 벌기령이 최대의 화폐수익과 일치하면 가장 이상적인 벌기령이 된다.

③ 재적수확최대 벌기령

- rotation of the highest production in volume
- 단위면적에서 수확되는 목재생산량이 최대가 되는 때를 벌기령으로 정하는 것
- 결국은 벌기평균생장량이 최대인 때를 벌기령으로 정하는 방법이다.
- 이 벌기령은 각 연령에 대한 총평균생장량을 비교함으로써 정할 수 있다.
- 예를 들면, 벌기 30년, 40년, 50년에 대해 각각 주임목의 주벌재적이 250, 300, 350으로 예상된다면 250/30, 300/40, 350/50으로 계산한 값은 각 벌기령에 대한 총평균 생장량이다.

  이 값을 계산하면 각각 8.33, 7.50, 7.00이 나오게 되므로 벌기령은 30년으로 정하게 된다.
- 간벌수확을 계산에 포함시킬 때는 그 연령까지 부임목의 재적을 합친 총 재적수확의 평균생장량이 최고인 연령으로 결정한다.

④ 화폐수익 최대 벌기령

- rotation of maximum gross money yield

- 일정한 면적에서 매년 평균적으로 최대의 화폐수익을 올릴 수 있는 연령을 벌기령으로 정하는 것이다.
- $\frac{\text{주벌조수익 + 간벌조수익의 누계}}{\text{벌기령}}$가 최대가 될 때의 벌기령이다.
- 재적수확최대의 벌기령에서 벌기수확의 판매로 예상되는 수익이 최대가 되면 화폐수익 최대의 벌기령이 된다.
- 이 벌기령은 경제 변동이 심한 오늘날에는 실제로 사용하기가 어렵다.
- 주벌수입과 간벌수입에는 수입의 시점이 크게 다른데도 수입만 합계하고 자본과 이자에 대한 계산하지 않는 점은 이 벌기령의 큰 결점이다.
- 또한, 조수익의 다소만을 생각하고 사용경비에 대한 지출은 전혀 고려하지 않고 있기 때문에 일반 경제원칙에서는 맞지 않는 벌기령이다.

⑤ 산림순수익 최대 벌기령

- rotation of maximum forest rent
- 산림의 총수익에서 일체의 경비를 공제한 것이 산림순수익이다.
- 산림순수익이 최대가 되는 연령을 산림순수익 최대 벌기령이라고 한다.
- 이 벌기령은 산림순수익설에 의하여 이루어진다.
- $\frac{\text{주벌수익 + 간벌수익의 합계 −(조림비 + 벌기령} \times \text{관리비)}}{\text{벌기령}}$
- 앞의 식은 경제원칙에서 볼 때 시차를 고려하지 않아 조림비와 관리비에 대한 이자 및 자본과 이에 대한 이자를 계산하지 않은 것이 단점이다.
- 수익성은 원래 자본금액을 고려하여 산정하는 것인데, 위의 식은 자본이 반영되어 있지 않아 이 벌기령을 근거로 수익성을 말할 수 없다.
- 자본의 유지라는 면에서는 대규모의 보속경영을 하는 산림에서 산림 전체의 축적을 항상 기본재고량으로 유지하여야 하는 국유림이나 공유림과 같은 공공산림에 적용할 수 있는 벌기령이다.

⑥ 토지순수익 최대 벌기령

- rotation of maximum soil rent
- 수확의 수입시기에 따르는 이자를 계산한 총수입에서 이에 대한 조림비 관리비 및 이자액을 공제한 토지순수입의 자본가가 최고가 되는 때에 벌채를 하게 되면 이것이 토지순수익 최대의 벌기령이 된다.
- 토지기망가(soil expectation value)를 최대로 하는 벌기령으로 정하는 것이다.

$$\frac{Au + Da1.0P^{u-a} + Db1.0P^{u-b} + \cdots + Dq1.0P^{u-q} - c1.0P^{u}}{1.0P^{u} - 1} - V$$

B_u : u 년 때의 토지기망가, A_u : 주벌수입, $D_a 1.0P^{u-a}$: a년도 간벌수입의 u년 때의 후가
u : 윤벌기, C : 조림비, P : 이율, V : 관리자본

- 위의 식은 토지기망가를 계산하는 공식이다.
- 위의 식에 u를 여러 가지로 변경하여 이에 대응하는 각종 계산인자를 대입하여 식의 값이 최고가 되는가를 보아 결정하면 된다.
- 토지기망가식에 있어서 벌기령은 그 계산인자의 변동에 따라 크게 영향을 받는다는 것이 단점이다.
- 벌기령 계산인자 중 다른 요소는 일정하다고 가정할 경우 그중 어떤 요소가 변화됨에 따라 벌기령에 미치는 영향을 들어 보면 다음과 같다.
  - ㉠ 이율(P) : 이율이 높을수록 벌기령이 짧아진다.
  - ㉡ 주벌수입(Au) : 소경목에 비하여 대경목의 단가가 높을수록 벌기령이 길어지고, 이에 반하여 소경목과 대경목의 단가 차이가 작을 때는 벌기령이 짧아진다.
  - ㉢ 간벌수입(ΣD) : 간벌량이 많고 간벌 시기가 빠를수록 벌기가 짧아진다.
  - ㉣ 조림비(C) : 조림비가 적을수록 벌기령이 짧아지지만, 이의 영향은 극히 적다.
  - ㉤ 관리자본(V) : 벌기령의 장단과 무관하다(기망가의 크기는 작아진다).

⑦ 수익률최대 벌기령

- 수익률은 순수익의 생산자본에 대한 비율을 말한다.
- 수익률이 최대가 되는 시기에 벌채를 계획하게 되면 이것이 수익률최대벌기령이 된다.
- 수익률(%) $= \frac{\text{수익} - \text{비용}}{\text{생산자본}} \times 100$
- 수익=주벌수익+간벌수익의 합계
- 비용=조림비+관리비×벌기령
- 생산자본=벌채·운반비×벌기령+지가에 대한 이자
- 이 벌기령은 토지순수익 최대의 벌기령 계산이 P의 예정치에 따라 다르고 또한 최고로 되는 시기도 틀리게 되므로 미리 P를 정할 수 없다는 결함을 지적하여 이를 시정하기 위해 P는 사업의 결과로서 정해지는 것이 이론적으로 정당하다는 데서 출발하고 있다.

기출문제 공예적 벌기령에 관해 쓰시오.(2001년)

모범답안

입목을 표고버섯자목, 신탄재, 펄프재 등 일정한 용도에 적합한 크기의 용재로 생산하는 데 필요한 연령을 기준으로 하여 결정되는 벌기령

핵심 25 법정림 정의

재적수확의 보속을 실현할 수 있는 내용과 조건을 완전히 구비한 산림, 또는 보속적으로 작업을 할 수 있는 산림이다.

⁘ 법정림의 내용은 실질적으로 매년 일정한 양의 목재를 수확할 수 있는 숲이고, 법정림의 조건은 축생영분(법정축적, 법정생장량, 영급분배, 임분배치)입니다.

핵심 26 법정림의 4가지 조건

1. 법정축적

법정영급분배가 이루어진 산림이 생장상태가 법정일 때 작업급 전체의 축적은 법정축적과 같아야 한다.

2. 법정생장량

법정임분의 벌기재적은 연간 생장량과 같아야 한다.

3. 법정영급분배

- 1년생부터 벌기까지 각 영계의 임분을 구비하고, 각 영계의 임분면적이 동일해야 한다.
- 택벌의 경우 전체 임분에 임목이 고르게 배치되어있어야 한다.

⁘ 말은 법정영급분배지만, 영급단위로 임분을 나눈 것이 아니고 영계이다. 즉, 전체 벌기를 몇 개의 분기로 나눈(평분법의 개념) 것을 사용한다는 데 유의하셔야 합니다.

4. 법정임분배치

벌채와 운반과정에서 산림의 이용, 보호와 갱신에 지장을 주지 않도록 각 작업급이 배치되어 있어야 한다.

핵심 27 법정상태 구비조건

법정영급분배, 법정임분배치, 법정생장량, 법정축적

※ 법정영급면적=산림면적/윤벌기[ha]×영계수

※ 영급수=산림면적/법정영급면적[개]

기출문제 작업급 면적이 1,200ha, 윤벌기 60년, 영계수 2일 때 법정영급면적 및 영급수를 구하시오.(2000년)

모범답안

법정영급면적=산림면적[ha]/윤벌기[년]×영계수

=1,200ha/60년×2=40ha

영급수=산림면적/법정영급면적

=1,200ha/40ha=30개

핵심 28 법정축적을 구하는 방법

1. 수확표에 의한 방법

$$n(N_n + N_{2n} + \cdots + N_{u-n} + \frac{N_u}{2}) \times \frac{F}{U}$$

n : 임령의 간격(영계), N_n : $_n$년의 재적, U : 윤벌기, F : 산림면적

2. 벌기수확에 의한 방법

$$\frac{U}{2} \times N_u \times \frac{F}{U}$$

법정벌채량

법정림에서 법정축적이 줄어들지 않도록 할 수 있는 벌채량을 법정벌채량이라고 한다. 산림의 축적이 법정축적 이하가 되면 이 산림은 법정림이라고 할 수 없으며, 매년 균등한 수확을 할 수 없게 된다. 법정축적에서 법정연벌률만큼 곱하면 법정벌채량이 된다. 법정벌채량과 법정연벌률, 법정축적의 관계는 아래와 같다.

법정림에서 법정벌채량은 벌기임분의 재적과 같으므로 아래의 식이 성립한다.

- 법정연벌률$(P)=\frac{\text{법정벌채량}}{\text{법정축적}(V)}\times 100=\frac{\text{벌기임분재적}(N_u)}{\text{법정축적}(V)}\times 100$

  법정축적$(V)=\frac{u}{200}\times$ 벌기임분재적(N_u) 이므로 법정연벌률(P)$=\frac{200}{u}$

- 법정벌채량$=\frac{\text{법정연벌률}(P)}{100}\times$법정축적$(V)=$벌기임분재적$(N_u)$

핵심 29 수확표 종류

| 일반, 지방, 재적, 금원, 동령림, 이령림 수확표

1. 일반적 수확표 : 자료를 전국에서 수집해서 작성한 수확표
2. 지방적 수확표 : 일개 지방에 국한해서 작성한 수확표
3. 재적수확표 : 재적수확을 표시한 수확표
4. 금원수확표 : 금원수확을 표시한 수확표
5. 동령림수확표
6. 이령림수확표

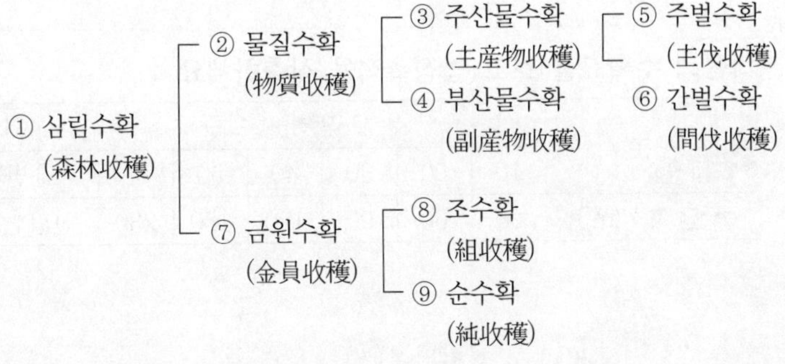

핵심 30 수확표 용도

1. 장래의 수확량 예측
2. 장래의 생장량 예측
3. 경영성과 판정
4. 경영기술 지침
5. 육림보육 지침
6. 지위 판정

[예측 판정 지침]

⇨ 생장량과 수확량 예측, 성과와 기술판정 지위판정, 기술, 보육지침

기출문제 수확표의 용도 4가지를 쓰시오.(2004년)

모범답안

1. 입목재적 및 생장량의 추정
2. 지위판정
3. 입목도 및 벌기령의 결정
4. 수확량의 예측
5. 산림평가

기출문제 다음의 수확표를 보고 법정축적을 산출하세요.

구분	임령						비고
	10	20	30	40	50	60	윤벌기 50년
ha당 재적(m^3)	30	60	90	120	180	230	산림면적 100ha

모범답안

$$n\left(m_n + m_{2n} + \cdots + m_{u-n} + \frac{m_u}{2}\right) \times \frac{\text{산림면적}(F)}{\text{윤벌기}(U)}$$

$$= 10 \times \left(30 + 60 + 90 + 120 + \frac{180}{2}\right)) \times \frac{100}{50} = 7{,}800\,\text{m}^3$$

핵심 31 고전적 수확조정기법

1. 구획윤벌법

산림면적을 윤벌기 연수와 같은 수의 벌구로 나누어 매년 한 벌구씩 벌채 수확하는 수확조정법

2. 비례구획윤벌법

토지의 생산력에 따라 개위면적을 산출하고 이에 따라 벌구 면적을 조절하여 매년의 수확량을 균등하게 하는 수확조정법

3. 평분법

한 윤벌기를 몇 개의 분기로 나누고 분기마다 수확량을 같게 하기 위한 기법

① 면적평분법

- 경리기 외 편입의 조치가 필요한 수확조절법

② 재적평분법

- 한 윤벌기에 대한 벌채안을 만들고 각 분기의 벌채량을 동일하게 하여 현실림에서 균일한 재적수확을 올리는 방법(Hartig)

③ 절충평분법

면적평분법의 법정임분배치와 재적평분법의 재적보속을 동시에 이루는 방법(Cotta)

기출문제 **평분법의 개념을 설명하고 종류를 3가지 쓰시오.(2005년)**

모범답안

가. 개념 : 한 윤벌기를 몇 개의 분기로 나누고 분기마다 수확량을 같게 하는 수확조절 방법

나. 종류 : 재적평분법, 면적평분법, 절충평분법

기출문제 생장량법에서 각 방법의 설명에 맞는 이름을 쓰시오.(2010년)

가. 각 임분의 평균생장량 합계를 수확예정량으로 삼는 것
나. 현실축적에 각 임분의 평균생장률을 곱하여 얻은 연년생장량을 수확예정량으로 하는 방법
다. 일정한 수식이나 특수한 규정이 따로 정해져 있는 것이 아니라 경험을 근거로 하여 실행하는 것

모범답안

가. Matin법

나. 생장률법

다. 조사법

기출문제 벌기평균재적을 이용하여 각 임분의 개위면적을 구하시오.(1998년, 2018년)

임분	1	2	3
면적	5	7	8
벌기재적(m^3)	400	300	200

모범답안

기준임분의 벌기재적 $= \dfrac{(400 \times 5) + (300 \times 7) + (200 \times 8)}{5+7+8}$

$= \dfrac{5,700}{20}$

$= 285m^3$

1 임분의 개위면적 = 400/285×5 = 7.02ha

2 임분의 개위면적 = 300/285×7 = 7.37ha

3 임분의 개위면적 = 200/285×8 = 5.61ha

개위면적

임지는 부분적으로 생산능력(지위)에 차이가 있기 때문에 이와 같은 임지의 생산능력에 알맞게 각 영계별 면적을 가감하여 각 영계의 벌기재적이 동일하도록 수정한 면적

기출문제 **다음 말에 관해 설명하시오.**

가. 구획윤벌법
나. 단순구획윤벌법
다. 비례구획윤벌법

모범답안

가. 구획윤벌법 : 전 산림면적을 윤벌기 연수와 같은 수의 벌구로 나누어 윤벌기를 거치는 가운데 매년 한 벌구씩 벌채 수확하는 방법
나. 단순구획윤벌법 : 전체 산림면적을 기계적으로 윤벌기 연수로 나누어 벌구면적을 같게 하는 방법
다. 비례구획윤벌법 : 토지의 생산능력에 따라 벌구의 크기를 조절하는 방법

핵심 32 조사법의 문제점

1. 조사에 시간과 비용의 소요가 많다.
2. 숙련된 기술을 필요로 한다.
3. 집약적 임업경영에 적합하여 대단위 산림경영에 적용하기 어렵다.
4. 현실림에 적용하기 어렵다.
5. 동령림에 적용하기 어렵다.

조사법

- 照査法(control method)
- 1878년 Gurnaud 제창, 스위스 Brolley에 의하여 발전, 택벌림에 응용
- 조림무육 위주, 산림이 어떠한 구성 상태로 있을 때 자연을 최대로 이용하여 산림생산을 계속할 수 있을 것인가를 장기간에 걸쳐 경험적으로 파악하여 집약적인 임업경영을 하는데 목적이 있다.

핵심 33 수확조정기법 발달순서

1. 구획윤벌법
2. 재적배분법
3. 평분법 : 재적평분법, 면적평분법, 절충평분법

4. 법정축적법 : 교차법, 이용률법, 수정계수법
5. 영급법 : 순수영급법, 임분경제법, 등면적법
6. 생장량법 : Matin법, 생장률법, 조사법

구획윤벌 → 재적배분 → 평분법 → 법정축적 → 영급법 → 생장량법

기출문제 **다음에 제시된 수확조정법을 발달 순서대로 쓰시오.(2004년)**

생장량법, 구획윤벌법, 절충평분법, 재적평분법, 조사법, 생장량법

모범답안

구획윤벌법 > 재적평분법 > 절충평분법 > 생장량법 > 조사법

핵심 34 생장률법

현실축적에 각 임분의 평균생장률을 곱하여 얻은 연년생장량을 수확예정량으로 하는 방법이다.

윤벌기 또는 벌기를 정할 필요가 없으며 택벌작업 임분과 개벌작업 임분에 다같이 적용할 수 있다.

E=Vw×0.0P=Z(P : 생장률, Vw : 현실축적, Z : 연년생장량)

기출문제 **수확조절기법인 생장률법의 공식을 쓰고 공식에 대한 인자들을 간단히 설명하시오.(2005년)**

가. 생장률법의 공식
나. 공식구성인자

모범답안

생장률법 : 현실 축적에 각 임분의 평균생장률을 곱하여 얻은 연년생장량을 수확예정량으로 하는 방법

가. 생장률법의 공식

E=Vw×0.0P=Z

나. 공식구성인자

P : 생장률, Vw : 현실축적, Z : 연년생장량, E : 수확예정량

핵심 35 법정축적법에 따른 수확량의 산정방법

1. 교차법

- Kameraltaxe법

$$연간표준벌채량(E) = 평균생장량(Zw) + \frac{현실축적(Vw) - 법정축적(Vn)}{갱정기(a)}$$

- 카메랄탁세법에 의한 표준연벌량의 계산은 매년 하는 것보다 10년마다 실시하는 것이 좋다.
- 연년생장량 = 표준연벌량 ⇨ 법정림의 조건 기억하시죠 ⇨ "생장량만큼 벌채한다."

- Heyer법

$$연간표준벌채량(E) = (평균생장량 \times 조정계수) + \frac{현실축적(Vw) - 법정축적(Vn)}{갱정기(a)}$$

- 평균생장량은 현실림의 실제 성장량합계인데, 한 윤벌기에 대한 수확기 안을 만들어 분기별로 성장한 연평균생장량을 사용하는 것이 하이어법입니다.
  여기에 조정계수가 들어가면 수정 하이어법이 됩니다.

- Karl 법생장량 $\pm \frac{Dv}{정리기(a)} = \frac{Dz}{정리기(a)} \times 경과년수(n)$

Dv = 현실축적 - 법정축적, Dz = 현실생장량 - 법정생장량

- 카알법 : 카메랄탁세 공식의 변형, 축적의 증감에 따라 연년성장량이 정비례하여 증감한다는 추정 하에 작성하였다.
  이 추정은 이론적으로 명확한 수준에서 검증된 것은 아니다.

2. 이용률법

- Hundeshagen법

$$연간표준벌채량(E) = 현실축적(Vw) \times \frac{법정벌채량(En)}{법정축적(Vn)}$$

- 성장량이 축적에 비례한다는 가정하에 유도된 공식이다. 하지만, 임분의 성장은 유령림일 때 왕성하고, 과숙임분은 쇠퇴하게 된다.
  실제 훈데스하겐은 현실축적 계산을 10년마다 계산하여 개정하였다.

- Mantel법

$$연간표준벌채량(E) = 현실축적(Vw) \times \frac{2}{윤벌기(U)}$$

- 만텔법을 응용하려면 장기간이 경과하여야만 법정축적에 도달할 수 있고, 법정에 가까운 영급상태를 갖춘 산림에만 적용할 수 있다.

3. 수정계수법

- Schmidt법

$$연간표준벌채량(E) = 연년생장량(Zw) + \frac{현실축적(Vw)}{법정축적(Vn)}$$

기출문제 **현재재적 500, 윤벌기 10년일 때 Mantel법 적용 시 벌채량을 쓰시오. (1999년)**

모범답안

연간표준벌채량(E) = 현실축적(V_w) × $\frac{2}{윤벌기(u)}$ = 500 × $\frac{2}{10}$ = 100m^3

기출문제 **현실축적 85m^3, 현실생장량 2m^3, 법정축적 100m^3, 갱정기 30년일 때 연간 수확량을 계산하시오.[산림면적 200ha] (2009년)**

모범답안

Kameraltaxe법 공식

$$연년생장량(Zw) + \frac{현실축적(Vw) - 법정축적(Vn)}{갱정기(a)}$$

E = 2 + $\frac{85-100}{30}$ = 2 − 0.5 = 1.5m^3/ha

∴ 1.5m^3 × 200 = 300m^3

기출문제 **수확조절 기법 중에서 교차법의 종류를 3가지 쓰시오.**

모범답안

가. 카메랄탁세법

나. 하이어법

다. 카알법

기출문제 **수확조절 기법 중에서 법정축적법의 종류를 3가지 쓰시오.**

모범답안

가. 교차법

나. 이용률법

다. 수정계수법

핵심 36 이자 계산 방법

1. 단리법 : $N = V + 0.0P \times n$(N : 원리합계, V : 원금, P : 이율, n : 기간)

2. 복리법

- 후가계산법 $N = V(1+0.0P)^n$ (N : 원리합계, V : 원금, P : 이율, n : 기간)
- 전가계산식 현재가(V) $= \dfrac{N}{(1+0.0P)^n}$

  (N : 원리합계, V : 현재가, P : 이율, n : 기간)
- 무한연년이자 현재가(K) $= \dfrac{r}{0.0P}$

  (매년 r씩 영구히 얻는 수입이자, P : 이율)
- 무한정기이자 현재가(K) $= \dfrac{R}{(1.0P)^n - 1}$

  (현재부터 n년마다 R씩 영구히 얻을 수 있는 이자, P : 이율)

핵심 37 산림의 가치평가 방법

1. 비용가

cost value, 어떤 재화를 취득하거나 생산하기 위하여 소비한 과거의 비용을 현재가로 환산한 것이다.

2. 매매가

sale value, 평가하려는 재화(財貨)와 동일하거나 유사한 다른 재화의 가격을 표준으로 하여 재화의 가격을 정하는 방법

현실적인 거래가격, 시장가격에 의하여 가치를 평가하는 것

3. 기망가

expectation value, 어떤 재화로부터 장차 얻을 수 있을 것으로 기대되는 수익을 일정한 이율로 할인하여 현재가를 구하는 방법이다.

4. 자본가

capitalization value=환원가(還元價)=공조가(貢租價)

어떤 재화로부터 매년 일정한 연수액을 영구적으로 얻을 수 있을 경우에 그 연수액을 공정한 이율로 나누는 현재가(現在價)이다. 즉, 자본가를 결정하는 방법이다.

▶ 산림의 가치평가 방법 : 비매기자

> **산림의 평가**
>
> 산림을 구성하는 임지의 가격과 임목의 가격을 구한 다음 합한 가격을 산림가(山林價, forest value)로 취급하는 것이 일반적이다.
>
> 1. 산림비용가=임목비용가+지가
> 2. 산림매매가=산림시가×수정계수
> 3. 산림기망가=임목기망가+지가

▶ 비매기[비둘기로 과매기]

> **산림평가의 대상**
>
> 1. 임지평가
> 2. 임목평가
> 3. 임분평가
> 4. 산림피해평가

핵심 38 임목의 평가

1. 원가방식에 의한 임목평가

벌기미만 유령림, 원가법=단순합계, 비용가법=후가

2. 수익방식에 의한 임목평가

벌기미만 장령림, 기망가법, 수익환원법(연년보속 택벌림)

3. 원가수익 절충방식에 의한 임목평가

중령림, 임지기망가응용법, Glasser법

4. 비교방식에 의한 임목평가

벌기 이후 과숙림, 매매가법, 시장가역산법

핵심 39 임목의 평가방법을 쓰고 설명하시오.

1. 원가법

임목을 현재까지 육성하는 데 소요된 비용의 단순합계로 임목 평가

2. 비용가법

임목을 현재까지 육성하는 데 소요된 순비용의 후가로 임목 평가

3. 기망가법

임목을 벌채할 때 얻을 수 있는 순수익의 현재가로 임목 평가

4. 시장가역산법

원목의 시장매매 가격에서 벌채, 운반비를 공제한 가격

같은 종류 원목의 시장매매 가격을 조사하고, 벌채와 운반에 드는 비용을 역으로 공제해 임목을 평가

5. 절충법

원가와 수익을 절충하여 임목 평가

6. 매매가법

비슷한 원목의 매매 사례와 비교하여 임목 평가

키워드로 짧게 기억하시는 것이 좋습니다. 기사시험에서 개념설명 같은 문제는 대부분 두 줄이나 많아야 세 줄인데 문장으로 기억하면 제일 좋겠지만, 그렇지 못한 문제는 키워드만 따로 메모장에 적어서 시험장에 가지고 들어가서 반복해서 읽다가 쓰시는 것이 좋습니다.
직전에 본 것은 적기가 쉽습니다.

임지상태	유령림	장령림(벌기 미만)	중령림	벌기 이상
평가방식	원가방식	수익방식	원가수익절충방식	비교방식
평가법	원가법, **비용가법**	**기망가법**, 수익환원법	Glaser법	**매매가법**, 시장가역산법

기출문제 강원도 영월군 소재 200ha의 산림에 2012년 1ha당 1,200,000원의 비용으로 조림을 하였다. 매년 1ha당 50,000원의 관리비를 들여서 관리하고 있는 이 숲의 2019년 현재 이 입목가격을 평가하시오.(이율 3%)

모범답안

▶ 원가법

$(1,200,000+50,000\times7)\times200=310,000,000$

$\therefore$ 310,000,000원

▶ 비용가법

ha당 비용가

$$1,200,000\times1.03^7+\frac{50,000}{0.03}\times(1.03^7-1)$$

$$=1,475,848.64+383,123.11 \fallingdotseq 1,858,971.75[\text{원}]$$

200ha의 비용가

$1,858,971.75\times200=371,794,350$[원]

$\therefore$ 371,794,350[원]

- 1회 지출한 조림비는 7년 동안 3%의 이자를 복리로 계산하여 현재가를 구하고, 매년 50,000씩 지출한 관리비는 계산이 좀 더 복잡합니다. 먼저 50,000원을 이자율로 나누어 매년 일정하게 지출되는 비용의 현재가를 구하고, 그 현재가가 7년 동안 지출되었으므로 이에 대해 다시 현재가를 구하여야 하므로 다소 복잡하게 느껴집니다. 2단계의 계산을 한다는 것 ... 1단계 관리비의 현재가를 구한다. 다시 7년 동안 지불한 관리비의 현재가를 구합니다.
- 파우스트만은 매번 지출되는 유령림의 관리비를 현재가로 환산하는 아래의 식을 제시하였다.

매년 v원씩 m년 동안 지출된 관리비의 후가는 $\left(V=\frac{v}{0.0P}\right)$

$$\frac{v\{(1+P)^m-1\}}{P}=V\{(1+P)^m-1\}$$

- 공식이 복잡하다고 겁먹지 마시기 바랍니다. 정말로 식이 복잡하게 느껴지고 다시는 접하고 싶지 않다고 생각하신다면 산림기사 자격증만을 목표로 이 공식은 외우지 않아도 좋습니다. 더 많은 노력을 다른 곳에 기울이면 합격은 당연히 할 수 있습니다.

그렇지만, 이 책을 읽으시는 분의 목표가 산림기사가 아니고 보다 높은 목표를 세우고 계신다면 반드시 이 공식을 외우시길 부탁드립니다.

이해를 하실 필요는 없습니다. 왜 이렇게 나오는지 공식을 유도하는 문제는 출제되지 않을 것이기 때문입니다. 몇 번 정도 써 보시면 외우는 것도 그리 어렵지는 않습니다.

- 다만 이 공식을 유령림, 중령림, 장령림의 임목가치와 임지가치를 계산 및 평가할 수 있다면 충분합니다. 이때 필요한 것이 숲을 경영하면서 생기는 수입인 주벌수확과 간벌수확 그리고 숲을 경영하는 데 필요한 비용인 땅값에 상당하는 이자 부분과 관리비 그리고 조림비에 관해서 현재가치를 계산할 수 있으면 됩니다. 이때 각각의 수익과 비용을 할인하는 방법은 다음의 표와 같습니다. 이 표를 통하여 각 공식들이 어떻게 다른지를 살펴보시겠습니다.

[임목의 평가방법]

시간	조림시기 → 유령림 | 중령림 | 장령림 → 벌기			
	유령림	중령림	장령림	벌기 이후
주벌수익			$\dfrac{Au}{(1+P)^{u-m}}$	
간벌수익			$\sum\dfrac{Da(1+P)^{u-a}}{(1+P)^{u-m}}$	
조림비	$C(1+P)^m$			
관리비	$V=\dfrac{v}{0.0P}$ 계산후 $V\{(1+P)^m-1\}$	비용가와 기망가 절충	$V=\dfrac{v}{0.0P}$ 계산후 $\dfrac{V\{(1+P)^{u-m}-1\}}{(1+P)^{u-m}}$	
지대	$B(1+P)^m-B$ $=B\{(1+P)^m-1\}$		후가계산후 현재가계산 $\dfrac{B\{(1+P)^{u-m}-1\}}{(1+P)^{u-m}}$	
간벌수입	$\Sigma D_a(1+P)^{m-a}$			
합계	임목비용가		임목기망가	
기타 평가방법		글라제르식 사용		시장가 역산법

핵심 40 Glasser의 입목기망가 공식

중령림의 임목 평가방법, 경험에 의거 절충식을 만들어 평가

$$Am=(Au-Co)\frac{m^2}{u^2}+Co$$

Am : m년생의 임목가격
Au : 적정벌기령 임목가격
Co : 조림비의 원가
u : 표준벌기
m : 평가시점 벌기령

기출문제 30년생인 잣나무림이 있다. ha당 지대 300만 원, 조림비 50만 원, 관리비 5,000원, 이율 6%, 벌기령이 50년생일 때의 ha당 수입은 2,000만 원을 기대할 수 있다. 글라제르식을 이용하여 임목가를 구하시오.

모범답안

$$(20{,}000{,}000-500{,}000)\times\frac{30^2}{50^2}+500{,}000=7{,}520{,}000$$

∴ 7,520,000원

핵심 41 시장가역산법

$$X=\text{조재율}(f)\times\left(\frac{\text{원목시장가}(A)}{1+\text{자본회수기간}(m)\times\text{월이율}(P)+\text{기업이익률}(r)}-\text{생산비용}(B)\right)$$

시장가역산법은 벌기가 지난 숲을 수확할 시기를 결정하기 위해 매달 원목의 시장가를 알아보고, 생산비용을 차감하여 실제로 수확을 했을 때 손해가 얼마나 날지, 아니면 이익의 규모가 얼마나 될지를 계산하기 위해 필요하다.

기출문제 소나무 원목의 시장도매가격이 $1m^3$당 6,000원, 조재율 0.7, $1m^3$당 벌채 운반비 등의 비용이 3,000원, 투하자본의 월이율 2%, 자본회수기간이 4개월, 기업이익률이 10%라고 할 때 $1m^3$당 임목가를 시장가역산법으로 계산하시오.

모범답안

$$0.7\times\left(\frac{6{,}000}{1+4\times0.02+0.1}-3{,}000\right)=1{,}459.3220\fallingdotseq1{,}459.32[\text{원}]$$

∴ 1,459.32원

핵심 42 임지평가의 4가지 방법

1. 원가방식 임지평가
2. 수익방식 임지평가
3. 비교방식 임지평가
4. 절충방식 임지평가

임지의 평가방법

1. 원가방식에 의한 임지평가

- 원가법 : 임지를 다시 조성하는 비용의 단순합계액
- 비용가법 : 취득원가의 복리합계액

2. 수익방식에 의한 임지평가

- 임지기망가법 : 장래 기대수입의 전가합계

  개별 교림을 전제로 계산

$$B_u = \frac{Au + Da1.0P^{u-a} + Db1.0P^{u-b} + \cdots + Dq1.0P^{u-q} - C1.0P^u}{1.0P^u - 1} - \frac{v}{0.0P}$$

A : 주벌수익, D : 간벌수익
P : 이자율, u : 벌기령
C : 조림비, v : 관리비
a, b, c ... q : 간벌시기

- 수익환원법 : 연년수입의 전가합계

  택벌림, 연년보속작업에 적용될 수 있으나 임업대상 이외의 임지평가에 적용되는 경우가 많다.

$$\text{지가} = \frac{(R-c)1.0S}{1.0i - 1.0S}$$

R : 1ha당 연간수입, c : 1ha당 연간비용
S : 매년 물가등귀율(%), i : 환원이율

3. 비교방식에 의한 임지평가

- 직접비교법 : 거래사례가격과 직접비교

㉠ 대용법

$$임지가격=매매사례가격\times\frac{평가대상임지의\ 과세표준액}{매매사례지의\ 과세표준액}$$

㉡ 입지법

$$임지가격=매매사례가격\times\frac{평가대상임지의\ 입지지수}{매매사례지의\ 입지지수}$$

- 간접비교법 : 임지거래가격에서 임지개량비를 차감하여 비교

4. 절충방식

위에 열거된 사례를 절충하여 임지가격을 평가

임지의 평가는 각 평가방법 고유의 특색을 충분히 이해하고 장단점을 종합적으로 검토하여야 제대로 평가할 수 있습니다.

시산가격=복성가격+수익가격+비준가격

시산가격을 조정하여 평가액을 결정하게 되는데, 각 가격 상호간의 편차를 축소하는 방식으로 재검토하게 됩니다.

기출문제 **임지기망가의 값에 관여하는 인자 4가지를 쓰시오.**

모범답안

① 주벌수익

② 간벌수익

③ 조림비

④ 관리비

⑤ 벌기 또는 벌채시기

⑥ 이율

⑦ 간벌시기

위에 있는 것은 파우스트만의 임지기망가 공식에 있는 것입니다. 그 외에 기망가에 영향을 줄 다른 요소들은 임지의 지위, 벌채비, 집재비, 운재비 등이 있습니다.

기출문제 **임지평가방법은 대용법과 입지법이 있다. 대용법과 입지법으로 평가한 임지의 가격을 사정하는 공식을 쓰시오.**

가. 대용법
나. 입지법

모범답안

천재도 배경지식이 없으면, 한번에 다 기억할 수 없습니다. 먼저 대용법은 과세표준, 입지법은 입지지수라는 키워드를 떠올리신다면 쉬워집니다. 기억은 짧게, 활용은 많이입니다. 이 짧은 것마저 기억하실 수 없다면 아직 노력이 부족하신 것입니다.

그리고 중학교 1학년 때 다소 어렵다고 느끼며 배웠던 "내항의 곱은 외항의 곱과 같다." x : y = a : b일 때 ay = xb라는 등식이 성립한다는 이야기입니다. 이런 것이 배경지식입니다. 이것을 활용해 봅니다.

"내가 알고 싶은 내 땅의 가격 : 비교대상지의 땅가격 = 내 땅의 과세표준금액 : 비교대상지의 과세표준금액" 이렇게 식을 세우거나

"내 땅의 가격 : 내 땅의 과표 = 비교지 가격 : 비교지 과표" 이런 식을 세울 수 있습니다. 어느 쪽도 좋습니다. 다음은 "내항의 곱은 외항의 곱과 같다.", "x : y = a : b일 때 ay = xb라는 등식이 성립한다." 이 쉽고도 기본적인 공식을 활용하여

"내 땅 가격 × 매매사례지 과세표준액 = 내 땅 과표 × 매매사례지 가격"으로 정리가 가능합니다. 마지막으로 알고 싶은 내 땅의 가격을 기준으로 식을 정리합니다.

$$\text{임지가격(내땅가격)} = \frac{\text{내 땅의 과세표준액} \times \text{매매사례지 가격}}{\text{매매사례지의 과세표준액}}$$

공식을 억지로 외우려고 하기보다는, 단어만 몇 개 암기하고(대용법은 과세표준), 배경지식을 활용하면(내항의 곱은 외항의 곱과 같다) 외우지 않고도 쉽게 문제를 풀 수 있습니다. 여기까지 잘 따라와서 이해하신 분은 오른손을 들어 자신의 가슴을 톡톡 치며 격려해 줍니다.

기출문제 **벌기가 60년인 소나무림에서 1ha당 조림비 100,000원을 투입하였으며, 주벌수입은 15,000,000원을 받을 것으로 기대한다. 간벌수입은 30년에 1,000,000원 50년에 4,000,000원을 올렸으며, 관리비는 ha당 1,500원이고, 이율은 5%일 때 임지기망가를 구하시오.**

모범답안

$$\therefore \frac{15{,}000{,}000 + 1{,}000{,}000 \times 1.05^{60-30} + 4{,}000{,}000 \times 1.05^{60-50} - 100{,}000 \times 1.05^{60}}{1.05^{60} - 1} - \frac{1{,}500}{0.05}$$

= 1,355,809.2 − 30,000 = 1,325,829.2

기출문제 어떤 임지의 벌기가 30년이고 ha당 주벌수익이 420만 원, 간벌수익이 20년일 때 9만 원, 25년일 때 36만 원, 조림비가 30만 원, 관리비가 1만2천 원인 임지 120ha에서 이율은 6%일 때 임지기망가를 계산하시오.

모범답안

$$Bu = \frac{Au + Da(1+P)^{u-a} + ...Dq(1+P)^{u-a} - C(1+P)^{u}}{(1+P)^{u}-1} - \frac{v}{P}(=V)$$

(Au : 주벌수익, D : a년도의 간벌수익, C : 조림비, V : 관리자본)

답안지에는 아래부분만 씁니다.

$$= \frac{4,200,000 + 90,000(1.06)^{30-20} + 360,000(1.06)^{30-25} - 300,000(1.06)^{30}}{1.06^{30} - 1} - \frac{12,000}{0.06}$$

$$= \frac{3,119,890}{4.7435} - 200,000 = 457,720\text{원}$$

457,720원×120ha=54,926,400원

∴ 54,926,400원

1. 임지비용가

임지 구입 후 현재까지 들어간 일체비용에서 수익의 원리합계를 공제한 잔액

임지비용가를 적용하는 경우

1) 토지소유자가 매각할 때
   최소한 그 토지에 투입된 비용을 회수하고자 할 때
2) 토지소유자가
   그 토지에 투입한 자본의 경제적 효과를 분석 검토하고자 할 때
3) 토지가격을 평정하는 데 다른 적당한 방법이 없을 때

2. 임지기망가

당해 임지에 일정한 시업을 영구적으로 실시한다고 가정할 때 그 토지에서 기대되는 순수익의 현재가로 환산하여 합계한 금액

임목의 평가 시 주요계산인자.

- 임목 육성비용=조림비+관리비
- 임목 벌채비용=벌채비+운반비
- 벌채 시 순이익=주벌수익-벌채비용
- 순이익=주벌수익+간벌수익-(조림비+관리비)-(벌채비+운반비)

핵심 43 임지기망가 인자와 최대값의 관계

> Faustmann의 지가식
>
> $$Bu = \frac{Au + Da1.0P^{u-a} + Db1.0P^{u-b} + \cdots + Dq1.0P^{u-q} - c1.0P^{u}}{1.0P^{u}-1} - \frac{v}{0.0P}$$

1. **이율이 크면 최대값에 도달하는 시기가 빠르다.**

   - 성장속도가 빠르니까 수확시기 빨리 도래
   - 공식에서 높은 이율 적용하면 기망가 높게 나옴

2. **간벌수익이 클수록 또는 시기가 이를수록 최대값이 빨리 온다.**

   공식에서 간벌수익 크게 적용하면 기망가가 높게 나옴

3. **주벌수익의 증대속도가 빨리 감퇴할수록 최대값이 빨리 온다.**

   주벌수익의 증대속도는 단순값 크기가 아니고, 임목의 성장속도를 의미하므로 임목의 성장속도가 완만해지는 시기가 빨리 올수록 임지기망가가 최대가 되는 시기가 빨리 온다.

4. **지위가 양호한 임지일수록 최대값이 빨리 온다.**

   지위가 양호한 임지일수록 성장속도가 빠르므로 주벌, 간벌 수익이 커지므로 최대값이 빨리 온다.

5. **조림비가 많을수록 최대값이 늦게 온다.**

6. **채취비가 많을수록 최대값이 늦게 온다.**

   비용은 커질수록, 최대값에 도달하는 시기가 늦게 온다.

7. **관리비는 기망가의 최대 시기와 무관하다.**

   관리비는 비용이어서 최대값의 크기에 당연히 관련 있고, 기망가의 최대값과 무관할 수가 없다.

   ▶ 다만, 관리비는 매년 일정한 값을 지출하므로 최대값 도달시기와는 무관합니다.

구분 포인트

1. 주벌의 증대속도
   - 공식보다는 생물의 성장곡선을 떠올려봅니다.
   - 그리고 생장률(이자율)이 높으면 당연히 최대 변수인 주벌의 증대속도도 빨라집니다.
2. 관리비 : 최대값에는 영향을 주지만, 최대값 도달시기와는 무관
   매년 일정한 값=최대값 도달시기와 무관
   헷갈리는 부분은 무작정 암기
3. 이율 : 높으면 기망가 최대시기는 빨리 도래하지만, 낮아야 기망가는 높게 계산됩니다.

핵심 44 임지기망가가 커지는 조건

1. 이율이 낮을수록 기망가가 커진다.
2. 조림비와 관리비의 값이 작을수록 기망가는 커진다.
3. 주벌수익과 간벌수익의 값이 크고 빠를수록 기망가는 커진다.
4. 벌기가 길수록 기망가 증가, 어느 시기에 최대에 도달하고 그 이후 점차 감소한다.

임지기망가에 영향을 주는 계산인자

임지기망가의 여러 가지 계산인자 중 어떤 인자가 임지기망가의 크기에 영향을 주는가를 알려면, 다른 인자는 변하지 않는 것으로 가정하여 고찰해야 한다.

1) 주벌수확과 간벌수확

- 수익항목에 속하며 기대수입이 많으면 클수록 임지기망가는 커진다.
- 공식에서 플러스로 되어 있으므로 그 값이 클수록 임지기망가가 커진다. 또한 간벌수확의 시기가 빠르면 빠를수록 임지기망가가 커진다.

  ∴ 공식에서 분자에 속하고, 마이너스(−)의 수익은 있을 수 없으므로 이 값은 클수록 임지기망가도 커집니다.

2) 조림비 · 무육비 및 관리비

- 비용항목이므로 돈을 많이 쓰면 쓸수록 임지기망가는 작아진다.
- 조림비는 식에서 마이너스(−)로 되어있으므로 조림비가 많을수록 임지기망가가 작아진다. 특히, 조림비는 한 벌기 동안 복리로 계산되기 때문에 적은 차이라도 커다란 영향을 끼친다.
- 무육비와 관리비도 그 값이 클수록 임지기망가가 작아진다.

3) 이율

- 이율이 높으면 높을수록 임지기망가가 작아진다.
- 이율이 높으면 산림의 자본비용에 대한 이자지불액이 커지므로 기망가는 작아진다.

  ⁘ 공식에서 가장 큰 변수는 역시 주벌수확입니다.
  주벌수확은 이율(생장률)이 높아질수록 더 커지는 특성을 가지고 있습니다.
  그러므로 이율은 분자와 분모에 모두 있지만, 이율이 높아지면 주벌수확이 늘어나는 양이 비용보다 크게 되므로 기망가도 커지는 것입니다.

4) 벌기(n)

일반적으로 벌기 n이 커지면 처음에는 임지기망가가 증대하다가 어느 시점에서 최대가 된 다음 점차 작아진다.

⁘ 생물의 생장곡선이 약간 기울은 S자 모양인 것처럼 성장률이 증가하는 시기에는 벌기가 길어질수록 기망가가 커지지만, 성장률이 감소하는 시기부터는 벌기가 길어질수록 기망가가 작아집니다.

⁘ 임지기망가가 최대로 되는 시기를 벌기로 하는 것을 토지순수입 최대의 벌기령이라고 한다.

임지기망가의 최대치

임지기망가가 최대치에 도달하는 시기는 식의 구성인자의 크기에 따라 다르다.

1) 주벌수확

주벌수확의 증대속도가 빠를수록 임지기망가의 최대치가 빨리 온다. 따라서, 지위가 양호한 임지일수록 임지기망가의 최대 시기가 빨리 나타난다. 즉, 벌기가 짧아진다.

2) 간벌수확

간벌수확이 많을수록 임지기망가의 최대시기가 빠르다.

3) 간벌수확의 시기

간벌수확의 시기가 빠를수록 임지기망가의 최대 시기도 빠르다.

4) 조림비

조림비가 많으면 많을수록 임지기망가의 최대 시기가 늦어진다.

5) 관리비

관리비는 임지기망가의 최대 시기와 관계가 없다.

6) 채취비

- 임지기망가식에는 나타나지 않지만, 시장가격에서 채취비를 뺀 것이 주벌수확에 해당하므로 채취비가 많을수록 임지기망가의 최대 시기가 늦어진다.
- 주벌수익은 시장가격에서 채취비를 뺀 값이다.

※ 지리가 좋을수록 벌기가 낮아지는 것은 채취비는 벌목비와 집재비 및 운재비로 구성되기 때문입니다. 목재는 운반비가 원가의 많은 부분을 차지하는 임업의 경제적 특성입니다.

7) 이율

- 이율이 높을수록 임지기망가의 최대시기가 빨라진다.
- 이율이 높을수록 임지기망가의 최대값이 빨리 온다.

※ 임지기망가에 영향을 주는 인자와 임지기망가가 최대치에 도달하는 시기는 비슷해 보이지만, 헷갈리는 문제라서 공무원 시험을 응시하실 분은 차이점을 눈여겨보셔야 합니다.

※ 특히 관리비의 경우 임지기망가의 최대시기와 관련이 없고, 이율의 경우 높으면 기망가는 작아지지만, 기망가 최대시기는 빨라집니다.

핵심 45 감가상각

| 정액법, 정률법, 연수합계, 비례법

1. 정액법(직선법)

- $감가상각비 = \frac{취득원가 - 잔존가치}{추정내용연수}$
- $D = \frac{C-S}{N}$

  (D : 매년 감가상각비, C : 취득원가, S : 잔존가치, N : 내용연수)

2. 정률법(감쇠평형법)

- 매년 연초의 기계잔존가치가 같은 비율로 감쇠토록 하는 방법
- 감가상각비 = (취득원가 − 감가상각비누계액) × 감가율
- $감가율 = 1 - \sqrt[n]{\frac{잔존가치}{취득원가}}$ (n : 내용연수)

3. 연수합계법

- 되도록 초기년도에 감가상각이 많게 되도록 하는 방법
- 내용연수가 10년이면 감가율은 1년 차에는 10/55, 2년 차에는 9/55, 3년 차에는 8/55 등의 비율로 감가상각률을 계산하는 방법이다.
- 감가상각비＝(취득원가 – 감가상각비누계액)×감가율
- 감가율 $= \dfrac{\text{내용연수를 역순으로 표시한 수}}{\text{내용연수의 합계}}$

4. 작업 시간 비례법

- 자산의 감가는 사용정도에 따라 나타난다는 것을 전제로 계산
- 감가상각비＝실제 작업 시간×시간당 감가상각비
- 시간당 감가상각비$= \dfrac{\text{취득원가} - \text{잔존가치}}{\text{추정 총작업시간}}$

감가상각비의 정의

구입을 하고 기간이 지나면서 또는 사용을 하면서 가치가 떨어지는 자산이 있다. 이러한 자산은 가치가 떨어지는 만큼 비용으로 인식하여 재무상태표의 자산에서 차감을 하고, 원가계산서와 손익계산서에도 비용으로 차감하여야 한다. 이러한 비용을 감가상각비라고 한다. 유형고정자산의 원가에서 잔존원가를 차감한 잔액이 감가상각대상액이 된다. 감가상각대상액은 회계기간이나 사용시간, 작업시간 등의 합리적인 방법으로 배분하여야 한다.

자산의 유동성과 가치는 사용함에 따라 점차 감소하는데 이러한 가치의 감소분을 감가라 하고, 감가를 자산계정과 비용계정에서 서로 빼기(상각하기) 때문에 감가상각이라고 하며, 비용적인 측면을 강조하여 감가상각비라고 한다.

감가상각비 계산의 4가지 요소

① 취득원가

② 잔존가치

③ 추정내용연수

④ 감가상각 방법

기출문제 어떤 물건의 장부원가가 5,000,000원이고 폐기 시 잔존가액이 200,000원으로 예상되고 그 내용연수가 10년일 때 정액법에 의한 매년 감가상각비를 계산하시오.(2000년)

모범답안

정액법

$$감가상각비 = \frac{취득원가 - 잔존가치}{추정내용연수} = \frac{5,000,000 - 200,000}{10} = 480,000원$$

∴ 480,000원

기출문제 8,000만 원에 구입한 집재기의 수명은 7,000시간이고, 잔존가치는 1,000만 원이라고 한다. 현재 2,500시간을 가동하였을 때 이 집재기의 감가상각비를 작업비례법으로 계산하시오.(3점)

모범답안

$$(8,000만\ 원 - 1,000만\ 원) \times \frac{2,500시간}{7,000시간} = 2,500만\ 원$$

∴ 2,500만 원

핵심 46 손익분기점

1. 개념

- 손익분기점(break even point)은 조수익(gross in-come)과 총비용(total expenses) 일치수준
- 매출액과 총비용 및 수익 간의 관계를 분석하는 방법
- 비용 -판매량-이익분석(cost-volume-profit analysis)이라고도 한다.
- 조수익과 총비용이 일치하는 수준(TR=TC)

2. 가정

TC=FC+VC, TR=PQ

TR : 총 수익, TC : 총비용, FC : 고정비용, VC : 변동비용

1) 생산량은 모두 판매된다.(생산량=판매량)
2) 총비용은 고정비와 변동비로 구성된다.(TC=FC+VC)
3) 고정비는 조업도에 관계없이 일정하다.

4) 총수익과 총변동비는 조업도에 비례한다.

5) 단위당 판매가격과 단위당 변동비는 조업도에 관계없이 일정하다.

3. 손익분기점을 앞당기려면

1) 고정비를 낮춘다.

2) 변동비를 낮춘다.

3) 생산량을 늘린다.

핵심 47 내부투자수익률법

내부투자수익률이란

- IRR, Internal rate of return
- 총비용의 현재가와 총수익의 현재가가 일치하는 점의 이자율
- 투자사업에 대한 납세 후의 수익률, 내부이익률이 할인율보다 클 때 투자안을 수락하고, 반대일 경우 기각 또는 거부한다.

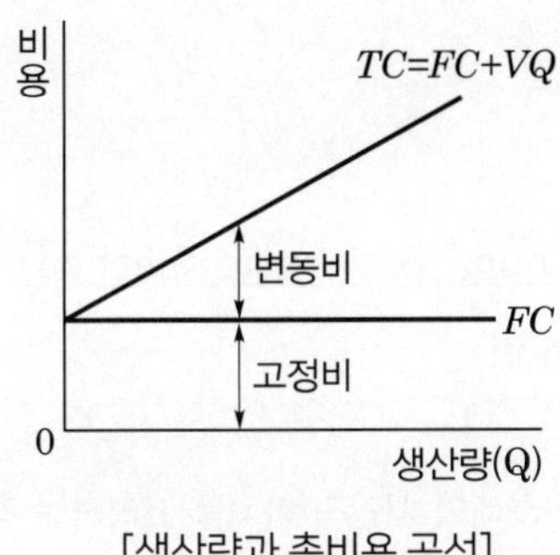

[생산량과 총비용 곡선]

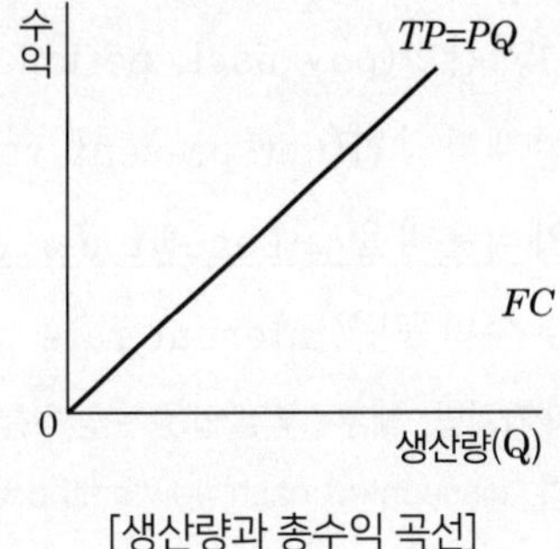

[생산량과 총수익 곡선]

$\frac{R}{(1+0.0P)^n} = \frac{C}{(1+0.0P)^n}$ 일 때 P를 내부수익률이라고 한다.

이때 R은 수익, C는 비용, P는 이자율, n은 년단위 기간이다.

핵심 48 순현재가치법

순현재가치란 사업수익에서 비용을 뺀 순수익을 현재가치로 환산한 값이다.

- net present value method, NPV
- 사업편익의 현재가치 총계에서 비용의 현재가치 총계를 공제한 순차액
- 투자사업 전기간에 걸쳐 발생하는 순편익의 합계를 현재가치로 환산

∴ 계산의 결과가 정(+, plus)의 값이 나오면 투자할 가치가 있는 사업
부(−, negative)의 가치가 나오면 투자안 기각

$$\frac{R_0 - C_0}{(1+0.0P)^0} + \frac{R_1 - C_1}{(1+0.0P)^1} + \dots + \frac{R_n - C_n}{(1+0.0P)^n}$$

이때 R은 수익, C는 비용, P는 이자율, n은 년단위 기간이다.

핵심 49 산림투자의 경제성 분석방법

> 일반적으로 사업에 대한 투자를 결정하기 위해서는 투자수익에 대한 미래의 현금흐름을 추정하여 사업의 타당성을 결정한다.
> 이렇게 투자대안에 대해 경제적 타당성을 평가하는 기준은 아래와 같다.

1. 회수기간법(pay back period method)
2. 순현재가치법(net present value method)
3. 수익비용비율법(benefit per cost ratio method, B/C ratio method)
4. 내부수익률법(internal rate of return method)

∴ 순현재가치법, 내부수익률법은 현금흐름할인법이라고 한다.

∴ DCF법, discounted cash flow method, 현금흐름할인법 – 화폐의 시간적 가치를 고려하여 경제성을 분석하는 방법이다.

핵심 50 미래목 선정 본수 계산

수간거리 5m 이상마다 미래목을 선발하여 표시할 때 1ha당 미래목 선정 본수는?

⇨ 1ha＝100m×100m＝10,000m^{2}이므로, 5m마다 미래목 선정 시

5m×5m＝25m^2

10,000m^2/25m^2＝400본 ⇨ 정방형이므로 20본×20본

답 : 400본

핵심 51 산림경영계획에 있어 시설계획의 종류

> 1. 임도시설 : 임도시설, 임도배수시설, 산지사방시설
> 2. 사방시설 : 사방댐 시설, 계류보전 시설, 계류복원 시설
> 3. 자연휴양림 시설 : 자연휴양림, 산림욕장, 숲속야영장 등

1. 임도 신설
2. 임도구조 개량
3. 사방댐
4. 계류보전사업
5. 자연휴양림
6. 숲속수련장
7. 숲길
8. 산림욕장

- 산림경영계획서 작성 요령
- 사업계획, 사업계획 총괄표
- 경영계획상 이루어지는 조림・육림・임목생산・시설・소득사업 등 사업계획 편성

사업별 총괄계획

1) 조림계획 : 인공갱신계획과 천연갱신계획, 갱신면적과 본수 기록
2) 육림계획 : 비료주기・풀베기・어린나무 가꾸기・가지치기・무육간벌・천연림보육 등에 대한 사업계획량을 기록
3) 입목생산계획 : 주벌과 수익간벌계획으로 나누어 기록
4) 시설계획 : 임도・사방 및 자연휴양림 시설계획으로 나누어 작성한다.
5) 소득사업계획 : 임산물소득사업에 대한 계획을 작성한다.
6) 기타 사업계획 : 상기 외의 사업계획이 있을 때 작성한다.

핵심 52 토양 3상

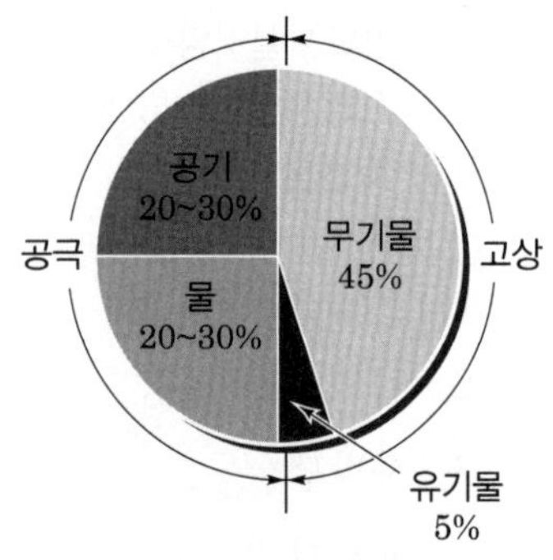

1. 고상

- 토양의 고체부분
- 미생물과 동식물 등의 유기체와 모래, 자갈, 1차 및 2차 광물 등의 무기질로 구성

2. 액상

- 토양의 액체부분
- 토양용액 부분
- 유기물질과 무기물질이 물에 녹아있는 수용액

3. 기상

- 토양의 기체부분
- 질소, 산소, 아르곤, 이산화탄소, 수증기 등으로 구성

토양은 고체, 액체, 기체의 3가지 형태로 구성되어 있다.

공기와 물이 차지하고 있는 부분은 토립자가 없는 부분이므로 공극(빈공간)이라고 부른다. 액체는 물에 유기물과 무기물이 녹아 있는 수용액의 형태로 토립자와 여러 가지 형태로 결합되어 있다. 기체는 토양 속에 존재하는 질소와 산소 그리고 이산화탄소, 메탄 등으로 구성되어 있다. 토양 생물이 호흡하면서 발생하는 이산화탄소와 사체가 썩으면서 발생하는 메탄가스 같은 기체로 구성되어 있다.

토양의 성분을 3가지 형태(모양 象, 형태 狀, 서로 相)로 존재하므로 土壤三相이라고 한다.

토양의 세 가지 성분이 각각 차지하는 비율은 토양에 따라 일정하지 않으며, 기후조건과 천이의 진행에 따라 3상의 상대적 비율이 일정하게 달라질 수 있다. 토양 3상의 비율은 식물 뿌리의 신장, 수분과 산소의 공급 등 식물생육과 중요한 관계가 있으므로 각종 시험에 자주 출제된다.

각 구성성분의 비율은 다음과 같이 산출할 수 있다.

토양 전체 부피가 VT인 토양의 고상, 액상, 기상의 부피를 각각 Vs, Vl, Vg라고 한다면, VT=Vs+Vl+Vg가 성립한다.

토양 전체 부피에 대한 각 형태의 부피의 비율 Vs/VT, Vl/VT, Vg/VT를 각각 고상률, 액상률, 기상률이라고 부른다.

토양단면 중에 있어서 토양3상의 용적비를 토양3상분포(土壤三相分布, soil three phase distribution)라 하는데, 이는 토양의 종류, 건습, 깊이 등에 따라서 크게 다르다.

산림의 표토는 유기물이 풍부하여 다공질인 떼알 구조가 잘 발달되어 있고, 대공극과 소공극이 조화되어 있으며 삼상의 비율이 적당하다.

모래가 많은 토양은 미세한 공극이 적어 고상률과 기상률이 높으며, 보수력이 낮아 액상률은 낮다. 이 같은 토양은 식물이 쉽게 건조에 노출된다.

실트와 점토 입자가 조밀하게 형성된 토양은 대공극이 적고 소공극이 많기 때문에 고상률과 액상률은 높고 기상률이 낮다. 이 같은 토양은 식물의 뿌리가 호흡불량으로 인한 피해를 입기 쉽다.

토양의 3상 분포는 무거운 기계나 사람과 가축의 답압, 밭갈기 등의 작업에 의해 변한다.

> 기출문제 **흙의 기본적인 구조인 토양 3상에 관해서 쓰고 설명하시오.**
>
> 모범답안
>
> 가. 고상 : 토양의 고체부분, 미생물과 동식물 등의 유기체와 모래, 자갈, 1차 및 2차 광물 등의 무기질로 구성
>
> 나. 액상 : 토양의 액체부분, 토양용액부분, 유기물질과 무기물질이 용존해 있는 수용액
>
> 다. 기상 : 토양의 기체부분, 주로 질소, 산소, 아르곤, 이산화탄소, 수증기 등으로 구성

핵심 53 토양의 층위

1. 용탈층

- 토양의 층위 중에서 물질이 유실되는 층
- 무기광물 토양의 표층에 있는 양분이 씻겨 내려간(용탈) 결과로 만들어지는 층

2. 집적층

- 용탈층에서 씻겨내려 온 성분들이 쌓인(집적) 결과 만들어지는 층
- 보통은 부식이 용탈층보다 적고 갈색 또는 황갈색을 띤다.
- 가용성 염기류가 많고 비교적 단단하다.

토양층
모재층
L층 낙엽층
F층 발효층
H층 부식층
A1 유기물이 혼입된 층
A2 용탈층(씻기는 층)
A3 집적 전이층
B1 용탈 전이층
B2 집적층(쌓이는 층)
B3 집적층(쌓이는 층)
기반암

[토양의 층위]

3. 모암층

암석이 토양으로 변하는 과정에 있는 토양층

토양단면은 다음과 같이 구분하여 명명하기도 한다.

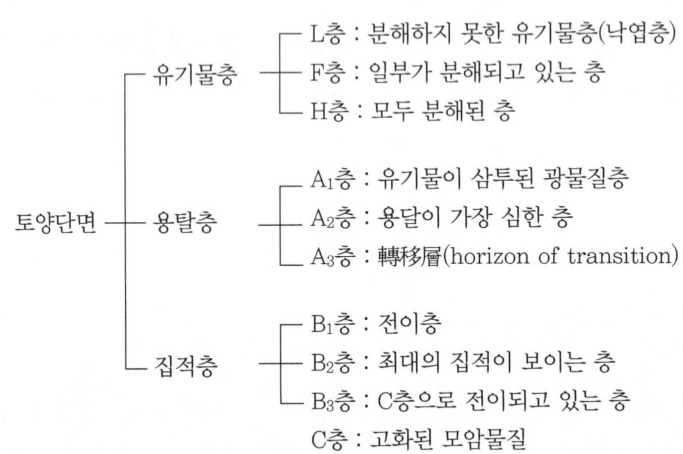

핵심 54 토양수

1. 결합수
2. 흡습수
3. 모세관수
4. 중력수
5. 유효수

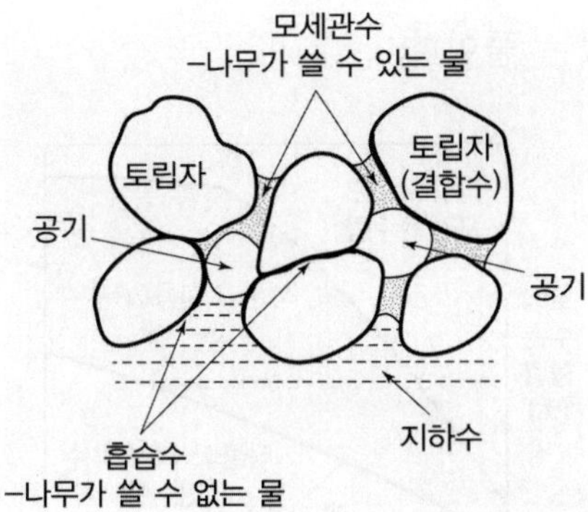

토양의 수분은 액체 또는 기체의 상태로 있는데, 이동력에 따라 다음과 같이 구분한다.

1. 비모세관수(noncapillary water, detention water)

- 중력수, 유치수
- 비가 내리는 동안 흘러내리는 물
- 유치수(detention water)의 일부는 식물이 이용할 수 있지만, 대부분 소실된다.
- 지하수위가 높고, 뿌리가 지하수 부근에 도달해 있으면 비모관적인 유치수라도 식물에 의하여 이용된다.

2. 모관수(capillary water)

- 표면장력과 부착력에 의해 유지되는 모세관 현상으로 토양 중에 유지되는 물
- 일반적으로 식물이 이용하는 물
- 뿌리에 닿아 있는 모관수와 균근에 연결된 균사에 닿아있는 물만 식물이 이용할 수 있다.

3. 흡습수(absorbed water)

- 토양입자와 물분자가 이온결합으로 붙어 있는 물
- 토양입자 표면에 물분자가 부착되어 있는 형태
- 식물은 이용할 수 없는 물이다.

4. 수화수(water of hydration)

- 토양입자 내에 분자 간 인력으로 결합되어 있는 물
- 식물은 사용할 수 없는 물이다.

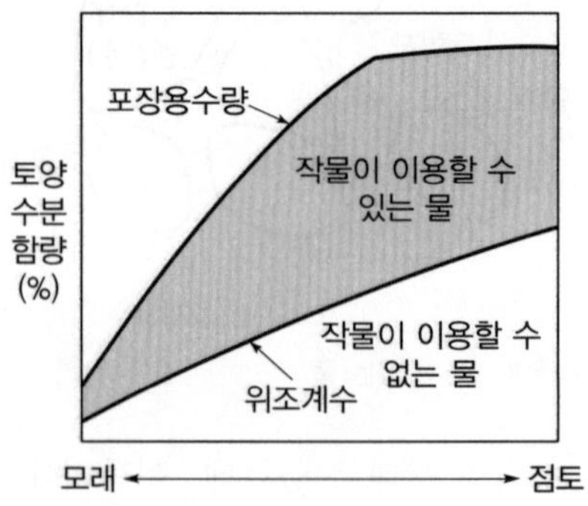

※ 양묘장은 묘목이 이용할 수 있는 물을 많이 가질 수 있는 흙을 만들어 주어야 한다.

핵심 55 토성구분삼각도

※ 미국 농무성 토양성분 구분[모실점]
함량비 : 모래, 미사(실트), 점토
성분별 : 식토 - 식양토 - 미사토 - 양토 - 사양토 - 사토

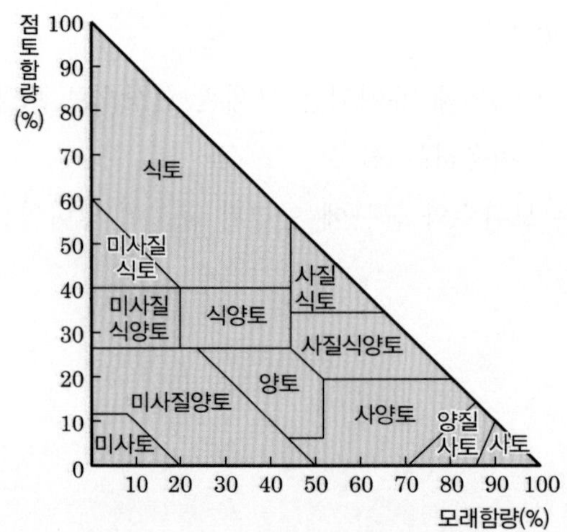

입도분포에 의한 흙의 구성성분 3가지[모미점]

1. 모래 : 2.0~0.05mm
2. 미사(실트) : 0.05~0.002mm
3. 점토 : 0.002mm 이하

개량토성삼각표

미국 토양학회 토양성분 구분[자거 가고점]

1. 점토(0.002mm 이하)
2. 고운모래(0.02~0.002mm)
3. 가는모래(0.2~0.02mm)
4. 거친모래(2~0.2mm)
5. 자갈(2mm 이상)

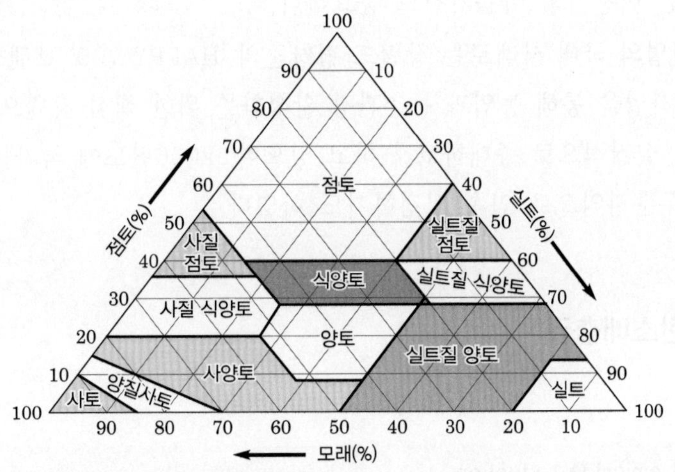

※ 골재는 5mm 채에 85% 이상 통과하면 모래(가는 골재), 85% 이상 남으면 자갈(굵은 골재)

1. 산림경영계획서 작성 시 지황조사 항목

사토, 사양토(모래함량 1/3~2/3), 양토, 식양토(점토함량 1/3~2/3), 식토

2. 산림입지 조사요령

산림입지 조사항목

사토(S), 양질사토(LS), 사질양토(SL), 사질식양토(SCL), 식양토(CL), 사질점토(SC), 양토(L), 미사질양토(SiL), 미사토(SiCL), 미사질식토(SiC), 점토(C)

핵심 56 그린테라피

- green theraphy, 그린테라피
- 친환경적인 산림자원을 육성하기 위한 방안으로 녹색산업이 발전하고 있다.
- 녹색산업의 대표적인 것이 그린테라피를 통한 산림의 가치 향상
- 피톤치드·음이온 등 숲이 지닌 보건·의학적인 효과를 활용하여 국민의 정신건강을 유지하고 질병을 예방하기 위해 기획 및 운영하는 숲을 그린테라피라고 한다.
- 그린테라피는 일상생활에서 스트레스로 지친 현대인의 정서함양과 건강증진을 도모하고 숲과의 자연스러운 만남을 제공한다.
- 그린테라피와 같은 녹색여가가 활성화되기 위해서는 도시 및 지역의 자연녹지와 산·자연휴양림 등을 활용하여 녹색으로 즐기는 여가공간의 조성이 필요하고, 그에 맞는 이용자의 마음가짐도 중요하다.
- 녹색산업의 국내 사례로는 강원도 평창군의 'HAPPY 700' 브랜드가 있다. 평창군은 이 사업을 통해 농업과 농촌관광 활성화를 위한 핵심 자원으로 특화하여 주민소득을 실질적으로 증대하고자 하고 있으며, 2006년도에 국가균형발전위와 농림부가 우수지역으로 연속 선정하기도 하였다.

핵심 57 탄소배출권

1. 개념

certified emission reduction

기후변화를 완화하기 위하여 온실가스를 대량 배출하는 국가나 기업에게 배출량의 한도를 할당하여 그 한도까지만 배출할 수 있게 하는 권리

- 국가별 할당 ⇨ 교토의정서와 같은 국제 조약에 의해 국가에 할당
- 기업별 할당 ⇨ 저탄소 녹색성장법과 같은 법률에 의해 기업에 할당
- 일정 기간 동안 이산화탄소·메탄 등 온실가스를 일정량 배출할 수 있는 권리를 부여받는 것을 말한다.
- 온실가스 중 이산화탄소가 가장 비중이 높고, 영향력은 작기 때문에 이산화탄소 기준으로 환산하여 적용한다.
- 이산화탄소 배출을 규제하기 위한 제도
- 주식·채권처럼 거래소나 장외에서 매매가 가능하다.

- 기업들이 온실가스 감축능력을 높여 온실가스 배출량이 줄어들었을 경우 줄어든 분량만큼 배출권을 팔 수 있고, 반대로 온실가스 배출권이 감축비용보다 저렴하면 배출권을 구입할 수도 있다.
- 탄소시장이란 탄소배출권을 상품화하여 거래하는 시장을 뜻한다.
- 선진국 기업들은 온실가스 감소나 청정에너지 개발 투자에 많은 돈을 쓰는 대신, 상대적으로 비용이 저렴한 탄소배출권 구매에 나서고 있다. 탄소배출권 시장은 유럽 기후거래소·시카고 기후거래소 등 10여 개의 시장이 운영되고 있다.
- 2010년 기준 우리나라 산림부문의 순탄소흡수량은 국내 온실가스 총배출량의 6% 수준에 불과한 4천만 이산화탄소톤(tCO_2) 규모이다.
- 국내 산림의 탄소흡수원 유지 및 증진을 위해서는 조림과 수종갱신 사업의 확대가 필요하고 수확된 목제품(Harvested Wood Product : 이하 HWP)과 산림바이오에너지 이용 확대를 통해 산림탄소에 대한 수요를 충당할 방안을 마련해야 한다.
- 산림 탄소배출권 거래를 활성화하기 위한 법과 제도적 기반을 마련하는 것도 중요하다.
- 국토면적이 좁고 신규조림 대상지가 제한적인 우리나라는 탄소배출권의 확보를 위해서 해외 REDD+사업에도 적극적으로 참여해야 할 것이다.
- 우리나라는 기후변화와 관련된 국내외 여건을 고려하여 온실가스 로드맵을 수립하였다.
- 우리나라는 기후변화 대응 기본계획, 배출권거래제 기본계획 등의 국가계획을 시행하고 있다.
- 산림청 역시 산림을 통해 기후변화에 능동적으로 대응하고 저탄소 사회 구현에 기여하기 위해 탄소흡수원 유지 및 증진에 관한 법률(이하 탄소흡수원법)을 제정하여 법적 기반을 확립하였다.
- 탄소흡수원법 제5조에서는 정책목표와 기본방향을 정하는 '탄소흡수원 증진 종합계획'을 5년마다 수립·시행하도록 하고 있다.

핵심 58 산림 바이오매스

- 바이오매스(biomass)는 원래 생물생태학 용어로 bio(생물)+mass(물질, 양)가 합성된 용어이다.
- 우리말로는 생물량 또는 생체량으로 표현되고 있다.
- 산림에서 나오는 나무의 줄기・뿌리・잎 등이 산림바이오매스이다.
- 지구에는 태양으로부터 에너지를 공급받아 매년 약 1,700억ton의 식물자원이 자란다.
- 이 식물자원 중 현재 인류가 식량・사료・산업용 자재 등으로 이용한 규모는 60억ton 정도에 불과하다.
- 사용하지 않는 바이오매스를 활용 가능한 에너지 및 화석연료를 대체할 수 있는 기술을 개발한다면 인류는 석유에 버금가는 또 하나의 자원을 갖게 되는 것이다.
- 기후변화협약이 이루어지고 이에 따라 각국은 온실가스 저감 및 흡수 기능을 갖는 산림바이오매스에 대해 다시 큰 관심을 갖기 시작하였다.
- 산림바이오매스를 펠릿이나 액체연료 등으로 개발하여 연료로 사용하면 석탄이나 석유 등 화석연료에 비해 이산화탄소 배출량을 줄일 수 있다.
- 화석연료는 지구 안에 나무나 동물이 오랫동안 저장되어 변화된 탄소덩어리이다. 따라서 화석연료를 사용하는 것은 지구 안에 묻혀 있던 탄소를 꺼내 쓰는 것이다.
- 목재를 이용하게 되면 공기 중에 있는 탄소를 흡수하여 다시 공기 중으로 내보내는 과정이므로 탄소를 증가하지 않고 순환하는 과정이 된다.
- 목재연료를 사용하면 화석연료에 비해 공기 중 탄소의 순증가를 억제할 수 있다.
- 한국지역난방공사와 산림청은 '소나무재선충병 피해목의 산업화를 위한 협약'을 체결하여 소나무재선충병으로 고사된 소나무를 우드칩으로 가공하여 연료로 사용함으로써 시간당 전기 3MW와 난방열 7.6Gcal를 생산할 수 있는 규모의 바이오매스 열병합발전사업을 추진하여 연간 전기 18,000MW와 난방열 46,000Gcal를 생산하여 연간 5,000가구에 전기를 공급함은 물론, 3,400가구에 지역난방열을 공급한다.
- 이것은 산림자원의 연료 활용에 따른 69,000배럴(약 44억 원)의 석유수입 대체효과와 농촌인력 고용창출을 통한 농산촌 경제 활성화에 도움이 될 수 있다.

핵심 59 리우환경회의

- 1992년 UN 환경개발회의는 브라질의 수도(리우데자네이루)에서 개최
- '환경과 개발에 관한(리우선언)'이 채택
- 20인간환경선언+10남아프리카+20리우
- 기후변화협약, 생물다양성협약, 사막화방지협약 등으로 구성되어 있다.
- 환경회의의 실천 방안으로 의제21(Agenda 21)과 지방의제21(local agenda 21)이 제시되었다.

핵심 60 교토 메커니즘

1. 배출권거래제

온실가스를 배출할 수 있는 권리를 국가별로 할당하고 이에 대해 거래할 수 있도록 만든 제도

2. 청정개발체제

선진국에서 개발도상국에 온실가스감축사업에 투자하여 만든 배출권을 선진국의 온실가스 할당량에 상계할 수 있도록 한 제도

3. 공동이행제도

선진국끼리 공동으로 온실가스감축사업을 시행하고 이를 각각의 국가에서 투자한 만큼 자국의 온실가스 할당량에서 상계할 수 있도록 한 제도

핵심 61 기후변화 협약 기본원칙

① 공동의 차별화된 책임 및 능력에 입각한 의무부담 원칙으로 온실가스 배출에 역사적인 책임이 있으며, 기술·재정능력이 있는 선진국의 선도적 역할을 강조
② 개도국의 특수한 사정·배려의 원칙
③ 기후변화 예측 및 방지를 위한 예방적 조치 시행의 원칙
④ 모든 국가의 지속가능한 성장의 보장 원칙

핵심 62 탄소흡수원으로 인정되는 산림활동

교토의정서에 따른 탄소흡수원으로 인정되는 산림활동

구분	인정범위	내용	1차 협약기간 인정대상
신규조림	100%	20년 이상 산림 이외의 용도로 이용해 온 토지에 인위적으로 산림을 조성하는 것	1990.1.1 이후 활동한 곳
재조림	100%	본래 산림이었다가 산림 이외의 용도로 전환되어 이용된 토지에 인위적으로 다시 산림을 조성하는 것	1989.12.31 당시 산림이 아니었던 곳에 새로 산림을 조성한 곳
식생복구	100%	최소 0.05ha 면적 이상의 식생 조성을 통해 탄소축적량을 증가하는 인위적 활동	
산림전용	−100%	산림을 산림 이외의 용도로 전환하는 것	1990년 이후 다른 용도로 전환된 곳
산림경영	15%	산림의 생태, 경제, 사회적 기능 발휘를 목적으로 산림을 관리·이용하기 위한 실행체계	1990.1.1. 이후 활동한 곳

핵심 63 산림의 탄소흡수원 확충 방안

1. 유휴토지 신규조림 및 해외조림으로 산림면적 확대
2. 숲 가꾸기 등으로 산림의 축적을 늘려 탄소축적량 증대
3. 목재 이용 활성화로 탄소의 장기 저장
4. 목질계 바이오매스 연료의 이용으로 탄소 배출 저감
5. 산불예방, 병충해방제, 산사태예방 등 산림재해 및 훼손 방지

Part

05

산림측정학

Part 05 산림측정학

❶ 산림측정학의 개념

숲을 이용하여 목재를 생산하려고 하는 경영자에게 벌채된 나무와 숲에 살아있는 나무의 크기는 중요한 정보다. 살아서 숲에 서 있는 나무의 직경은 주로 가슴높이에서 측정한다. 가슴높이에서 잰 나무의 직경을 흉고직경이라고 한다. 흉고직경은 나무의 키와 함께 나무의 부피를 계산하는 데 사용된다. 나무의 부피를 재적이라고 하며, 살아있는 나무의 재적을 계산하기 위하여 나무줄기인 수간의 형태를 부피위주로 다루기도 한다. 이렇게 나무 하나의 부피를 측정하는 방법을 기초로 숲 전체에 대한 재적을 추정하기 위해 숲을 임분이라는 단위로 구분한다. 이렇게 임분단위로 숲에 있는 나무의 재적을 구할 수 있고, 나무의 높이를 이용하여 임지가 좋고 나쁜 정도인 지위를 파악할 수 있다. 지위를 상, 중, 하 등 기준으로 구분하거나, 구체적으로 수치로 나타낸 지위지수를 사용하여 구분할 수도 있다. 임분단위의 숲의 조사는 전체를 다 조사하면 비용과 인력과 시간이 많이 필요하기 때문에 표본조사를 통하여 전체 산림의 재적을 조사하기도 한다. 숲은 보통 면적이 넓기 때문에 산림자원조사는 보통 표본조사 방법을 이용한다. 나무가 성장하면서 숲은 더 울창해지고 지위는 좋아지게 된다. 숲에서 나무가 자라는 생장을 예측하는 것은 산림경영에 있어 향후 수입을 예측하는 자료로 사용된다. 현재의 재적과 생장률을 바탕으로 숲이 미래에 얼마만큼의 부피를 가진 임목자산으로 성장할 것인가를 예측하는 것이 산림생장모델이다. 또한 기후변화에 대한 영향을 완화하는 숲에서 흡수하는 이산화탄소의 양을 계산하는 것 또한 산림측정학의 범주에 포함된다.

❷ 산림측정학의 필요성

산림측정학은 산림경영자에게 현재 숲의 상태를 알려주고, 미래에 어떻게 변할 것인지 예측할 수 있게 한다. 여기에 맞추어 경영자는 계획을 수립할 수 있고 자신이 운영하는 숲의 상태를 다른 사람에게 알려 줄 수도 있다. 온실가스 흡수량과 관련한 흡수량의 측정, 보고, 검증(MRV : Measuring, Reporting, Verifying)에도 산림측정학은 필수다. 나만 알아 볼 수 있는 정보가 아니라 다른 사람들도 알아볼 수 있는 공신력있는 정보를 생산함으로써 타인자본으로도 숲을 경영할 수 있기 때문이다.

❸ 산림측정학 주요 내용

① 벌채목 재적측정

벌채목의 직경 및 길이, 재적을 측정

② 입목 재적측정

임목의 직경과 수고, 형수를 측정

③ 직경측정

- 나무의 지름을 측정
- 직경측정기구 사용 방법

④ 수고측정

- 입목의 수고를 측정하는 원리
- 수고를 용이하게 측정할 수 있는 기구 사용 방법

⑤ 연령측정

- 개체 목의 연령을 벌채하지 않고 측정
- 임분 단위의 평균임령을 측정하는 방법

⑥ 생장량 측정

- 개체목 및 임분의 직경, 수고, 재적 생장량 추정방법
- 생장량의 의미와 활용 방법

⑦ 밀도측정방법

임분밀도, 밀도지수(density index)의 원리와 사용법

⑧ 지위지수 측정방법

- 임지의 생산성을 우세목 수고 및 임령으로부터 추정
- 지위지수(site index)의 원리와 사용법

⑨ 재적표

- 흉고직경과 수고로부터 재적을 추정할 수 있는 재적식의 원리
- 흉고직경과 수고로부터 재적을 파악할 수 있는 표의 제작 방법과 사용법

⑩ 수간석해(stem analysis)

- 나무를 벌채하여 일정한 간격으로 단판을 채취한 다음 연륜 폭을 측정
- 과거의 생장을 정밀하게 재구성할 수 있는 방법을 다룸

⑪ 임분재적측정

임분의 재적을 표본조사, 수확표, 항공사진 등으로부터 추정하는 방법

⑫ 수확표

- 임령, 임분 평균직경 및 수고 등 간단한 인자로부터 지위지수 및 밀도 파악
- 현존 임분의 재적 및 벌채 가능량을 파악할 수 있는 수확표의 조제방법과 사용법

⑬ 사진측량학/원격탐사

- 항공사진(aerial photograph) 및 위성 영상(satellite imagery) 사용 방법
- 산림의 면적, 구획, 수종 분류 등을 할 수 있는 원리와 방법

⑭ 표본조사방법

- 표본조사의 원리와 표본점 설계, 추출, 설치, 조사 방법
- 표본조사자료로부터 모집단의 자료를 추정하는 방법

⑮ 산림자원조사

- 지역 또는 국가단위의 산림통계자료를 조사 및 구축하는 방법
- 산림자원을 모니터링하는 방법

⑯ 산림의 구조(structure) 측정

산림 내 입목의 크기(흉고직경 및 수고)가 얼마나 다양한지를 파악하는 방법

⑰ 산림의 구성(composition) 측정

산림 내의 수종의 다양성을 파악할 수 있는 방법

⑱ 산림의 탄소측정

산림 내의 탄소 저장 및 흡수량을 지상부와 지하부로 구분하여 파악하는 방법

⑲ 지리정보시스템(GIS : Geographic Information System)

자료구축, 자료관리, 자료분석, 정보제공 등 산림 공간정보 활용 방법

⑳ 전지구측위시스템(GNSS : Global Navigation Satelite System)

GNSS의 원리와 GPS를 이용한 산림측량 및 구획방법

㉑ 산림생장모델(forest growth model)

산림생장 및 탄소흡수량을 임령, 밀도, 지위지수, 관리 방법 등에 따라 예측하는 방법

❹ 학습목표

1) 산림을 조사할 수 있어야 한다.
   수고, 흉고직경, 재적 등
2) 산림측정 및 조사장비를 사용할 수 있어야 한다.

핵심 01 측정의 대상

1. 개체 목(個體木, single tree, individual tree)

1) 흉고직경 측정법
2) 수고 측정법
3) 수령 추정법 (연령측정)
   - 원리와 기계사용방법
4) 개체 목의 재적 추정
5) 수간 형태(樹幹形態, stem(taper) form)

2. 임분(林分, stand)

1) 임분밀도(林分密度, stand density)
   산림 전체의 재적 추정
2) 지위지수(地位指數, site-quality index)
   임지의 좋고 나쁨 판단
3) 표본조사방법(sampling method)
   조사를 통해 전체 산림에 대한 재적을 파악
4) 산림자원조사(forest inventory)

3. 산림생장모델(forest growth model)

현재의 생장을 바탕으로 미래의 생장을 예측

핵심 02 직경측정 도구

1. 윤척
2. 직경테이프
3. 빌티모아스티크
4. 섹타포크
5. 포물선 윤척
6. 프리즘식 윤척
7. 스피겔릴라스코프

8. 텔리릴라스코프

구분 : 수관직경, 흉고직경

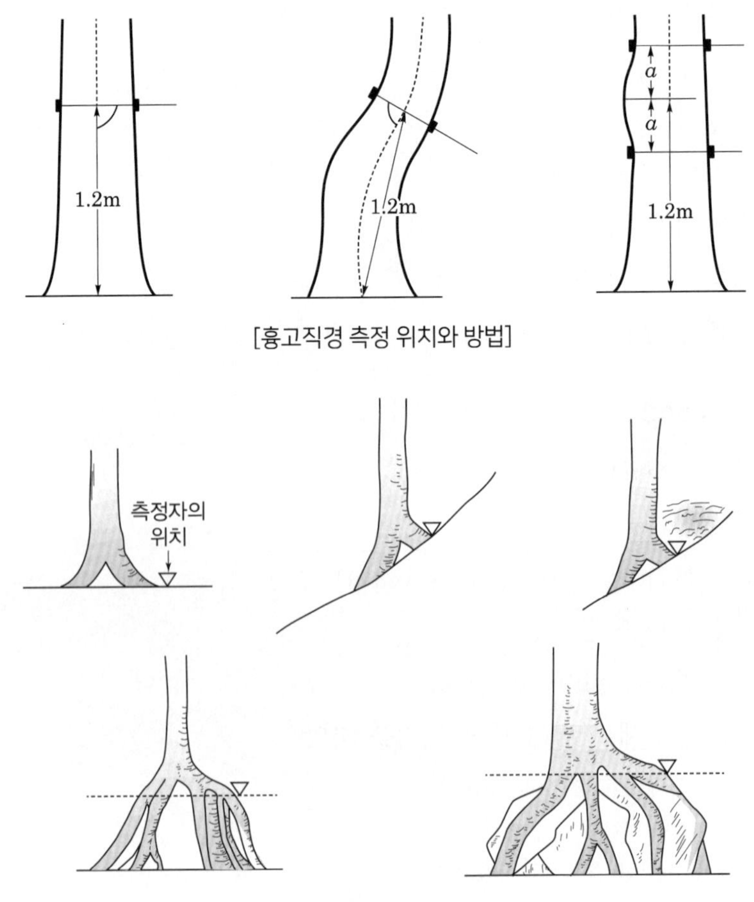

[흉고직경 측정 위치와 방법]

[흉고직경 측정 기준 높이]

직경의 측정 방법

1. 가슴높이, 1.2m 정도에서 잰다.
2. 유동각과 고정각 그리고 자의 3면이 수간에 모두 닿도록 하여 측정한다.
3. 지형이 기울어진 곳에서는 높은 곳에서 잰다.
4. 뿌리가 솟아오른 경우는 뿌리 윗부분부터 잰다.
5. 수간이 기울어진 곳에서는 수간의 직각방향으로 잰다.
6. 흉고부위가 기형이면 위와 아래로 같은 거리만큼 이동하여 재고, 잰 값을 평균하여 흉고직경으로 정한다.
7. 장 변과 단 변을 각각 재어 평균값을 2cm 괄약하여 매목조사야장에 기록한다.
8. 흉고직경 6cm 미만은 기록하지 않는다.

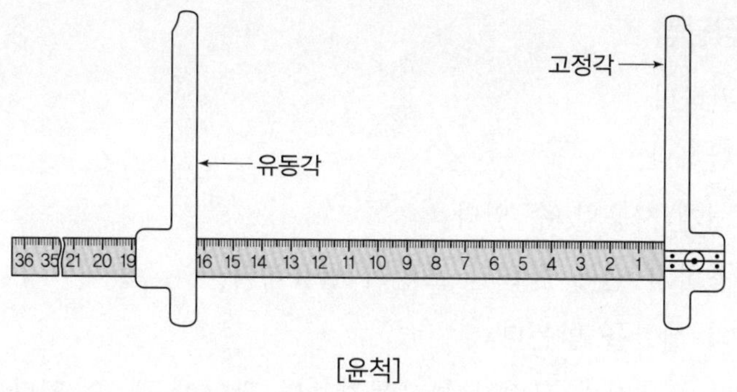

[윤척]

흉고위치에서 직경을 측정하는 이유

1. 첫 번째는 편하기 때문이고
2. 두 번째는 수간의 재적을 산출하기 위한 수간재적표가 흉고직경과 수고의 조합표로 만들어져있기 때문이다.

수간재적표는 수간석해를 통해서 만드는데, 이때 수종별로 형수표를 만들게 되고 이 형수표 역시 흉고직경을 기준으로 만들게 된다. 한마디로 참고로 할 수 있는 재적표가 흉고직경기준으로 만들어져 있기 때문이다.

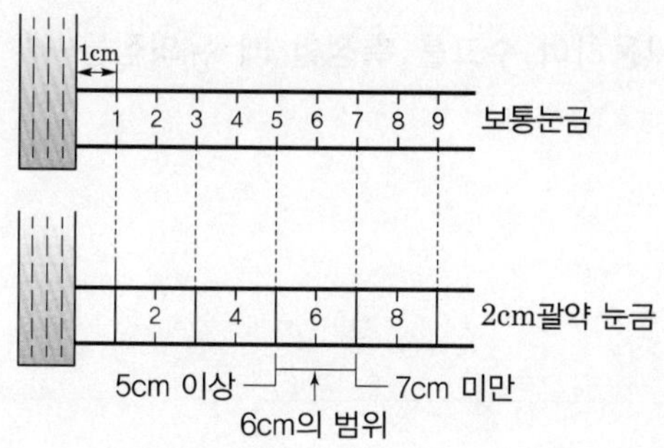

흉고직경의 결정

1. 땅이 기울어진 곳의 위쪽에서 먼저 흉고직경을 잰다.
2. 처음 잰 수간의 직각방향으로 다시 한번 측정한다.
3. 측정한 값의 평균을 구한다.
4. 2cm 괄약한 값으로 매목조사야장에 기재한다.

∵ 만약 평균한 값이 7.0cm라면 7cm 이상 9cm 미만이 8이므로 8로 결정합니다. 이상, 미만 이렇게 입으로 반복하시고, 이상과 미만 사이에 괄약한 값을 위치하시면 됩니다.

윤척사용의 장단점

1. 휴대가 간편하다.
2. 사용이 간단하다.
3. 초보자도 쉽게 사용할 수 있다.
4. 윤척을 사용하기 전에 반드시 조정이 필요하다.
5. 직경 크기의 제한을 받는다.
   나무의 직경이 윤척의 고정각과 유동각보다 짧아야 잴 수 있다.
6. 윤척을 수간축과 직각방향으로 대지 못하고 경사지게 대면, 오차를 초래할 수 있다.

직경테이프

1. 불규칙한 임목을 측정하기 쉽다.
2. 수평으로 돌려 감아야 한다.
3. 스틸테이프기 때문에 조정할 필요가 없다.
   S＝3.14159×D, S : 테이프눈금, D : 직경

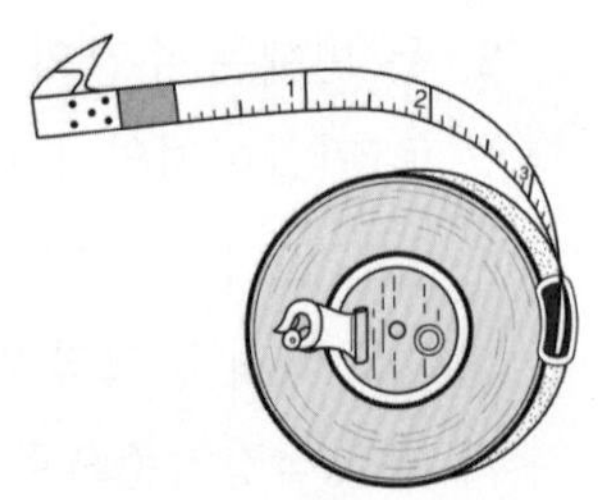

기출문제 **윤척을 사용하여 수고를 측정할 때 유의점을 세 가지 쓰시오.(3점)**

모범답안

핵심 03 측고기의 사용 시 주의사항

1. 경사지에서는 가능하면 등고 위치에서 측정
2. 초두부와 근원부를 잘 볼 수 있는 위치에서 측정
3. 입목까지의 수평거리는 될 수 있는 대로 수고와 같은 거리를 취한다.

측고기 사용상의 주의사항

1. 가능하면 나무의 근원부와 등고위치에서 잰다.
2. 측정위치는 측정하고자 하는 나무의 정단과 밑이 잘 보이는 지점을 선정해야 한다. 밑이 잘 안 보일 때는 잘 보이는 데까지 측정한 후, 그 점에서 지상까지의 거리를 측정하여 가산한다.
3. 측정위치가 가까우면 오차가 생긴다. 그러므로 수고를 목측하여 나무의 높이만큼 떨어진 곳에서 측정하면 좋은 결과를 얻을 수 있다.
4. 경사진 곳에서 측정할 때는 오차가 생기기 쉬우므로 여러 방향에서 측정한 후 평균을 내야 한다. 가능하면 등고 위치에서 측정한다.

기출문제

순또측고기를 사용하여 수고를 측정할 때 유의하여야 할 점을 세 가지 쓰시오.(3점)

1.
2.
3.

기출문제

순또경사계를 사용하여 수평으로 20m 거리의 잣나무의 높이를 재었더니 초두부는 40°, 근주부는 5°가 나왔다. 이 나무의 높이를 계산하시오.

모범답안

$20 \times \tan 40 + 20 \times \tan 5 = 16.7819 + 1.7497 = 18.5$[m]

∴ 18.53m

기출문제

순또경사계를 사용하여 수평으로 15m 거리의 낙엽송의 높이를 재었더니 나무의 끝부분은 60%, 나무의 지제부는 10%가 나왔다. 이 나무의 높이를 계산하시오.

모범답안

$15 \times 0.6 + 15 \times 0.1 = 10.5$[m]

∴ 10.5m

핵심 04 상사삼각형을 응용한 측고기

1. 와이제측고기
2. 아소스측고기
3. 크리스튼측고기
4. 메리트측고기
   - 빌트모아스틱 사용
   - 66feet, 20m 수고
5. 크라마덴드로미터
6. 간편법
   ① 이등변삼각형 응용법
   ② Demeritt법

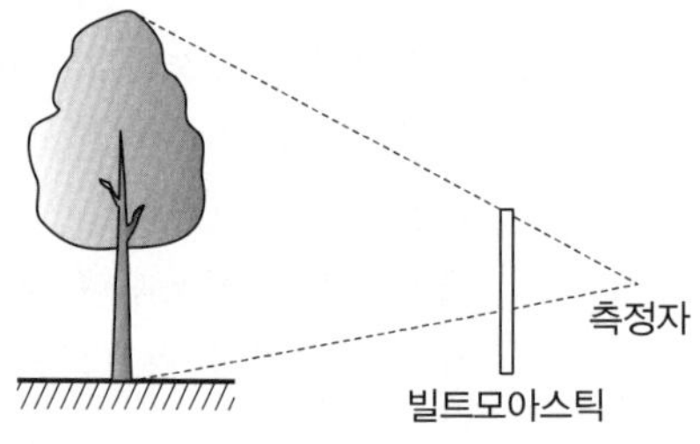

[메리트측고기의 원리]

▶ [와아! 메리 크리스 크라마다.]

핵심 05 삼각법을 이용한 측고기

1. 트랜싯
   - tangent of angles method, 트랜싯 거치, 기계~입목 수평거리, 수직각, 첨단, 두부의 각측정
2. 아브네이레블
3. 미국 임야청측고기
4. 카드보드측고기
5. 하가측고기
   - 회전나사, 수평거리 : 거리의 간접 측정
6. 블루메라이스측고기
7. 스피겔릴라스코프
8. 텔리릴라스코프
9. 순또측고기
10. 덴드로미터
    - 일본 임업기술협회

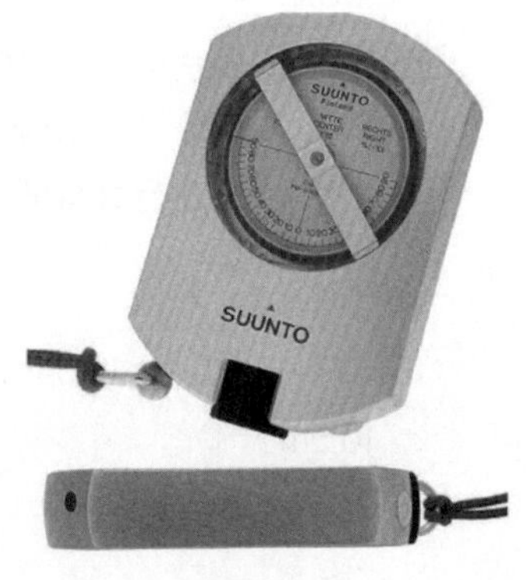

[순또측고기]

핵심 06 측고기의 종류

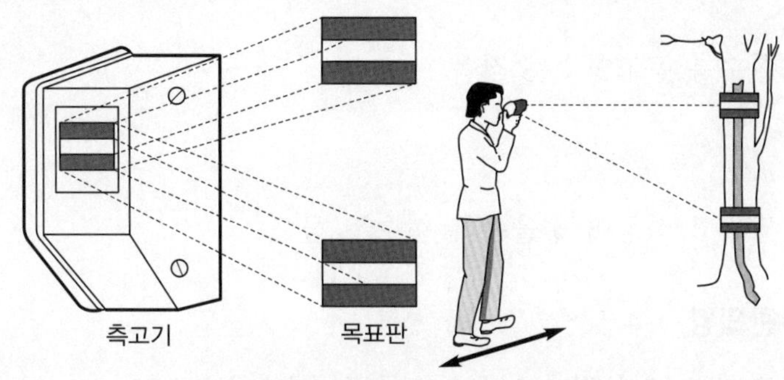

[하가측고기를 이용한 수고 측정]

1. 상사삼각형의 원리를 이용한 측고기
2. 삼각법을 이용한 측고기
3. 거리측정법을 응용한 측고기 : 초음파거리측정기 이용, 수고측정

핵심 07 단목의 연령 측정방법

단목 : 1개의 나무, 연령 : 나이

1. 기록에 의한 방법

- 조림 기록

2. 나이테수에 의한 방법

- 나이테수 측정

3. 생장추에 의한 방법

- 생장추에서 채취한 목편의 나이테수 추정

4. 지절에 의한 방법

- 고정생장, 단축분지 나무의 절수

핵심 08 흉고형수를 좌우하는 인자와 형수의 관계

1. 지위

지위가 양호할수록 흉고형수는 작음

2. 수관밀도

수관밀도가 밀하고 성장이 좋을수록 형수는 큼

3. 지하고와 수관의양

지하고가 높고 수관량이 적은 나무일수록 형수는 큼

4. 수고

수고가 높을수록 형수는 작음

5. 흉고직경

직경이 클수록 형수는 작음

6. 연령

연령이 많을수록 형수는 커지고, 벌기령에 달할수록 형수는 거의 일정

행복암기 연령, 지하고 ↑, 형수 ↑
수고, 수관, 직경, 지위 ↓, 형수 ↑
벌기령 가까이에서는 일정

핵심 09 수피 내 직경측정

1. 직경의 구분

- 수피를 합한 직경, 수피외직경, DOB
- 수피를 제외한 직경, 수피내직경, Diameter Inside Bark(DIB)

2. 수피내직경 산출식

- 수피내직경＝수피외직경−2×수피후
- DIB＝DOB-2×수피 두께

3. 수피후 측정 기구

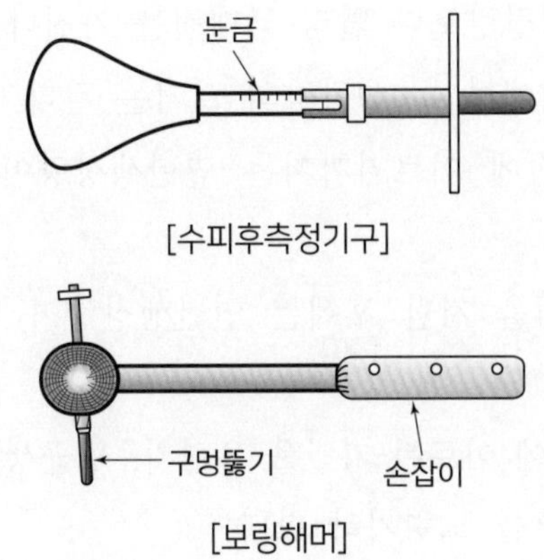

[수피후측정기구]

[보링해머]

기출문제 어떤 임목의 수피외직경(DOB)이 14cm, 수피 두께가 5mm였다면, 이 임목의 수피내직경(DIB)은 얼마인가?(3점)

모범답안

수피내직경＝수피외직경－(수피 두께×2)

14cm－(0.5×2)＝13cm

∴ 13cm

단위에 유의하여 계산한다.

핵심 10 연년생장량과 평균생장량 간의 관계

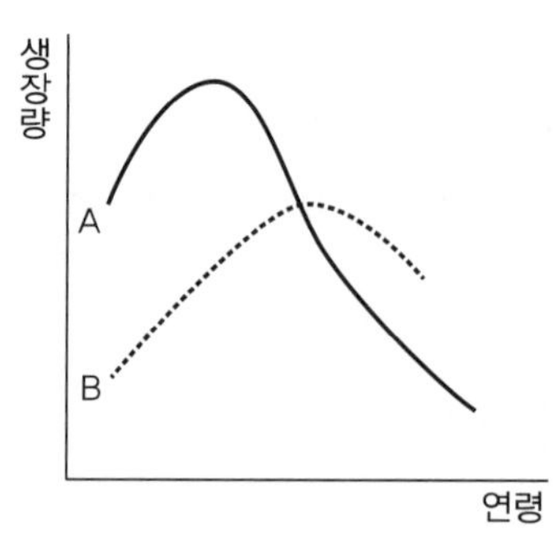

A : 연년생장량, B : 평균생장량

1. 처음에는 연년생장량이 평균생장량보다 크다.(A > B)
2. 연년생장량은 평균생장량보다 빨리 극대점을 가진다.
3. 평균생장량의 극대점에서 두 생장량의 크기는 같다.(A=B)
4. 평균생장량이 극대점에 이르기까지는 연년생장량이 항상 평균생장량보다 크다.(A > B)
5. 평균생장량이 극대점을 지난 후에는 연년생장량이 평균생장량보다 하위에 있다.(A > B)
6. 연년생장량이 극대점에 이르는 기간을 유령기, 평균생장량이 극대점에 이르는 기간을 장령기, 그 이후를 노령기라 한다.
7. 임목은 평균 생장량이 극대점을 이루는 해에 벌채하는 것이 가장 이상적이다.

∴ 생장량 : 목재의 부피가 늘어난 양

연년생장량 : 한 해 동안 늘어난 축적, 추계축적 - 춘계축적

평균생장량 : 일정한 기간 동안 한 해에 늘어난 축적, 총생장량/생장소요연수

정기평균생장량 : 윤벌기를 몇 개의 분기로 나누어 해당 분기 동안 늘어난 축적, 분기총생장량/분기에 속하는 년수

핵심 11 정기평균생장량

일정 기간 동안의 1년 평균생장량

정기평균 생장량 : $\frac{V-v}{n}$

V : 현재의 재적, v : n년 전의 재적, n : 기간연수

핵심 12 생장률

1. 단리산 공식

$$P = \frac{V-v}{v} \times 100$$

(P : 생장률(%), n : 기간연수, V : 현재재적, v : n년 전 재적)

2. 프레슬러(Pressler) 공식

$$P = \frac{V-v}{V+v} \times \frac{200}{n}$$

(P : 생장률(%), n : 기간연수, V : 현재재적, v : n년 전 재적)

3. 슈나이더 공식

$$P = \frac{K}{nD}$$

(P : 생장률(%), D : 흉고지름, n : 수피 안쪽 1cm 안에 나이테 수,
K : 상수(직경 30cm 이하인 나무 550, 30cm 이상 나무는 500))

기출문제 ha당 현실축적 500m^{3}인 인공림 표준목을 조사하니 다음과 같았다. 연간생장률과 연간생장량을 구하시오.(2005년)
[흉고직경 20cm, 연륜수 5]

모범답안

가. 연간생장률

슈나이더 공식 : $P = \frac{K}{nD} = \frac{550}{5 \times 20} = 5.5\%$

나. 연간생장량 : 500×5.5%=27.5m^3

핵심 13 총평균생장량

총평균생장량(=총생장량/총연수)

임목의 총생장량을 현재까지 경과된 총연수로 나눈 값

핵심 14 임목의 평가에서 생장의 종류

임목 축적은 해마다 재적 생장이 이루어지기 때문에 증가하게 되며, 그 과정에서 형질생장과 등귀생장도 아울러 이루어진다.

1. 재적 생장

나무의 지름과 높이의 성장에 의해 임목의 부피가 증가하는 것이다.

2. 형질 생장

- 지름이 커짐에 따라 나무의 무늬가 아름다워지거나 품질이 좋아지는 것이다.
- 단위재적당 목재의 가격이 상승하는 데에서 유래된다.

3. 등귀 생장

물가 상승과 도로, 철도 등의 개설로 인하여 운반비가 절약됨에 따라 상대적으로 임목의 가격이 올라가는 것을 말한다.

4. 총가생장

재적생장+형질생장+등귀생장

기출문제

1. 어떤 소나무 임분에서 50년생일 때의 재적 1,000m^3, 60년생일 때 1,100m^3가 된다고 한다. 10년간의 총가생장량을 구하시오.(3점) (단, 재적단가는 m^3당 50년생일 때 10,000원이고, 60년생일 때 11,000원이며, 10년간 등귀생장량은 m^3당 500원이다.)
2. ha당 현실축적 500m^3인 인공림 표준목을 조사하니 다음과 같았다. 연간생장률과 연간생장량을 구하시오.(2005년)

모범답안

1. 풀이과정

   1,100×(11,000+500)−1,000×10,000=2,650,000원

   ∴ 2,650,000원

2. 풀이과정

   총가생장=재적생장+형질생장+등귀생장

   재적생장량 : (1,100−1,000)×10,000=1,000,000원

   형질생장량 : (11,000−10,000)×1,100=1,100,000원

   등귀생장량 : 500×1,100=550,000원

   총가생장량 : 1,000,000+1,100,000+550,000=2,650,000원

핵심 15 벌채목의 재적측정

| 양스말, 중후버, 4뉴튼, L42, 수파사

1. 스말리안(양단면적)

$$V = \frac{\pi}{4} \times \frac{do^2 + dn^2}{2} \times L = \frac{go + gn}{2} \times L(\mathrm{m}^3)$$

(do : 원구지름, dn : 말구지름, L : 길이, go : 원구단면적(m^2), gn : 말구단면적(m^2))

2. 후버식(중앙단면적)

$$V = r \times L = \frac{\pi}{4} \times d^2 \times L(\mathrm{m}^3)$$

(r : 중앙단면적, L : 길이, d : 중앙지름)

3. 리케식(4뉴튼)

$$V = \frac{L}{6} \times (go + 4r + gn)(\mathrm{m}^3)$$

(L : 길이, go : 원구단면적(m^2), r : 중앙단면적(m^2), gn : 말구단면적(m^2))

4. 말구직경자승법 (법정)

- 6m 미만 : $V = dn^2 \times L \times \frac{1}{10,000}(\mathrm{m}^3)$

  (dn : 말구직경(cm), L : 길이)

- 6m 이상(L42) : $V = (dn + \frac{L' - 4}{2})^2 \times L \times \frac{1}{10,000}(\mathrm{m}^3)$

  (L' : 끝자리 끊어버린 수 7.6m ⇨ 7m)

- 수입재 : $V = dn^2 \times L \times \frac{1}{10,000} \times \frac{\pi}{4}(\mathrm{m}^3)$

기출문제 말구단면적 0.0707m², 중앙단면적 0.0804m², 원구단면적 0.0908m², 목재의 길이 8.3m인, 목재의 재적을 리케식을 사용하여 소수점 넷째자리까지 구하시오.

풀이과정

$$\frac{0.0707 + 4 \times 0.0804 + 0.0908}{6} \times 8.3 = 0.668288\mathrm{m}^3$$

답 $0.6683\mathrm{m}^3$

기출문제 말구직경 18cm, 원구직경 36cm, 목재의 길이 8.3m인 일본산 편백나무의 재적을 구하시오.

풀이과정

$18^2 \times 8.3 \times \frac{1}{10,000} \times \frac{\pi}{4}$

답 $0.2112m^3$

핵심 16 형수법

$$V = g \times h \times f = \frac{\pi}{4} \times d^2 \times h \times f(\mathrm{m}^3)$$

(f : 형수, g : 단면적, h : 높이, d : 흉고직경)

형수법

1. 형수법이란

- 형수를 사용해 입목재적을 구하는 방법
- Daulsen(1800) 발표
- 입목재적 측정법
- 형수=입목재적/비교원주의 재적

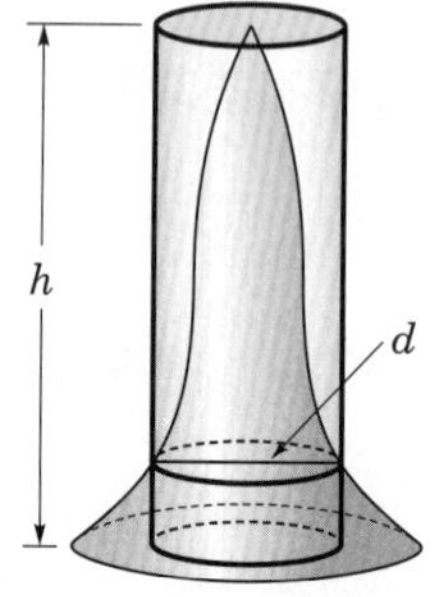

나무의 줄기와 원주의 비교
h : 높이 d : 흉고직경

2. 비교원주의 직경측정 위치에 따라

1) 부정형수=흉고형수
2) 정형수(1/n, n=10 or 20)
3) 절대형수=근주형수

3. 나무의 측정 부위에 따라

1) 수간형수
2) 지조형수
3) 근주형수
4) 수목형수

4. 구성에 따라

1) 단목형수

2) 임분형수

5. 임목재적측정 방법

1) 형수법

2) 약산법[망고법, 덴진법]

3) 목측법

4) 임목재적표에 의한 방법

흉고형수를 좌우하는 인자

1. 수종 및 품종
2. 생육구역
3. 지위 : 지위가 불량하면 형수가 크다.
4. 수관밀도 : 수관 밀도가 높으면 형수가 크다.
5. 지하고 : 지하고가 높으면 형수가 크다.
6. 수관의 양 : 수관의 양이 적으면 형수가 크다.
7. 수고 : 수고가 작으면 형수가 크다.
8. 흉고직경 : 흉고직경이 작으면 형수가 크다.
9. 연령 : 연령이 많으면 형수가 크다.

행복암기 연령, 지하고↑, 형수↑
수고, 수관, 직경, 지위↓, 형수↑

고관으로 불리던 경(시동생)이 지위가 낮아지면 형수의 목소리가 커진다.

기출문제 **흉고직경은 25cm, 수고는 19m인 나무의 부정형수는 0.465이다. 이 나무의 재적을 계산하시오.(소수점 다섯째자리에서 반올림, 넷째자리까지 기재)**

모범답안

$$\frac{\pi \times 0.25^2}{4} \times 19 \times 0.465 = 0.433687 \fallingdotseq 0.4337\text{m}^3$$

$\therefore$ 0.4337m^3

> 기출문제 **흉고직경 26cm, 수고 25m인 나무의 재적을 덴진식으로 계산하시오.**
>
> 풀이과정
>
> $V=\dfrac{26^2}{1,000}=0.6760\text{m}^3$
>
> 답 0.6760m^3

- 수고 25미터가 아닌 나무의 경우 $V=\dfrac{\text{흉고직경}^2}{1,000}\times\{1+(h-30)\times 0.03\}$

  수고가 25미터면 $V=\dfrac{\text{흉고직경}^2}{1,000}$

> **Denzin,s formula**
>
> 입목(立木)의 재적을 계산하기 위해 V=ghf의 형수법을 사용할 때, 수고를 25m 그리고 형수는 0.51을 전제로 계산하면 $V=d^2/1,000$이 된다. 여기서 d(cm)는 흉고직경으로 이와 같이 수고와 형수를 고정시켜 흉고직경 하나만 알면 입목의 재적을 계산할 수 있도록 만든 식을 덴진식이라고 한다. 하지만, 수고가 25m보다 크거나 또는 작을 경우 오차가 생기므로 오차의 폭을 보정하기 위하여 Denzin이 만든 보정표를 이용하여 입목의 재적을 측정하는 방법이다.

- 산림기사 시험에 붙기 위해서는 이렇게 세부적인 내용까지 다룰 필요는 없습니다. 다만 다른 시험을 준비하시는 분들을 위해 수록하였고, 사람마다 다르긴 하지만, 이렇게 쉽게 외워서 맞출 수 있는 문제는 암기하기 위해 별도로 수고하지 않아도 되므로 잠시 읽고 가는 것도 좋을 듯합니다.

핵심 17 수간석해

1. 목적

1) 과거의 임목성장 단기일 내 추정
2) 임분의 성장상태 단기간 내 파악
3) 과거성장을 토대로 앞으로의 성장 추정

2. 방법(과정)

1) 벌채목 선정

- 표준목(유의선택법 or 임의추출법, 偏倚(bias)를 가져오지 않는 방법)
- 임목의 위치도, 지황 및 임황 기록 조사

2) 벌채점의 위치선정 : 0.2 or 0.3 DBH의 위치, 원판 손상에 유의

3) 원판을 채취할 위치

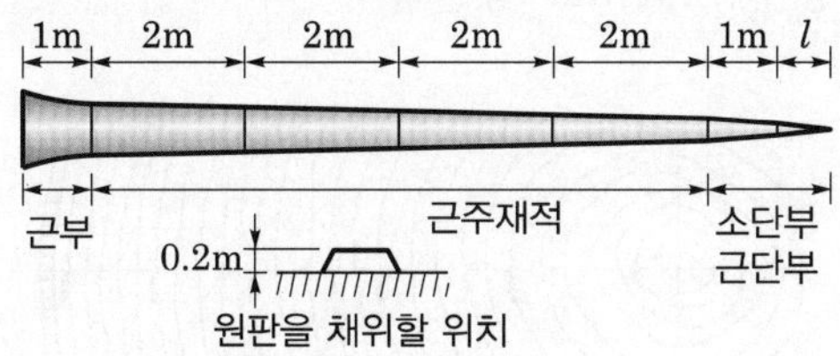

- 수간과 직교하도록 원판을 채취
- 원판에 위치와 방향 표시

4) 원판의 측정

① 원판 연륜수 측정

- 0.2m 성장에 소요된 연수 가산

⇨ 연령 추정

② 단면의 반경

- 4방향 측정하여 평균

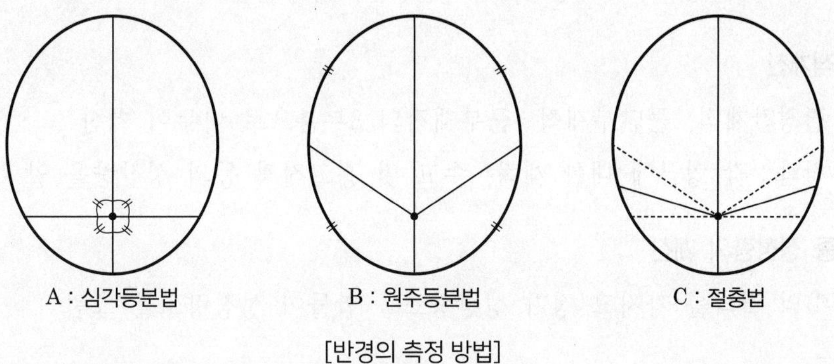

[반경의 측정 방법]

모범답안

a. 심각등분법 : 수심을 90°로 가로지르는 선을 그어 평균한 값을 단면으로 결정

b. 원주등분법 : 원주 4등분 후 수심과 연결

c. 절충법

- 반경은 5년마다 측정 : 5의 배수가 되는 연륜까지

③ 반경의 측정 : 자를 이용, mm 단위
연륜측정기 사용 : 1/100mm 정밀측정

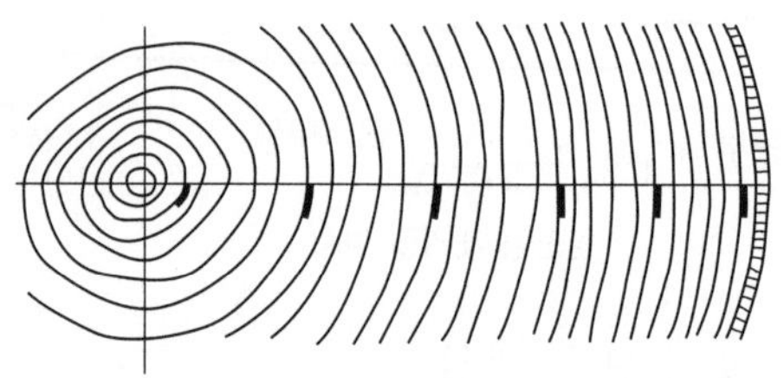

반경의 측정위치
(5, 10, 15, 20 …년, 즉 5년 간격 측정)

5) 수간석해도의 작성

- 방안지를 이용
- 세로선 : 간축(stem axis),
  수고표시 축척 1/10~1/20(수고 크기에 따라)
- 가로선 : 반경표시, 축척 1/1~1/2
- 수고의 결정 : 수고곡선법, 직선연장법, 평행선법

6) 재적계산

- 결정간재적, 근단부재적, 근부재적의 3부분으로 나누어 계산
- 결과 : 각 영급에 대한 재적, 수고 및 흉고직경 등의 성장량을 알 수 있다.

7) 각종 성장량의 계산

- 6)의 결과를 가지고 정기 성장량표를 만들어 성장량도를 그림

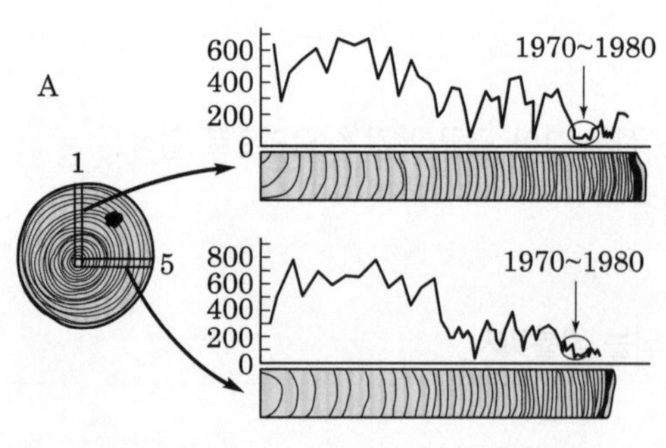

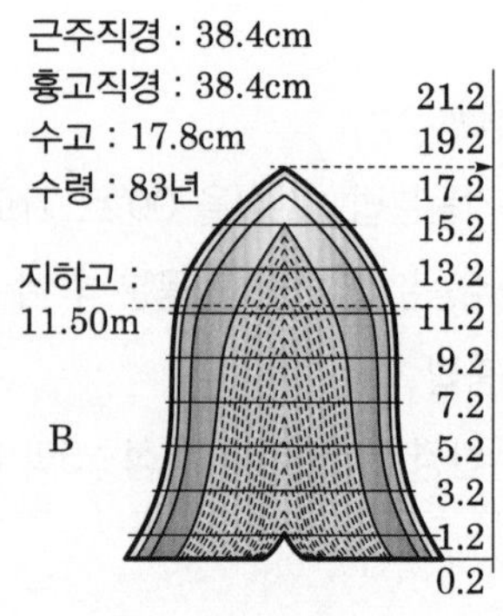

[연륜생장의 횡단면(A)과 수간석해에 의한 종단면도(B)]

[충남 안면도]

핵심 18 수간석해의 과정

| 1. 원판 채취 → 2. 원판측정 → 3. 수고생장량(생장곡선) → 4. 수간석해도

단기간 내 수목의 성장과정 정밀 사정

단기간 내 임분의 성장과정 추정, 임분성장상태와 생장특성 조사

수목의 성장과정을 정밀히 사정할 목적으로 수간을 분석하여 측정하는 것

임분의 성장상태를 알고자 함 : 나무의 생장과정을 정확히 알고 생장특성을 조사하기 위하여 수간을 해석하여 측정하는 것

(원판 채취 → 원판측정 → 수고생장량(생장곡선) → 수간석해도 작성)

핵심 19 수간석해도 작성 시 각 영급에 대한 수고 결정방법

1. 직선연장법

수간석해도에서 어떤 영급의 맨 나중 단면과 그 바로 앞 단면의 값을 그대로 연장하여 그 만나는 점을 영급의 수고로 하는 방법

2. 평행선법

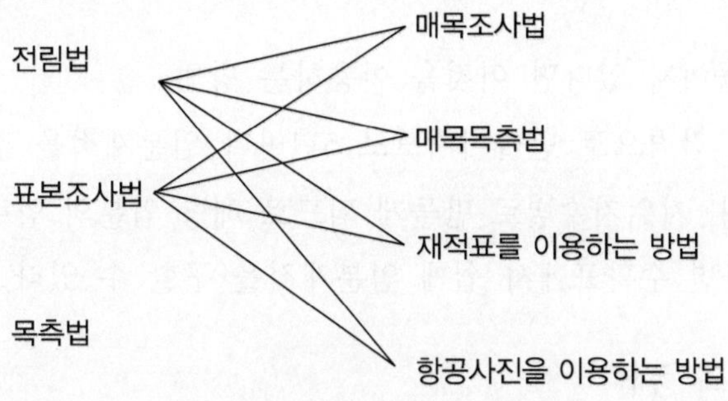

[임분재적측정법과 전림법의 상관관계]

수간석해도에서 밖에 있는 영급의 선과 평행선을 그어서 만나는 점을 그 영급의 수고로 결정하는 방법

3. 수고곡선법

- 수간석해도를 작성하여 수고를 결정하는 방법 중의 하나
- 각 단판에 나타난 연륜의 수에서 그 단판높이에 달하는 데 소요되는 연수를 조사하여 수고생장곡선을 5, 10, 15, …와 같이 5년마다 수고를 도면상에서 구하여 각 영급에 대한 수고로 하는 방법

핵심 20 전림법

1. 매목조사법

- 각 임목의 재적을 측정하는 경우
- 각 입목의 직경만을 측정하는 경우
- 일반적인 매목조사는 직경측정을 말한다.

2. 매목목측법

- 하나하나의 임목을 일일이 목측하여 재적을 추정하는 방법
- 시간과 경비를 적게 들여서 임목이 가지는 개성을 파악하고자 할 때 사용

3. 재적표법

- 재적산출에 필요한 직경과 수고 등은 직접 측정하거나 목측한다.
- 입목재적표에서 직경과 수고를 찾아서 해당 재적을 사용한다.

4. 항공사진법

- 항공사진을 이용하여 임분재적을 산출하는 방법이다.

5. 수확표이용방법

- 수확표가 만들어져 있다면 이것을 이용하는 방법
- 수확표는 5년 간격으로 만들어지므로 5년마다 임분재적을 추정할 수 있다.
- 수확표는 지위, 지위지수별로 만들게 되므로 해당 임분의 임령과 지위 또는 지위지수를 결정하면 수확표에서 쉽게 임분재적을 구할 수 있다.

임분재적측정법의 종류

임목의 집단이다. 즉, 임분(stand)의 재적을 측정하는 데에는 여러 가지 방법이 있으나, 대체로 다음에 소개하는 몇 가지 방법으로 나누어진다.

1. 전림법(100% cruising)

- 임분을 구성하는 임목 개개를 하나도 빠짐없이 전부 측정하는 방법이다.
- 전 임목을 조사, 측정하여 임분 재적을 측정하는 방법

2. 표본조사법

- 표본점을 추출하고 이것을 측정하여 전 임분을 추정하는 방법이다.

3. 목측법

- 시간과 경비를 절약하기 위하여 목측(目測)하는 것
- 개략의 수치(값)를 얻고자 할 때, 매우 중요한 간접적 추정방법이다.

기출문제 **항공사진을 활용한 산림조사의 장점을 쓰시오.(4점)**

모범답안

① 넓은 지역을 신속하게 측량할 수 있다.
② 정밀도가 똑같으며 개인차가 작다.
③ 촬영 후 언제든지 분업 점검할 수 있다.
④ 대량생산방식을 취할 수 있다.
⑤ 지표상에서 측량하면 지역의 난이도가 없다.
⑥ 넓은 지역일수록 측량경비가 절감된다.

핵심 21 표준목법과 표본조사법을 쓰고 설명

1. 표준목법

- Hartig법, 우리히법, 드라우드법, 단급법
- 각 계급의 흉고단면적을 같게 한 것
- 전 임분을 임목수가 같은 계급으로 나눔
- 각 계급에서 같은 수의 표준목을 선정하는 방법

2. 표본조사법

- 임분재적을 통계학적 방법으로 표본을 추출하여 조사하는 것

※ 표준목법(purposive sample tree method)에서는 임분의 재적을 추정하기 위하여 표준목(평균목 ; average tree)을 선정하게 된다. 표준목이란 임분재적을 총본수로 나눈 평균재적을 가지는 나무를 말하는데, 미지의 임분재적을 추정할 때 그 평균재적을 가지는 나무를 선정해야 하는 모순이 있다.

표준목법의 종류

분류를 어떻게 할 것인가에 초점을 둔다.

1. 단급법
   - 전 임분을 하나의 class(급)로 취급하여 단 1개의 표준목을 선정하는 방법
   - 1 임분 1 표준목
2. Draudt법
   - 각 직경급을 대상으로 표준목을 선정, 각 클래스별 표준목 선정
   - 1 직경급 1 표준목
3. Urich법
   - 전 임목을 일정한 본수의 계급으로 나누어, 각 계급에서 표준목 선정
     1 본수계급 당 1 표준목
4. Hartig법
   - 전 임목의 흉고단면적을 계급수로 나누어, 각 계급의 표준목 선정
   - 1 흉고단면적급 1 표준목

단급 [직경 드라 우리 본수 하티그 흉]
직경들아 우리 본래 하티그 흉본다.

기출문제 **임분의 재적을 측정하는 방법 중 Urich법에 대하여 설명하고, 공식을 쓰시오.(4점)**

모범답안

설명(2점) : 표준목을 선정하여 임분의 재적을 측정하는 방법 중 하나
전 임목을 일정한 본수의 계급으로 나누어, 계급별로 표준목을 선정하고 1 본수 계급당 1 표준목을 선정하는 방법이다.

공식(2점) : 임분의 재적 = (표준목 재적 × 임분흉고단면적)/표준목 흉고단면적

핵심 22 표준목 재적 산출 시 필요한 주요 인자

> 표준목 = 임분재적/총본수 = 평균 재적을 가진 나무
> 재적은 흉고직경, 수고, 형수를 이용해서 계산합니다.

1. 흉고직경
2. 수고
3. 흉고형수

핵심 23 표준지 선정 시 주의사항

1. 표준지는 면적의 계산이 쉬운 모양으로 선정한다.

- 정방형 또는 장방형, 원형 등

2. 표준지는 임상이 고르게 분포한 곳으로 선정한다.

- 나무의 수가 평균이라고 볼 수 없는 곳은 선정하지 않는다.
- 전체를 살펴 나무가 고르게 분포한 곳을 선정한다.

3. 경사지에서는 띠모양으로 표준지를 설정한다.

- 산정상에서 산각의 띠모양으로 설정한다.

$$표본추출간격 : d = \sqrt{\frac{A}{n}} \times 100(m)$$

(d : 표본추출간격, A : 전조사 대상면적, n : 표본점 추출개수)

$$표본점\ 추출개수를\ 구하는\ 공식 : n = \frac{4c^2A}{e^2A + 4ac^2}(개)$$

(n : 표본점의 수, c : 변이계수, A : 조사면적, e : 추정오차율, a : 표본점 면적)

핵심 24 헤론의 공식

$$\text{헤론의 공식 } S=\sqrt{s(s-a)(s-b)(s-c)} \quad s=\frac{a+b+c}{2}$$

$(a,\ b,\ c$: 삼각형 각 변 길이)

∷ 직각이 하나도 없는 삼각형의 면적을 계산하는 데 있어 헤론의 공식은 굉장히 유용합니다. 삼각형의 면적을 계산하는 데 있어서 small s의 역할은 중요합니다. 편의상 이 s를 "중간다리 에스"로 기억하시면 헷갈리는 일이 없을 것입니다.

헤론의 공식으로 삼각형의 면적을 계산하실 때는

1. 먼저 중간다리 s를 계산한다.
2. 그리고 중간다리에스에서 각 변의 길이를 빼준 값 세 개를 곱한다.
3. 거기에 다시 중간다리에스를 곱한다.
4. 마지막으로 루트라는 모자를 씌운다.

거꾸로

1. 중간다리에스를 계산한다.
2. 면적을 계산하기 위해 먼저 루트라는 모자를 씌운다.
3. 중간다리에스에다가 중간다리에스에서 각 변의 길이를 뺀 값을 모두 곱한다.

∷ 이렇게 작성하실 일은 없겠지만, 공식을 암기하실 때는 읽을 수 있게 만들거나, 읽을 수 있게 만들기 어려우면 차근차근 공식을 구성하는 요소들을 이해하고, 그 요소들이 어떻게 결합되었는지를 연상하시면서 재구성하시는 것이 좋습니다.
합격을 위하여 파이팅!!!

핵심 25 형수의 정의

형수를 쓰고 설명

형수(form factor)란 수간과 수간의 직경과 높이가 같은 원주의 재적비

수간과 비교원주체적의 비율

$\left(\text{형수}=\frac{\text{수간재적}}{\text{원주체적}}\right)$

비교원주란 특정위치에서 측정한 나무의 흉고직경과 같은 지름 수고와 같은 높이를 가진 원기둥

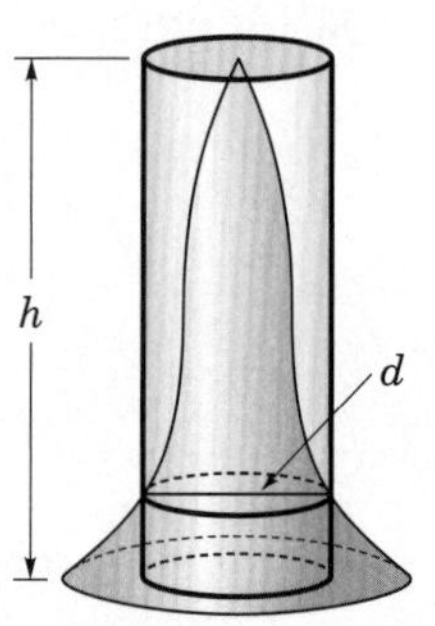

나무의 줄기와 원주의 비교
h : 높이 d : 흉고직경

핵심 26 형수의 분류

1. 직경의 측정위치에 따른 분류

- 정형수, 흉고형수, 절대형수

2. 재적의 종류에 따른 분류

- 수간형수, 지조형수, 근주형수, 수목형수

3. 구성에 따른 분류

- 단목형수, 임분형수

핵심 27 직경의 측정위치에 따른 형수의 분류

1. **정형수 :** 수고의 1/n되는 곳의 직경과 같게 하여 정한 형수

   n=10m or 20m

2. **흉고형수 :** 비교원주의 직경을 흉고직경으로 하여 계산한 형수

3. **절대형수 :** 비교원주의 직경 위치를 최하단부에 정해서 구한 형수

핵심 28 수간재적을 추정할 수 있는 방법

1. 수간재적표를 이용하는 방법

2. 흉고형수표를 이용하는 방법

3. **약산법 :** 망고법(프레슬러 0.7H), 덴진법(자승법 h=25)

4. **목측법**

   - 구적식을 응용하는 것은 상부위치의 직경과 둘레를 재야하므로 현실적으로 어렵다. 그래서 위의 방법들이 제시된 듯하다.
   - 수간 재적의 추정은 임목 재적의 측정과 구분해야 한다.
     임목은 임지에 서 있는 나무를 기준으로 하는 것이어서 추정
     수간은 벌채목에서 조재(가치자르기, 단목)작업을 한 이후이므로 구분해야 한다.

- 추정은 시간과 경비를 절약하기 위해서 간단한 방법으로, 측정은 정밀한 수치를 알기 위해서 목적에 맞는 방법을 사용한다.

재적의 정밀 측정

1. 주요 구적식 이용

- 스말리안식, 후버식, 분주식, 브레레톤식 등

[양스말, 중후버, 4리케, L42]

2. 정밀 재적측정

1) 구분구적법

- 후버식에 의한 구분구적
- 스말리안식에 의한 구분구적
- 4분주식에 의한 구분구적

2) 구적기법

- planimeter를 사용하여 재적을 구하는 방법
- 임목단면적은 원이 아니므로 구적기를 사용하여 정확하게 단면적을 측정할 수 있다.
- 재적계산 방안지에 가로축에는 수고, 세로축에는 단면적을 잡아서 plot한다.
- plot된 점을 연결하여 곡선과 가로축 및 세로축으로 둘러싸이는 면적을 측정한다.
- 이렇게 측정한 단면적은 통나무의 재적과 정비례하므로 재적을 측정하는 데 유용하게 사용할 수 있다.

3) 측용기법

- Hossfeld(1812)가 고안한 측용기(xylometer)를 이용하는 방법
- 수중에 물체를 넣었을 때 같은 용적의 물을 배출하는 원리 응용

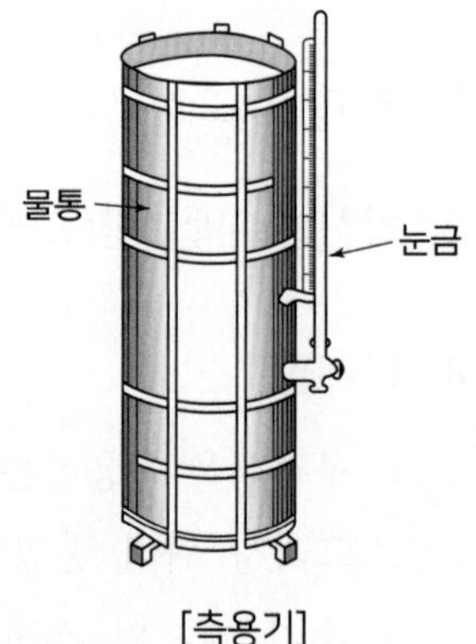

[측용기]

4) 비중법

- 물체를 수중에서 측정하면 공기 중에서 측정하는 중량보다 이로 인해서 배출되는 물의 중량만큼 감소한다는 아르키메데스의 법칙을 응용하여 목재의 재적을 측정하는 방법
- 어떤 목재의 공기 중에서 무게가 100kg이라 하고, 이 목재의 수중에서의 무게를 50kg이라고 하면, 이때 생기는 50kg의 차이는 목재의 재적이 된다. 이때 목재의 재적은 4℃, 1기압을 기준으로 $0.050m^3$이 된다.

5) 중량비법

- 많은 나무 전체를 측용기로 측정하기는 곤란하니까 이 중에 비중의 평균이 될 만한 표본을 선정하여 표본의 중량과 재적을 측정하여 전 재적을 구하는 방법
- 표본의 중량 : 표본의 재적＝전체 중량 : 전체 재적
- 내항의 곱은 외항의 곱과 같으므로
  표본의 재적×전체 중량＝표본의 중량×전체 재적
- 전체 재적에 대하여 식을 정리하면

$$\text{전체 재적} = \frac{\text{표본의 재적} \times \text{전체 중량}}{\text{표본의 중량}}$$

입목재적의 측정

⇨ 측정이 아니라 추정에 가까운 방법입니다.

1. 형수법
2. 약산법 : 망고법, 덴진법
3. 목측법
4. 입목재적표에 의한 방법

약산법

측정하기 쉬운 흉고직경과 수고 등을 이용하여 입목의 재적을 편리하게 산정하는 방법

1. 망고법

- 흉고직경의 1/2되는 지름을 가진 곳의 수고와 흉고직경에 재적을 구한다.
- 가슴높이 지름의 1/2인 지름을 가진 곳을 망점
- 벌채점에서 망점까지의 높이를 망고라 한다.
- 망고는 스피겔릴라스코프를 이용하여 구할 수 있다.
- 망고는 보통 목측으로 구한다.
- 망고는 나무높이의 60~80%의 값이 많으며 평균 70% 정도이다.

- 약산법에서는 망고를 0.7H로 계산하게 된다.
- 망고를 측정하면 벌채점 이상의 수간재적은 다음 식에 의해 구할 수 있다.

$$V = \frac{2}{3} \times g \times \left(H + \frac{m}{2}\right)$$

V : 재적(m^3), $g : \frac{\pi \times d^2}{4}$ (d는 흉고직경)

H : 망고(벌채점에서 망점까지 높이), m : 벌채점에서 가슴높이까지 높이

2. 덴진법

- Denzin
- 형수법은 임목 재적을 측정할 때에 반드시 나무 높이를 측정해야 한다.
- 덴진법은 가슴 높이 지름만으로 재적을 구할 수 있다.
- 흉고직경을 cm 단위로 측정하고 그 제곱값을 1,000으로 나누면, m^3 단위의 재적을 구할 수 있다.
- 덴진법은 나무 높이 25m, 형수 0.51을 전제로 재적을 개략적으로 알 수 있는 방법이다.
- 나무 높이가 25m가 아닌 경우 수종별로 보정표를 만들어 수정해 주어야 한다.

$$V = g \times h \times f = \frac{\pi \times d^2}{4} \times h \times f = \frac{d^2}{4} \times \pi \times h \times f$$

지름의 단위는 cm이고, 이것을 재적단위인 m^3으로 환산할 때는 지름의 제곱을 하였으므로 1m는 100cm이므로 100cm를 제곱한 10,000을 나누어 주어야 한다.

$$V = \frac{d^2}{4} \times \frac{1}{10,000} \times \pi \times h \times f$$

위 식의 전제는 $h = 25\text{m}$, $f = 0.51$이므로

$$\pi \times h \times f = 3.141592 \times 25 \times 0.51 \fallingdotseq 40.0553 \fallingdotseq 40$$

$$\therefore V = \frac{d^2}{4} \times \frac{1}{10,000} \times 40 = \frac{d^2}{1,000}$$

Part

06

산림휴양

Part 06 산림휴양

❶ 산림휴양의 개념

휴양은 편안히 쉰다는 뜻의 휴(休)와 몸과 마음을 원상태로 회복한다는 뜻의 양(養)이란 글자로 구성되어 있다. "편안히 쉬며 원상태를 회복한다."는 휴양이 산림에서 이루어지는 것이 산림휴양이라고 본다면 산림휴양은 야외휴양의 형태라고 볼 수 있다. 채집, 걷기 등의 활동과 야영, 식사 등의 휴식이 산림휴양의 주된 내용이 될 것이다. 사람들은 자연을 동경하지만, 거기에서 느끼는 감정은 다르다. 강가의 갈대밭처럼 키가 큰 풀이 자라는 곳은 멀리서 보기에는 좋지만, 그 속을 헤매는 사람은 불안감을 느낀다. 키가 작은 풀밭이나 나무가 자라는 숲에서 사람은 안정감과 편안함을 느낀다. 이런 안정감이 산림휴양의 가장 큰 매력이다. 산림휴양은 나무에서 나오는 방향물질인 피톤치드와 음이온으로 인해 사람에게 치유의 효과까지 있다는 연구결과도 있다. 아파트와 아스팔트가 주 생활공간인 도시인들에게 적합한 휴양활동이 산림휴양이다.

❷ 산림휴양의 필요성

휴양에 대한 수요는 소득 증가와 생활수준 향상으로 점차 수요가 늘어나고 있다. 사실 산림휴양은 인류가 살아온 환경이 농업혁명 이전에는 숲이었다는 것을 떠올리면 인류는 누구나 숲을 필요로 하고 거기서 편안함을 느끼는 것은 당연하다. 도로와 교통수단의 발달, 그리고 쉬는 날이 많아짐에 따라 휴양 수요는 많이 늘었다. 휴식을 즐기기 위해 산을 찾는 사람도 많아졌다. 그에 비해 산림휴양 활동이 저조할 수밖에 없는 것은 목재생산 활동 중심의 산림청 정책이 휴양활동 중심으로 바뀌는 데 시간이 많이 필요하기 때문이기도 하고, 휴양활동에 필요한 임도시설이 부족하기 때문이기도 하다. 또한 주차장 등 시설도 자연휴양림 위주로 설치되기 때문에 임도에 접근하기는 쉽지 않은 면도 있다.

❸ 학습목표

1) 휴양자원의 가치를 평가할 수 있다.
2) 휴양림을 조성하고, 시설물을 배치할 수 있다.
3) 휴양림을 설계할 수 있다.

핵심 01 자연휴양림의 개념

1. 산림휴양 개념

노동과 관련 없고, 자유로운 선택에 의하고, 즐겁고, 재충전의 편익을 주어야 한다.

2. 형태

1) 자원 중심형
   자연자원 배경
   자연환경 이용
   ⇨ 휴양
2) 활동 중심형
   개발된, 비자연 환경
   ⇨ 수행, 관람

3. 자원 중심형

1) 원시형 : 원생지 휴양활동(산림휴양기술 필요)
2) 중간형 : 자유 소규모, 등산 야영
3) 도시형 : 다중 이용객, 집중관리(스키, 수영 등)

4. 영향인자

인구, 소득, 여가시간, 정보, 교통, 접근성

5. 주요 개념

1) 휴양수용력 - 사회적 수용한계
2) 허용변화한계 - LAC
3) 휴양기회분포모델 - ROS

휴양자원 관리

1) 문제 인식
2) 문제 분석
3) 대안 선택
4) 대안 적용
5) 모니터링

산림문화휴양에 관한 법률

제2조 정의

1. "산림문화·휴양"이라 함은 산림과 인간의 상호작용으로 형성되는 총체적 생활양식과 산림 안에서 이루어지는 심신의 휴식 및 치유 등을 말한다.
2. "자연휴양림"이라 함은 국민의 정서함양·보건휴양 및 산림교육 등을 위하여 조성한 산림(휴양시설과 그 토지를 포함한다)을 말한다.
3. "산림욕장"(山林浴場)이란 국민의 건강증진을 위하여 산림 안에서 맑은 공기를 호흡하고 접촉하며 산책 및 체력단련 등을 할 수 있도록 조성한 산림(시설과 그 토지를 포함한다.)을 말한다.
4. "산림치유"란 향기, 경관 등 자연의 다양한 요소를 활용하여 인체의 면역력을 높이고 건강을 증진하는 활동을 말한다.
5. "치유의 숲"이란 산림치유할 수 있도록 조성한 산림(시설과 그 토지를 포함한다.)을 말한다.
6. "숲길"이란 등산·트레킹·레저스포츠·탐방 또는 휴양·치유 등의 활동을 위하여 제23조에 따라 산림에 조성한 길(이와 연결된 산림 밖의 길을 포함한다.)을 말한다.
7. "산림문화자산"이란 산림 또는 산림과 관련되어 형성된 것으로서 생태적·경관적·정서적으로 보존할 가치가 큰 유형·무형의 자산을 말한다.

핵심 02 자연휴양림 지정 목적

1. 국민정서 함양을 위한 야외 휴양공간 제공
2. 자연교육장으로 역할
3. 산림소득 증대

핵심 03 산림휴양시설(자원)의 종류

| 산림휴양법

1. 휴양림

정서함양, 보건휴양, 산림교육을 위해 조성한 산림

2. 산림욕장

국민건강 증진, 맑은 공기호흡, 접촉하여 산책 및 체력단련을 할 수 있도록 조성한 산림

3. 치유의 숲

산림치유할 수 있도록 조성한 산림

4. 산림레포츠시설

모험형, 체험형 활동에 지속적으로 쓰이는 시설

5. 숲길

등산, 트레킹, 레저스포츠, 탐방, 휴양을 위해 산림에 조성한 길

6. 숲속야영장

야영을 할 수 있도록 시설을 갖추어 조성한 공간

휴양림 : 정보산 정서 보건 산림교육
욕장 : 건강증진 호흡 산책 체력단련
치유 : 향기 경관 면역력 건강증진
산림레포츠시설 : 모험형 체험형 활동시설
숲길 : 등산 트레킹 레저 탐방 휴양
숲속야영장 : 텐트 자동차 야영 적합시설

[등트레탐휴]

기출문제 **치유의 숲을 조성할 때 보완식재에 사용하면 좋은 수종을 5가지 이상 쓰시오.(5점)**

모범답안

소나무, 잣나무, 분비나무, 가문비나무, 구상나무, 리기다소나무, 스트로브잣나무 등 피톤치드 분비량이 많은 상록침엽수

기출문제 다음의 설명에 적합한 용어를 쓰시오.(3점)

- 국민의 정서함양, 보건휴양 및 산림교육 등을 위하여 조성한 산림 : (가)
- 국민의 건강증진을 위하여 산림 안에서 맑은 공기를 호흡하고 접촉하며 산책 및 체력단련 등을 할 수 있도록 조성한 산림 : (나)
- 인체의 면역력을 높이고 건강을 증진하기 위하여 향기, 경관 등 산림의 다양한 요소를 활용할 수 있도록 조성한 산림 : (다)

모범답안

가. 자연휴양림

나. 산림욕장

다. 치유의 숲

핵심 04 산림문화자산의 종류

1. 생태자산

숲은 생물의 살아가는 모양이나 형태를 관찰할 수 있는 자산이다.

2. 경관자산

숲은 아름다운 경치를 가지고 있는 자산이다.

3. 정서자산

숲이 사람에게 주는 정서적 안정감이나 예술적 영감을 얻을 수 있는 자산이다.

핵심 05 산림휴양림 타당성평가 기준

1. 경관

아름다운 경치를 가지고 있는지를 판단

2. 위치

휴양림으로의 접근성이나 도시와의 거리를 판단

3. 면적

휴양림 개발에 적절한 규모인지를 판단

4. 수계

휴양림 개발에 필요한 물과 계곡을 가지고 있는지를 판단

5. 휴양유발

사람들이 즐기러 올 만한 욕구를 불러일으킬 수 있는지를 판단

6. 개발여건

- 도로나 철도 등에 얼마나 가까운지 판단
- 주변 거주자들의 반응은 어떤지 등을 판단

핵심 06 휴양림조성계획서에 포함할 내용

1. 시설계획서
2. 시설물종합배치도
3. 조성기간 및 투자계획서
4. 관리 및 운영방법

핵심 07 휴양림 내에 기본적으로 설치할 시설

1. 숙박시설
2. 편의시설
3. 위생시설
4. 체험, 교육시설
5. 전기, 통신시설
6. 체육시설
7. 안전시설

휴양림 안에 설치할 수 있는 시설의 종류

1. 편의시설 - 산림욕장, 야영장, 숲속의 집
2. 위생시설 - 취사장, 오물처리장, 화장실 등
3. 교육시설 - 자연탐방로, 자연관찰원, 교육자료관
4. 체육시설 - 체력단련시설, 물놀이장, 족구장 등
5. 휴양림 조성 목적에 위배하지 않는 시설로 휴양림 조성계획 승인권자가 인정하는 시설

핵심 08 휴양림 시설의 기준

1. 휴양시설 설치에 따라 형질 변경되는 산림면적은 휴양림지정면적의 5% 이내, 건축물이 차지하는 총면적은 휴양림지정면적의 0.5% 이하
2. 휴양시설 건축기준 건축물 높이는 2층 이하, 개별건축물의 연면적은 900m^2 이하, 식품위생법상 휴게 및 일반음식점의 연면적은 200m^2 이하
3. 오수시설의 BOD, SS의 방류수질기준은 20mg/ℓ 이하
4. 먹는 물은 공인기관의 수질검사를 거쳐야 하며, 검사결과는 이용자들이 알 수 있도록 한다.
5. 목재 또는 자연석 등 시설용 자재는 국내산 재료를 사용함을 원칙으로 한다.

핵심 09 자연휴양림으로 지정할 수 있는 산림

1. 임상이 울창한 산림
2. 국민이 쉽게 이용할 수 있는 지역에 위치한 산림
3. 농림부령이 정하는 기준에 적합한 산림(국공유림 50ha, 사유림 30ha)으로 휴양림예정지 타당성평가 결과 조성적지로 평가된 산림

핵심 10 자연휴양림 시설의 배치

1. 집중화

장점 : 이용자의 접근성이 높아짐, 관리에 필요한 노력 경감

단점 : 지형 변경으로 경관미 감소, 악천후 시 토사 유출, 하류부 수량 집중

2. 분산화

장점 : 시설이용자 프라이버시나 친자연감 높임

단점 : 개별시설로의 접근로나 관리 동선의 설치로 인한 지형 훼손, 이용자 안전 취약

핵심 11 자연휴양림 지역 구분

1. 자연유지지역 : 우량대경재 목재생산림에 준해서

2. 공간이용지역 : 경관 및 자생 수종 심기 및 관리

핵심 12 자연휴양림 내 순환임도가 잘 발달된 경우 가능한 휴양활동

산악마라톤, 산악자전거, 산악스키, 패러글라이딩, 오리엔티어링 등

핵심 13 산림휴양시설의 종류

산림휴양법 제2조 정의

1. 자연휴양림

국민의 정서함양, 보건휴양 및 산림교육 등을 위하여 조성한 산림

2. 산림욕장

국민의 건강증진을 위하여 산림 안에서 맑은 공기를 호흡하고 접촉하며, 산책 및 체력단련 등을 할 수 있도록 조성한 산림

3. 치유의 숲

인체의 면역력을 높이고 건강을 증진하기 위하여 향기, 경관 등 산림의 다양한 요소를 활용할 수 있도록 조성한 산림

핵심 14 산림휴양림과 도시림의 차이

1. 자연휴양림

- 자원이 갖는 휴양 가치의 우수성에 의해 결정되고 자연자원의 활용도가 높다.
- 이용자에게 다양한 경험 제공을 위한 접근성이 전제가 되며 유연한 개방성을 갖는다.
- 임목생산을 포함하여 다목적 산림경영의 일환으로 실시한다.
- 공공과 민간이 동일한 절차로 사업을 시행한다.

2. 도시림(도시공원)

- 차도, 보도, 주차장 등 제반시설물을 손상하지 않는 범위의 공간에 조성한다.
- 굳어진 토양, 오염된 공기에 견딜 수 있어야 한다.
- 사람, 해충, 여러 가지 운동기구에 의한 손상위험에 대처할 수 있어야 한다.
- 해당 지역의 특수한 환경에 적응되어야 한다.
- 공공단체가 개발의 주체가 된다.

Part

07

산림경영계획서

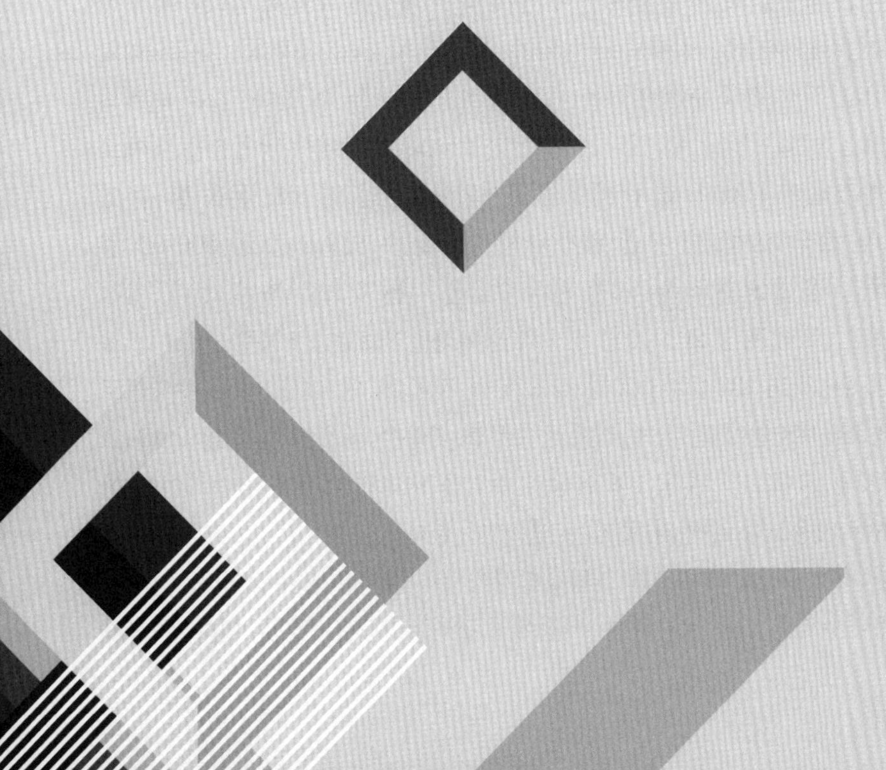

Part 07 산림경영계획서

❶ 산림경영계획서의 개념

산림을 숲이라고 부를 수 있다면, 숲을 어떻게 운영할 것인지 계획한 것을 산림경영이라고 할 수 있다. 우리나라는 지적도에 임(林)으로 기재되어 있으면 그 땅을 숲으로 본다. 나무를 가꾸기로 계획한 땅도 숲으로 본다고 "산림자원의 조성 및 관리에 관한 법률"은 정의하고 있다. 그러므로 현실적인 의미에서 산림경영계획서는 임야에서 벌채를 하거나 조림을 하려고 할 때 관청에 제출하는 것이 산림경영계획서이다. 더 정확히는 "산림자원의 조성 및 관리에 관한 법률 시행규칙" 별지 2호의 산림경영계획(인가, 변경인가) 신청서를 제출할 때 첨부하는 서류이다. 산림경영계획서의 중요한 내용은 조림, 임목생산, 숲 가꾸기, 시설, 소득사업에 대한 계획과 실행내역이다.

❷ 산림경영계획서의 필요성

산림경영계획서의 내용을 채우기 위해서는 조림, 숲 가꾸기, 임목생산, 시설 및 소득사업에 대한 세부적인 내용을 알고 있어야 한다. 세부적인 내용은 대학의 임학과에서 배우는 산림경영학이라는 과목의 일부로 구성되어 있기도 하지만, 조림학, 수목생리학 등의 지식이 있으면 자신이 소유한 임야를 더 효율적으로 가꿀 수 있다. 같은 면적의 산림이라도 더 효율적으로 가꿀 수 있다는 말이다. 2ha의 산림에서 낙엽송을 목재로 수확하는 것을 예를 들어 보겠다. 모두 베어서 한꺼번에 2천만 원 정도 돈을 벌 수 있다. 최소 30~50년 정도의 세월이 지난 뒤에 다시 수확할 수 있으므로 20,000,000원/40년이라는 식을 적용해 보면 ha당 50만 원의 수입을 거둔 것으로 볼 수 있다. 가격에 따라 다르겠지만, 대략 평당 20,000원 정도의 임야라면 2ha는 6,600평 정도이므로 6,600평×20,000원이라면 132,000,000원 정도가 될 것이다. 연 이자 3%를 수입으로 계산하면 연간 3,960,000원이 된다. 여기에는 나무를 키우는 비용이 들지 않았으므로 수익은 3,960,000원 그대로가 된다. 3% 이상의 수익을 내려면 비용을 감수하여야 한다. 당연히 감수한 비용보다 수입의 증가는 더 커야 한다.

이렇게 구체적인 사업계획을 세우려면 산림경영계획서의 작성은 필수적이다. 현재의 현황을 조사하여 나무의 부피를 계산하면, 시장에서 팔리는 가격을 알 수 있다. 시장가격은 네이버나 구글같은 검색엔진을 이용하면 쉽게 확인할 수 있다. 산림경영계획서는 산림에서 계획하는 사업을 시행하기 위해 시, 군의 산림과에 제출하는 첨부서류로 인식하면 내가 가진 숲의 가치를 무시하고 낮추어 보는 것이다. 내가 가진 숲을 더 효율적으로 활용하기 위해 작성하는 것이 산림경영계획서다.

❸ 학습목표

1) 임황과 지황 등 산림조사할 수 있다.
2) 산림조사 결과를 토대로 임목의 재적을 구할 수 있다.
3) 조림, 숲 가꾸기, 임목수확, 시설, 소득사업을 계획하고 실행할 수 있다.
4) 산림구획을 할 수 있다.
5) 산림식생을 동정할 수 있다.

핵심 01 산림조사 항목

표준지를 조사할 때 기재하여야 할 항목

- 지황조사 : 지종 구분, 방위, 경사도, 표고, 토성, 토심, 건습도, 지위, 지리, 하층식생 등
- 임황조사 : 임종, 임상, 수종, 혼효율, 임령, 영급, 소밀도, 축적 등

산림조사

가. 목적

해당 산림경영계획구에 대한 정확한 지황·임황 및 관련정보를 조사·파악하여 산림경영계획 수립·운영에 기초 자료로 활용

나. 조사대상 산림

산림경영계획을 수립하고자 하는 산림

다. 조사방법

현장조사와 자료조사를 병행

핵심 02 지황조사

1. 지종 구분

임목재적(본수) 비율에 따른 구분

① 입목지 : 입목재적 비율이 30%를 초과하는 임분

② 무입목지

- 미입목지 : 입목재적 비율이 30% 이하인 임분
- 제지 : 암석 및 석력지로 조림이 불가능한 임지

③ 법정제한지(법정지정림)

2. 방위

- 구획한 임지의 주사면이 기울어진 방향
- 동, 서, 남, 북, 북동, 북서, 남동, 남서 8방위로 구분

3. 경사도

구획한 임지의 주경사도를 기울어진 정도로 구분

- 완경사지(완) : 경사 15도 미만
- 경사지(경) : 경사 15~20도 미만
- 급경사지(급) : 경사 20~25도 미만
- 험준지(험) : 경사 25~30도 미만
- 절험지(절) : 경사 30도 이상

경사도 측정방법

- 측정구역 내 하단에서 상단 부로 평균 기울기를 측정
- 측정기계를 이용한 측정, 순또 경사계 등
- 해발고가 표시된 등고선이 있는 지형도의 경우
  (상단 등고선 높이-하단 등고선 높이)÷수평거리=계산값
  계산값을 탄젠트(tan) 함수표에서 찾아 경사도로 환산

4. 표고

지형도에 의거 최저에서 최고로 표시

예시 : 600~800m

5. 토성

B층(심층토) 토양의 모래, 미사, 점토의 함량에 대해 촉감법으로 구분

- 모래입경 : 2~0.05mm
- 미사입경(실트) : 0.05~0.002mm
- 점토입경 : 0.002mm 이하
- 사토 : 모래가 대부분인 토양(점토함량 12.5% 이하)
- 사양토 : 모래가 1/3~2/3인 토양(점토함량 12.5~25%)
- 양토 : 모래가 1/3 이하인 토양(점토함량 25~37.5%)
- 식양토 : 점토가 1/3~2/3인 토양(점토함량 37.5~50%)
- 식토 : 점토가 대부분인 토양(점토함량 50% 이상)

6. 토심

A층(표층토)에서 B층(심층토)까지의 깊이를 측정

- 천 : 토양의 깊이 30cm 미만
- 중 : 토양의 깊이 30~60cm 미만
- 심 : 토양의 깊이 60cm 이상

7. 건습도

B층(심층토) 토양의 수분 정도를 촉감법으로 측정

- 건조 : 손으로 꽉 쥐었을 때 수분에 대한 감촉이 거의 없음(산정, 능선)
- 약건 : 손으로 꽉 쥐었을 때 손바닥에 습기가 약간 묻는 정도(산복, 경사면)
- 적윤 : 손으로 꽉 쥐었을 때 손바닥 전체에 습기가 묻고 물에 대한 감촉이 뚜렷함(계곡, 평탄지)
- 약습 : 손으로 꽉 쥐었을 때 손가락 사이에 약간의 물기가 비친 정도(경사가 완만한 사면)
- 습 : 손으로 꽉 쥐었을 때 손가락 사이에 물방울이 맺히는 정도(오목한 지대로 지하수위가 높은 곳)

8. 지위

- 임지의 생산능력으로 임분 우세목의 수령 및 수고를 측정하여 상중하로 구분
- 임지의 토지생산력을 표시하는 급수

- 임지 생산력의 판단지표로 상, 중, 하로 구분
- 적용기준 : 침엽수는 주 수종을 기준하고, 활엽수는 참나무를 적용

9. 지리

해당 소반 중심에서 임도 또는 도로까지의 거리를 10급지로 구분

- 1급지 : 100m 이하
- 2급지 : 101~200m 이하
- 3급지 : 201~300m 이하
- 4급지 : 301~400m 이하
- 5급지 : 401~500m 이하
- 6급지 : 501~600m 이하
- 7급지 : 601~700m 이하
- 8급지 : 701~800m 이하
- 9급지 : 801~900m 이하
- 10급지 : 901m 이상

10. 하층식생

- 천연 치수발생 상황과 산죽, 관목, 초본류의 종류 및 지면 피복도를 조사
- 조사방법 : 접선법, 방향법

11. 지황조사 중 기후인자에 대한 조사항목 : 우량, 기온, 습도, 서리, 바람

기출문제 **산림경영계획서상 지위와 지리를 구분하여 설명하시오.**

모범답안

① 지위 : 임지의 생산력 판단지표로 상, 중, 하로 구분한다. 우세목의 수령과 수고를 측정하여 지위지수표에서 지수를 찾거나 임목자원평가프로그램에 의거 산정(직접조사법)하며, 산림입지조사자료를 활용(간접조사법)할 수도 있다. 침엽수는 주 수종을 기준으로 하고, 활엽수는 참나무를 적용한다.

② 지리 : 운반비용에 따른 임지의 경제적 위치의 양부로 해당 소반중심에서 임도 또는 도로까지의 거리를 10급지로 나타낸다. 1급지 100m 이하 … 10급지 901m 이상이다.

기출문제 **건습도의 구분기준과 해당지역을 쓰시오.**

모범답안

구분	기준	해당지역
건조	손으로 꽉 쥐었을 때, 수분에 대한 감촉이 거의 없음	풍충지에 가까운 경사지 (산정, 능선)
약건	손바닥에 습기가 약간 묻는 상태	경사가 약간 급한 사면 (산복, 경사면)
적윤	손바닥 전체에 습기가 묻고 물에 대한 감촉이 뚜렷함	계곡, 평탄지, 계곡평지, 산록부
약습	손가락 사이에 물기가 비친 정도	경사가 완만한 사면 (계곡 및 평탄지)
습	손가락 사이에 물방울이 맺히는 정도	오목한 지대로 지하수위가 높은 곳

핵심 03 임황조사

1. 임종

천연림- 산림이 천연적으로 조성된 임지, 천연하종 갱신, 움싹갱신
인공림- 산림이 인공적으로 조성된 임지, 파종, 심기

2. 임상

- 임목재적 비율, 수관점유면적 비율에 의하여 구분
  침엽수림 : 침엽수가 75% 이상 점유하고 있는 임분
  활엽수림 : 활엽수가 75% 이상 점유하고 있는 임분
  혼효림 : 침엽수 또는 활엽수가 26~75% 미만 점유하고 있는 임분

3. 수종

- 주요 수종의 수종 명, 점유 비율이 높은 수종부터 5종까지 조사
- 임분을 구성하고 있는 주요 수종의 수종명을 기재

4. 혼효율

- 수종 점유율
- 임목재적 또는 수관점유면적 비율에 의하여 100분율로 산정
- 혼효율=(해당현실축적/현실축적합계)×100

5. 임령

- 임분의 최저-최고 수령의 범위를 분모로 하고, 평균수령을 분자로 표시
- 평균임령/(최저임령-최고임령)

  예시 : $\frac{40}{30-50}$년
- 인공 조림지는 조림연도의 묘령을 기준으로 임령을 산정
- 천연림의 경우

  생장추로 뚫어 임령을 산정하거나, 가지의 발생상태, 벌도목의 나이테, 임상 등을 종합적으로 판단하여 임령을 추정

6. 영급

- 10년을 I 영급으로 하며 영급기호 및 수령범위는 다음과 같음

  I : 1~10년생, II : 11~20년생, III : 21~30년생, IV : 31~40년생, V : 41~50년생, VI : 51~60년생, VII : 61~70년생, VIII : 71~80년생, IX : 81~90년생, X : 91~100년생

7. 소밀도

조사면적에 대한 임목의 수관면적이 차지하는 비율을 100분율로 표시

소(′) : 수관밀도가 40% 이하인 임분

중(″) : 수관밀도가 41~70%인 임분

밀(‴) : 수관밀도가 71% 이상인 임분

8. 축적

- ha당 축적 : 단재적 재계/표준지면적(0.04ha)을 계산(소수점 2자리까지 기입)
- 총 축적 : ha당 축적×산림조사야장의 면적(소수점 2자리까지 기입)

9. 수고

- 평균수고/(최저수고 - 최고수고), 가중평균으로 구한다.

  예 $\frac{17}{10-25}m$
- 임분의 최저, 최고 및 평균을 측정하여 최저~최고수고의 범위를 분모로 하고 평균 수고를 분자로 하여 표기(예 15/10-20m)
- 축적을 계산하기 위한 수고는 측고기를 이용하여 가슴높이 지름 2cm 단위별로 평균이 되는 입목의 수고를 측정하여 삼점평균 수고를 산출(경급별수고 결정)

10. 경급구분

- 평균경급/(최저경급 - 최고경급), 가중평균으로 구한다.

  예 $\frac{28}{24-34}$cm

- 입목 가슴높이 지름의 최저, 최고, 평균을 2cm 단위로 측정하여 입목 가슴높이 지름의 최저~최고의 범위를 분모로 하고 평균지름을 분자로 표기

  예 20/10 - 30cm

  - 치수 : 흉고직경 6cm 미만 임목의 수관점유 비율이 50% 이상인 임분
  - 소경목 : 흉고직경 6~16cm 임목의 수관점유 비율이 50% 이상인 임분
  - 중경목 : 흉고직경 18~28cm 임목의 수관점유 비율이 50% 이상인 임분
  - 대경목 : 흉고직경 30cm 이상 임목의 수관점유 비율이 50% 이상인 임분

11. 입목도 = (현실축적/법정축적) × 100

같은 지위와 같은 나이를 가진 수종을 기준으로 정상임분의 축적에 대한 현실임분의 축적비를 백분율 표시

기출문제 **우리나라의 산림경영계획서상 경급을 구분하여 설명하시오.(4점)**

모범답안

가. 치수 : 흉고직경 6cm 미만의 임목이 50% 이상 생육하는 임분

나. 소경목 : 흉고직경 6~16cm의 임목이 50% 이상 생육하는 임분

다. 중경목 : 흉고직경 18~28cm의 임목이 50% 이상 생육하는 임분

라. 대경목 : 흉고직경 30cm 이상의 임목이 50% 이상 생육하는 임분

"산림경영계획서"상의 경급 구분은 치수, 소경목, 중경목, 대경목이지만, "산림자원의 조성 및 관리에 관한 법률"에 의한 구분은 소경목 20 미만, 중경목 40 미만, 대경목 40 이상으로 구분되어 있으므로, 문제를 읽을 때 주의해서 읽으셔야 합니다.

기출문제 **입목도와 소밀도에 관해 설명하시오.(4점)**

모범답안

가. 입목도 : density of stocking, 같은 지위와 같은 나이를 가진 수종을 기준으로, 정상임분(법정임분재적)의 축적에 대한 현실임분의 축적을 100분율로 표시한다. 다만, 재적 산출이 곤란한 임분에 관해서는 임목본수에 의하여 산정한다. 현실임분축적/정상임분의 축적×100

나. 소밀도 : 조사면적에 대한 입목의 수관면적이 차지하는 비율을 100분율로 표시한다.(수관투영면적/조사면적)

소 수관밀도가 40% 이하 임분

중 수관밀도가 41~70% 이하 임분

밀 수관밀도가 71% 이상 임분

핵심 04 산림경영계획 작성 체계

- 산림경영계획의 작성은 10년 단위로 한다.
- 산림기본계획은 20년 단위로 작성한다.

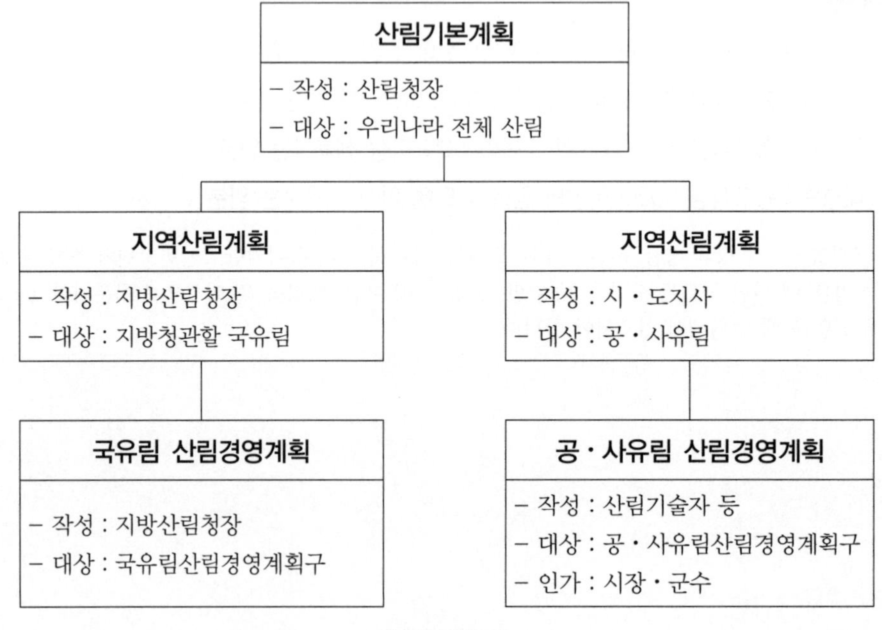

[작성 체계도]

산림구획단위 및 구분기준

산림경영계획구(시・군 등 지역규모) > 임반(하천, 계곡, 능선 등의 자연경계 또는 행정구역경계) > 소반(수종(樹種)・작업종(作業種)・임령(林齡)・지위(地位)・지리(地利)・지종(地種) 및 행정구역 등)

산림기본계획

산림시책의 기본목표 및 추진방향, 산림자원의 조성 및 육성에 관한 사항, 산림의 보전 및 보호에 관한 사항, 산림의 공익기능 증진에 관한 사항, 산림재해의 예방 및 복구 등에 관한 사항, 임산물의 생산・가공・유통 및 수출 등에 관한 사항, 산림의 이용구분 및 이용계획에 관한 사항 등

핵심 05 산림구획

1. 임반

- 정의

  산림의 위치 표시, 시업기록의 편의 등을 고려하기 위한 고정적 구획
- 구획 이유(사유)

  ① 벌채개소의 경계

  ② 경영의 합리화 도모

  ③ 측량 및 임지면적 계산 편리

  ④ 위치를 명백히 하고 산림상태 정정
- 구획 기준

  가능한 100ha 내외로 구획하되 능선・하천 등 자연경계나 도로 등 고정시설을 따라 구획
- 번호 부여

  경영계획구 유역 하류에서 시계 방향으로 연속

  아라비아 숫자 1, 2, 3 … 표기

  신규 취득재산은 보조임반을 편성할 때 연접 임반번호에 보조번호를 부여

- 산림경영계획구 유역 하류에서 시계 방향으로 연속되게 아라비아 숫자 1, 2, 3 …으로 표기하고, 부득이한 사유로 보조 임반을 편성할 때는 연접된 임반의 번호에 보조번호를 부여한다.

  보조임반은 1-1, 1-2, 1-3 …순으로 부여한다.

  (예 1-1, 1임반 1보조임반)

○ 면적

가급적 100ha 내외로 구획하고, 현지 여건상 불가피한 경우는 조정 가능

※ 산림소유면적이 100ha 미만일 경우 1개의 임반으로 할 수 있음

2. 소반

○ 정의

지형지물 또는 유역경계를 달리하거나 시업상 취급을 다르게 할 구역은 소반을 다르게 구획하며, 1ha 이상으로 구획

○ 소반구획 하는 경우

- 지종(법정제한지, 일반경영지 및 입목지, 무입목지)이 상이할 때
- 임종, 임상, 작업종이 상이할 때
- 임령, 지위, 지리, 또는 운반계통이 상이할 때

  기능(생활환경보전림, 자연환경보전림, 수원함양림, 산지재해방지림, 산림휴양림, 목재생산림)이 상이할 때

○ 면적

최소한 1ha 이상으로 구획하되 부득이한 경우에는 소수점 한자리까지 기록할 수 있음

○ 구획

- 지형지물 또는 유역경계를 달리하거나 시업상 취급을 다르게 할 구역은 소반을 달리 구획
- 지종(법정지정림, 입목지 및 무립목지)이 상이할 때
- 임종(천연림, 인공림), 임상(침엽수림, 활엽수림, 혼효림), 사업의 종류가 상이할 때
- 임령, 기타 작업조건 등이 현저히 상이할 때

○ 번호

임반 번호와 같은 방향으로 소반명을 1-1-1, 1-1-2, 1-1-3... 연속되게 부여하고, 보조소반의 경우에는 연접된 소반의 번호에 1-1-1-1, 1-1-1-2...로 표기(예 1-1-1-3, 1임반 1보조임반 1소반 3보조소반 1-0-1-3, 1임반 1소반 3보조소반)

3. 면적계산

○ 산림경영계획구의 면적, 임·소반면적, 사업 종별 계획면적을 조사하여 기재

- 현지 지형과 면밀히 비교하여 부합되도록 소반면적 및 사업계획면적을 구획하여야 함
- 지번 전체면적을 소반면적으로 할 경우는 지적면적을 기재
- 같은 지번 내 2개 소반 이상 구분할 때는 산림경영계획도상에 임반·소반을 구획하고 임반·소반면적을 구분하여 면적 기재
- 같은 소반 내 2개 이상의 사업종을 계획할 경우 사업종별로 면적을 구분 구획하고 면적을 산출 기재

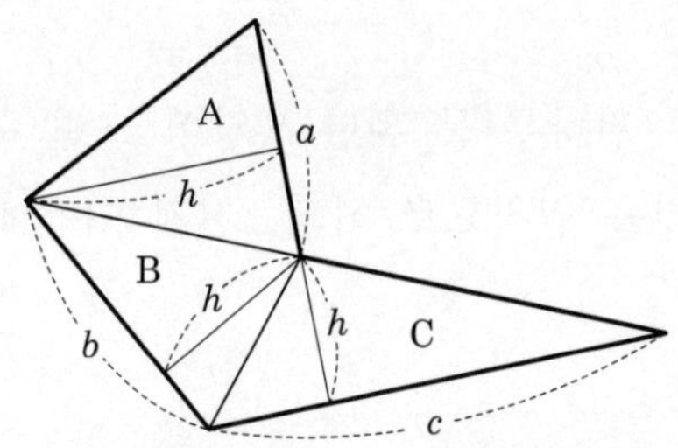

삼각 구분 구적 계산 예시

A 삼각형면적=a(밑변)×h(높이)÷2

B 삼각형면적=b(밑변)×h(높이)÷2

C 삼각형면적=c(밑변)×h(높이)÷2

총면적=A+B+C

$1ha=10,000m^2$

핵심 06 산지 구분

- 산지관리법 제4조의 규정에 따라 구분된 산지의 종류를 기재
- 보전산지(공익용산지), 보전산지(임업용산지), 준보전산지로 구분

핵심 07 사업계획량 조사

각종 사업계획량은 지역완결 종합적 숲 가꾸기 작업이 되도록 조사하여야 하며 시업 시기는 임목의 생육상태, 임지의 여건, 과거의 시업상황을 고려하여 결정

1. 조림

1) 미립목지, 산불·병해충·산사태 등 피해임지, 수확벌채적지, 복층림 조성을 위한 벌채적지, 수종갱신 대상지, 기타 조림이 필요하다고 인정되는 임지
2) 조림수종은 목표임상, 묘목의 수급계획 등을 고려하여 계획
3) ha당 식재본수는 임지의 여건과 경영목표에 따라 탄력적으로 계획
   - ○ 장벌기 대경재 생산목적 : 침엽수류는 소식, 활엽수류 밀식
   - ○ 수종별 계획 본수 : 침엽수류 - 1,000~3,000본
     활엽수류 - 3,000~10,000본
4) 임지여건상 천연갱신이 가능한 임지는 천연갱신으로 유도

2. 숲 가꾸기(육림)

1) 풀베기

   식재 당년부터 잣나무, 전나무 등 유년 생장이 느린 수종은 5년간, 기타 수종은 3년간 1회 실행하는 것을 원칙으로 하되, 현지 여건에 따라 연간 작업 횟수 및 작업기간은 가감 결정
2) 어린나무 가꾸기

   심기 후 5~10년 내외 임지를 대상으로 하되, 생육상황을 고려하여 작업기간을 조절
3) 덩굴류 제거

   인공림 및 천연림을 대상으로 하고, 임지상태를 고려하여 반복실행
4) 무육간벌

   임목 상호간의 경쟁으로 우열의 차가 생긴 때 최초 간벌을 시작하여 주벌 시 까지 5~10년 간격으로 반복실행
   - 수관이 상호 중첩되어 밀도조절이 필요한 임지에서 실행
   - 미래목 생육에 지장이 없는 입목과 하층식생은 존치시켜 입목과 임지가 보호되도록 함

5) 가지치기

활엽수는 가급적 가지치기를 하지 않도록 하고, 가지치기 대상목은 수확 목표직경 및 벌기령의 1/3 이전에 실시(예 소나무의 경우 목표직경 60cm일 경우 20cm 이전)

6) 천연림보육

○ 유령림 단계

평균수고 8m 이하로 임목 간의 우열이 현저하게 나타나지 않는 천연 임분

○ 간벌단계

- 평균수고가 10~20m 정도로서 상층 임목 간의 우열이 현저히 나타나는 임분
- 상층임관이 울폐되어 생육 공간의 경쟁이 심하게 이루어지고 있는 임분 등으로서 최소한 10년 이내에 주벌 수확 대상이 되지 않는 임분
- 면적과 벌채량을 함께 조사

3. 수확(임목생산)

○ 사업종 : 주벌수확, 간벌수확, 굴취, 피해목 벌채, 수종갱신

○ 작업종 : 개벌, 산벌, 택벌, 모수, 왜림, 수익간벌로 구분

○ 면적 : 소반 안의 실제 벌채할 예정구역 면적

○ 재적 : 벌채예정지의 축적 중 실제 벌채예상재적

벌채 금지구역

- 생태통로 역할을 하는 8부 능선 이상부터 정상부, 다만 표고(산기슭 하단부터 산정부까지)가 100m 미만인 지역은 예외일 수 있음
- 암석지, 석력지, 황폐우려지로서 갱신이 어려운 지역
- 계곡부는 양안 홍수위에 해당하는 지역
- 호소, 저수지, 하천 등 수변지역은 만수위로부터 30m 이내 지역
- 도로변 지역은 도로로부터 평균 수고폭에 해당하는 지역
- 임연부, 내화수림대로 조성·관리되는 지역
- 벌채구역과 벌채구역 사이 20m 폭의 잔존 수림대
- 기타 법률로서 벌채를 제한하고 있는 지역

4. 시설

1) 임도 : 산림의 효율적인 이용을 촉진하기 위하여 필요하다고 인정되는 임지

2) 사방 : 산사태 위험지 및 피해지를 우선 계획

3) 휴양림(숲속수련장 포함)

   ○ 자연경관이 수려한 산림

   ○ 국민이 쉽게 이용할 수 있는 지역에 위치한 산림

   ○ 계곡과 함께 수원이 풍부한 산림

   ○ 1단지 구역면적이 30ha 이상인 산림으로서 「산림문화·휴양에 관한 법률」 시행규칙 제13조 제3항 규정 자연휴양림시설 타당성 평가기준에 부합되는 임지 휴양림 지정 면적

5. 소득사업

종별은 입지여건 및 지역특성을 고려하여 목재생산 이외의 산림부산물 생산이 가능한 사업(산림 내 약초재배, 관상수식재, 수목굴취, 수액채취, 산나물채취 등)을 생산량의 단위(kg, ℓ 등)에 따라 기록

- 산지의 형질 변경이 수반하지 아니하는 범위 내에서 임산물을 생산하기 위한 사업을 원칙으로 함

핵심 08 산림경영계획 인가 신청서 작성

1. 서식 예시

■ 산림자원의 조성 및 관리에 관한 법률 시행규칙 [별지 제1호서식] <개정 2012.12.24>

산림경영계획 [✓] 인가 [ ] 변경인가 신청서

※ [ ]에는 해당되는 곳에 ✓표를 하고, 색상이 어두운 란은 신청인이 적지 않습니다.

접수번호	접수일	처리일	처리기간 30일

경영계획구 명칭	팔괴리 김정호 사유림 일반 경영계획구	
산림 소재지	강원도 영월군 팔괴리 산 88-8번지외 8필지	
산림소유자	성명 김 정 호	주민등록번호 680818-1328118
	주소 강원도 영월군 영월읍 팔괴로 82-1 (전화번호 : 033-373-9090)	
계획기간	2022년 5월 15일 ~ 2032년 4월 30일 (10년간)	
산림 조사자 및 작성자	산림기술자 자격번호	강원 2013-8
	성명	○ ○ ○ (서명 또는 인)
경영계획구 면적	88.8ha	
변경사유		

「산림자원의 조성 및 관리에 관한 법률」 제13조 및 같은 법 시행규칙 제7조제1항에 따라 위와 같이 산림경영계획의 [ ] 인가 [ ] 변경인가를 신청합니다.

2022년 5월 15일

신청인 김 정 호 (서명 또는 인)

영 월 군 수 귀하

첨부서류	1. 인가신청의 경우 : 산림경영계획서 2. 변경인가신청의 경우 : 변경하려는 사항을 기재한 서류	수수료 없 음

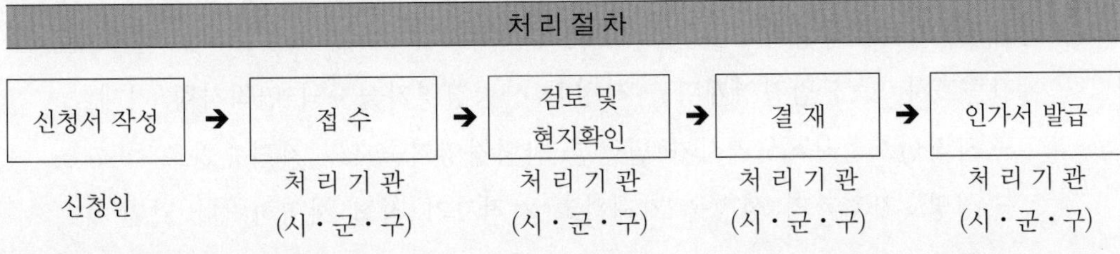

210mm×297mm(백상지 80g/m²)

2. 작성 요령

① 경영계획구 명칭 및 면적

○ 경영계획구 명칭

- 자기소유 사유림을 단독으로 경영하기 위한 경우 : ○○리 김정호 사유림 일반 경영계획구
- 서로 인접한 사유림을 2 이상의 산림소유자가 협업으로 경영하기 위한 경우 : ○○리 사유림 협업 경영계획구
- 산림자원의 조성 및 관리에 관한 법률 제38조 및 동법시행령 제45조 규정에 따라 기업림을 소유한 자가 기업경영림을 경영하기 위한 경우 : ○○리 ○○ 기업림 경영계획구

② 산림소재지

○ 산림이 소재하는 행정구역 및 지번 기재

- 지번을 달리하는 수개의 산림인 경우 : "○○번지 외 ○○필지"로 표기

※ 예시 : 강원도 영월군 영월읍 팔괴리 산 88-8번지 외 8필지

③ 산림소유자

○ 사유림 일반 경영계획구(단독소유자)의 경우 : 소유자 성명, 주민등록번호 주소 및 연락전화번호 기재

○ 사유림 협업 경영계획구(공동소유자 및 여러 필지 협업경영)의 경우 : 성명란에는 "○○○(대표자) 외 ○명"이라고 기재하고, 대표자의 주민등록번호, 연락전화번호를 기재

- 산림경영계획 작성 및 경영에 대한 산주들의 동의·확인·위임 의사를 확인할 수 있는 서류 첨부

④ 경영계획기간

○ 산림경영계획기간은 10년을 원칙으로 기간을 설정하고, 산림경영계획 인가신청서 민원처리 기간(30일)을 고려하여 시작월을 설정(날자는 기재 생략)하고, 만료일은 10년이 만료되는 날이 속하는 달의 전월 마지막 날로 기재

⑤ 산림조사자 및 작성자

○ 산림조사 및 산림경영계획을 작성한 산림경영기술자의 인적사항 기재

- 자격번호 : 시·도지사가 발급한 산림경영기술자의 자격증번호
- 성명 : 자격자의 성명을 기재하고 자격자가 직접 서명하거나 날인

⑥ 경영계획구역면적

ㅇ 경영계획구역 전면적을 ha 단위로 소수점 이하 1자리까지 기재(예시 51.3ha)

⑦ 변경사유

ㅇ 변경인가의 경우에 변경내용 및 변경해야 하는 사유를 기재

⑧ 신청일자 및 신청인

ㅇ 신청일자 : 산림경영계획 인가신청서를 인가원자(시장·군수)에게 제출한 날짜를 기재

ㅇ 신청인 : 성명을 기재하고 직접 서명하거나 날인

핵심 09 산림경영계획서 작성

가. 서식 예시

산림경영계획서

□ 경영계획 개요

<table>
<tr><td>① 경영계획 구명칭 및 면적</td><td colspan="4">○○리 김정호 사유림 일반 경영계획구 88.8 ha</td><td>② 경영계획 기간</td><td>2022. 5 ~ 2032. 4.30</td></tr>
<tr><td>③ 산림소유자</td><td>성명</td><td>김정호 외 인</td><td>주민등록 번호</td><td>670823 -1111111</td><td>④ 주소</td><td>강원도 영월군 팔괴로 82-1</td></tr>
<tr><td>⑤ 작성자</td><td>성명</td><td>○○○(서명 또는 인)</td><td>자격증 번호</td><td>강원 2013- 8</td><td>⑥ 주소</td><td>강원 영월군 은행나무길 88 (전화 : 033-373-9090)</td></tr>
<tr><td>⑦ 인가사항</td><td>담당자</td><td colspan="3"></td><td>⑧ 인가일자</td><td>년 월 일</td></tr>
<tr><td rowspan="2">⑨ 변경인가</td><td>담당자</td><td colspan="3"></td><td>⑩ 인가일자</td><td>년 월 일</td></tr>
<tr><td>변경사항</td><td colspan="5"></td></tr>
<tr><td colspan="7">〈구비서류〉 경영계획도 00매</td></tr>
</table>

□ 산림현황

① 소유자	② 산림소재지	③ 지번	④ 임반	⑤ 소반	⑥ 면적(ha)	⑦ 산지구분	⑧ 경사도
김정호	영월읍 팔괴리	산88-8	1-0	1-0	11.5	보전산지 (임업)	완
		산87	1-0	2-0	20.0	〃	경
			1-0	3-0	12.5	〃	급
		산86	2-0	1-0	7.3	〃	험

□ 임황조사

지번	임반	소반	⑨ 수종	⑩ 임령	⑪ 수고(m)	⑫ 경급(cm)	⑬ 총축적(m^3)
산2	1-0	1-0	소나무 참나무류	75/30-90	15/10-20	26/6-50	1,550
산4	1-0	2-0	낙엽송	15/15-15	10/5-15	8/6-20	600
	1-0	3-0	잣나무	10/10-12		치수	
산5	2-0	1-0	리기타 참나무류	25/20-30	10/3-15	14/6-20	550

나. 작성(기재) 요령

□ 경영계획 개요

① 경영계획구 명칭 및 면적

경영계획구 명칭

- 자기소유 사유림을 단독으로 경영하기 위한 경우 : 00리 김정호 사유림 일반 경영계획구
- 서로 인접한 사유림을 2인 이상의 산림소유자가 협업으로 경영하기 위한 경우 : 00리 사유림 협업 경영계획구
- 산림자원의 조성 및 관리에 관한 법률 제38조 및 동법시행령 제45조 규정에 따라 기업림을 소유한 자가 기업경영림을 경영하기 위한 경우 : 00리 00기업림 경영계획구

② 경영계획기간

산림경영계획기간은 10년을 원칙으로 기간을 설정하고, 산림경영계획 인가신청서 민원처리 기간(30일)을 고려하여 시작 월을 설정(날짜는 생략)하고, 만료일은 10년이 만료되는 날이 속하는 달의 전월 마지막 날로 기재

③ 산림소유자 및 ④ 주소

- ○ 사유림 일반경영계획구(단독소유자)의 경우 : 소유자 성명, 주민등록번호 주소 및 연락전화번호 기재
- ○ 사유림 협업 경영계획구(공동소유자 및 여러 필지 협업경영)의 경우 : 성명란에는 "000(대표자)외 0명"이라고 기재하고, 대표자의 주민등록번호 및 주소 연락전화번호를 기재
  - 산림경영계획 작성 및 경영에 대한 산주들의 동의·확인·위임 의사를 확인할 수 있는 서류 첨부

⑤ 작성자 및 ⑥ 주소

- ○ 산주가 직접 작성한 경우 : 산주의 성명기재 및 서명, ⑥주소 기재불요
- ○ 산림경영기술자가 작성한 경우 : 기술자의 성명 및 자격증번호, 주소 및 연락전화번호 기재(자격증 사본 별지 첨부)

⑦~⑩항은 산림경영계획 작성 및 인가 신청자는 기재 불요

□ 산림현황

① 소유자

○ 경영계획개요 서식에서의 소유자 성명을 기재

- 사유림 일반경영계획구의 경우 : 소유자 성명 기재
- 사유림 협업경영계획구의 경우
  - 동일 필지 내 소유자가 수명일 경우 홍길동 외 0명으로 기재
  - 지번별로 소유자 기재

② 산림소재지

○ 지번별로 산림이 소재하는 시·군, 읍·면, 동·리를 기재

③ 지번

○ 산림경영계획을 작성하는 지번을 모두 기재

- 지번이 다를 경우 가급적 임·소반을 분리하여 동일 소반이 2개 이상의 지번에 걸쳐서 구획하지 않도록 할 것

④ 임반

o 산림경영계획구 유역 하류에서 시계 방향으로 연속되게 아라비아 숫자 1, 2, 3 …으로 표기하고, 부득이한 사유로 보조 임반을 편성할 때에 연접된 임반의 번호에 보조번호를 부여한다. 보조 임반은 1-1, 1-2, 1-3 …순으로 부여한다(예 1-1, 1임반 1보조임반)

⑤ 소반

○ 임반 번호와 같은 방향으로 소반명을 1-1-1, 1-1-2, 1-1-3 … 연속되게 부여하고, 보조소반의 경우에는 연접된 소반의 번호에 1-1-1-1, 1-1-1-2, 1-1-1-3 …으로 표기

(예 1-1-1-3, 1임반 1보조임반 1소반 3보조소반 1-0-1-3, 1임반 1소반 3보조소반)

⑥ 면적

○ 소반면적에 대하여 ha 단위로 하고 소수점 이하 1자리까지 구분 기재

- 지번 전체 면적을 소반면적으로 할 경우는 지적면적을 기재
- 같은 지번 내 2개 소반 이상 구분할 때는 산림경영계획도상에 임반·소반을 구획하고 임반·소반면적을 구분하여 면적 기재

⑦ 산지 구분

○ 산지관리법 제4조의 규정에 따라 구분된 산지의 종류를 기재

- 보전산지(공익용산지), 보전산지(임업용산지), 준보전산지

※ 토지이용계획 확인서로 확인

⑧ 경사도

○ 아래의 구분을 참조하여 5단계로 구분기재 : "완", "경", "급", "험", "절",

- 완경사지(완) : 경사 15° 미만
- 경사지(경) : 경사 15~20° 미만
- 급경사지(급) : 경사 20~25° 미만
- 험준지(험) : 경사 25~30° 미만
- 절험지(절) : 경사 30° 이상

□ 임황조사

⑨ 수종

○ 임분을 구성하고 있는 주요 수종의 수종명을 기재

- 가장 많이 점유하고 있는 수종부터 5개 수종정도 기재

⑩ 임령

○ 임분구성 입목의 평균 수령을 분자로 하고, 최저-최고의 수령을 분모로 표기 (예 30/10-40)

⑪ 수고

○ 임본 구성 입목의 평균 수고를 분자로 하고, 최저-최고 수고를 분모로 표기 (예 10/3-15)

⑫ 경급

○ 임분 구성 입목의 평균 흉고직경을 분자로 하고, 최저-최고를 분모로 표기 (예 14/6-20)

⑬ 총 축적

○ 소반 구역 내 생육하고 있는 입목의 총축적을 m^3 단위로 기재

□ 경영계획 및 실행실적(예시)

⑭ 경영목표	소나무 벌기령 60년으로 우량대경재 생산
⑮ 중점사업	임도시설 및 조림지 내 산더덕 재배

⑯ 조림	지번	임반	소반	계획					실행				
				연도별	수종별	면적(ha)	본수(본)	조림 사유	연도별	수종별	면적 (ha)	본수 (본)	조림 사유
	산2	1-0	1-0	2021	낙엽송	5.0	15,000	벌채적지					
	산8	1-0	2-0	2022	소나무	6.0	18,000	〃					

⑰ 숲가꾸기	지번	임반	소반	계획				실행			
				연도별	종별	면적(ha)	비고	연도별	종별	면적(ha)	비고
	산2	1-0	1-0	2022	풀베기	5.0	5년				
				2023	〃	11.0	8년				
	산4	1-0	2-0	2027	무육간벌	5.0	낙엽송				
	산4	1-0	2-0	2029	무육간벌	6.0	소나무				

⑱ 임목생산	지번	임반	소반	계획						실행					
				연도별	사업 종별	작업 종별	수종	면적 (ha)	재적(m^3) (본수)	연도별	사업 종별	작업 종별	수종	면적 (ha)	재적(m^3) (본수)
	산2	1-0	1-0	2020	주벌	개벌	낙엽송	6.0	1,500m^3						
	산8	1-0	2-0	2021	주벌	택벌	소나무	5.0	800m^3						

⑲ 시설	지번	임반	소반	계획				실행			
				연도별	종별	개소수	사업량(km)	연도별	종별	개소수	사업량(km)
	산2	1-0	1-0	2020	운재로	2	1.2				

⑳ 소득사업	지번	임반	소반	계획				실행			
				연도별	품목	작업종	사업량	연도별	품목	작업종	사업량
	산2	1-0	1-0	2021	산더덕재배	파종	20ℓ /5.0ha				

210mm×297mm (보존용지(1종) 70g/m^2)

□ 경영계획

⑭ 경영목표

○ 산림을 경영하는 목적을 알기 쉽게 표현 기재

(예시)

- 소나무벌기령 60년으로 우량대경재 생산
- 천연림 무육으로 목재 생산림 경영
- 불량임분의 수종갱신으로 목재 생산림 경영 및 관리
- 경관보존림으로 유지관리하며 임지 내 산채 재배

⑮ 중점 사업

○ 계획기간 동안에 중점적으로 시행할 사업 종류

(예시)

- 숲 가꾸기 사업을 통한 우량임분 조성
- 임내 산양삼 재배, 산더덕 재배 등

⑯ 조림

○ 조림계획 연도별, 수종별, 면적, 본수를 기재하고, 조림사유는 조림지를 조성하게 된 원인을 기재한다.

(예시) : 벌채적지, 산불피해지 등

⑰ 숲 가꾸기

○ 풀베기, 비료주기, 어린나무 가꾸기, 천연림보육(천보), 무육간벌, 덩굴류 제거 등 숲 가꾸기의 작업 계획에 대하여 연도별, 작업종별, 면적을 기재

⑱ 임목생산

○ 연도별, 사업종별, 작업종별 벌채예정 수종・면적・재적(본수)을 기재

- 사업종별 : 주벌, 간벌(수확), 굴취, 피해목 벌채 등
- 작업종별 : 개벌, 택벌, 모수벌채, 왜림작업, 수종갱신, 수확간벌 등

⑲ 시설

○ 연도별, 종별, 개소수, 사업량을 기재

- 종별 : 임도, 운재로, 작업로 등

⑳ 소득사업

○ 연도별로 품목별 작업종 및 사업량을 기재

- 품목 : 임업 및 산촌진흥촉진에 관한 법률 시행규칙 제6조 제1항관련 "별표1"에서 정하는 품목명을 기재
- 작업종 : 파종, 심기, 굴취 등으로 구분 기재

3. 재적조사 및 축적 산출

가. 표준지 매목조사 야장

□ 기재 요령

○ 측정대상입목 : 가슴높이 지름 6cm 이상의 입목으로 한다.

○ 가슴높이 지름 측정부위 : 지상고 120cm 위치의 직경을 말하며, 2cm 괄약으로 측정한다.(8cm=7cm 이상 9cm 미만, 10cm=9cm 이상 11cm 미만)

○ 표준지는 산림(소반) 내 평균임상인 개소에서 선정하고 1개 표준지 면적은 최소 0.04ha(20m×20m, 10m×40m)로 한다.

- 표준지는 임지의 표준이 되는 임상을 선정하되 산록, 산복, 산정 등 고루 분포되도록 표준지를 선정하여 조사함

ㅁ 표준지 매목조사 기재 예시

표준지 매목조사 야장

산림경영계획구 : 팔괴리 김정호 사유림 일반경영계획구 조사일자 : 2019년 12월 8일

산림소재지 : 강원 영월군 영월읍 팔괴리 산 88-8

산림소유자 : 김정호

임반 : 1-0(1임반)

소반 : 1-0(1소반) 표준지면적 : 0.12ha(20m×20m×3개)

임상 : 천연림 조사자 직 · 성명 : 김정동 인

수종	흉고직경(cm)	본수			계	수종	흉고직경(cm)	본수			계
		1표준지	2표준지	3표준지				1표준지	2표준지	3표준지	
소나무	6				1	활엽수	6		一		1
	8		一		1		8	一		一	2
	10	一	一		2		10		一		1
	12			一	1		12				
	14			一	1		14				
	16	丅	丅	一	5		16				
	18	一	一	一	3		18				
	20	一	丅	丅	5		20	一	一		2
	22	丅	下	丅	7		22				
	24	下	一	𤴓	8		24				
	26	正	下	丅	10		26				
	28	丅	下	一	6		28				
	30	丅	丅	一	5		30				
	32	一	一	一	3		32			一	1
	34	一		一	2		34				
	36		一		1		36				
	38						38				
	40						40				
	42						42				
	44						44				
	46						46				
	계				61		계				7

나. 수고조사 및 계산서

□ 기재 요령

① 조사 수고

○ 측고기를 이용하여 흉고직경별로 측정한 수고를 기재

- 흉고 경급별로 평균이 되는 입목의 수고가 측정되도록 입목의 생육정도 및 위치 등을 고려하여 조사대상목을 선정

○ 수고조사는 가급적 흉고 경급별로 3본 이상 조사하여 확률을 높임

- 표준지 내·외를 구분 없이 경급별로 평균생육 입목에 대하여 조사

② 합계

○ 흉고경급별로 조사수고를 합계

③ 평균

○ 흉고경급별 조사수고의 합계(②)를 수고조사본수로 나눈 평균을 산출

④ 삼점평균

○ 산출하고자 하는 바로 아래 경급의 수고와 산출하고자 하는 경급의 수고 및 산출하고자 하는 위 경급의 수고를 합한 평균을 산출하여 기재

- 다만 최하단위 수고는 그대로 기재(흉고직경 "6cm"에 해당하는 평균수고 4.9m는 그대로 기재)

- 예시 : 흉고직경 "10cm"에 해당하는 삼점평균수고=(5.7+6.5+8.3)/3 =6.8m

⑤ 적용수고

○ 삼점평균 수고의 소수 이하를 반올림(4사5입)한 수고로 임지의 수고를 결정

- 예시 : 흉고직경 "10cm"에 해당하는 삼점평균수고=(5.7+6.5+8.3)/3 =6.8m → 적용수고 7m

□ 수고조사 계산서 기재 예시

수고조사 및 계산서

산림소재지 : 강원 영월군 영월읍 팔괴리 산 88-8

산림경영계획구 : 팔괴리 김정호 사유림 일반경영계획구

임반 : 1-0 조사일자 : 2019년 12월 8일

소반 : 1-0

수종 : 소나무 조사자 직·성명 : 김정동 인

흉고직경	조 사 목 별 수 고 (m)											④ 삼점평균	⑤ 적용수고
	조 사 수 고 ①									② 합 계	③ 평 균		
	1	2	3	4	5	6	7	8	9				
6	5.0	5.0	4.5	5.0						19.5	4.9	4.9	5
8	5.5	6.0	5.5							17.0	5.7	5.7	6
10	7.0	6.5	6.0							19.5	6.5	6.8	7
12	8.0	7.5	9.0	8.5						33.0	8.3	7.8	8
14	7.5	8.5	9.5							25.5	8.5	8.4	8
16	8.5	8.0	8.5							25.0	8.3	8.7	9
18	9.0	9.0	10.0							28.0	9.3	9.2	9
20	10.0	11.0	9.0							30.0	10.0	9.9	10
22	10.5	11.5	9.5							31.5	10.5	10.8	11
24	11.0	12.0	12.5							35.5	11.8	11.7	12
26	12.0	13.5	13.0	13.0						51.5	12.9	12.8	13
28	13.5	13.5	14.5							41.5	13.8	14.1	14
30	15.0	16.0								31.0	15.5	15.3	15
32	16.5									16.5	16.5	16.2	16
34	16.5									16.5	16.5	16.7	17
36	17.0									17.0	17.0	17.0	17

다. 표준지 재적조서 및 축적 산출서

□ 기재 요령

① 수고

○ 수고조사 및 계산서에서 산출한 적용 수고를 기재

- 흉고 경급별 수고 적용

② 본수

○ 표준지 매목조사 한 흉고 경급별 본수 기재

③ 단재적

○ 수간 재적표에서 흉고경급별 수고를 찾아 해당 단재적을 기재

④ 재적

○ 흉고 경급별로 재적을 산출 기재

- 본수×단재적=재적

○ 표준지 재적의 재계(합계)는 소수점 이하 3째자리에서 반올림하여 2째자리까지 산출

⑤ ha당 재적

○ 표준지 재적(m^3)÷표준지 면적(ha)=m^3/ha

- 소수점 이하 3째자리에서 반올림하여 2째자리까지 산출

⑥ 총 축적

○ 소반 총 축적 : ha당 재적×총면적=총 재적

□ 표준지 재적조서 기재 예시

표준지 재적조서 및 축적 산출서

산림소재지 : 강원도 영월군 영월읍 팔괴리 88-8

산림경영계획구 : 팔괴리 김정호 사유림 일반경영계획구

임소반 : 1-0-1-0 조사일자 : 2018년 8월 8일

면적 : 11.5ha

표준지 면적 : 0.12ha(20m×20m×3개소)

수종 : 소나무 조사자 직 · 성명 : 김정동 (인)

표준지					재적	
경 급 (cm)	①수 고 (m)	②본 수 (본)	③단재적 (m^3)	④재적 (m^3)	⑤ha당재적 (m^3)	⑥총재적 (m^3)
6	5	1	0.0090	0.0090	20.22/0.12 =168.50	168.50×11.5 =1937.75 ≒ 1,651.19m^3
8	6	1	0.0180	0.0180		
10	7	2	0.0313	0.0626		
12	8	1	0.0495	0.0495		
14	8	1	0.0651	0.0651		
16	9	5	0.0931	0.4655		
18	9	3	0.1149	0.3447		
20	10	5	0.1545	0.7725		
22	11	7	0.2021	1.4147		
24	12	8	0.2582	2.0656		
26	13	10	0.3237	3.2370		
28	14	6	0.3991	2.3946		
30	15	5	0.4853	2.4265		
32	16	3	0.5829	1.7487		
34	17	2	0.6926	1.3852		
36	17	1	0.7693	0.7693		
38						
40						
42						
44						
46						
계				22.229		
재계		61		20.22		

핵심 10 산림경영계획 인가 신청 및 인가

1. 산림경영계획 수립의 필요성

가. 목적 및 의의

○ 국가적 차원에서 산림을 체계적으로 관리하도록 유도하여 산림의 공익적·경제적 가치의 증진을 도모

○ 산림소유자의 경우 산림경영계획을 작성·인가받아 산림을 체계적으로 경영·관리함으로써 재산가치 상승과 소득의 증대를 도모

○ 산림의 보호와 육성을 위해 시장·군수가 필요하다고 인정하는 경우 산림의 소유자에게 권장할 수 있음

나. 산림경영계획 인가에 따른 혜택

○ 계획적이고 체계적인 산림경영으로 산림의 이용효율과 경제성을 높일 수 있음

○ 별도의 허가절차 없이 입목의 벌채 또는 임산물의 굴취·채취 가능

- 산림경영계획 인가를 받게 되면 산림경영계획에 포함된 입목 벌채 또는 임산물의 굴취·채취사업에 대하여는 사전 시업신고로 시업 가능
- 산림경영계획에 포함된 풀베기·가지치기 또는 어린나무 가꾸기의 경우 신고없이 시업 가능

○ 보조금 및 세제 해택

- 산림경영계획 인가 신청 시 경영계획 작성비 보조금 신청하면 산림경영계획 인가와 동시에 보조금을 지급받을 수 있음(예산이 있을 경우)
- 산림경영계획 편성임지에 대해 우선적으로 국고·지방비 보조사업 추진
- 소득세, 법인세, 증여세, 종합토지세 감면

다. 산림경영계획을 작성하지 않거나 취소되면 받게 되는 불이익

○ 위에서 언급한 산림경영계획 인가에 따른 혜택을 받을 수 없거나 우선순위에서 밀리는 불이익이 있을 수 있음

2. 산림경영계획 인가 신청

가. 신청 및 인가 절차

○ 산림경영계획 인가 신청서 제출(산주) → 검토(시·군 산림부서) → 인가(시장·군수 : 산림부서)

나. 신청서 구비 서류

○ 산림경영계획 인가 신청서

- 「산림자원법 시행규칙」 제7조 규정 별지 제1호 서식

○ 산림경영계획서

- 「공·사유림 경영계획 작성 및 운영요령」 별지 제1호 서식

○ 경영계획도

○ 「공·사유림 경영계획 작성 및 운영요령」 별지 제2호 서식

○ 기타 참고 서류

- 국토이용계획 확인서
- 임야대장등본
- 등기부 등본
- 기타 대리경영 위탁받은 자의 경우 대리경영 위탁을 증명할 수 있는 서류

3. 인가

가. 인가권자

○ 사유림 : 시장·군수

○ 공유림

- 시·소유 공유림은 시장·군수의 승인신청에 의거 시·도지사 승인
- 시·도 소유 공유림은 시·도지사가 수립하고 심의 결정(법정 규정 없음)

나. 인가 전 검토

① 산림경영계획서상의 산림소유자와 공부상의 산림소유자가 일치하는지의 여부

② 산림경영계획에 "산림자원의 조성 및 관리에 관한 법률 시행령 제9조 제2항" 각호의 사항이 포함되었는지 여부

○ 조림면적·수종별 조림수량 등에 관한 사항

○ 어린나무 가꾸기 및 솎아베기 등 숲 가꾸기에 관한 사항

○ 벌채방법·벌채량 및 수종별 벌채시기 등에 관한 사항

○ 임도·작업로·운재로 등 시설에 관한 사항

○ 그 밖에 산림소득의 증대를 위한 사업 등 산림경영에 필요한 사항

③ 벌기령이 기준 벌기령에 부합되는지 여부

④ 사업계획이 경영계획구의 현지 상황에 부합되는지 여부

⑤ 기타 "공·사유림 작성 및 운영 요령"(산림청 훈령)에 부합되는지의 여부

다. 인가서 교부

○ 위 "2) 인가 전 검토" 사항을 확인하여 타당하다고 인정되는 경우에 "자원조성법시행규칙 제7조 제3항 규정 별지 2호의 서식에 의거"인가서를 교부

기출문제 **어떤 표준지의 흉고직경을 측정하였더니 다음과 같았다. 현지조사야장을 매목조사야장으로 옮겨서 기록하시오.(5점)**

현지조사야장	
직경	본수
8.3	3
9.5	2
10.2	3
12.5	4
13.6	7
15.6	3
16.8	3
17.3	6
계	31

매목조사야장	
직경	본수
계	

모범답안

현지조사야장	
직경	본수
8.3	3
9.5	2
10.2	3
12.5	4
13.6	7
15.6	3
16.8	3
17.3	6
계	31

매목조사야장	
직경	본수
8	3
10	5
12	4
14	7
16	6
18	6
계	31

흉고직경을 2cm 괄약해서 표시할 수 있는지에 관해서 묻는 것입니다.
정확하게 ~이상, ~미만으로 기억하지 못한다면 예를 들어 5센티미터 이상, 7센티미터 미만은 6센티미터로 괄약해서 적습니다.
이렇게 이상과 미만을 정확하게 구분해 주어야 헷갈리지 않습니다.
위의 답을 먼저 적어보시고, 아래의 답안과 비교해 봅니다.

Part

08

실기시험장 질문 및 답변

Part 08 실기시험장 질문 및 답변

❶ 실기시험장 질문 답변 요령 개괄

산림경영계획서를 작성하는 데 산림조사는 기본적이고 중요한 사항이다. 산림조사를 제대로 하고 있는지 현장에서 확인하기 위해 실기시험장에서 현장 경험이 많은 기술사, 교수 등이 직접 질문을 한다. 글로 썼던 것을 말로 답변하는 것이니 제대로 공부를 했다면 어려운 일은 아니라고 생각한다면 잘못 생각한 것이다. 생각보다 답변이 부드럽게 나오지 않는다.

질문에 정확하게 답변하기 위해서는 우선 여기에 나온 내용들은 잘 읽고 정확하게 이해하여야 한다. 손으로 적는 것이 암기를 통해서 가능한 것처럼, 입으로 답변하는 것은 훈련을 통해서 가능하다. 이해는 사실 다른 차원의 것이다. 여기에 적힌 내용을 일단 이해가 가는 수준까지 반복해서 읽는다. 왜 그렇게 되는지 스스로에게 설명을 해 보면 자신이 잘 이해하고 있는지 확인할 수 있다.

▶ 암기 팁 : 아래의 질문과 답에서 첫 번째 항목을 우선적으로 반복하여 익히고, 다음 답변과 그 다음 답변으로 차근차근 확장하는 것이 기억하기 쉽다.

❷ 흉고직경의 측정

질문 01 흉고직경을 측정하는 방법에 관해 설명하세요.

흉고직경을 측정하는 방법을 말씀드리겠습니다.
흉고직경을 측정해야 하는 나무의 위쪽 경사면에서 근원부로부터 1.2미터 되는 부분의 지름을 잽니다.
나무의 지름은 윤척의 3면이 모두 수간에 닿게 하여 측정합니다.
나무의 지름은 긴 쪽을 한 차례, 짧은 쪽을 또 한 차례, 모두 두 차례 측정하여 평균한 값을 2센티미터 괄약하여 흉고직경으로 결정합니다.
이상입니다.

Tip

흉고직경을 측정할 때 5센티미터 이상, 7센티미터 미만을 6센티미터로 결정하고, 같은 방법으로 8, 10, 12 이렇게 짝수단위로 결정하는 것을 괄약이라고 합니다.

질문 02 기울어져 있는 나무의 흉고직경 측정방법을 설명하세요.

기울어진 나무의 흉고직경 측정방법을 말씀드리겠습니다.
기울어진 나무는 흉고직경을 1.2미터 높이에서 측정하지 않고, 뿌리를 제외한 줄기의 가장 아래부분에서부터 높이를 재서 1.2미터 부분의 직경을 측정합니다.
흉고직경을 재는 목적이 나무의 줄기부분이다. 즉, 수간의 재적을 산출하기 위한 것이므로 목적에 맞게 흉고직경을 측정하는 것입니다.
이상입니다.

질문 03 쓰러져 있는 나무의 흉고직경 측정방법을 설명하세요.

쓰러져 있는 나무의 흉고직경 측정방법을 설명하겠습니다.
직경을 산정하여야 한다면 기울어진 나무의 경우처럼 줄기의 가장 아래부분에서 1.2미터 부위의 흉고직경을 직각방향으로 측정합니다.
이상입니다.

Tip

나무가 쓰러져서 더 이상 자라기 어려운 경우는 벌채하여 다른 나무의 성장이나 작업자에 안전에 지장을 주지 않도록 합니다. 산림경영계획을 하기 위한 표준지 조사에서 흉고직경은 산림의 현황을 파악하기 위한 것이므로 조사대상에서 제외하는 것이 표준지 조사의 취지에 더 가깝습니다.
부피를 구한다면 리케식을 사용하여 계산할 수 있습니다. 후버식이나 스말리안식보다 리케식이 더 정확합니다.

질문 04 가슴높이에서 직경을 측정하는 이유가 무엇인가요?

가슴높이에서 직경을 측정하는 이유를 말씀드리겠습니다.
가슴높이에서 직경을 측정하는 이유는 표준지의 임목재적을 산정하기 위해서 사용하는 수간재적표가 가슴높이 지름과 나무의 높이인 수고의 대조표로 만들어져 있기 때문입니다.
이상입니다.
또한 다른 이유가 있다면 흉고높이에서 재는 것이 실무상 편하기 때문입니다. 키 큰 서양인들은 흉고직경 측정 높이가 1.3미터인 것도 그 높이가 편하기 때문이라고 생각합니다.
실제로 1.3미터의 직경이나 1.2미터의 직경이 큰 차이가 없었습니다.

질문 05 가슴높이 일부분이 수피가 벗겨져 있는 나무의 흉고직경 측정방법을 설명하세요.

수피가 일부 벗겨진 나무의 흉고직경 측정방법을 설명해 드리겠습니다.
(수피 후 측정기를 사용할 수 있다면)수피를 포함한 직경을 산정하여 측정된 흉고직경에 더해주어야 합니다. 육안으로 관찰이 가능하거나 자로 잴 수 있다면 그만큼 더 해 줍니다.
이상입니다.
우리가 사용하는 수간재적표는 수피를 포함한 것과 포함하지 않은 것으로 만들어져 있습니다. 시험장에서 배포하는 재적표는 수피를 포함한 것이므로 더해주어야 합니다.

질문 06 가슴높이에서 직경이 팽대되어 있다면 흉고직경을 어떻게 측정합니까?

흉고부위가 팽대한 나무의 흉고직경 측정방법을 말씀드리겠습니다.
가슴높이에서 위쪽과 아래쪽으로 이동하여 정상적인 줄기부위의 직경을 각각 재어 평균한 값을 사용합니다.
팽대한 부분은 수확 및 목재 가공을 할 때 잘려서 없어지므로 정상적인 부위만큼 목재가 생산되기 때문입니다.
이상입니다.
만일 가슴높이에서 직경이 위축되어 잘록하다면 가장 위축되어 줄어든 부위의 흉고직경을 사용하여야 할 것입니다. 실제로 이런 사례는 현실에서 보기 힘듭니다.

질문 07 임목의 줄기가 두 갈래로 갈라져 있다면 어떻게 측정해야 합니까?

줄기가 갈라진 나무의 흉고직경 측정에 대해 말씀드리겠습니다.
가슴높이 윗부분에서 줄기가 갈라져 있다면 하나의 나무로 보아 측정합니다.
가슴높이 아래부분에서 줄기가 갈라져 있다면 두 개의 나무로 보아 각각 측정합니다.
이상입니다.

Tip

나무의 가지가 갈라지는 것은 정상적인 것이므로 그 굵기를 보아 줄기로 보아야 할 것인지 가지로 보아야 할 것인지 판단이 필요합니다. 줄기에서 가지가 갈라져 있다면 무시해도 좋지만 딱 흉고높이에서 가지가 갈라져 나왔다면 그 부분이 굵어져 있을 것이므로 질문 6과 같은 측정방법을 사용하는 것이 좋을 것입니다.
줄기인지 가지인지 반드시 질문을 구분하여 주시기 바랍니다.

질문 08 뿌리가 노출된 나무의 흉고직경은 어떻게 측정합니까?

뿌리가 노출된 나무의 흉고직경을 측정하는 방법을 말씀드리겠습니다.
뿌리를 제외한 줄기의 가장 아래부분에서 1.2미터 높이의 지름을 측정합니다.

질문 09 흉고직경을 측정할 때 장변과 단변을 각각 측정하는 이유는 무엇인가요?

장변과 단변을 각각 측정하는 이유에 대해 말씀드리겠습니다.
나무 줄기의 횡단면은 완전한 원형으로 자라지 않고 타원형이나 부정형으로 자랍니다. 보통은 타원형으로 자라게 되는데, 이러한 나무의 성장특성을 나무의 중심인 심(수조직, pith)이 한쪽으로 몰려있으므로 편심생장이라고 합니다.

Tip

침엽수처럼 압력방향으로 더 넓게 나이테가 만들어지는 압축생장과 활엽수처럼 압력이 가해지는 반대방향으로 더 넓게 나이테가 만들어지는 인장생장이 편심생장의 원인입니다.

질문 10 흉고직경은 가슴높이의 지름이라는 말인데 사람마다 가슴높이는 다 다른데, 그 위치를 재라고 하는 이유는 무엇인가요?

흉고직경을 재는 위치에 대해 말씀드리겠습니다.
공, 사유림 경영계획서 작성 요령의 흉고직경은 1.2미터 높이에서 나무의 지름으로 정하고 있습니다. 그러므로 흉고직경이라는 것은 1.2미터의 높이이지 사람의 키와는 관계가 없습니다.
그렇지만, 실무상으로는 얼마 안 되는 차이 때문에 일부러 나무의 높이를 잴 필요까지는 없어 보입니다. 수고가 10미터 이상인 나무에서 그 정도 차이는 실제로 2센티미터로 괄약했을 때 큰 차이가 나지 않습니다.

질문 11 흉고직경을 나무보다 높은 곳에서 서서 재는 이유는 무엇입니까?

흉고직경을 나무보다 높은 곳에서 재는 이유를 말씀드리겠습니다.
나무를 벌채하는 높이가 경사지의 높은 곳보다 10센티미터 이상 위쪽이기 때문입니다.

질문 12 흉고직경을 2센티미터로 괄약하는 이유는 무엇입니까?

흉고직경을 2센티미터로 괄약하는 이유를 말씀드리겠습니다.
임목의 재적을 산출할 때 사용하는 수간재적표가 수고와 흉고직경의 대조표로 만들어져 있기 때문입니다. 수간재적표가 2센티미터 괄약하여 만들어져 있기 때문에 같은 방법으로 괄약하여야 합니다.
2센티미터 괄약을 사용하여 실제로 입목의 직경을 측정을 해 보면 별도로 계산기를 사용하지 않아도 쉽게 평균값을 낼 수 있습니다. 2센티미터 괄약을 사용하면 현장에서 계산기를 사용하지 않아도 쉽게 흉고직경을 산출할 수 있으므로 조사 시간도 단축할 수 있습니다.

3 수고의 측정

질문 13 나무의 높이를 측정하는 방법을 설명하세요.

나무의 높이를 측정하는 방법에 대하여 말씀드리겠습니다.
나무의 높이는 수고측정기인 순토하이트미터와 줄자를 이용하여 측정합니다.
먼저 나무의 제일 높은 부분인 초두부와 나무의 제일 아래부분인 근원부가 모두 잘 보이는 위치에서 높이를 측정합니다.
측정자의 위치는 되도록 근원부와 같은 높이인 등고위치가 좋습니다.
순토하이트미터는 높이를 재는 눈금이 15분의 1과 20분의 1로 표시되어 있습니다. 수고 15미터 정도의 나무는 15미터 거리에서 수고를 측정하고, 나무높이가 20미터 정도라면 20미터의 거리에서 측정하여야 합니다.
이상입니다.
초두부를 측정한 값은 수평을 기준으로 위에 있으므로 (+)로 눈금이 기재되어 있고, 근원부를 측정한 값은 수평을 기준으로 밑에 있고 (−)로 눈금이 기재되어 있으므로 초두부를 측정한 값에서 근원부를 측정한 값을 뺀 것이 나무의 높이가 됩니다.
▶ +14.5−(−)1.5 = 16[m]

질문 14 경사계를 이용하여 수고를 측정하는 방법을 설명하세요.

경사계를 이용하여 수고를 측정하는 방법에 대해 말씀드리겠습니다.
계산하기 쉽게 나무에서 10미터나 20미터 거리를 줄자로 경사거리가 아닌 수평으로 잰 다음 초두부와 근원부의 경사를 잰 %값에서 100을 나눈 값으로 곱하여 줍니다.
이상입니다.

Tip

추가로 예를 들면 초두부의 경사가 110%, 줄자로 수평거리 10미터를 재었다면 10미터 곱하기 1.1한 11미터가 초두부의 높이가 됩니다. 이때 근원부의 경사가 –15%였다면 근원부의 높이는 -1.5가 됩니다. 초두부와 근원부를 합하면 12.5미터가 나무의 높이가 됩니다.

- $10 \times 110\%/100 - 10 \times (-)15\%/100 = +11 - (-)1.5 = 12.5[m]$
- 등고위치와 비슷한 높이에서 재는 것과 반드시 경사거리가 아니라 수평거리를 재어야 합니다.

질문 15 왜 근원부와 등고위치에서 수고를 재는 것인가요?

등고위치에서 수고를 재는 이유를 말씀드리겠습니다.
등고위치에서 측정한 값이 오차가 적어 더 정확하기 때문입니다. 등고위치가 아닌 곳에서 재면 다시 경사거리에 각도의 코사인 값을 곱하여 수평거리로 환산하여야하기 때문에 번거롭고 계산이 복잡하게 될 수 있습니다.
이상입니다.

질문 16 측정위치에서 초두부와 근원부가 잘 보이지 않으면 어떻게 수고를 측정합니까?

초두부와 근원부가 보이지 않을 경우에 수고를 측정하는 방법에 대해 말씀드리겠습니다. 같이 측정하는 사람이 있다면 나무를 흔들어서 초두부의 위치를 확인하는 방법을 사용할 수 있습니다. 또한 근처의 비슷한 다른 나무의 수고를 측정한 다음 초두부와 근원부 높이를 비교하여 측정하는 방법도 사용할 수 있습니다.
이상입니다.

Tip

초두부와 근원부가 확인하지 않는 경우가 많으면 잘 보이는 옆의 나무를 측정하여 초두부와 근원부의 높이를 비교하는 방법을 사용하였습니다.

질문 17 등고위치보다 높은 곳에서 수고를 측정할 수 있나요?

등고위치보다 높은 곳에 있는 나무의 높이를 측정하는 방법에 대해 설명하겠습니다.
먼저 경사거리를 측정하여 수평거리로 환산한 다음 수평거리 15 또는 20미터에서 수고를 측정하여야 합니다. 수평거리는 경사거리에 코사인경사각도를 곱하여 구합니다.
이상입니다.

▶ 등고위치보다 낮은 곳의 임목도 경사거리를 수평거리로 환산하여 높이를 측정할 수 있습니다.

질문 18 수고를 잴 때 왜 15 또는 20미터 거리에서 재는 것인가요?

수고를 잴 때 측정거리에 대해 말씀드리겠습니다.
순토하이트미터는 삼각법을 응용하여 만든 수고측정기입니다. 45도의 각도에서 가장 오차가 적고 정확한 값을 측정할 수 있습니다. 15분의 1로 표시되어 있다면 15미터 거리에서 45도의 위치에 15미터 눈금이 기록되어 있습니다. 그렇기 때문에 읽는 눈금에 해당하는 거리의 높이를 가진 나무를 재는 것이 가장 오차가 적습니다.
이상입니다.

질문 19 순토하이트 미터의 눈금 중 1/15과 1/20은 어떤 의미인가요?

수고측정기의 눈금에 대해 말씀드리겠습니다.
말씀하신 숫자의 분모는 나무와의 거리를 나타내는 숫자입니다. 1/15은 15미터 거리를 기준으로 나무의 높이를 환산한 것이고 1/20은 20미터 거리를 기준으로 나무의 높이를 눈금에 표시한 것입니다.
이상입니다.

질문 20 순토하이트미터를 이용한 수고측정방법을 설명하세요.

하이트미터를 이용한 수고측정방법을 말씀드리겠습니다.
순토하이트미터는 높이를 재는 눈금이 15분의 1과 20분의 1로 표시되어 있습니다. 수고 15미터 정도의 나무는 15거리에서 수고를 측정하고, 나무 높이가 20미터 정도라면 20미터의 거리에서 측정하여야 합니다. 계산하기 쉽게 나무에서 10미터나 20미터 거리를 줄자로 경사거리가 아닌 수평으로 잰 다음 초두부와 근원부의 경사를 잰 %값에서 100을 나눈 값으로 곱하여 줍니다.
이상입니다.

Tip 추가로 설명해 드리자면 하이트미터를 끝까지 위로 올리거나 끝까지 밑으로 내려서 보면 눈금을 확인할 수 있습니다.

질문 21 절벽 위에 있는 나무는 어떻게 수고를 측정할 수 있나요?

절벽 위에 있는 나무의 수고를 측정하는 방법에 대해 말씀드리겠습니다.
안전을 위해서 직접 측정하면 안 됩니다. 그렇지만, 표준지 조사라는 측면에서 살펴본다면 절벽이 있는 경우 해당 조사지점에서 50미터 이내로 표준지를 이동하여 설치할 수 있습니다.
이상입니다.

Tip 추가로 말씀드린다면 표준지 조사의 목적은 산림경영을 위한 기초자료를 확보하는 것입니다. 산림경영에 이용할 수 없는 나무의 조사는 의미가 적다고 할 것입니다. 꼭 측정하여야 한다면 절벽의 높이를 측정하고 절벽의 높이와 비교하여 나무의 높이를 산정할 수 있습니다.

질문 22 수평거리를 잴 수 없는 곳에 있는 나무의 높이는 어떻게 잴 수 있나요?

수평거리를 잴 수 없는 곳의 나무 높이 측정방법을 말씀드리겠습니다.
경사거리와 경사각을 재어서 수고를 계산할 수 있습니다. 경사거리는 줄자로 재고, 경사각은 경사계를 이용하여 측정을 한 후 경사거리에 사인 경사각을 곱하여 나무의 높이를 계산할 수 있습니다.
이상입니다.

Tip 나무의 높이 = 경사거리×sin(경사각)

$$Cos\theta = \frac{\text{밑변}}{\text{빗변}}$$

$$Sin\theta = \frac{\text{높이}}{\text{빗변}} \Rightarrow \text{높이(수고)} = \text{빗변(경사거리)} \times Sin\theta$$

$$Tan\theta = \frac{\text{높이}}{\text{밑변}} \Rightarrow \text{높이(수고)} = \text{밑변(수평거리)} \times Tan\theta$$

꼭 말씀드리고 싶습니다.

필답시험에서 답안을 무작정 외워서 쓰는 것은 절대로 합격을 보장합니다.
당연합니다. 외웠는데 어떻게 못 붙겠습니까?
우리의 목표는 합격이지만, 무작정 외워서 쓴다면, 시험을 보고나서 남는 것이 하나도 없습니다.
기왕 공부하는 김에 제대로 하신다고 생각하시면 어떨까요?
많이 달라집니다. 실제로 지식을 업무에 활용할 수 있기 때문입니다.
그리고 문제에 대해 답이 실제로 맞는지 한 번 더 생각해 보고, 시중에 돌아다니는 답들을 한 번 더 검토해 보실 필요가 있습니다.
시험장에서 시험보실 때, 필답시험의 경우 시간이 많이 남습니다.
한 번 더 생각해 본다면 다른 답이 나올 수도 있습니다.
시험장에서는 절대, 절대, 절대 빈칸을 남겨두지 마십시오.
틀린 답은 맞게 채점이 될 수도 있지만 빈칸으로 남겨 둔 것은 맞게 채점될 수 없습니다.
하다못해 소설이라도 쓰고 나오십시오.

Part

09

기본 개념문제

제 1 회 기본 개념문제

01 체인톱의 엔진출력과 무게에 따른 종류와 용도에 대한 표이다. 괄호 안을 채우시오. [4점]

종류	엔진출력(kw)(ps)	무게(kg)	용도
소형	2.2kw(3.0ps)	6	(가) 벌목, (나) 가지치기
중형	3.3kw(4.5ps)	9	(다) 벌목
(라)	4.0kw(5.5ps)	12	대경목 벌목

가. ______________________

나. ______________________

다. ______________________

라. ______________________

02 체인톱의 구입비가 1,000,000원, 사용연한이 10년, 폐기 시의 가치가 20,000원일 때 감가상각비를 정액법으로 계산하시오. [4점]

풀이과정

답

03 저목장으로부터 제재소나 임산물 시장까지의 트럭 운재 시 장점을 설명하시오. [3점]

가. ______________________________

나. ______________________________

다. ______________________________

04 트럭운재의 효율을 높이기 위한 조건 2가지만 쓰시오. [2점]

가. ______________________________

나. ______________________________

05 엔드리스타일러식 삭장모델에 대한 설명이다. 빈칸을 채우시오. [5점]

> 지간 경사각이 10도 이하로 (가)의 자중주행이 가능하지 않을 때나 지간 경사각 20도 이상에서 반송기의 속도조절이 어려운 (나)의 집재에 적합하다. 엔드레스 드럼을 이용하여 반송기의 (다) 상의 임의의 위치에 정확히 고정할 수 있으므로 간벌지, (라)에도 적용이 가능하며 지형에 관계없이 작업이 가능하고 (마)을 이용하므로 운전조작이 쉽다.

가. ______________________________

나. ______________________________

다. ______________________________

라. ______________________________

마. ______________________________

06 다음 빈칸을 채우시오. [5점]

가공삭의 본줄에 많이 사용되는 꼬임은 (가)이며, 작업줄 용도로 많이 사용되는 꼬임을 (나)라고 한다. 랑꼬임은 와이어와 스트랜드의 꼬임이 같은 방향이며, 보통꼬임은 와이어의 꼬임과 스트랜드의 꼬임이 다른 방향이다. 또 스트랜드의 꼬임이 왼쪽 아래에서 오른쪽 위로 향하고 있으면 (다)꼬임, 오른쪽 아래에서 왼쪽 위로 향하고 있으면 S꼬임이라고 한다. 랑꼬임은 보통꼬임에 비해 반발성이 강해 취급이 어렵지만 (라)가 잘 안되고, 유연성이 우수하지만 사용 도중 (마)현상이 발생하기 쉬운 성질이 있으므로 느슨해지지 않도록 관리하여야 한다. 또한 꼬임이 풀리기 쉬우므로 가공본선에 사용하기 적합하다.

가. ______________________________

나. ______________________________

다. ______________________________

라. ______________________________

마. ______________________________

07 와이어로프의 취급방법에 대해 쓰시오. [3점]

가. ______________________________

나. ______________________________

다. ______________________________

08 가선집재의 가공본줄로 사용되는 와이어로프의 최대장력이 2.5ton이다. 이 로프에 500kg의 벌목된 나무를 운반하려고 한다. 이 로프의 안전계수는 얼마인가? [4점]

풀이과정

답

09 최대허용장력이 2.4ton인 로프를 이용하여 가선집재를 할 예정이다. 이 로프를 이용하여 1회 운반할 수 있는 목재의 최대무게는 안전계수를 6으로 설정할 경우 몇 kg인가? [4점]

풀이과정

답

10 굴착기로 터파기를 하려고 한다. 버킷용량이 $0.4m^3$, 버킷계수 0.7, 토량환산계수 0.75, 작업효율 0.55, 1회 사이클 시간이 19초일 때 시간당 작업량(m^3/hr)을 구하시오. [4점]

풀이과정

답

11 임업 기계화의 장애요인을 5가지 쓰시오. [5점]

가. ______________________________

나. ______________________________

다. ______________________________

라. ______________________________

마. ______________________________

12 임내차 집재방식에 비해 가선집재 방식이 갖는 장점을 3가지 쓰시오. [3점]

가. ______________________________

나. ______________________________

다. ______________________________

13 가선집재방식보다 트랙터집재방식이 갖는 장점을 3가지 쓰시오. [3점]

가. ______________________________

나. ______________________________

다. ______________________________

14 체인톱은 임업에서 가장 널리 사용되는 장비이다. 이 체인톱의 구비조건을 4가지 쓰시오. [4점]

가. ______________________________

나. ______________________________

다. ______________________________

라. ______________________________

15 체인톱의 작업공정이다. 빈칸을 채우시오. [3점]

벌도방향 결정

→ (가.   )

→ (나.   )

→ (다.   )

→ 나무 넘기기

16 다음은 고성능 임업기계에 대한 설명이다. 빈칸을 채우시오. [5점]

- 펠러번처 : (가)기능과 목재를 잡을 수 있는 장치를 가지고 있어서 목재를 임의의 지점에 모으는 기능, 두 가지 기능을 가진 기계로써 임목을 절단하는 장치는 유압전단가위방식, 디스크톱방식, (나) 방식이 있다.
- 프로세서 : 스트레이트붐 프로세서와 넉클붐 프로세서로 대별되는 구조를 가진 기계로 (다), 조재목 마름질, 통나무 자르기 작업 등 복수공정을 처리할 수 있으나 (라)기능이 없는 장비.
- 하베스터 : 비교적 경사가 완만한 작업지에서 (마), 가지 자르기, 조재목 마름질, 통나무 자르기작업을 모두 처리할 수 있는 기계이다.

가. ______________________________

나. ______________________________

다. ______________________________

라. ______________________________

마. ______________________________

17 기계화 임목 수확작업의 특징을 쓰시오. [4점]

가. ______________________________

나. ______________________________

다. ______________________________

라. ______________________________

18 여름수확작업의 장점 3가지를 쓰시오. [3점]

가. ______________________________

나. ______________________________

다. ______________________________

19 겨울수확작업의 특징을 쓰시오. [3점]

가. ______________________________

나. ______________________________

다. ______________________________

20 임목 수확작업 중 지켜야 할 안전수칙을 쓰시오. [5점]

가. ______________________________

나. ______________________________

다. ______________________________

라. ______________________________

마. ______________________________

21 와이어로프의 꼬임 중 로프의 꼬임과 스트랜드 꼬임이 같은 방향으로 된 Lang 꼬임이 있다. 이 랑꼬임의 특징을 4가지 쓰시오. [4점]

가. ______________________________

나. ______________________________

다. ______________________________

라. ______________________________

22 무엇을 설명하는지 쓰시오. [2점]

- (가.   ) : 벌도와 집적 두 가지 공정의 기능을 가진 기계로써 벌도된 임목을 그대로 수직으로 잡고 임의의 지점에 집적하는 기계
- (나.   ) : 스트레이트붐 프로세서와 넉클붐 프로세서로 대별되는 구조를 가진 기계로 가지치기, 작동, 집적의 복수공정을 처리할 수 있으나 임목벌도 기능이 없는 장비

제 1 회 기본 개념문제 해답

01 가. 소경목, 나. 벌도목, 다. 중경목, 라. 대형

02 풀이과정 감가상각비=(초기가치−잔존가치)/추정내용연수

=(1,000,000−20,000)/10=980,000/10

답 98,000원

03 저목장으로부터 제재소나 임산물 시장까지의 트럭 운재 시 장점

- 산림철도에 의한 운재에 비하여 물매에 대한 허용범위가 넓다.
- 고속으로 운반할 수 있으며, 운반비도 비교적 적게 든다.
- 집재량에 따라 운반량을 조정할 수 있다.
- 철도나 삭도, 해운에 비해 기동성이 좋다.
- 시설비와 유지 보수비가 적게 든다.
- 중장거리 운재 시에는 대부분 트럭이 이용된다.

04 트럭 운재의 효율을 높이기 위한 조건

- 임도망의 확대, 임도망의 정비, 임목하역 작업 기계화

05 가. 반송기 나. 개벌지 다. 가공본줄
라. 택벌지 마. 순환줄

06 가. 랑꼬임 나. 보통꼬임 다. Z
라. 마모 마. 킹크

07 와이어로프의 취급방법

- 항상 별도의 보관용 드럼에 감아서 보관하거나 운반하도록 한다.
- 운반 시에는 높은 곳에서 떨어뜨리거나 요철이 심한 곳에서 굴려 이동하지 않도록 한다.
- 녹이 슬지 않도록 표면을 방청윤활유로 표면처리를 하고 될 수 있는 한 물의 접촉을 삼가도록 한다.
- 보관 시에는 직접 지면에 접촉되지 않도록 한다.

08 풀이과정 안전계수＝와이어로프의 절단하중(kg)/와이어로프에 걸리는 최대장력(kg)

＝2500kg/500kg

답 5

09 풀이과정 목재의 최대무게(kg)＝최대허용장력(kg)/안전계수

＝2400kg/6

답 400kg

10 풀이과정 작업량＝(3,600×버킷용량×버킷계수×토량환산계수×작업효율)/초

＝(3,600×0.4×0.7×0.75×0.55)/19

답 21.88m^3/hr

11 임업 기계화의 장애요인

- 우리나라는 지형이 복잡하고 대부분의 임지가 경사도가 높다.
- 영세 사유림이 대부분으로 소유 규모가 작고, 규모의 경제성이 낮다.
- 축적이 낮은 유령림이 대부분이며 장령림 이상의 인공림 비율이 낮아 생산성이 낮다.
- 시업단위가 소규모이므로 기계화에 적합한 대단위 시업단지가 극히 작다.
- 기계화의 필수 여건인 임도시설이 미비하다.
- 임업 수익성이 낮아 많은 투자를 요하는 기계화에 대한 투자가 부진하다.
- 연간 국내 벌채량이 150만m^3 이하에 불과하여 기계화에 필요한 작업 물량이 부족하며 국내재 가격이 수입외재에 비해 상대적으로 낮다.

12 임내차 집재방식에 비해 가선집재 방식이 갖는 장점

가. 주위환경, 잔존임분에 대한 피해가 적다.

나. 낮은 임도밀도지역에서도 작업이 가능하다.

다. 급경사지에서 작업이 가능하다.

13 가선집재방식보다 트랙터집재방식이 갖는 장점

- 기동성이 높다.
- 작업생산성이 높다.
- 작업이 단순하다.
- 작업비용이 적다.

14 체인톱의 구비조건

- 중량이 가볍고 소형이며 취급이 용이할 것.
- 견고하고 가동률이 높으며 절삭능력이 좋을 것.

- 소음과 진동이 적고 내구성이 높을 것.
- 벌근의 높이를 되도록 낮게 절단할 수 있을 것.
- 연료소비, 수리유지비 등 경비가 적게 들어갈 것.
- 부품공급이 용이하고 가격이 저렴할 것.

15 가. 수구작업, 나. 추구작업, 다. 쐐기박기

16 가. 벌도 나. 체인톱 다. 가지 자르기
라. 벌도 마. 벌도

17 기계화 임목 수확작업의 특징
- 장비구입으로 인한 초기 투자비용이 높다.
- 자연조건의 영향을 많이 받는다.
- 재료인 입목의 규격화가 불가능하므로 재료에 맞는 기계를 선택해야 한다.
- 작업원의 숙련도가 작업능률에 미치는 영향이 크다.
- 임내에서는 작업원과 기계장비가 이동하면서 작업을 실시한다.
- 이동작업으로 인한 안전사고의 위험이 높다.
- 작업의 소규모화에 따라 전문 기계장비에 비해 다공정 기계장비가 경제적이다.
- 경제적이고도 친환경적이며 인간공학적인 작업방법이 요구된다.

18 여름수확작업의 장점
- 작업환경이 온화하기 때문에 작업이 용이하다.
- 작업장으로의 접근성이 수월하다.
- 긴 일조시간으로 인해 작업시간이 길므로 도급제 실시에 유리하다.
- 벌도목이 쉽게 건조되어 집재 시에 유리하다.

19 겨울수확작업의 특징
- 해충과 균류에 의한 피해가 없다.
- 수액 정지기간에 작업하므로 양질의 목재를 수확할 수 있다.
- 농한기여서 인력수급이 원활하다.
- 잔존 임분에 대한 영향이 적다.
- 나무가 잘 부러지고 체인톱의 마모가 빠르다.
- 사고의 위험이 높다.

20 임목 수확작업 중 지켜야 할 안전수칙

- 만약의 경우를 대비하여 대피로를 설정해 놓는다.
- 장비별, 작업조직별, 작업원별 상호간의 작업구획을 지키도록 한다.
- 과중한 작업은 기계력을 사용한다.
- 기계장비의 사용은 사용방법을 충분히 숙지하여 사용하며, 사용용량을 벗어나지 않도록 한다.
- 인력에 의한 작업 시 중력을 최대한 이용한다.
- 안전을 위한 보호장비를 반드시 착용한다.
- 정기적으로 기계장비의 정기점검을 실시한다.
- 작업 중 휴식시간을 엄수하며, 피로를 느낄 때에는 작업을 중단하도록 한다.
- 구급 의약품을 항시 준비한다.

21 랑꼬임 와이어로프의 특징

- 와이어의 꼬임과 스트랜드 꼬임의 방향이 같다.
- 보통꼬임에 비해 반발성이 강해 취급이 어렵다.
- 마모가 잘 안되고 유연성이 우수하다.
- 사용 도중 꼬이기 쉽다.
- 킹크현상이 발생하기 쉽다.
- 사용 도중 느슨해지지 않도록 주의한다.
- 꼬임이 풀리기 쉽다.
- 고정용 가선 집재줄로 적합하다.

22 가. 펠러번처 나. 프로세서

제2회 기본 개념문제

01 사방댐의 설치목적 [7점]

가. 계상 ( ) 완화

나. 계안과 계상 ( ) 방지

다. ( ) 고정

라. ( ) 붕괴방지

마. ( ) 공급조절

바. ( ) 침식방지

사. ( ) 유로정비

02 산사태 예방사업과 산사태 복구사업의 최초 작업인 정지작업은 (가.), 단끊기, 땅속흙막이 공법이 있으며, 사면의 길이가 긴 경우는 사면의 유수가 집수되도록 수로내기를 계획해야 한다. 수로내기의 공법은 (나.), (다.), (라.) 그리고 콘크리트플륨관 수로가 있다. 나.다.라에 대해 간략히 쓰고 설명하시오. [3점]

가. (나.) : 찰붙임은 유량이 많고 상시 물이 흐르는 곳, 메붙임은 지반이 견고하고 집수량이 적은 곳

나. (다.) : 경사가 완만하고 유량이 적으며 떼 생육에 적한 토질인 곳

다. (라.) : 유량이 많고 상수가 있는 곳

라. 콘크리트플륨관 수로 :

03 조(條)공법(줄만들기 공법) 4가지를 쓰고 설명하시오. [4점]

가. (가.　　　　　　　) : 새, 솔새, 기름새 등 새류를 (나.　　　　　　　)으로 줄로 시공하여 경사지의 붕괴와 침식을 막는 방법 (식생반, 식생자루, 식생대)

나. (다.　　　　　　　) : 돌을 등고선방향으로 줄로 시공

다. (라.　　　　　　　) : 완만한 흙비탈면에 반떼를 조상(條狀)으로 붙여 토사(土砂)의 붕괴(崩壞)와 침식을 막는 방법

라. 통나무조공

마. 섶조공

바. 등고선형 물고랑 파기

04 등고선 구공법을 간단히 그리고 설치 이유를 설명하시오. [4점]

– 설치 이유 : (가.　　　　　　　), (나.　　　　　　　)

05 **다음은 단쌓기 공법에 대한 설명이다. 빈칸을 채우시오.** [6점]

1. 떼단쌓기

1) 경사가 (가.)인 급경사지를 대상으로 하며, 떼단의 높이와 너비는 30cm 내외로 하되 (나.) 이상의 연속 단쌓기는 피한다.

2) 기초부에는 아까시, 싸리류 등을 파종한다.

2. (다.)

(다.) 비탈면은 가급적 1 : 0.3으로 하고 높이는 (라.) 내외로 하되 그 이상일 경우는 2단으로 한다. 다만 용수가 있는 곳은 천단에 유수로를 만들어 준다.

3. (마.)

떼와 돌을 혼합하여 쌓으며 떼단쌓기와 돌단쌓기 기준을 적용한다.

4. (바.)

떼 운반이 어려운 지역에 실시하며, 높이는 2단 이하로 한다.

06 **줄떼 만들기 공법 4가지를 쓰고 설명하시오.** [4점]

가. (가.) : 흙쌓기비탈면 10~15cm 골을 파고 떼, 새, 잡초 다짐

나. (나.) : 절토비탈면 수평고랑 파고 떼 붙임. 20~30cm 간격

다. (다.) : 도로가시권, 주택지인근 등 조기피복 필요지역

라. (라.) : 비탈다듬기로 생산된 뜬흙 고정 및 식생 조성

07 **사면은 나무와 풀로 덮이기 전에는 흙이 강우에 의해 유실될 수 있다. 사면이 식생으로 안정되기 전에 사용할 수 있는 사면보호공법 4가지를 쓰고 설명하시오.** [4점]

가. (가.) : 동상과 서릿발이 많은 지역에 설치

나. (나.) : 산지비탈이 완만하고 토질이 부드러운 지역

다. 거적덮기 : 거적을 덮고 (다.)로 고정

라. 코아네트 : 도로사면, 주택지인근 등 (라.) 주변에 사용

08 **사방사업에서 사용하는 씨뿌리기 방법 3가지를 쓰고 설명하시오.** [3점]

(가.) : 단과 단 사이의 비탈면에 15~20cm 내외의 골을 파고 파종

(나.) : 종비토를 만들어 파종

(다.) : 경사가 비교적 급하고 딱딱한 토양 등 줄뿌리기가 곤란한 지역

09 **골막이의 구조를 간단히 그리고, 설치방법을 간단히 설명하시오.** [8점]

1) 골막이 구조도

2) 설치방법

가. (가.)는 피하고 직선부에 설치한다.

나. 바닥비탈 (나.)가 급한 곳에서는 단계적으로 여러 개소를 시공한다.

다. 가급적 물이 흐르는 (다.) 방향에 직각이 되도록 시공한다.

라. 골막이 몸체 하류면 아래쪽의 바닥은 (라.)를 위하여 돌 또는 콘크리트 등으로 할 수 있다.

3) 골막이(simple dam , 谷止工, 일반적인 정의)

소규모 (마.)과 같은 구곡(溝谷)의 종침식 및 횡침식을 방지하고 침식성의 구곡을 안정하기 위하여 구곡을 횡단하여 구축하는 계천 사방 공종(工種)

4) 골막이(erosion check dam, 保谷工, 사방공학 향문사)

5) 골막이란 황폐된 작은 계류를 가로질러 몸체 하류면(반수면)만을 쌓는 횡단구조물을 말하며, 몸체 상류면은 설치하지 아니한다.

6) 종류 : 돌, 통나무, 바자, 흙, 콘크리트, 블록

10 **산지복원사업 종류 2가지를 쓰고 설명하시오.** [4점]

(가.) : 토양의 붕괴, 침식, 유출 우려가 적은 산림에서 훼손된 산림식생 회복과 토양안정 병행

(나.) : 토양의 붕괴, 침식, 유출 우려가 많은 산림에서 훼손된 산림의 재해방지를 위한 토양안정과 산림식생 회복 병행

11 **식생복원을 위한 종자와 묘목의 수급기준을 4가지 쓰시오.** [4점]

가. ______________________________

나. ______________________________

다. ______________________________

라. ______________________________

마. 수입된 종자 및 묘목 또는 수입한 식물에서 채취, 양묘된 묘목 수급 금지

12 **해안사방에 쓰이는 수종을 선정하는 기준을 설명한 내용이다. 빈칸을 채우는 단어를 쓰시오.** [3점]

해안 사방에 쓰이는 나무는 되도록 그 지역에서 자생하는 (가.) 으로 선정하되, 해안사구는 모래땅이기 때문에 (나.)과 (다.) 에 대한 요구가 적은 수종이 적합하며, 바다로부터 불어오는 바람에 포함되어있는 (라.)과 모래에 잘 견디는 나무가 적합하며, 자랐을 때는 수관 울폐력이 좋고, 지력을 증진시킬 수 있으며, 생활환경이나 (마.)의 보전・창출에 적합한 (바.)이어야 합니다.

13 **해안방재림을 조성할 때 식재목의 보호에 쓰이는 식재목 보호시설을 5가지 제시하고 설명하시오.** [5점]

(가.) : 모래날림이 많은 지역에서 식재목 보호

(나.) : 모래날림, 바람, 염분으로부터 식재목 보호

(다.) : 정사울타리 안을 구획하여 낮게 설치

(라.) : 자연퇴사를 기대할 수 없는 경우 식재지 주변에 조성

(마.) : 모래날림을 방지하기 위해 화본과, 사초과, 국화과 초본식재

바. 지주형보호막 : 식재목의 수분증발 억제, 활착률 향상, 모래땅 건조 방지

14 **계류보전사업에 쓰이는 공종을 제시하고 설명하시오.** [3점]

(가.) : 물의 흐름을 유도, 범람 방지를 위해 계류기슭에 설치

(나.) : 계류바닥에 퇴적된 불안정한 토석의 유실 방지, 물매 완화

(다.) : 계류의 기슭에 설치하여 종침식 방지

15 **사방댐의 유형을 제시하고 그 설치 목적을 쓰시오.** [3점]

(가.) 사방댐 : 토석차단 주목적, 토사공급 조절, Con'c, 전석, 블록 등

(나.) 사방댐 : 유목차단 주목적, 버트리스, 슬리트, 스크린 등

(다.) 사방댐 : 유목과 토석 동시 차단, 다기능, 빔크린, 콘크린 등

16 **사방댐 위치선정 방법** [3점]

가. ______________________________

나. ______________________________

다. ______________________________

라. 특수목적을 가지고 시설하는 경우에는 그 목적 달성에 가장 적합한 장소

17 **사방댐에는 수압을 비롯한 여러 가지 외력이 존재한다. 아래는 사방댐의 안정성에 대한 설명이다. 빈칸을 채울 단어를 쓰고 단어에 대해 간략히 설명하시오.** [3점]

> 사방댐의 시설재료는 사방댐의 설치 목적과 입지를 고려하여 선택하되, 전도 · (가.) · (나.) 및 (다.) 등 외력에 대한 안정을 갖도록 설치하여야 합니다. 제체의 파괴에 대한 안정조건(라.)은 댐 몸체의 각 부분을 구성하는 재료의 허용(라.)를 초과하지 않아야 합니다. 그리고, 기초지반의 지지력에 대한 안정조건은 사방댐 밑에 발생하는 (마.)이 기초지반의 (바.)을 초과하지 않아야 합니다.

18 중력식 사방댐의 마루(天端)두께는 유속, 떠내려 올 토석의 최대 크기, 월류하는 물의 깊이, 상류 쪽의 기울기 등을 고려하여 결정하여야 한다. 그 두께를 결정하는 방법에 대해 빈칸을 채우시오. [기출문제] [5점]

가. 떠내려 올 토석의 크기가 작은 계류에서는 (가.)m 이상

나. 일반 계류에서는 (나.)m 이상

다. 홍수로 큰 토석이 떠내려 올 위험성이 있는 곳에서는 (다.)m 이상

라. 산사태 발생 예상지점이나 산사태로 측압발생 위험성 있는 곳은
(라.)~(마.)m 내외

19 사방댐의 끝돌림에 대해 설명하시오. [3점]

가. 끝돌림의 설치 부위 : (가.) 하류면의 하단

나. 끝돌림의 설치 목적 : (가.) 하류면의 하단 (나.)

다. 물받이 끝돌림의 밑넣기 깊이 : (다.)m 이상

20 다음 설명은 사방사업 타당성 검토기준이다. 빈칸을 채우시오. [4점]

1. 계류보전사업

계류 바닥, (가.)의 침식이 우려되거나 진행 중 또는 진행된 지역으로서 사방사업을 시행하여 (나.)을 줄이고 계류 바닥, (가.)의 침식을 감소 또는 방지할 수 있을 것

2. 계류복원사업

계류의 훼손이 우려되거나 진행 중 또는 진행된 지역으로서 (다.)을 시행하여 계류의 훼손을 감소 또는 방지하고 (라.)의 건강・활력과 안정성의 증진이 가능할 것

3. 사방댐 설치사업

- 계류의 물매가 급한 지역 또는 (마.   )·(바.   ) 등의 유출이 우려되거나 진행 중인 지역일 것
- 사방사업을 시행하여 계류의 (사.   )를 줄이거나 토석·나무 등의 유출을 감소 또는 방지할 수 있을 것
- 부득이한 경우를 제외하고는 사방댐이 위치하는 곳에는 암반 또는 단단한 (아.   )이 존재할 것

21 **사방사업의 종류이다. 빈칸을 채우시오.** [5점]

1. 산지 사방사업
   1) 산사태 예방사업
   2) (가.   )
   3) 산지 보전사업
   4) (나.   )
2. (다.   )
   1) 해안 방재림 조성사업
   2) 해안침식 방지사업
3. 야계 사방사업
   1) (라.   )
   2) 계류 복원사업
   3) (마.   )

제 2 회 기본 개념문제 해답

01 가. 물매 나. 침식 다. 산각 라. 산복
마. 토사 바. 종횡단 사. 난류구역

02 가. 돌수로 나. 떼수로 다. 콘크리트 수로
라. 콘크리트플륨관 수로 : 집수량이 많은 곳, 평탄지, 산지경사가 완만한 지역

03 가. 새(풀포기)조공 나. 등고선방향
다. 돌조공 라. 떼조공

04

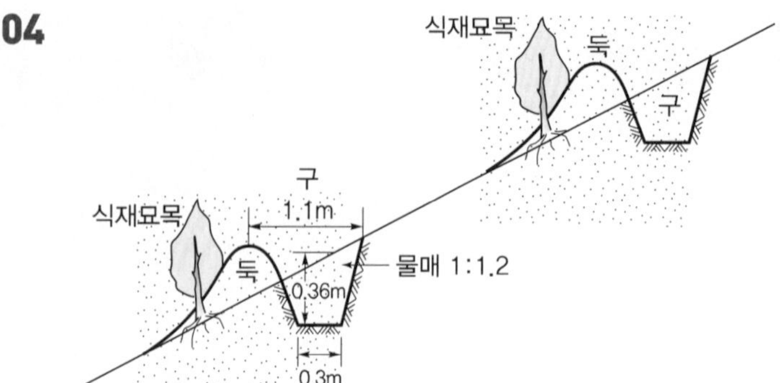

- 시공 방법 : 등고선형 물고랑 파기
- 설치 이유 : 토양침식 방지, 토사건조 방지

05 가. 25°
나. 5단
다. 돌단쌓기
라. 1m
마. 혼합쌓기
바. 마대쌓기

06 가. 줄떼다지기 나. 줄떼붙이기
다. 줄떼심기 라. 선떼붙이기

07 가. 섶덮기 나. 짚덮기
다. 나무꽂이 라. 시설물

08 가. 줄뿌리기 나. 흩어뿌리기 다. 점뿌리기

09 1) 골막이 구조도

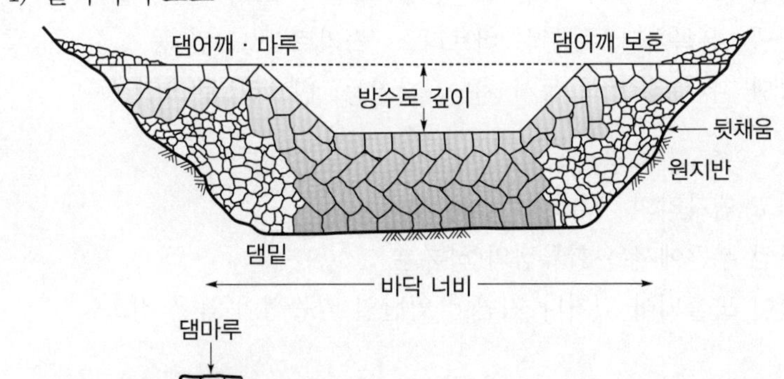

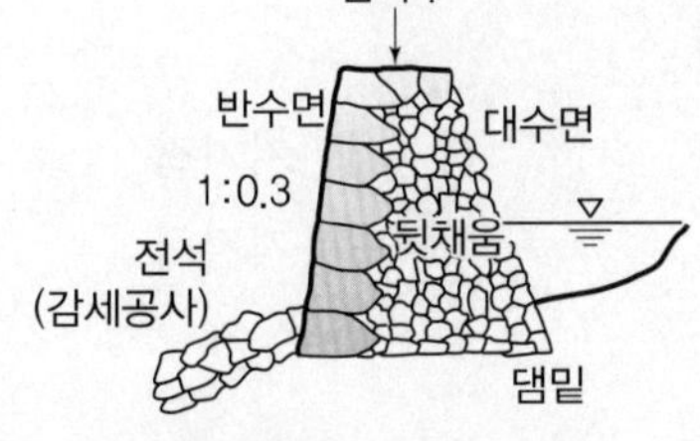

2) 설치방법

가. 곡선부 나. 기울기
다. 중심선 라. 침식방지

3) 골막이(simple dam, 谷止工, 일반적인 정의)

마. 황폐계천

10 가. 식생복원사업 나. 기반안정복원사업

11 가. 복원대상지 또는 인근지역에서 현존, 과거서식 식물종
나. 생육여건에 적합한 수종 고도, 경사, 방위, 토심, 토성, 토양 습도, 배수 등
다. 유사한 고도 및 기후대의 종자 및 묘목공급원에서 수급
라. 유사한 고도 및 기후대의 국내 자생지에서 채취 및 양묘

12 가. 향토수종 나. 양분 다. 수분
라. 염분 마. 풍치 바. 자생수종

13 가. 퇴사울타리 나. 정사울타리 다. 정사낮은울타리
라. 언덕만들기 마. 사초심기

14 가. 둑쌓기 나. 바닥막이 다. 기슭막이

15 가. 중력식 사방댐 : 토석차단 주목적, 토사공급 조절, Con'c, 전석, 블록 등
나. 버팀식 사방댐 : 유목차단 주목적, 버트리스, 슬리트, 스크린 등
다. 복합식 사방댐 : 유목과 토석 동시 차단, 다기능, 빔크린, 콘크린 등

16 가. 상류부가 넓고 댐자리의 계류폭이 좁은 곳
나. 지류의 합류점 부근에서는 합류점의 하류부
다. 가급적 암반이 노출되어 있거나 지반이 암반일 가능성이 높은 장소

17 가. 활동 나. 내부응력 다. 지반지지력
라. 응력도 마. 최대응력 바. 허용지지력

18 가. 0.8m 나. 1.5m 다. 2.0m
라. 2.0~3.0m

19 가. 댐몸체 나. 침식방지 다. 1m

20 가. 양쪽 사면 나. 유속 다. 사방사업
라. 계류생태 마. 토석 바. 나무
사. 물매 아. 지질층

21 가. 산사태 복구사업 나. 산지 복원사업 다. 해안 사방사업
라. 계류 보전사업 마. 사방댐 설치사업

제 3 회 기본 개념문제

01 **법정림은 재적수확의 보속을 실현할 수 있는 산림이다. 법정림의 조건은 법정축적과 (가.), 법정 영급분배와 (나.)를 들 수 있다.** [5점]

1) 법정영급분배 : 각 (다.) 임분 면적 동일
2) 법정임분배치 : 벌채, 운반, (라.)에 지장 없는 배치
3) 법정생장량 : 각 영계 임분의 연년생장량, (마.)과 같다.
4) 법정축적 : 매년 균등한 재적수확을 얻을 수 있는 정상적인 산림축적

02 **임업경영의 목적을 달성하기 위해서 산림행위의 내용과 그 방법을 정하는데, 규범이 되는 원칙을 임업경영의 지도원칙이라 한다.** [4점]

1) (가.)의 원칙 : 최대의 이익 또는 이윤을 얻을 수 있도록 경영
2) 경제성의 원칙 : 최소의 비용으로 (나.)를 올리도록 경영
3) (다.)의 원칙 : 최대의 목재 생산량을 추구하는 경영. 토지 생산력, 재적수확, 평균생장량
4) (라.)의 원칙 : 산림의 공익적 기능을 실현
5) (마.)의 원칙 : 매년 균등하게 수확하고, 영구히 수확할 수 있도록 경영
6) 합자연성의 원칙 : (바.)을 존중하여 경영. 수익성, 공공성, 보속성 실현의 기초
7) 환경보전의 원칙 : 국토보안, (사.), (아.) 기능이 충분히 발휘되도록 경영

03 지문에서 설명한 단어를 쓰시오. [5점]

1) 임분이 처음 성립하여 성장하는 과정에 있어서 어느 성숙기에 도달하는 계획상의 연수 (가.   )
2) 보속작업에 있어서 한 작업급에 속하는 모든 임분을 일순벌 하는 데 필요한 기간 (나.   )
3) 택벌된 벌구가 또다시 택벌될 때까지의 기간 (다.   )
4) 불법정인 영급관계를 법정인 영급으로 정리 및 개량하는 기간 (라.   )
5) 산벌작업의 예비벌에서 후벌을 끝낼 때까지의 기간 (마.   )

04 고전적 수확조정 기법 [5점]

1) 산림면적을 윤벌기 연수와 같은 수의 벌구로 나누어 매년 한 벌구 씩 벌채 수확하는 수확조정 기법, 단순(가.   ), 비례(나.   )
2) 매 벌기 균등한 재적수확, 개별작업에 사용하기 위해 고안된 것, 영급 분배가 거의 균등할 때 사용하는 수확조정 기법, (다.   )
3) 한 윤벌기를 몇 개의 분기로 나누고 분기마다 수확량을 같게 하기 위한 기법 (라.   ), (마.   )
4) 한 윤벌기에 대한 벌채안을 만들고 각 분기의 벌채량을 동일하게 하여 현실림에서 균일한 재적수확을 올리는 방법, Hartig가 고안 (바.   )
5) 면적평분법의 법정임분배치와 재적평분법의 재적보속을 동시에 이루는 방법, Cotta가 고안 (사.   )

05 고전적 수확조정기법 발달순서 [3점]

(가.) → 재적배분법

→ 평분법 : 재적평분법, 면적평분법, 절충평분법

→ (나.) : 교차법, 이용율법, 수정계수법

→ 영급법 : 순수영급법, 임분경제법, 등면적법

→ 생장량법 : Matin법, 생장률법, (다.)

06 빈칸을 채우시오. [3점]

(가.) 공식

연간표준벌채량(E) = (나.) $(Zw) + \dfrac{\text{현실축적}(Vw) - \text{법정축적}(Vn)}{\text{갱정기}(a)}$

07 Heyer 공식을 사용하여 ha당 연간벌채량과 총연간벌채량을 구하시오.(소나무 임분(100ha) 평균생장량 $4m^3$, ha당 현실축적 $90m^3$, ha당 법정축적 $120m^3$ 갱정기 20년, 조정계수 0.75) [4점]

풀이과정

답

08 현재 재적 500m^3, 윤벌기 10년일 때 Mantel법 적용 시의 벌채량을 쓰시오. [4점]

풀이과정

답

09 카메랄탁세법(오스트리아 공식법)에 의한 수확량을 계산하여 다음과 같은 수치를 얻었다. 연간평균수확량을 계산하시오. (산림면적은 200ha, ha당 현실축적 50m^3, ha당 현실생장량 2m^3, ha당 정상축적 100m^3, 갱정기 30년) [4점]

풀이과정

답

10 임목의 평가 [4점]

1) (가.)에 의한 임목평가 : 원가법, 비용가법 (벌기미만 유령림)

2) 수익방식에 의한 임목평가 : 기망가법, (나.) (벌기미만 장령림)

3) 원가수익절충방식에 의한 임목평가 : (다.), Glaser법 (중령림)

4) 비교방식에 의한 임목평가 : 매매가법, (라.) (벌기이상 임목)

11 Glaser 공식 : $Am = (Au - Co)\frac{m^2}{u^2} + Co$ [5점]

Am : m년생의 (가.)

Au : (나.)의 임목가격

Co : (다.)의 원가

u : (라.)

m : (마.)

12 시장가 역산법 : $X = f \times (\frac{A}{1 + m \times P + r} - B)$ [3점]

X : 단위 재적당 목재의 가격

f : (가.)

A : (나.)

m : (다.)

P : (라.)

r : (마.)

B : (바.) 단위 재적당 벌목비, 운반비 기타 일체 비용

13 **형수법** : $V = g \times h \times f = \frac{\pi}{4} \times d^2 \times h \times f \ (m^3)$ [5점]

f : (가.)

g : (나.)

h : (다.)

형수의 정의 : 직경과 높이가 같은 (라.)과
수간의 (마.)

$\left(\text{형수} = \frac{\text{수간재적}}{\text{원주체적}}\right)$

14 **형수법에 의한 형수의 분류** [4점]

- 직경의 (가.)에 따른 분류 : 정형수, 흉고형수, (나.)
- 재적의 종류에 따른 분류 : (다.), 지조형수, 근주형수, 수목형수
- 구성에 따른 분류 : 단목형수, (라.)
  정형수 : 비교원주의 직경을 수고의 (마.) 되는 곳의 직경과 같게 하여 정한 형수
  (바.) : 비교원주의 직경을 흉고직경으로 하여 계산한 형수
  (사.) : 비교원주의 직경 위치를 최하단부에 정해서 구한 형수

15 **흉고형수를 좌우하는 인자와 형수의 관계 (크다와 작다)** [3점]

1) 지위 : 지위가 양호할수록 흉고형수는 (가.)

2) 수관밀도 : 수관밀도가 밀할수록 성장이 좋을수록 형수는 (나.)

3) 지하고와 수관의 양 : 지하고가 높고 수관량이 적은 나무일수록 형수는 (다.)

4) 수고 : 수고가 높을수록 형수는 (라.)

5) 흉고직경 : 직경이 클수록 형수는 (마.)

6) 연령 : 연령이 많을수록 (바.). 그렇지만 벌기령에 가까워질수록 형수는 거의 일정

16 **측고기의 사용 시 주의사항** [3점]

1) 경사지에서는 가능하면 (가.)에서 측정

2) (나.)와 근원부를 잘 볼 수 있는 위치에서 측정

3) 입목까지의 수평거리는 될 수 있는 대로 (다.)와 같은 거리를 취함

17 **산림경영계획에 있어 시설계획의 종류** [4점]

1) 임도 : 임도신설, (가.), 임도보수

2) 사방 : 산지사방, (나.), 사방지 추비

3) 사방댐 : 사방댐 시설, 사방댐 (다.)

4) (라. , 숲속수련장 포함) : 경관이 수려한 산림, 쉽게 이용 가능한 지역의 산림

18 자연휴양림

[4점]

1) 지정 목적 : (가.) 함양을 위한 야외 휴양공간 제공, 자연교육장으로 역할, 산림소득 증대

2) 타당성 평가 : 경관, (나.), 면적, (다.), 휴양 유발, 개발 여건

3) 휴양림조성계획서 : (라.), 산림경영계획서, 시설물(마.), 조성기간 투자계획서, 관리 및 운영방법

4) 휴양림 내에 기본적으로 설치할 시설 : (바.), 편익시설, 위생시설, (사.), 전기-통신시설, 체육시설, (아.)

19 자연휴양림 시설의 배치

[3점]

- (가.)

  장점 – 이용자 접근성 높아짐, 관리에 필요한 노력 경감

  단점 – 지형 변경으로 (나.) 감소, 악천후 시 토사 유출, 하류부 수량 집중

- 분산화

  장점 – 시설이용자 프라이버시 보호, 친자연감 높임.

  단점 – 개별 시설로의 접근로나 관리 동선의 설치로 인한 지형 훼손, 이용자 (다.) 취약

20 적수 선정방법 [5점]

- 기후대별 적수 선정, 조림적지 판정방법, 입지조건별 적수 판정
- 적지적수 : 임지의 생산성 극대화(목적), 해당 지역의 입지환경(기후)과 (가.) 조건에 가장 적합한 수종 선택

1. 조림적지의 판정방법
   1) 지위지수에 의한 방법
      - 소나무, 낙엽송, 잣나무, 신갈, 상수리, 편백, 리기다의 적지전성
      - 우세목의 (나.) + 임령
   2) 산림토양 조사에 의한 방법
      ① 간이토양조사
         - I(55)~V(24~8) 급지
      ② 정밀조사
         - 기후요인 + 토양요인 : 토양형 8군, 11아군, 28형
   3) GIS에 의한 방법
      - 공간자료+(다.)+지형요인 ⇒ 분석
      - 조림지역과 잔존지역 구분 : 토양 지형요인 + 법적 규제림 ⇒ 조림, 잔존
2. 입지조건별 적수선정
   1) 지형구분 : 사면의 하부, 중부, 상부 및 능선부
   2) (라.)형 : 약습(계류부) , 적윤(하부), 약건(중부), 건조(상부)
   3) (마.)별 입지 조건 - 토양형, 방위, 위치

제 3 회 기본 개념문제 해답

01 가. 법정생장량 나. 법정 임분배치 다. 영계
라. 갱신 마. 벌기임분의 재적

02 가. 수익성 나. 최대의 효과 다. 생산성
라. 공공성 마. 보속성 바. 자연법칙
사. 수원 함양, 보건 휴양

03 가. 벌기령 나. 윤벌기 다. 회귀년
라. 정리기 마. 갱신기

04 가. 구획윤벌법 나. 재적배분법 다. 평분법
라. 평분법 마. 평분법 바. 재적평분법
사. 절충평분법

05 가. 구획윤벌법 나. 법정축적법 다. 조사법

06 가. Kameraltaxe법 나. 연년생장량

07
풀이과정 : 연간벌채량 $0.75 \times 4 + \dfrac{90-120}{20}$, 총연간벌채량=연간벌채량×100

답 : $1.5m^3$

08
풀이과정 : $500 \times \dfrac{2}{10}$

답 : $100m^3$

09
풀이과정 : $\left(2 + \dfrac{50-100}{30}\right) \times 200$

답 : $66.67m^3$

• 표준 연벌량은 각 작업급 각 임분의 현실벌기 평균 성장량을 기준으로 현실축적에서 법정축적을 뺀 값에서 갱정기를 나누어 준 값으로 보정하여 계산한다. (임경은 평균성장량의 합계라고 되어있지만 평균이 맞는 듯함.)
• 평균생장량을 연년생장량으로 바꾸게 되면 Karl법이 된다.

10 가. 원가방식 나. 수익환원법
다. 임지기망가응용법 라. 시장가역산법

11 가. 임목가격 나. 적정벌기령 다. 조림비
라. 표준벌기 마. 평가시점 벌기령

12 가. 조재율 나. 원목 시장가 다. 자본 회수기간
라. 월 이율 마. 기업 이익률 바. 생산비용

13 가. 형수 나. 단면적 다. 높이
라. 원주체적 마. 재적비

14 가. 측정위치 나. 절대형수 다. 수간형수
라. 임분형수 마. 1/n 바. 부정형수
사. 절대형수

15 가. 작다. 나. 크다. 다. 크다.
라. 작다. 마. 작다. 바. 크다.

16 가. 등고 위치 나. 초두부 다. 수고

17 가. 임도구조개량 나. 예방사방
다. 준설 라. 자연휴양림

18 가. 국민 정서 나. 위치 다. 수계
라. 시설계획서 마. 종합배치도 바. 숙박시설
사. 체험-교육시설 아. 안전시설

19 가. 집중화, 나. 경관미, 다. 안전

20 가. 토양 나. 평균 수고 다. 속성 자료
라. 토양 마. 기후대

Part

10

기출복원문제

2015년 | 기출복원문제

01 임도의 평면선형을 계획할 때 선형 변경구간 내각이 155도보다 예각일 경우에는 회전에 필요한 곡선구간을 두어야 한다. 이때 필요한 최소곡선반지름을 쓰시오. [5점]

설계속도(km/hr)	최소곡선반지름 (m)	
	일반지형	특수지형
40	(　　　)	40
30	(　　　)	20
20	(　　　)	(　　　)

hair pin 곡선은 중심선 반지름이 (　　　　　)m 이상이 되도록 설치한다.

02 합성기울기를 구하는 공식과 합성물매의 제한 [4점]

가. 공식 : $S=($　　　　　$)$,

(　　　　　)=외쪽 또는 횡단 물매(%), (　　　　　)=종단물매(%)

나. 합성물매의 제한 : 급물매부와 급곡선부가 병합되지 않도록 하기 위한 것. 곡선부의 종단물매와 곡선반지름에서 (　　　　　)을 뺀 값과의 합이 종단최급물매의 값보다 적어야 한다.

03 안전시거와 시거 (운전석 10센치) [4점]

가. 안전시거 : 자동차 주행의 안전이라는 견지에서 필요한 (　　　　　)의 바라보이는 거리.

$S=0.01745\times\theta\times R$

나. 시거 : 차도의 중심선상 1.2m 높이에서 당해 차선의 중심선 상에 있는 높이 (　　　　　)인 물체의 정점을 볼 수 있는 거리를 당해 차도의 중심선을 따라 측량한 값

04 임도에서 횡단배수구 설치 장소 [2점]

가. 유하방향의 종단물매 변이점

나. (   )

다. 외쪽물매 때문에 옆도랑물이 역류하는 곳

라. 흙이 부족하여 속도랑으로서는 부적당한 곳

마. (   )

05 산림측량 목적 3가지 [3점]

가. 주위측량 : 해당 지번의 (   )를 확정하는 측량

나. (   )측량 : 임반과 소반의 경계를 구획하는 측량

다. 시설측량 : (   ) 등 시설을 설치하기 위해 실시하는 측량

06 오차의 종류 3가지 (정부과실) [2점]

가. 정오차 : 관측값이 (   )하에서 같은 방향, 같은 크기로 발생하는 오차. 관측횟수에 따라 오차가 합쳐지므로 누차라고 한다. 원인과 상태만 알면 오차를 제거할 수 있다. 계통오차, 누적오차, 정차, 누차

나. 부정오차 : 원인이 일정치 않거나, 관측 조건이 순간적으로 변화하기 때문에 발생하는 오차, 때때로 상쇄되거나 (   )으로 소거

다. 과실 : 측정자의 과오

07 평판측량 3요소 (정치표) [3점]

가. 정준 : 기포관을 이용하여 (   )을 수평으로 설치하는 것

나. 치심 : 구심기로 (   )의 기준점과 지형의 기준점을 일치시키는 것

다. 표정 : (   )으로 지도의 북쪽과 대상지의 북쪽을 일치시키는 것

08 와이어로프 안전계수 [2점]

가. (   ) : 2.7

나. (   ) : 6

다. 당김줄, 기타 : 4

09 와이어로프 폐기기준 [4점]

가. 1피치 사이의 (   )이 7% 이상 감소된 것

나. 1피치 사이의 (   )이 10% 이상 절단된 것

다. (   ), 변형된 것, 킹크된 것

라. (   ), 고열에 노출된 것

10 체인톱의 안전장치 (작업자의 입장에서 위험요소를 떠올리세요. 작업자가 쥐게 되는 부분, 체인톱의 위험요소 등) [4점]

가. (   ) : 작업 중 가지의 튕이나 킥백현상으로부터 작업자의 앞손을 보호하는 것, 핸드가드(hand guard)

☞ 자동체인브레이크(chain brake) : 앞손보호판과 연동하여 엔진의 동력이 톱날로 전달되는 것을 차단하는 장치

나. 뒷손보호판 : (   ) 끊어지거나 가지가 튕기는 것으로부터 작업자의 뒷손을 보호하는 넓은 판

다. (   ) : 체인톱의 진동이 작업자에게 전달되는지 않도록 앞손과 뒷손으로 쥐는 부분에 설치한다. 진동이 완화되도록 고무로 만들게 되며 추운 지방에서는 히팅핸들(heatding handle)도 쓰인다.

라. 스로틀레버차단판 : 정확한 자세로 뒷손을 쥐지 않으면 (   )가 작동하지 않도록 하여 작업 시에만 톱날이 작동하도록 하여 작업자를 보호하는 장치, 안전스로틀(safeth throttle), 부주의에 의해 스로틀 밸브가 작동하여 기관의 회전이 급속히 빨라지는 것을 방지하는 장치

11 FGIS 주제도 5가지 [5점]

가. 임상도 : 우리나라 ( ), 임종 · 임상 · 수종 · 경급 · 영급 · 수관밀도 등 다양한 속성정보를 포함한 산림주제도

나. ( ), 산림입지토양도 : 산림경영, 산지관리, 환경영향평가 등에 필요한 입지 · 토양환경에 대해 작도단위인 토양형을 구획단위로 조사 및 분석한 정보를 대축척화 하여 수치지도로 나타낸 산림주제도

다. 산림이용기본도, ( ) : 산지의 합리적인 보전과 이용을 위하여 전국의 산지를 보전산지(임업용산지, 공익용산지), 준보전 산지(보전산지 이외의 산지)로 구분한 산림주제도

라. 국유임소반도 : 국유림의 지속가능한 조성 및 관리를 위하여 국유림경영계획에 따라 편성된 임반과 소반을 구분하여 표시한 산림주제도

마. 임도망도 : 임도의 설치, 보수 또는 구조개량사업의 계획 수립 및 지도 감독, 임도 측량 · 설계 · 설치기준 수립, 융자 · 자력임도 시설에 관한 사항, 임도관련 장비의 지원 및 관리에 사용하기 위한 산림주제도

바. 기타 산림청 운영 산림공간정보 : ( ), 맞춤형조림지도, 백두대간보호지역도

12 벡터 자료와 래스터 자료 [2점]

가. 벡터 자료 : 비교적 정확한 위치와 경계의 표시, 등고선과 같은 ( )적인 연결이나 임상도, 행정구역도 등과 같은 정확한 경계의 표시

나. 래스터 자료 : 정확한 ( )와 경계의 표현에는 한계가 있지만 빠른 처리속도와 적은 저장공간을 사용

13 스캐닝과 벡터라이징 : 아날로그 자료의 전산화 방법 [2점]

가. 스캐닝 : 기존의 도면을 ( )자료로 만드는 입력장치

나. 벡터라이징 : 스캐닝한 ( )로 벡터자료를 생성하는 것.

14 스캐닝과 디지타이징 : 아날로그 자료의 전산화 방법 [2점]

가. 스캐닝 : 지형이나 항공사진 등을 (   )로 입력

나. 디지타이징 : 아날로그 (   )자료를 디지타이저로 입력

15 감독 분류와 무감독 분류 : 원격탐사 영상자료의 분류방법 [2점]

가. 감독 분류 : 영상 분류 전 컴퓨터에 분류할 각 (   ) 정보를 미리 입력하여 자동으로 입력되는 영상자료를 분류하는 방법

나. 무감독 분류 : 위성영상의 분광특성에 따라 수치적인 방법을 (   )화하고 각 군집에 분석자가 이름을 부여하여 영상자료를 분류하는 방법

16 곡선설정법 [3점]

곡선부의 중심선이 통과하는 모든 점을 현지에 말뚝을 박아 표시하는 것을 곡선 설정(curve setting)이라고 한다. 임도에서는 내각이 155도 이상일 때와 교각이 15도 이하인 경우 곡선 설치를 생략한다. 교각법은 교각을 알고서 곡선을 설정할 때 가장 유용한 곡선 설치법이며, 가장 간단한 교각법은 1개의 굴절점에 (가.   )을 설치하는 것이다. 편각법은 트랜싯으로 편각을 측정하고 테이프자로 거리를 측정하여 곡선부의 (나.   )의 위치를 결정하는 방법이며, 진출법은 피타고라스의 정리를 활용하여 절선편거의 길이와 현의 직선길이를 테이프자로 당겨서 (다.   )의 중간말뚝의 위치를 결정하는 방법이다.

17 임도 시공계획 [4점]

- 시공계획=(가.   ) + 작업계획
- (나.   ) : 동일 공사 내에서 세부공사의 우선순위를 결정하는 계획
- 작업계획 : 가설재료, (다.   ), 기계기구와 작업인부 등의 배치계획
- 공정표 : (라.   )을 표로 작성한 것

18 흙일의 균형 [3점]

흙일에서는 땅깎기와 흙쌓기 양이 (가.)을 이루는 것이 중요하다. 사토장과 (나.)의 마련과 흙을 옮기는 데 드는 운반비가 많이 들기 때문이다. 흙일의 균형을 얻기 위하여 (다.)(=mass curve, =流土곡선)을 만들어 이용하는 것이 편리하다.

19 흙일의 준비일 [3점]

흙일을 시작하기 전에 하는 일

1. (가.) : 나무, 나무뿌리, 잡초 및 유기물의 제거
2. 배수 : 공사구역 내 고인물이나 샘이 있을 때 배수도랑으로 완전 배수
3. 공사측량 : 현장 (나.)을 위한 측량
4. (다.) 설치 : 흙일의 높이와 경사를 가늠할 수 있는 표시틀 설치

20 흙일에서 더쌓기(extra banking) [3점]

흙쌓기 공사 중 흙의 (가.) 또는 공사완료 후의 수축이나 지반의 (나.)에 대해 임도의 단면을 유지하기 위하여 계획단면 이상으로 높이와 (다.)를 더 높게 하는 것을 말한다. 흙쌓기의 높이 3m까지는 높이의 10%인 30cm, 12m 이상인 경우는 높이의 5%인 60cm를 더쌓기한다.

2015년 기출복원문제 해답

01

설계속도(km/hr)	최소곡선반지름 (m)	
	일반지형	특수지형
40	(60)	40
30	(30)	20
20	(15)	(12)

hair pin 곡선은 중심선 반지름이 (10)m 이상이 되도록 설치한다.

02 가. 공식 : $S=(\sqrt{i^2+j^2})$, (i)=외쪽 또는 횡단 물매(%), (j)=종단물매(%)
나. 합성물매의 제한 : 급물매부와 급곡선부가 병합되지 않도록 하기 위한 것. 곡선부의 종단물매와 곡선반지름에서 (30)을 뺀 값과의 합이 종단최급물매의 값보다 적어야 한다.

03 가. 최소한도, 나. 10cm

04 나. 구조물의 앞과 뒤, 마. 체류수가 있는 곳

05 가. 경계, 나. 구획, 다. 임도, 사방댐

06 가. 일정한 조건, 나. 최소제곱법

07 가. 평판, 나. 도면, 다. 나침반

08 가. 가공 본선, 나. 짐올림줄

09 가. 공칭지름, 나. 소선, 다. 꼬인 것, 라. 부식된 것

10 가. 앞손보호판, 나. 톱날, 다. 방진고무손잡이, 라. 엑셀레이터, 스로틀 밸브, 엑셀레이터

11 가. 산림분포, 나. 산림입지도, 다. 산지구분도, 바. 산사태위험지도

12 가. 선형, 나. 위치

13 가. 레스터, 나. 래스터
(※ raster : 래스터, 레스터 모두 맞는 한글 표기법입니다.)

14 가. 스캐너, 나. 벡터

15 가. 클래스, 나. 군집화

16 가. 단곡선, 나. 중간말뚝, 다. 곡선부

17 가. 공정계획, 나. 공정계획, 다. 가설도로, 라. 공정계획

18 가. 균형, 나. 토취장, 다. 토량곡선

19 가. 뿌리뽑기, 나. 시공, 다. 겨냥틀

20 가. 압축, 나. 침하, 다. 물매

2016년 기출복원문제

01 땅의 본바닥을 깎아 내거나 공사를 하기 위하여 흙을 쌓아 올리는 작업을 통틀어 흙일 또는 토공이라고 한다. 여기에는 벌개제근을 포함하여 흙파기, 흙깎기, 흙싣기, 흙나르기, 흙버리기, 흙다지기, 비탈보호공사가 포함된다. 임도에서 흙일에 대해 설명하시오. [3점]

가. 벌개제근 : ______________________

나. 흙깎기 : ______________________

다. 흙쌓기 : ______________________

02 임도에서 배수로 공사에 대해 설명하시오. [3점]

가. 옆도랑 : ______________________

나. 횡단배수로 : ______________________

다. 비탈배수로 : ______________________

03 임도의 구조 중 횡단선형에 대해서 설명하시오. [6점]

가. 임도의 나비 : ______

나. 길어깨 : ______

다. 축조한계 : ______

라. 횡단물매 : ______

04 임도의 구조 중 평면선형에 대해서 설명하시오. [4점]

가. 곡선 : ______

나. 최소곡선반지름 : ______

다. 곡선부 나비넓힘 : ______

라. 곡선부 안전거리 : ______

05 임도의 구조 중 종단선형에 대해서 설명하시오. [2점]

가. 종단물매 : ______

나. 종단곡선 : ______

06 임도의 노면은 주로 노상 위에 있는 토질계의 노반이 표층의 역할을 한다. 임도시설규정에 의하면 노면은 정지가 완료된 후 자체중량 6톤 이상의 진동롤러를 사용하여 4회 이상 다지도록 하고 있다. 차도 노면은 특별한 입지조건을 제외하고는 원칙적으로 자갈을 까는 것이 좋다. 아래 임도에 대해 설명하시오. [4점]

가. 토사도 : ______________________

나. 사리도 : ______________________

다. 쇄석도 : ______________________

라. 통나무길 및 섶길 : ______________________

07 임도 기계화 시공에 사용하는 적재기계에 대해 설명하시오. [2점]

가. 크롤러바퀴트랙터셔블 : ______________________

나. 타이어바퀴트랙터셔블 : ______________________

08 임도 기계화 시공에 사용하는 운반기계에 대해 설명하시오. [4점]

가. 불도저 : ______________________________

____

나. 스크레이퍼 : ______________________________

____

다. 덤프트럭 : ______________________________

____

라. 벨트콘베이어 : ______________________________

____

09 임도 기계화 시공에 사용하는 정지 및 전압기계에 대해 설명하시오. [7점]

가. 모터그레이더 : ______________________________

____

나. 로드롤러 : ______________________________

____

다. 타이어롤러 : ______________________________

____

라. 진동롤러 : ______________________________

____

마. 진동콤팩터 : ______________________________

____

바. 래머 : ______________________________

____

사. 탬퍼 : ______________________________

____

10 임도 기계화 시공에 사용하는 콘크리트공사용 기계에 대해 설명하시오. [5점]

가. 콘크리트혼합기 : ______

나. 콘크리트플랜트 : ______

다. 콘크리트운반차 : ______

라. 콘크리트펌프 : ______

마. 콘크리트진동기 : ______

11 임도 기계화 시공에 사용하는 셔블계 굴착기계에 대해 설명하시오. [7점]

가. 파워셔블 : ______

나. 드랙라인 : ______

다. 백호우 : ______

라. 클램셸 : ______

마. 크레인 : ______

바. 파일드라이버 : ______

사. 어스드릴 : ______

12 교량의 위치 선정 [4점]

1. (가.   )이 견고하고 복잡하지 않은 곳
2. 하상의 변동이 적고, (나.   )이 좁은 곳
3. 하천이 가급적 (다.   )인 곳, 굴곡부는 피한다.
4. 교면을 (라.   )보다 상당히 높이 할 수 있는 곳
5. 과도한 사교가 되지 않은 곳

   * 사교 : 교축과 교대가 직각이 아닌 교량

13 교량의 하중 [2점]

1. 사하중 : (가.   )의 무게

   교상의 시설 및 첨가물, 바닥판, 바닥틀, 주형 주트러스의 무게
2. 활하중 : (나.   )의 무게

   교량 위를 통과하는 자동차, 사람, 열차 등이 움직일 때의 무게

14 임도 기계화 시공의 장점 [3점]

1. (가.   ) 단축
2. 흙일을 쉽게 할 수 있다.
3. (나.   ) 절감
4. (다.   ) 향상
5. 인력으로 곤란한 작업의 시공

15 임도 기계화 시공의 단점 [2점]

1. 규모가 작은 공사에서는 오히려 비싼 경우가 있다.
2. 기계 운용의 (가.   )을 잘 세우지 않으면 비능률적인 경우도 있다.
3. 부품의 구득, 기계의 보수가 어렵다.
4. 기계성능의 발전과 기계의 대형화로 신제품 구입에 따른 (나.   ) 부담이 생긴다.

16 교각법에 의해 곡선을 설정할 때 교각 θ는 60°, 최소 곡선반지름이 60m였다. [4점]

1. 곡선길이(CL)를 구하시오.

계산과정

답

2. 접선길이(TL)를 구하시오.

계산과정

답

17 BP점에서 BC점까지의 거리가 138미터일 때, 문제 16의 곡선길이를 이용하여 중간점을 확정할 때 필요한 시단현과 종단현의 거리를 구하시오. [4점]

1. 시단현의 거리

계산과정

답

2. 종단현의 거리

계산과정

답

18 문제 17의 시단현과 종단현의 거리를 이용하여 시단현과 종단현의 편각을 계산하시오.

[3점]

가. 시단현의 편각

계산과정

답

나. 종단현의 편각

계산과정

답

다. 다른 중간점의 편각 (No 7과 No 8)

계산과정

답

19 세월공작물 설치 장소

[4점]

1. 선상지, (가.   ) 등을 횡단하는 경우
2. 상류부가 (나.   )인 경우
3. 관거 등으로는 흙이 부족한 경우
4. (다.   )가 급하여 산측으로부터 유입하기 쉬운 계류인 곳
5. 평시에는 출수가 없지만 (라.   ) 시에는 출수하는 곳

2016년 기출복원문제 해답

01 가. 벌개제근 : 흙일을 하기 전에 임도 시공의 영향을 받는 나무를 벌목하고, 흙깎기와 흙쌓기를 하여야 할 곳에 있는 표층 토양의 유기물을 제거하는 작업

나. 땅깎기 : 땅의 본바닥을 깎아내는 작업, 보통 임도에서는 산복의 본바닥을 깎아서 노체를 시공한다.

다. 흙쌓기 : 공사를 하기 위해 땅의 본바닥에 있는 유기물을 제거하고 흙을 쌓아 올리는 작업, 층따기, 돌단쌓기 등을 통하여 지괴가 미끄러지지 않도록 한다.

02 가. 옆도랑 : 노면이나 비탈면의 물을 모아서 배수하기 위하여 임도의 길어깨를 따라 종단방향으로 설치하는 배수로

나. 횡단배수로 : 작은 골짜기 유역으로부터 집수되는 유수의 처리와 옆도랑을 유하하는 물을 처리할 목적으로 임도를 횡단시켜 아래골짜기로 배수하는 시설

다. 비탈배수로 : 성토비탈면과 절토비탈면을 보호하기 위해 설치하는 배수시설. 비탈돌림수로 등이 있으며, 물매의 정도에 따라 다른 재료를 사용한다.

03 가. 임도의 나비 : 임도의 나비는 차도나비에 길어깨 나비를 합한 전체 나비. 대체로 4~5미터가 적당하다.

나. 길어깨 : 차도에 접속되어 차도의 구조부를 보호하는 임도시설, 0.5미터 이상 1미터까지 설치할 수 있다.

* 보호길어깨는 표지, 가드레일, 보도, 자전거도로 등을 설치하기 위해 축조한계 밖에 설치하는 공간 또는 길어깨

다. 축조한계 : 자동차가 안전하게 주행하기 위한 도로의 위쪽 일정한 범위, 방호책, 표지판 등을 설치하면 안 된다.

라. 횡단물매 : 차도 노면의 배수를 위하여 중앙부분을 높게 하고 양쪽길가로 내림물매를 주는 것.

04 가. 곡선 : 도로의 굴곡부에 교통의 안전을 확보하고, 주행속도와 수송능력을 저하하지 않도록 고려하여 설치하는 평면시설, 보통 직선에 원호를 접속하여 설치. 직선과 직선이 만나는 내각이 155도보다 둔각이면 설치하지 않는다.

* 완화곡선 : 직선부에서 곡선부, 곡선부의 외쪽물매와 나비넓힘이 원활하게 이어지도록 설치하는 일정한 길이의 구간에 설치한다.

나. 최소곡선반지름 : 평면곡선의 굴절 정도를 나타내는 기준. 보통 최소한도를 정하고 그 이상의 값을 가지도록 한다. 값이 작으면 통행하는 차량이 원의 바깥쪽으로 밀리는 힘이 커진다.

다. 곡선부 나비넓힘 : 곡선부를 주행하는 차량은 앞바퀴보다 뒷바퀴가 곡선부의 안쪽을 돌게 되는데, 이 만큼 곡선부의 나비를 넓혀서 길 안쪽에 설치한다.

라. 곡선부 안전거리 : 노면 위를 주행하는 자동차가 곡선부에서 절취비탈면과 장해물에 의해 시야가 방해되지 않도록 확보하여야 하는 거리 0.01745 · θ · R

05 가. 종단물매 : 도로의 중심선의 수평면에 대한 기울기, 수평거리 100에 대한 수직거리의 % 값으로 나타낸다.

나. 종단곡선 : 종단물매가 급격하게 변하는 지점에 차량과 노면의 보호, 시거를 증대하기 위하여 설치하는 곡선, 종단물매의 대수차가 5% 이하인 곳에는 설치하지 않는다.

06 가. 토사도 : 노면이 점토와 모래의 1 : 3 혼합물로 구성된 도로. 자연전압도로, 표층용 사리와 토사를 15~30cm 두께로 깔은 도로가 있다.

나. 사리도 : 자갈을 노면에 깔고 교통에 의해 자연전압으로 노면을 만든 도로. 골재는 자갈, 결합재는 점토나 세점토사를 깔고 롤러로 다져서 시공하기도 한다.

다. 쇄석도 : 부순 돌끼리 서로 물려서 죄는 힘과 결합력에 의하여 단단한 노면을 만든 도로, 무거운 하중에도 견딘다.

* 머캐덤식은 5cm 이하의 골재를 3층으로 나누어 전압한 쇄석도를 말한다. 결합재료에 따라 교통체, 수체, 역청체, 시멘트체 머캐덤 도가 있다.

라. 통나무길 및 섶길 : 저습지대에 통나무와 섶을 이용하여 노면의 침하를 방지하기 위하여 만드는 도로.

07 가. 크롤러바퀴트랙터셔블 : 크롤러식 트랙터에 유압 버킷장치를 부착하여 토사의 굴착 및 적재를 접지압이 적고 연약지와 부정지에서 작업이 가능하다.

나. 타이어바퀴트랙터셔블 : 차륜식 트랙터에 버킷장치를 부착한 것.

08 가. 불도저 : 트랙터의 전면에 블레이드를 부착하여 흙의 굴착, 압토, 운반 작업을 수행하는 토공기계

* 트랙터 회전장치에 의한 구분 : 크롤러바퀴식, 타이어바퀴식

* 블레이드 부착각도 구분 : 스트레이트, 앵글(20~30°), 틸트(좌우높이)

* 블레이드 조작방식 : 유압식, 와이어로프식

나. 스크레이퍼 : 굴착, 적재, 운반, 성토, 흙깔기, 흙다지기 등을 하나의 기계로 시공할 수 있는 기계. 수평층으로 토사를 이동시키므로 광범위한 성토와 정지에 사용한다.

* 견인 방식에 따라 : 피삭인식 트랙터스크레이버, 자주식 모터스크레이퍼

다. 덤프트럭 : 트럭셔블에 하대, 하대경사장치, 유압장치를 장착하여 시공자재와 토사의 운반에 널리 사용되는 운반기계

라. 벨트콘베이어 : 골재 및 토사의 단거리 운반에 사용되는 것으로 수평이나 경사지게 설치한다.

* 특징 : 구조가 간단하여 취급이 용이하다. 지형에 대한 적응성이 적다. 급구배에서는 비능률적이다. 고장이 적고 안정성이 크다. 난개로 된 물건의 수송에 적합하다. 이동식 콘베이어 이외에는 기동성이 적다. 벨트의 손모가 심하다. 큰 고형물이나 긴 물건의 운반에는 적당하지 않다.

09 가. 모터그레이더 : 고무타이어의 전륜과 후륜 사이에 상하, 좌우, 선회 등과 같은 임의의 동작이 가능한 블레이드를 부착한 기계

* 동력전달방식에 따라 기계식과 유압식으로 분류하고 유압식을 많이 사용한다.

나. 로드롤러 : 주철 또는 강판제의 평활차륜을 가진 자주식 전압다짐기계. 전압능력은 차륜의 접지중량을 차륜의 나비 또는 나비와 중량을 합한 값으로 나눈 값을 사용한다.

* 탠덤롤러 : 2축 3륜 * 3축 탠덤롤러 : 3축 3륜 ⇒ 차륜을 전후에 배치

* 머케덤롤러 : 3개의 롤러를 자동 3륜차처럼 배치한 롤러

* 탬핑롤러 : 롤러의 표면에 돌기를 만들어 부착한 것, 돌기가 전압층에 관입하여 풍화암을 파쇄하여 흙속의 간극 수압을 흩어서 낮춘다.

다. 타이어롤러 : 공기가 들어있는 타이어의 특성을 이용하여 다짐작업을 하는 기계. 아스팔트포장의 끝마무리 전압을 주로하고 성토면의 전압에도 사용한다.

라. 진동롤러 : 편심축을 회전하여 발진되는 기진기에 의해 다짐 차륜을 진동시키고, 진동에 의하여 토립자 간의 마찰저항을 감소시키는 방식으로 진동과 자중을 다지기에 이용하는 전압기계

마. 진동콤팩터 : 평판 위에 직접 진동을 일으키는 기진기를 부착하여, 진동을 이용하여 다짐을 하는 전압기계

바. 래머 : 단기간의 공냉 2사이클 휘발유엔진의 폭발반력으로 동체가 튀어 오르고 이에 따라 푸트도 일정한 높이에서 동체가 낙하하여 흙에 충격을 주어 좁은 장소의 다짐에 사용하는 전압기계

사. 탬퍼 : 엔진의 폭발력을 기관의 회전력으로 바꾸고, 크랭크에 의하여 왕복운동으로 바꾸어 좁은 장소의 다짐에 사용하는 전압기계

10 가. 콘크리트혼합기 : 현장에서 물과 시멘트, 골재를 섞어서 콘크리트를 만드는 기계. 드럼식과 가경식, 연속식과 강제찰비빔식이 있으며 드럼식이 많이 이용된다.

나. 콘크리트플랜트 : 저장장치로부터 시멘트, 굵은 골재, 잔 골재, 혼화재, 물 등을 계량장치에서 계량하여 혼합기로 공급하여 콘크리트를 만들어 배출하는 일련의 장치. 균질한 콘크리트를 대량으로 제조할 수 있다.

다. 콘크리트운반차 : 콘크리트 플랜트나 혼합기에서 생산한 콘크리트를 운반한다. 제조공장이 비교적 먼 경우 트럭믹서나 교반트럭을 사용하고 제조공장이 가까이 있으면 전송차와 교반차를 사용한다.

라. 콘크리트펌프 : 배합된 콘크리트를 수송관을 통하여 압속하는 기계, 압송방식에 따라 기계식과 공기식으로 구분한다.

마. 콘크리트진동기 : 콘크리트에 진동을 주어 비빔과 운반과정에서 혼합된 공기를 빼내서 치밀하고 강도가 높은 콘크리트를 만들어 내는 기계

11 가. 파워셔블 : 기계가 서있는 지면보다 높은 곳을 파는 데 적합한 기계, 굳은 지반의 굴착에도 사용된다.

나. 드랙라인 : 기계가 서있는 지면보다 낮은 장소의 굴착에 적합하지만 굳은 땅은 파지 못한다.

다. 백호우 : 기계가 서있는 지면보다 낮은 장소의 굴착에도 적당하고 수중굴착도 가능하다. 굳은 지반의 토질에서 정확한 굴착정형이 된다.

라. 클램셸 : 수중굴착과 구조물의 기초 등 상당히 깊은 범위의 굴착, 개폐식 운반차에 토사를 적재하는 호퍼작업 등에 사용한다.

마. 크레인 : 버킷 대신 훅(hook)을 부착하여 중량물을 올리고 내리는 작업을 한다.

바. 파일드라이버 : 붐에 항타용 부속장치를 부착하여 강관말뚝, 널말뚝 등의 항타작업에 사용한다.

사. 어스드릴 : 붐에 회전드릴 장치를 부착하여 땅속에 규모가 큰 구멍을 굴착하는 데 사용한다.

12 가. 지질, 나. 하폭, 다. 직선, 라. 수면

13 가. 교량자체, 나. 교통물

14 가. 공사기간, 나. 공사비, 다. 시공능률

15 가. 공정계획, 나. 경제적

16 1. 곡선길이(CL)를 구하시오.

계산과정 $CL = 2 \times 60 \times \pi \times \frac{60}{360}$

답 62.83m

2. 접선길이(TL)를 구하시오.

계산과정 $TL = 60 \times \tan(\frac{60}{2})$

답 34.64m

17 1. 시단현의 거리

계산과정 120-108

답 12m

* 5번 측점까지의 거리는 100미터이므로 곡선시점은 5번 측점을 지나 6번 측점 전에 시작된다. 측점 간 거리는 20미터이므로 곡선시점부에서 중간점까지의 거리인 시단현의 거리는 6번 측점의 위치인 120미터에서 곡선시점부인 108미터를 뺀 값인 12미터가 된다.

2. 종단현의 거리

계산과정 62.83-(8+20+20)

답 14.83m

* 종단현의 거리는 총 곡선의 길이 62.83미터에서 시단현과 매 20미터에 설치하는 중간점들을 합한 값으로 원길이(CL)의 총합을 넘지 않는다. 그러므로 종단현의 값에서 시단현과 중간측점들의 거리를 합한 값을 빼서 산출한다. 그림을 그려서 개념을 이해하고 문제를 풀면 헷갈리지 않을 것이다.

18 가. 시단현의 편각

계산과정 0°1,719′0″×(8/60)

답 3°49′12″

나. 종단현의 편각

계산과정 0°1,719′0″×(14.83/60)

답 7°4′52.77″

다. 다른 중간점의 편각(No 7과 No 8)

계산과정 0°1,719′0″×(20/60)

답 9°33′0″

19 가. 애추지대, 나. 황폐계류, 다. 계상물매, 라. 강우

2017년 기출복원문제

01 법정림의 4가지 조건을 쓰고 설명하시오. [4점]

가. ____________ : ______________________________

____

나. ____________ : ______________________________

____

다. ____________ : ______________________________

____

라. ____________ : ______________________________

____

02 트랙터 집재의 특징을 4가지 이상 설명하시오. [4점]

가. ____

나. ____

다. ____

라. ____

말구직경 12cm, 중앙직경 18cm, 원구직경 24cm, 재장 5.8m인 목재가 있습니다. (소숫점 넷째자리 미만은 버리시오.)

03 후버식에 의해 이 목재의 재적을 구하시오. [3점]

풀이과정

답

04 리케식에 의해 이 목재의 재적을 구하시오. [3점]

풀이과정

답

05 스말리안식에 의해 이 목재의 재적을 구하시오. [3점]

풀이과정

답

06 위의 목재가 삼척국유림에서 생산된 소나무라고 할 때, 이 목재의 재적을 구하시오. [3점]

풀이과정

답

07 위의 목재가 보루네오산 티크일 때, 이 목재의 재적을 구하시오. [3점]

풀이과정

답

말구직경 12cm, 중앙직경 18cm, 원구직경 24cm, 재장 9.3m인 목재가 있습니다. 아래 문제를 소숫점 넷째자리 미만은 버리고 계산하세요.

08 뉴튼식에 의해 이 목재의 재적을 구하시오. [3점]

풀이과정

답

09 위의 목재가 국내의 사유림에서 생산된 소나무라고 할 때, 이 목재의 재적을 구하시오. [3점]

풀이과정

답

10 위의 목재가 미송일 때 이 목재의 재적을 구하시오. [3점]

풀이과정

답

11 임도에서 횡단수로 설치 위치를 4가지 이상 쓰시오. [4점]

가. ______________________________

나. ______________________________

다. ______________________________

라. ______________________________

12 사방에서 사용하는 초본류 식생의 구비조건에 대해 2가지 이상 쓰시오. [2점]

가. ______

나. ______

13 사방에서 사용하는 목본류 식생의 구비조건에 대해 2가지 이상 쓰시오. [2점]

가. ______

나. ______

2017년 기출복원문제 해답

01 가. 법정축적 : 법정영급분배가 이루어진 산림이 생장상태가 법정일 때 작업급 전체의 축적.

나. 법정생장량 : 법정임분의 연간 생장량은 벌기임분의 재적과 같아야 한다.

다. 법정영급분배 : 1년생부터 벌기까지 각 영계의 임분을 구비하고, 각 영계의 임분면적이 동일해야 한다. 택벌의 경우 전체 임분에 임목이 고르게 배치되어 있을 것.

라. 법정임분배치 : 벌채와 운반과정에서 산림의 이용, 보호와 갱신에 지장을 주지 않도록 각 작업급이 배치되어야 한다.

02 가. 기동성이 좋다.
나. 작업생산성이 높다.
다. 작업이 단순하다.
라. 비용이 낮다.

트랙터집재와 가선집재의 장단점

1. 트랙터집재
   - 장점 : 기동성과 작업 생산성이 높고, 작업이 단순하며 비용이 낮음.
   - 단점 : 환경에 대한 피해가 크고, 완경사지에서만 작업이 가능하다. 높은 임도밀도가 요구된다.
2. 가선집재
   - 장점 : 입목 및 목재에 대한 피해가 적고, 낮은 임분밀도 및 급경사지에서 작업 가능.
   - 단점 : 기동성이 떨어지고 작업생산성이 낮다. 장비가 고가, 숙련된 작업원이 필요, 설치 및 철거에 많은 시간이 소요된다. 치밀한 작업계획이 필요.

03 풀이과정 $\frac{\pi \times 0.18^2}{4} \times 5.8 = 0.0254 \times 5.8$

or $\frac{\pi \times 18^2}{4} \times 5.8 \times \frac{1}{10,000}$

답 0.1476m^3

04 풀이과정 말구단면적 $\frac{\pi \times 0.12^2}{4}$, 중앙단면적 $\frac{\pi \times 0.18^2}{4}$, 원구단면적 $\frac{\pi \times 0.24^2}{4}$

각각 0.0113, 0.0254, 0.0452

$\frac{0.0113 + 4 \times 0.0254 + 0.0452}{6} \times 5.8$

답 0.1528m^3

05

풀이과정 말구단면적 $\frac{\pi \times 0.12^2}{4}$, 원구단면적 $\frac{\pi \times 0.24^2}{4}$ 각각 0.0113, 0.0452

$\frac{0.0113+0.0452}{2} \times 5.8$

답 $0.1639m^3$

06

풀이과정 $12^2 \times 5.8 \times \frac{1}{10,000}$

답 $0.0835m^3$

07

풀이과정 $12^2 \times 5.8 \times \frac{1}{10,000} \times \frac{\pi}{4}$

답 $0.0656m^3$

08

풀이과정 말구단면적 $\frac{\pi \times 0.12^2}{4}$, 중앙단면적 $\frac{\pi \times 0.18^2}{4}$, 원구단면적 $\frac{\pi \times 0.24^2}{4}$

각각 0.0113, 0.0254, 0.0452

$\frac{0.0113+4 \times 0.0254+0.0452}{6} \times 9.3$

답 $0.3676m^3$

09

풀이과정 $(12+\frac{9-4}{2})^2 \times 9.3 \times \frac{1}{10,000}$

답 $0.1955m^3$

10

풀이과정 $12^2 \times 9.3 \times \frac{1}{10,000} \times \frac{\pi}{4}$

답 $0.1052m^3$

11 가. 종단물매 변이점

나. 구조물의 앞과 뒤

다. 골짜기로부터 물이 흘러 내려오는 곳

라. 흙이 부족하여 속도랑을 설치할 수 없는 곳

마. 옆도랑의 물이 체류하는 곳, 체류수가 있는 곳

바. 물이 역류하는 곳

12 1. 척악지나 환경조건에 대한 적응성이나 저항성이 큰 것.

2. 생육 초기 및 생육 이후에 지표피복에 대한 효과가 큰 것.
3. 생장이 빠르고, 잘 번무하여 엽량이 많은 것.
4. 근계가 잘 발달하여 토양의 긴박효과가 있는 것.
5. 다년생으로 번식력이 왕성하고, 생육의 연속성이 있는 것.
6. 토양의 개량효과와 비옥화를 기대할 수 있는 것.

 * 국내산 : 새, 개솔새, 솔새, 김이털, 산거울, 비수리, 매듭풀, 차풀
 * 도입종 : 인디안풀, 다년생 호밀풀, 능수귀염풀, 보통 호밀풀, 캔터키개미털, 오리새, 비수리 등

13 사방공학 산복녹화공사 중 식생공사

1. 척악지나 환경조건에 대한 적응성이나 저항성이 큰 것.
2. 생육이 빠르고, 잘 번무하며, 번식력 · 맹아력 등이 왕성한 것.
3. 근계가 잘 발달하고, 토양의 긴박효과가 있는 것.
4. 엽량이 많고, 또한 잎에 비료분이 있어 토양개량과 비옥화를 기대할 수 있는 것.
5. 병충해 · 풍해 · 기타 재해에 강한 것.

 * 리기다소나무, 해송, 낙엽송, 산오리나무, 사방오리나무(남부지방), 물갬나무, 상수리나무, 굴참나무, 떡갈나무, 갈참나무, 졸참나무, 버드나무, 아까시나무, 싸리, 족제비싸리, 칡 등

2018년 기출복원문제

01 법정림의 4가지 조건을 쓰고 설명하시오. [4점]

가. ______ : ______

나. ______ : ______

다. ______ : ______

라. ______ : ______

02 법정림의 법정 축적을 구하는 방법과 그 공식을 쓰시오. [3점]

가. ______ : ______

나. ______ : ______

03 트랙터집재의 장점을 3가지 쓰시오. [3점]

가. ______________________

나. ______________________

다. ______________________

04 1/25,000의 지도상에서 양각기계획법에 의해 횡단경사 5%의 간선임도 임도노선을 계획하였다. IP 3에서 교각이 45°이고, 타이어와 노면의 마찰계수는 0.8일 때 평면곡선의 최소곡선반지름을 구하시오. (설계속도 40km) [4점]

풀이과정

답

05 문제 4의 내용대로 평면곡선을 그리고 간단히 설명하시오. (IP, BC, EC, R, 교각을 포함) [4점]

06 앞바퀴와 뒷바퀴 간의 축의 거리가 6.5m이고, 곡선반지름이 60m일 때 임도곡선부의 내륜차를 구하시오. [4점]

풀이과정

답

07 산림은 그 기능에 따라 다음과 같이 구분한다. 괄호에 알맞은 기능과 종류를 쓰시오. [3점]

- 자연환경보전림 : 학술교육형, (가.   ), 보전형
- 생활환경보전림 : 공원형, (나.   ), 경관형, 목재생산형
- 산지재해방지림 : 산사태, 토사, (다.   ), 산불 우려 침엽수 단순림
- 수원함양림 : 1종 수원함양림, 2종 수원함양림, 3종 수원함양림
- 산림휴양림 : (라.   ), 자연유지 지역
- 목재생산림 : (마.   ) 대경재, 중경재, 소경재, (바.   ) 대경재, 중경재, 특용소경재

08 다음의 산림계획을 수립하는 주체를 쓰시오. [4점]

가. 산림기본계획 : (   )

나. 지역산림계획 :

- 국유림 : 지방산림청장
- 사유림 : 광역자치단체장(시장, 도지사), 기초자치단체장(시장, 군수, 구청장)

다. 국유림종합계획 : 국유림관리소장

라. 국유림경영계획 : (   )

마. 사유림경영계획 : 소유자, 관리자

09 **다음의 산림경영지도원칙을 설명하시오.** [3점]

가. 목재생산의 보속 :

나. 목재생산력의 보속 :

다. 합자연성의 원칙 :

10 **사유림에서 아래 수종의 벌기령을 쓰시오.** [2점]

가. 낙엽송 :

나. 삼나무 :

다. 참나무 :

라. 포플러 :

11 **제시된 낙엽송 지위지수 곡선을 보고, 우세목의 임령은 35년생, 수고는 각각 22.4m, 21.8m, 25.3m, 23.7m, 24.6m, 23.2m일 때 지위지수를 구하시오.** [4점]

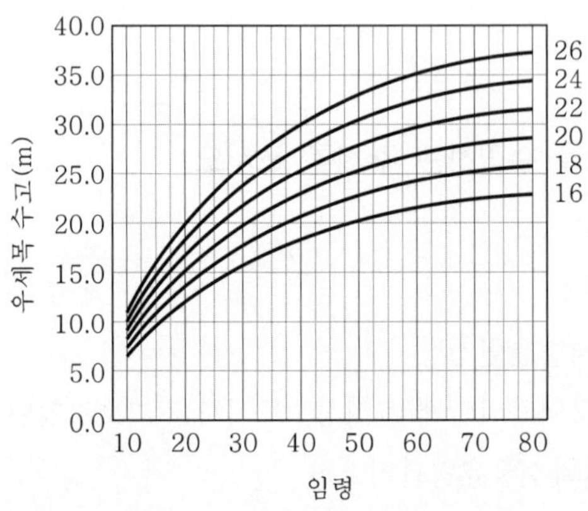

풀이과정

답

12 지위지수를 나타내는 방법에 대해 쓰고 설명하시오. [3점]

가. ______________________________

____

나. ______________________________

____

다. ______________________________

____

13 수확표의 용도를 4가지 이상 쓰시오. [4점]

가. ______________________________

나. ______________________________

다. ______________________________

라. ______________________________

마. ______________________________

14 다음의 수확표를 보고 법정축적을 산출하시오. [4점]

구분	임령						비고
	10	20	30	40	50	60	윤벌기 50년
ha당 재적(m^2)	30	60	90	120	180	230	산림면적 100ha

풀이과정

답

15 수확조절기법에서 법정축적법의 종류를 3가지 쓰시오. [3점]

가. ______________________________

나. ______________________________

다. ______________________________

16 다음 말에 대해 설명하시오. [3점]

- 구획윤벌법 :

- 단순구획윤벌법 :

- 비례구획윤벌법 :

17 강원도 영월군 소재 200ha의 산림에 2005년 1ha당 1,200,000원의 비용으로 조림을 하였다. 2018년 현재 이 입목의 가격을 평가하시오. (천원 미만 금액은 버리시오.) (이율 5%) [3점]

- 원가법 :

- 비용가법 :

18 임지평가방법은 대용법과 입지법이 있다. 대용법과 입지법으로 평가한 임지의 가격을 사정하는 공식을 쓰시오. [4점]

- 대용법 :

- 입지법 :

19 어떤 임지의 벌기가 30년이고 ha당 주벌수익이 420만원, 간벌수익이 20년일 때 9만원, 25년일 때 36만원, 조림비가 30만원 , 관리비가 1만 2천원인 임지 120ha에서 이율은 6%일 때 임지기망가를 계산하시오. [4점]

풀이과정

답

20 임지기망가의 값에 관여하는 인자 4가지를 쓰시오. [4점]

가. ______________________

나. ______________________

다. ______________________

라. ______________________

21 30년생인 잣나무림이 있다. ha당 지대 300만원, 조림비 50만원, 관리비 5,000원, 이율 6%, 벌기령이 50년생일 때의 ha당 수입은 2,000만원을 기대할 수 있다. 글라제르식을 이용하여 임목가를 구하시오. [4점]

풀이과정

답

22 소나무 원목의 시장도매가격이 $1m^3$당 6,000원, 조재율 0.7, $1m^3$당 벌채 운반비 등의 비용이 3,000원, 투하자본의 월이율 0.5%, 자본회수기간이 4개월, 기업이익률이 10%라고 할 때 $1m^3$당 임목가를 시장가역산법으로 계산하시오. [4점]

풀이과정

답

23 8,000만원에 구입한 집재기의 수명은 7,000시간이고, 잔존가치는 1,000만원이라고 한다. 현재 2,500시간을 가동하였을 때, 이 집재기의 감가상각비를 작업비례법으로 계산하시오. [4점]

풀이과정

답

24 순또측고기를 사용하여 수고를 측정할 때 유의하여야 할 점을 3가지 쓰시오. [3점]

가. ______________________________

나. ______________________________

다. ______________________________

25 윤척을 사용하여 흉고직경을 결정하는 과정을 설명하시오. [3점]

가. ______________________________

나. ______________________________

다. ______________________________

라. ______________________________

2018년 기출복원문제 해답

01 가. 법정축적 : 법정영급분배가 이루어진 산림이 생장상태가 법정일 때 작업급 전체의 축적.

나. 법정생장량 : 법정임분의 연간 생장량은 벌기임분의 재적과 같아야 한다.

다. 법정영급분배 : 1년생부터 벌기까지 각 영계의 임분을 구비하고, 각 영계의 임분면적이 동일해야 한다. 택벌의 경우 전체 임분에 임목이 고르게 배치되어 있을 것.

라. 법정임분배치 : 벌채와 운반과정에서 산림의 이용, 보호와 갱신에 지장을 주지 않도록 각 작업급이 배치되어야 한다.

02 가. 수확표에 의한 방법

$$n(N_n + N_{2n} + ... + N_{u-n} + \frac{N_u}{2}) \times \frac{F}{u}$$

n : 임령의 간격(영계), N_n : n년의 재적, U : 벌기령 F : 산림면적

나. 벌기수확에 의한 방법

$$\frac{u}{2} \times N_u \times \frac{F}{u}$$

03 1. 트랙터집재

- 장점 : 기동성과 작업 생산성이 높고, 작업이 단순하며 비용이 낮음.
- 단점 : 환경에 대한 피해가 크고, 완경사지에서만 작업이 가능하다. 높은 임도밀도가 요구된다.

2. 가선집재

- 장점 : 입목 및 목재에 대한 피해가 적고, 낮은 임분밀도 및 급경사지에서 작업 가능.
- 단점 : 기동성이 떨어지고 작업생산성이 낮다. 장비가 고가, 숙련된 작업원이 필요, 설치 및 철거에 많은 시간이 소요된다. 치밀한 작업계획이 필요.

04 풀이과정 최소곡선반지름 $= \dfrac{40^2}{127 \times (0.05 + 0.8)}$

답 14.82m

05 - 평면곡선

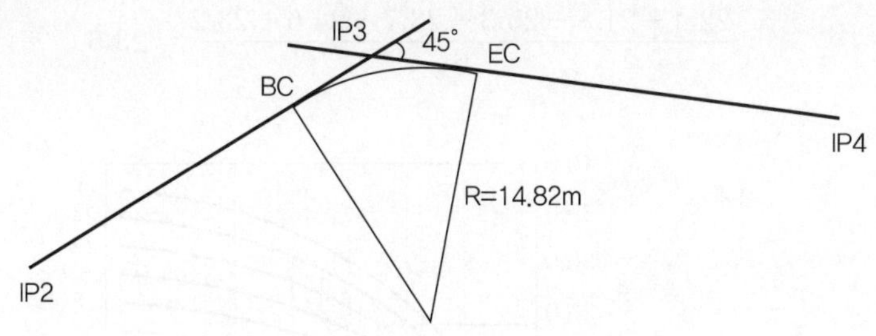

설명)

- IP점 : 양각기 계획법에 의해 일정한 경사로 등고선끼리 이은 점
- R : 최소곡선반지름, 곡선구간 반지름의 최소한도
- 교각 : IP점에서 두 선이 이루는 각도
- BC : 곡선구간이 시작되는 점, 커브가 시작되는 점
- EC : 곡선구간이 끝나는 점, 커브가 끝나는 점

06 풀이과정 $e = \dfrac{6.5^2}{2 \times 60} = 0.3521 \fallingdotseq 0.35$

답 0.35m

07 가. 문화형　　나. 방음방풍형　　다. 병충해

라. 공간이용 지역　　마. 인공림　　바. 천연림

08 가. 산림청장, 라. 지방산림청장

09 가. 목재생산의 보속 : 최대의 목재 생산량을 보속생산하는 것

나. 목재생산력의 보속 : 임지의 생산력을 최대가 되도록 하는 것

다. 합자연성의 원칙 : 자연법칙을 존중하여 산림을 경영하는 것

10 가. 낙엽송 : 국유림 50년, 공유림 및 사유림 30년

나. 삼나무 : 국유림 50년, 공유림 및 사유림 30년

다. 참나무 : 국유림 60년, 공유림 및 사유림 25년

라. 포플러 : 국유림, 공유림 및 사유림 3년

11 풀이과정 우세목의 수고 25.3과 임령 35년을 이은 점에서 가까운 곡선의 끝에 있는 숫자를 읽어 24를 지위지수로 정한다.

① 우세목의 수고

$$\frac{22.4+21.8+25.3+23.7+24.6+23.2}{6}=23.5$$

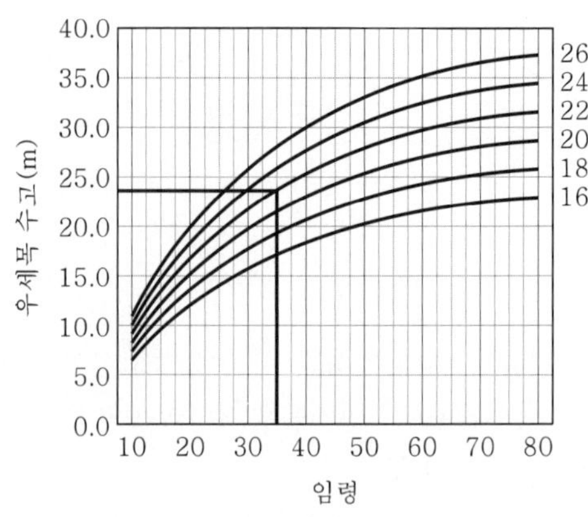

답 22

12 가. 지위지수에 의한 방법 : 지위를 수치적으로 평가하기 위해 일정한 기준 임령에서 우세목의 평균 수고로 지위를 분류하여 지수화 한 것

종류 : 지위지수 분류곡선에 의한 방법, 지위지수 분류표에 의한 방법

나. 지표식물에 의한 방법 : 지표식물 또는 지표종에 의거하여 생육상황을 이용하여 지위를 분류하는 방법으로, 기후가 한랭하여 지표식물의 종류가 적은 곳에서 적용한다.

다. 환경인자에 의한 방법 : 무립목지, 치수지 등의 임지에 대한 평가방법으로, 환경인자에 의한 지위지수 판정기준표에 의거 각 인자에 해당하는 점수를 합계한 값이 임지의 지위지수다.

13 가. 입목재적 및 생장량의 추정　　나. 지위판정

다. 입목도 및 벌기령의 결정　　라. 수확량의 예측

마. 산림평가

14 **풀이과정** $n\left(m_n+m_{2n}+\cdots+m_{u-n}+\frac{m_u}{2}\right)\times\frac{\text{산림면적}(F)}{\text{윤벌기}(U)}$

$$=10\times\left(30+60+90+120+\frac{180}{2}\right)\times\frac{100}{50}=7{,}800\,\mathrm{m}^3$$

15 가. 교차법 : 카메랄탁세공식, 하이어공식

나. 이용률법 : 훈데스하겐공식, 만텔공식

다. 수정계수법

16 - 구획윤벌법 : 전 산림면적을 윤벌기 연수와 같은 수의 벌구로 나누어 윤벌기를 거치는 가운데 매년 한 벌구씩 벌채 수확하는 방법
- 단순구획윤벌법 : 전체 산림면적을 기계적으로 윤벌기 연수로 나누어 벌구면적을 같게 하는 방법
- 비례구획윤벌법 : 토지의 생산능력에 따라 벌구의 크기를 조절하는 방법

17 - 원가법 : 1,200,000원
* 비용의 단순합계
- 비용가법 : $1,200,000 \times (1+0.05)^{13} = 2,262,000$원

18
- 대용법 : 임지평가가격＝비교임지 매매가격$\times \dfrac{\text{대상임지 과세표준}}{\text{비교임지 과세표준}}$

  * 대상임지 평가가격 : 비교임지 매매가격＝대상임지 과세표준 : 비교임지 과세표준
  내항의 곱은 외항의 곱과 같다는 것을 염두에 두면
  대상임지 평가가격×비교임지과세표준＝비교임지 매매가격×대상임지 과세표준
- 입지법 : 임지평가가격＝비교임지 매매가격$\times \dfrac{\text{대상임지 입지지수}}{\text{비교임지 입지지수}}$

19 풀이과정

$$Bu = \frac{Au + Da(1+P)^{u-a} + ...Dq(1+P)^{u-a} - C(1+P)^u}{(1+P)^u - 1} - \frac{v}{P}(=V)$$

(Au : 주벌수익, D : a년도의 간벌수익, C : 조림비, V : 관리자)

$$= \frac{4,200,000 + 90,000(1.06)^{30-20} + 360,000(1.06)^{30-25} - 300,000(1.06)^{30}}{1.06^{30} - 1} - \frac{12,000}{0.06}$$

$$= \frac{3,119,890}{4.7435} - 200,000 = 457,720\text{원}$$

457,720원×120ha＝54,926,400원

답 54,926,400원

20 가. 이율　나. 주벌수익　다. 지위
라. 벌기　마. 조림비　바. 관리비
사. 간벌수익

21
풀이과정 $(20,000,000 - 500,000) \times \left(\dfrac{30^2}{50^2}\right) + 500,000$

답 7,520,0000원

22 풀이과정 $0.7 \times \left(\frac{6,000}{1+0.005 \times 4+0.1} - 3,000 \right)$

답 1,650원

23 풀이과정 $(80,000,000 - 10,000,000) \times \frac{2,500}{7,000}$

답 25,000,000원

24 가. 경사지에서는 가능하면 등고 위치에서 측정.
나. 초두부와 근원부를 잘 볼 수 있는 위치에서 측정.
다. 입목까지의 수평거리는 될 수 있는 대로 수고와 같은 거리를 취함.

25 가. 땅이 기울어진 곳의 위쪽에서 흉고부위 1.2m 높이의 직경을 측정한다.
나. 흉고부위의 긴 쪽과 짧은 쪽을 잰 값을 평균한다.
다. 평균값을 2cm 괄약한 값을 흉고직경으로 결정한다.

2019년 기출복원문제

01 순또경사계를 사용하여 수평으로 20m 거리의 잣나무의 높이를 재었더니 초두부는 40°, 근주부는 5°가 나왔다. 이 나무의 높이를 계산하시오. (소숫점 둘째 자리에서 반올림하여 첫째 자리까지 계산하시오.) [4점]

풀이과정

답

02 순또경사계를 사용하여 수평으로 15m 거리의 낙엽송의 높이를 재었더니 나무의 끝부분은 90%, 나무의 지제부는 10%가 나왔다. 이 나무의 높이를 계산하시오. (소숫점 둘째 자리에서 반올림하여 첫째 자리까지 계산하시오.) [4점]

풀이과정

답

03 다음 표에서 제시하는 각 나무의 연륜수는 생장추를 이용하여 수피 부분을 제외하고 1cm까지 측정을 한 것이고, 흉고직경은 윤척을 사용하여 측정하였다. 각 나무의 생장률을 구하시오. [4점]

구분	흉고직경	연륜수	풀이과정	생장률
가	24	4		
나	28	3		
다	32	3		
라	36	4		

04 흉고직경 25cm, 수피 1cm 아래의 연륜수는 5인 굴참나무천연림이 있다. 이 임분의 총 재적이 100m^3이었다면 3년 뒤 이 임분의 총 재적과 생장률을 구하시오. [6점]

가. 1년 뒤 임분의 총 재적

계산과정

답

나. 생장률

계산과정

답

05 40년생 낙엽송의 재적이 200m^{3}인 임분이 35년생일 때는 150m^{3}이었다면, 이 임분의 생장률을 단리산식에 의해 계산하시오. [4점]

풀이과정

답

06 흉고직경은 25cm, 수고는 19m인 나무의 부정형수는 0.465이다. 이 나무의 재적을 계산하시오. [4점]

풀이과정

답

07 흉고직경 25cm, 수고 25m인 나무의 재적을 덴진식으로 계산하시오. [4점]

풀이과정

답

08 말구단면적 0.0707m^2, 중앙단면적 0.0804m^2, 원구단면적 0.0908m^2, 목재의 길이 8.3m인 목재의 재적을 리케식으로 구하시오. [4점]

풀이과정

답

09 말구단면적 0.0707m^2, 중앙단면적 0.0804m^2, 원구단면적 0.0908m^2, 목재의 길이 8.3m인 일본산 편백나무의 재적을 구하시오. [4점]

풀이과정

답

10 임분의 재적을 측정하는 방법 중 Urich법에 대하여 설명하고, 공식을 쓰시오. [4점]

설명 (2점)

공식 (2점)

11 항공사진을 활용한 산림조사의 장점을 쓰시오. [4점]

가. ______

나. ______

다. ______

라. ______

12 임반을 구획하는 이유를 4가지 쓰시오. [4점]

가. ______

나. ______

다. ______

라. ______

13 소반의 구획요인 4가지를 쓰시오. [4점]

가. ______

나. ______

다. ______

라. ______

14 **임반과 소반의 구획방법을 설명하시오.** [6점]

① 임반구획방법 :

가. ______________________________

나. ______________________________

다. ______________________________

② 소반구획방법 :

가. ______________________________

나. ______________________________

다. ______________________________

15 **산림경영계획서상 지위와 지리를 구분하여 설명하시오.** [4점]

① 지위 :

② 지리 :

16 **건습도의 구분 기준과 해당 지역의 빈칸을 채우시오.** [3점]

구분	기준	해당 지역
건조	손으로 꽉 쥐었을 때, 수분에 대한 감촉이 거의 없음	풍충지에 가까운 경사지(산정, 능선)
약건	(가.)	(나.)
적윤	손바닥 전체에 습기가 묻고 물에 대한 감촉이 뚜렷함	계곡, 평탄지, 계곡평지, 산록부
약습	(다.)	경사가 완만한 사면(계곡 및 평탄지)
습	손가락 사이에 물방울이 맺히는 정도	오목한 지대로 지하수위가 높은 곳

17 우리나라의 경급에 대해 구분하고 설명하시오. [4점]

1. 치수 :

2. 소경목 :

3. 중경목 :

4. 대경목 :

18 어떤 표준지의 흉고직경을 측정하였더니 다음과 같았다. 현지조사 야장을 매목조사 야장으로 옮겨서 기록하시오. [4점]

현지조사 야장	
직경	본수
8.3	3
9.5	2
10.2	3
12.5	4
13.6	7
15.6	3
16.8	3
17.3	6
계	31

매목조사 야장	
직경	본수
계	

19 입목도와 소밀도에 대해 설명하시오. [4점]

가. 입목도 :

나. 소밀도 :

20 임도망 계획 시 고려해야 할 사항을 4가지 쓰시오. [4점]

가. ______________________________

나. ______________________________

다. ______________________________

라. ______________________________

21 임도노선 계획 시 고려해야 할 사항을 쓰시오. [4점]

가. ______________________________

나. ______________________________

다. ______________________________

라. ______________________________

22 임도개설의 긍정적인 효과를 4가지 쓰시오. [4점]

가. ______________________________

나. ______________________________

다. ______________________________

라. ______________________________

23 토양의 토성을 5가지로 구분했을 때 종류와 설명을 쓰시오. [5점]

가. ___

나. ___

다. ___

라. ___

마. ___

24 구릉지대에서 임도밀도가 15m/ha이고, 임도효율요인이 5일 때 평균집재거리를 계산하시오. [4점]

풀이과정

답

25 임도효율요인이 6.5로 계산된 경사지에서 0.3km를 트랙터집재 할 때, 지선임도밀도를 계산하시오. [4점]

풀이과정

답

2019년 기출복원문제 해답

01 풀이과정 $20 \times \tan 40 + 20 \times \tan 5$

답 18.53m

* 주의사항 : $20 \times \tan 45 = 20m$

02 풀이과정 $15 \times 0.9 + 15 \times 0.1$

답 15.0m

03

구분	흉고직경	연륜수	풀이과정	생장률
가	24	4	$\frac{550}{4 \times 24}$	5.73%
나	28	3	$\frac{550}{4 \times 28}$	4.91%
다	32	3	$\frac{500}{3 \times 32}$	5.21%
라	36	4	$\frac{500}{4 \times 36}$	3.47%

04 가. 3년 뒤 임분의 총 재적

계산과정 $100 \times (1+0.044)^3$

답 $113.79m^3$

* 슈나이더식으로 생장률을 먼저 구하고, 복리산식으로 임분의 재적을 구한다.

나. 생장률

계산과정 $\frac{550}{5 \times 25}$

답 4.40%

05 풀이과정 {(200−150)/150}/5×100

답 6.7%

* 복리산식으로 성장률을 구하면
150(1+성장률)^5=200으로 식을 세워서 성장률에 대해 정리하면
성장률= $\sqrt[5]{\frac{200}{150}}-1$ 이렇게 식을 정리할 수 있고, 이 값에 100을 곱하면 성장률은 5.92%가 나오게 된다.
* 프레슬러식으로 성장률을 구하면
성장률= $\frac{200-150}{200+150}\times\frac{200}{5}$ 식에 의하여 구하면 5.71%가 나오게 된다.
* 성장률을 물을 때 따로 이야기 하지 않으면 단리산으로 구하는 것이 일반적인 답이 될 것이다.

06 풀이과정 $\frac{\pi}{4}\times 0.25^2\times 19\times 0.465$

답 0.4337m^3

* 단면적×수고×형수=입목의 재적
* 아래 식을 계산할 때는 단위의 일치에 유의하는 것이 좋습니다.
cm를 m로 환산하여 계산하는 것을 권합니다.
$\frac{\pi\times 흉고직경^2}{4}\times$수고×형수

07 풀이과정 $V=\frac{25^2}{1,000}$

답 0.6250m^3

* 덴진법은 나무높이 25m, 형수 0.51을 전제로 재적을 개략적으로 알 수 있는 방법입니다.
공식은 $V=\frac{흉고직경^2}{1,000}$, 단위는 바꾸지 않아도 됩니다.

08 풀이과정 $\frac{0.0707+4\times 0.0804+0.0908}{6}\times 8.3$

답 0.6683m^3

09

풀이과정 말구단면적$=\frac{\pi \times D^2}{4}$ 이므로

말구직경$=\sqrt{\frac{4\times 말구단면적}{\pi}}=\sqrt{\frac{4\times 0.707}{\pi}}\fallingdotseq 0.30\text{m}$

외산나무의 재적을 말구직경자승법(수파사)으로 구하면

$30^2\times 8.3\times \frac{1}{10,000}\times \frac{\pi}{4}$

답 0.5867m^3

10

- 설명 : 계급별 본수를 같게 하고 각 계급에서 표준목 선정
- 공식 : 임분재적=표준목재적×$\frac{임분흉고단면적}{표준목흉고단면적}$
  * 표준목재적 : 표준목흉고단면적=임분재적 : 임분흉고단면적
  * 내항의 곱은 외항의 곱과 같습니다.
- 단급법 임분재적=표준목재적×전임분 입목본수
- 드라우드법 임분재적=표준목재적×전임분 임목본수/표준목수
- 우리히 임분재적=표준목재적×$\frac{임분흉고단면적}{표준목흉고단면적}$
- 하티그 임분재적=표준목재적합계×$\frac{임분흉고단면적}{표준목흉고단면적}$
  * 하르티히법이 계산은 복잡하지만 정확도는 가장 높다.
  * 흉하(하티그 흉고단면적 계급)
    표준목 재적 : 임분재적=표준목 흉고단면적 : 임분 흉고단면적

11

가. 넓은 지역을 신속하게 측량할 수 있다.
나. 정밀도가 똑같으며 개인차가 작다.
다. 촬영 후 언제든지 분업 점검할 수 있다.
라. 대량생산방식을 취할 수 있다.
마. 지표상에서 측량하면 지역의 난이가 없다.
바. 넓은 지역일수록 측량경비가 절감된다.

12

가. 산림의 위치를 명확히 한다.
나. 벌채개소의 경계 및 벌구의 정리, 경영의 합리화에 유리하다.
다. 측량 및 임지의 면적을 계산하는 데 유리하다.
라. 절개선을 따라 이용하는데 편리하도록 구획한다.

13 가. 기능이 상이할 때(목재생산림, 수원함양림, 산림휴양림, 산지재해방지림, 자연환경보전림, 생활환경보전림)

나. 지종이 상이할 때(법정제한지, 일반경영지 및 입목지, 무입목지(미입목지, 제지))

다. 임종, 임상, 작업종이 상이할 때

라. 임령, 지위, 지리 또는 운반계통이 상이할 때

14 ① 임반구획방법

가. 가능한 100ha 내외로 구획한다.

나. 능선, 하천 등 자연경계 및 도로 등 고정시설물을 따라서 임반을 구획한다.

다. 신규재산 취득의 경우에 별도의 임반 구획이 필요하나, 불가피하게 기존의 마지막 임반번호를 이어 편성할 수 없는 경우 연접된 임반의 번호에 보조번호를 부여하여 보조임반을 구획한다.

② 소반구획방법

가. 1.0ha 이상으로 구획하되, 부득이한 경우 소숫점 한자리까지 기록한다.

나. 지형지물 또는 구역경계를 달리하거나 시업상 취급을 다르게 할 구역은 소반을 달리 구획한다.

다. 소반 내에서 이용형태, 수종그룹, 계획상 계획기간 동안 달리 취급할 필요가 있는 경우 보조소반을 편성한다.

라. 보조소반을 장기적으로 독립해서 취급하는 것은 바람직하지 않다.

15 ① 지위 : 임지의 생산력 판단지표로 상, 중, 하로 구분. 우세목의 수령과 수고를 측정하여 지위지수표에서 지수를 찾거나 임목자원평가프로그램에 의거 산정(직접조사법)하며, 산림입지조사 자료를 활용(간접조사법)할 수도 있다. 침엽수는 주 수종을 기준으로 하고, 활엽수는 참나무를 적용

② 지리 : 운반비용에 따른 임지의 경제적 위치의 양부로 해당 소반중심에서 임도 또는 도로까지의 거리를 10급지로 나타낸다. 1급지 100m 이하 … 10급지 901m 이상

16 가. 손바닥에 습기가 약간 묻는 상태

나. 경사가 약간 급한 사면(산복, 경사면)

다. 손가락 사이에 물기가 비친 정도

17 1. 치수 : 흉고직경 6cm 미만의 임목이 50% 이상 생육하는 임분

2. 소경목 : 흉고직경 6~16cm의 임목이 50% 이상 생육하는 임분

3. 중경목 : 흉고직경 18~28cm의 임목이 50% 이상 생육하는 임분

4. 대경목 : 흉고직경 30cm 이상의 임목이 50% 이상 생육하는 임분

18

매목조사 야장	
직경	본수
8	3
10	5
12	4
14	7
16	6
18	6
계	31

19 가. 입목도 : density of stocking, 같은 지위와 같은 나이를 가진 수종을 기준으로, 정상임분(법정임분재적)의 축적에 대한 현실임분의 축적을 100분율로 표시한다. 다만, 재적 산출이 곤란한 임분에 대해서는 임목본수에 의하여 산정한다. 현실임분축적/정상임분의 축적×100

나. 소밀도 : 조사면적에 대한 입목의 수관면적이 차지하는 비율을 100분율로 표시한다. (수관투영면적/조사면적)

소 : 수관밀도가 40% 이하 임분

중 : 수관밀도가 41~70% 이하 임분

밀 : 수관밀도가 71% 이상 임분

20 서로 연락하여 계통적으로 배치된 일련의 임도를 임도망이라고 한다.

1. 운재비가 적게 들도록 한다.
2. 신속한 운반이 되도록 한다.
3. 운반량에 제한이 없도록 한다.
4. 운재방법이 단일화 되도록 한다.
5. 운반 도중에 목재의 손모가 적도록 한다.
6. 일기 및 계절에 따른 운재능력의 제한이 없도록 한다.

21 지역산림계획 및 지역 시업계획에 기초를 두고

가. 공익적 기능에 대한 배려 : 절취 및 벌개 최소화 노선

나. 구조규격 : 지역의 지형, 지질, 기상 및 자연적 조건 고려

다. 다른 도로와의 조정 : 농로 등의 기설도로 및 도로계획 검토

라. 지역로 망의 형성 : 기점 및 종점에 있어서 접속도로, 임산물 유통 등 고려

마. 중요한 구조물의 위치 : 암거, 터널, 비탈면, 고개, 계곡 등

바. 애추지대 등의 통과 : 선상지, 산사태지, 붕괴지, 단층, 파쇄대, 눈사태발생지
사. 제한임지 내의 통과 : 산림보호구역이나 자연공원 등

22 가. 적정한 산림시업의 추진 : 적기에 산림관리, 다양한 산림시업
나. 임업 총 생산의 증대 : 자원이용의 효율화
다. 임업 생산성의 향상 : 조림 및 생산경비 절감, 통근시간 단축, 기계화 추진
라. 임업취로 조건의 개선 : 보행노동 경감, 기계 도입으로 노동 경감
마. 지역교통의 개선
바. 지역산업의 진흥
사. 보건휴양 자원의 개발 및 제공 ⇨ 지역 진흥, 임업 및 임산업 진흥, 산림의 공익적 기능 발휘. 결과적으로 국민경제에 기여하고 국민복지를 향상시킨다.

23 가. 사토 : 모래가 대부분인 토양(점토 함량 12.5% 이하)
나. 사양토 : 모래가 1/3~2/3 포함(점토 함량 12.5~25%)
다. 양토 : 모래가 1/3 이하(점토 함량 25~37.5%)
라. 식양토 : 점토가 1/3~2/3 포함(점토 함량 37.5~50%)
마. 식토 : 점토가 대부분인 토양(점토 함량 50% 이상)

24 풀이과정 5÷15
답 0.33km
지선임도밀도는 집재거리와 상호관련이 있다.
지선임도밀도(D)＝임도효율요인(α)÷평균집재거리(S)
평균집재거리(S)＝임도효율요인(α)÷지선임도밀도(D)
이 경우 임도효율요인은
4~5 : 기복이 약간 있는 평지림
5~7 : 구릉지대 hilly terrain
7~9 : 경사지대 steep terrain
9이상 : 급경사지대 very steep terrain

25 풀이과정 6.5÷0.3
답 22m/ha

2020년 | 기출복원문제

01 지선임도밀도는 22m/ha, 지선임도개설비 단가가 1m당 1,500원, 1ha당 수확재적이 $20m^3$일 때 지선임도가격을 구하시오. [4점]

풀이과정

답

02 적정임도밀도가 25m/ha일 때 적정지선임도간격을 구하시오. [4점]

풀이과정

답

03 적정임도밀도 공식을 쓰고 설명하시오. [4점]

공식

설명

04 **임도설계의 기준이 되는 차량과 종류별 설계속도에 대하여 쓰시오.** [4점]

1. 기준차량
   ① 소형자동차 : 길이 (   )m, 폭 (   )m, 높이 (   )m
   ② 보통자동차 : 길이 (   )m, 폭 (   )m, 높이 (   )m
2. 설계속도
   ① 간선임도 : (   )km/시간~20km/시간
   ② 지선임도 : (   )km/시간~20km/시간

05 **쇄석도의 노면포장 방법을 쓰고 설명하시오.** [4점]

가. ______________________________

나. ______________________________

다. ______________________________

라. ______________________________

06 **임도의 노면은 재료에 따라 토사도, 사리도, 쇄석도, 통나무 · 섶길로 구분하는데, 각 특징을 설명하시오.** [4점]

가. 토사도(흙모랫길) :

나. 사리도(자갈길) :

다. 쇄석도(부순돌길) :

라. 통나무 · 섶길 :

마. 조면콘크리트포장도 : 침식이 심한 급경사지에 임도의 단면을 유지하기 위하여 설치한다.

07 흙의 기본적인 구조인 토양 3상에 대해서 쓰고 설명하시오. [3점]

가. ___

나. ___

다. ___

08 임도의 노면에 횡단경사를 설치해야하는 필요성과 설치방법에 대하여 쓰시오. [3점]

– 필요성 :

– 설치방법 :

09 길어깨의 기능을 4가지 쓰시오. [4점]

가. ___

나. ___

다. ___

라. ___

10 임도선형 설계 시 고려사항을 쓰시오. [4점]

가. ___

나. ___

다. ___

라. ___

11 임도의 선형설계를 할 때 제약사항에 대해서 쓰시오. [4점]

가. ____________________

나. ____________________

다. ____________________

라. ____________________

12 횡단물매, 외쪽물매, 합성물매를 설명하시오. [3점]

가. 횡단물매 :

나. 외쪽물매 :

다. 합성물매 :

13 설계속도가 40km/hr이고 마찰계수가 0.06, 횡단물매가 5%일 때 최소곡선반지름을 구하시오. [4점]

풀이과정

답

14 자동차의 주행안전에 필요한 최소한도의 거리를 안전시거라고 한다. 최소곡선반지름이 10m이고, 중심각이 60°인 임도의 안전시거를 구하시오. [4점]

풀이과정

답

15 중심선과 영선을 설명하시오. [2점]

- 중심선 :

- 영선 :

16 임도설계의 순서를 쓰시오. [3점]

예비조사 – (가.   ) – (나.   ) – 실측 – 설계도 작성 –
(다.   )의 산출 – 설계서 작성

17 임도 설계도면 작성 전 준비작업 4단계를 쓰고 설명하시오. [4점]

가. ____________________

나. ____________________

다. ____________________

라. ____________________

18 임도측량 시 횡단측량을 해야 하는 지점을 3가지 쓰시오. [3점]

가. ________________________________

나. ________________________________

다. ________________________________

19 교각법에 의해 곡선을 설정하려고 한다. 다음 용어를 우리말로 쓰시오. [3점]

IP(가.), TL(나.), BC(다.)

EC(라.), R(마.), ES(바.)

20 교각법에 의해 곡선을 설정할 때 최소곡선반지름이 170m이고, 교각이 40°일 때 접선길이, 곡선길이, 외선길이를 구하시오. [6점]

풀이과정

답

21 임도의 곡선설치방법 3가지를 그림으로 그리시오. [6점]

가.

나.

다.

22 임도 사업 시 정지 및 전압에 사용되는 기계를 4가지 쓰시오. [4점]

가. ______

나. ______

다. ______

라. ______

23 **임도의 배수구 설치에 대하여 괄호 안에 알맞은 말을 넣으시오.** [3점]

배수구의 통수단면은 (가.   ) 빈도 확률강우량과 홍수도달시간을 이용한 (나.   )으로 계산된, 최대홍수 유출량의 (다.   )배 이상으로 설계, 설치하고 수리계산과 현지 여건을 감안하되, 기본적으로 (라.   )m 간격으로 설치하며 그 지름은 (마.   )mm 이상으로 한다. 외압강도는 (바.   ) 이상의 것을 사용한다.

24 **임도 설계 시 배수시설 4가지를 쓰고 설명하시오.** [4점]

가. ______________________________

나. ______________________________

다. ______________________________

라. ______________________________

25 **임도의 횡단배수구의 종류를 쓰시오.** [4점]

가. ______________________________

나. ______________________________

2020년 기출복원문제 해답

01

풀이과정 지선임도가격 = $\frac{1,500 \times 22}{20}$

답 1,650(원/m^3)

02

풀이과정 적정지선임도간격(ORS) = 10,000 ÷ 적정임도밀도(ORD)

10,000ha ÷ 25m/ha

답 400m

[참고] 집재거리 = 5,000 ÷ 임도밀도

평균집재거리 = 2,500 ÷ 임도밀도

임도개발지수 = $\frac{\text{평균집재거리(m)} \times \text{임도밀도(m/ha)}}{2,500}$

03

적정임도밀도 = $\frac{10^2}{2}\sqrt{\frac{V \times X \times (1+\eta) \times (1+\eta')}{r}}$

V : 원목생산량(m^3/ha)

X : 1m당 집재비단가(원/m^3/m)

η : 노장보정계수(굴곡, 우회, 분기 등)

η' : 집재거리보정계수(경사, 굴곡, 옆면)

r : 임도개설비단가(원/m)

일반적으로 $\eta = 0.6$, $\eta' = 0.2$를 사용한다.

04

1. 기준차량
   ① 소형자동차(길이 4.7m, 폭 1.7m, 높이 2.0m, 앞뒤바퀴축 간 거리 2.7)
   ② 보통자동차(길이 13.0m, 폭 2.5m, 높이 4.0m, 앞뒤바퀴축 간 거리 6.5)
2. 설계속도
   ① 간선임도 : 40km/시간~20km/시간
   ② 지선임도 : 30km/시간~20km/시간

05

쇄석도 : 부순 돌끼리 서로 죄는 힘과 결합력에 의해 단단한 노면이 만들어진 도로

가. 교통체 머케덤도 : 쇄석이 교통과 강우로 인하여 다져진 도로

나. 수체 머캐덤도 : 쇄석의 틈 사이에 석분을 물로 침투시켜 롤러로 다져진 도로

다. 역청 머캐덤도 : 쇄석을 타르나 아스팔트로 결합시킨 도로
라. 시멘트 머캐덤도 : 쇄석을 시멘트로 결합시킨 도로

06 가. 토사도(흙모랫길) : 노면이 토사(점토와 모래의 혼합물)가 1 : 3으로 구성된 도로로 노상을 긁어 자연전압에 의한 경우와 표층용 자갈과 토사를 15~30cm 두께로 깔아줌, 교통량이 적은 곳.
나. 사리도(자갈길) : 노상 위에 자갈을 깔고 점토나 토사를 덮은 다음 롤러로 진압한 도로, 상치식과 상굴식이 있음.
다. 쇄석도(부순돌길) : 부순 돌끼리 서로 맞물려 죄는 힘과 결합력에 의하여 단단한 노면을 만든 것으로 평활한 노면에 깬자갈, 모래, 점토 등이 일정비율로 혼합된 재료를 깔고 진동롤러 등으로 전압하여 틈막이재를 쇄석 사이에 압입시킨 도로로 가장 많이 사용. 쇄석도의 두께 15~25cm이지만 20cm가 표준으로 다짐 후 10cm 정도로 감소
라. 통나무 · 섶길 : 저지대나 습지대에서 노면의 침하를 방지하기 위하여 사용한다.

07 가. 고상 : 토양의 고체 부분, 미생물과 동식물 등의 유기체와 모래, 자갈, 1차 및 2차 광물 등의 무기질로 구성
나. 액상 : 토양의 액체 부분, 토양용액 부분, 유기물질과 무기물질이 용존해 있는 수용액
다. 기상 : 토양의 기체 부분, 주로 질소, 산소, 아르곤, 이산화탄소, 수증기 등으로 구성

08 - 필요성 : 물에 의한 노면의 파괴를 막기 위해 횡단경사를 설치한다.
- 설치방법 : 포장의 경우에는 1.5~2%, 비포장인 경우는 3~5%의 횡단경사를 준다.

09 가. 보행자와 자전거의 통행에 안전
나. 차도의 주요 구조부 보호
다. 제설 및 유지보수에 필요한 작업공간 제공
라. 교통안전 및 차량의 원활한 주행

10 가. 지역 및 지형과의 조화
나. 종단선형과 평면선형과의 조화
다. 선형의 연속성
라. 교통상의 안정성

11 가. 자연환경의 보존, 국토보전상에서의 제약
나. 지형 · 지물, 토질 · 지질 등에 대한 제약
다. 시공상의 제약
라. 사업비, 유지관리비 등에 의한 제약

12 가. 횡단물매 : 도로 주행에 대하여 직각방향의 물매(가로물매). 횡단물매의 결정은 노면 배수와 교통안전의 두 가지 측면으로 고려

나. 외쪽물매 : 자동차가 원심력에 의하여 도로의 바깥쪽으로 튀쳐나가려는 힘을 방지하기 위해 곡선부에 설치하는 한쪽물매. 외쪽물매는 노면 바깥쪽이 안쪽보다 높게 설치되도록 횡단선형 조정

다. 합성물매 : 자동차가 곡선부 구간을 통과할 경우에 보통노면보다 더 급한 합성물매가 발생하므로 곡선저항에 의한 차량의 저항이 커져서 주행에 좋지 않은 영향을 끼치므로, 이를 방지하기 위해 설치한다.

13 풀이과정 최소곡선반지름$(R)=\dfrac{설계속도^2(V^2)}{127\times(i+f)}=\dfrac{40^2}{127(0.06+0.05)}$

답 114.53m

14 풀이과정 안전시거$=2R\times\pi\times\dfrac{\theta}{360^\circ}$

$$2\times10\times\pi\times\frac{60}{360}$$

* 안전시거의 공식은 교각법에서 원의 길이 CL을 구하는 공식과 같습니다.

답 10.47m

15 - 중심선 : 임도 횡축의 중심점을 종으로 연결한 선

- 영선 : 영점을 연결한 노선의 종축. 경사면과 임도시공 기면과의 교차선이며 노반에 나타남. 임도 시공 시 절토작업과 성토작업의 경계선

[참고]

- 영점 : 경사지에 설치하는 측점별로, 산지의 경사면과 임도 노면의 시공면이 만나는 점
- 영면 : 임도상 영선의 위치 및 임도의 시공기면으로부터 수평으로 연장한 면

16 가. 답사, 나. 예측, 다. 공사 수량

17 가. 예비조사 : 임도설계 도면 작성에 필요한 각종 요인을 조사하고 개략적인 검토를 마친다.

나. 답사 : 지형도 상에서 검토한 임시노선을 가지고 현지에 나가서 그 적부 여부를 검토하여 노선 선정의 대요를 결정하기 위한 것이다.

다. 예측 : 답사에 의해 노선의 대요가 결정되면 간단한 기계를 사용하여 예측도를 작성한다.

라. 실측 : 예측에 의해 구한 노선을 현지에 설정하여 정확하게 측량을 하는 것이다.

18 가. 중심선의 각 측점

나. 지형이 급변하는 지점

다. 구조물 설치 예정지점

19 가. 교각점

나.접선길이 또는 접선장

다. 곡선시점

라. 곡선종점

마. 곡선반지름

바. 외선길이=외할장

20

- 접선 길이 : $TL = R\times\tan\left(\frac{\theta}{2}\right) = 170\times\tan\left(\frac{40}{2}\right)$
- 곡선 길이 : $CL = 2\times R\times\pi\times\frac{\theta}{360} = 2\times 170\times\pi\times\frac{40}{360}$
- 외선 길이 : $ES = R\times\left\{SEC\left(\frac{\theta}{2}\right)-1\right\} = 170\times\left\{SEC\left(\frac{40}{2}\right)-1\right\} = 170\times\left\{\frac{1}{COS20}-1\right\}$

* 문제에 교각이 아니고 내각이라고 나오면 (교각=180-내각) 이렇게 환산해서 계산해야 합니다. 그리고 교각과 중심각의 크기가 같은 것도 염두에 두면 계산이 편리해집니다.

21 가.

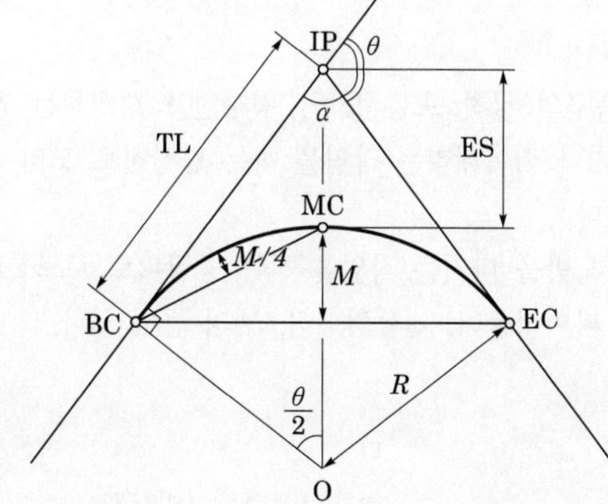

BC(beginning of curve) : 곡선시점

TL(tangent length) : 접선길이

IP(intersecting poit) : 교각점

ES(external secant) : 외선길이

MC(middle of curve) : 곡선중점

EC(end of curve) : 곡선종점

CL(curve length) : 곡선길이

θ : 교각(intersection angle)

α : 내각($180°-\theta$)

M(middle ordinate) : 중앙종축

R(radius) : 곡선반지름

[교각법에 의한 곡선설치 방법]

나.

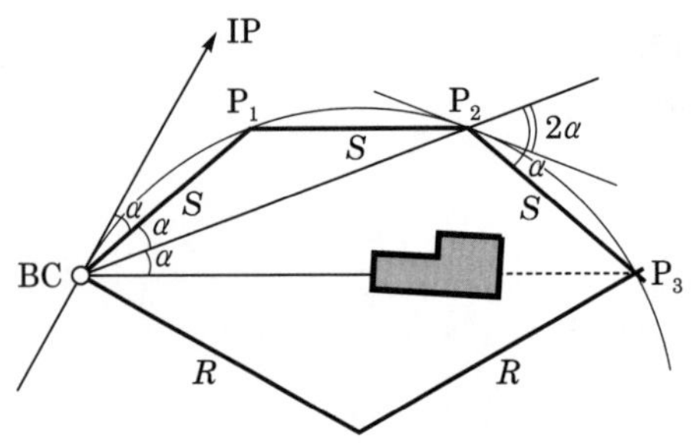

[편각법에 의한 곡선설치]

다.

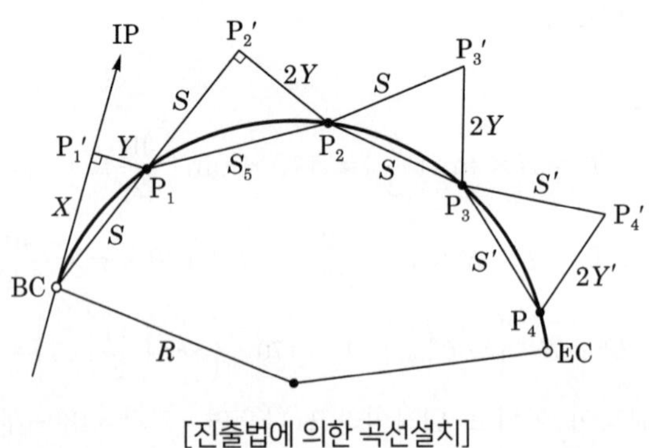

[진출법에 의한 곡선설치]

22 가. 모터그레이더

나. 불도저

다. 로드롤러

라. 탠덤롤러

- 정지기계 : 땅을 고르거나 측구의 굴착 또는 노반, 경사면을 형성하는 작업 또는 기성도로의 노반을 파 일구거나 깎아내리는 작업을 하는 중장비로 모터 그레이더, 불도저, 스크레이퍼 등이 있다.
- 전압기계 : 지면을 다지거나 노반을 다지는 작업을 하는 중장비로 로드롤러(머캐덤롤러, 탬핑롤러, 탠덤롤러), 타이어롤러, 진동컴팩터, 탬퍼 등이 있다.

23 가. 100년　　나. 합리식　　다. 1.2

라. 100　　마. 1,000　　바. 원심력콘크리트관

24 가. 사면배수, 노면배수, 지하배수, 인접지배수

나. 길어깨배수시설, 소단배수시설, 횡단배수시설, 집수정 등

* 배수에 관여하는 시설 자체를 쓰라는 문제면 나.의 답이, 배수시설을 구분하라면 가.의 답이 맞습니다. 대부분 구체적인 시설을 쓰도록 출제가 됩니다.

① 표면배수시설

- 노면배수시설 : 길어깨 배수시설, 중앙분리대 배수시설
- 사면배수시설 : 사면끝 배수시설, 소단배수시설, 도수로배수시설

② 지하배수시설

- 땅깎기 구간의 지하 배수시설 : 맹암거, 횡단배수구
- 흙쌓기 구간의 지하 배수시설
- 절성토 경계부 지하 배수시설

③ 임도인접지 배수시설

- 사면어깨 배수시설 : 산마루 측구, 감쇄공
- 배수구 및 배수관 : 집수정, 배수구, 배수관, 맨홀

25 가. 속도랑

나. 겉도랑

[참고]

가. 설치 목적 : 옆도랑 및 계곡의 물을 횡단으로 배수시키기 위하여 설치

나. 종류

- 명거(겉도랑) : 말구 10cm 내의 중경목 통나무 2개를 고정시키고, 폭은 통나무 하나 크기로 설치
- 암거(속도랑) : 철근콘크리트관, 파형철판관, 파형 FRP관 등 원통관을 주로 사용한다. 매설 깊이는 보통 배수관의 지름 이상

다. 설치 장소 : 물이 아랫방향으로 흘러내리는 종단기울기 변이점, 외쪽물매로 인해 옆도랑 물이 역류하는 곳, 체류수가 있는 곳, 흙이 부족하여 속도랑으로 부적당한 곳, 구조물의 앞과 뒤, 골짜기에서 물

라. 배수시설의 설계

- 횡단배수구 : 옆도랑의 물과 계곡의 물을 횡단으로 배수시키는 시설물로 속도랑(암거)과 겉도랑(명거)로 구분

2021년 기출복원문제

01 세월공작물 설치장소 네 군데를 쓰시오. [4점]

가. ______

나. ______

다. ______

라. ______

02 견치돌, 다듬돌, 호박돌, 야면석에 대해 설명하시오. [4점]

– 견치돌 :

– 다듬돌 :

– 호박돌 :

– 야면석 :

03 옹벽의 안정조건 4가지를 쓰고 설명하시오. [4점]

가. ______

나. ______

다. ______

라. ______

04 사방댐의 안정조건 4가지를 쓰고 설명하시오. [4점]

가. ______

나. ______

다. ______

라. ______

05 축척 1 : 5,000 지형도 상에 임도노선을 측설하고자 한다. 지형도의 등고선 간격이 5m이고, 두 등고선과 교차하는 지점의 임도 종단물매를 8%로 할 때 수평거리는 얼마인가? [4점]

풀이과정

답

06 임도 설계 시 작성하는 도면 중 평면도, 횡단면도, 종단면도의 특징을 쓰시오. [3점]

- 평면도 :

- 횡단면도 :

- 종단면도 :

07 평판 측량 시 오차를 줄이기 위해 고려하여야 할 사항을 쓰시오. [3점]

가. ______________________________

나. ______________________________

다. ______________________________

08 기고식 야장을 기록하였다. 야장에 의해 지반고 ①과 ②, 기계고 ①과 ②를 구하시오. [4점]

측점	후시	기계고	전시		지반고	REMARKS / 계산식 No 8의 H=30m
			T.P	I.P		
B.M No.8	2.30	①			30.00	
1				3.20	29.10	
2				2.50	29.80	
3	4.25	②	1.10		①	
4				2.30	33.15	
5				2.10	33.35	
6			3.50		②	
sum	6.55		4.60			

풀이과정 및 답

09 유역면적이 5.5ha, 강우강도가 160mm/hr, 유거계수가 0.8일 때 유량은 얼마인가? [4점]

풀이과정

답

10 산지침식의 형태 중 빗물침식의 4가지 과정을 순서대로 설명하시오. [4점]

가. ______

나. ______

다. ______

라. ______

11 유속이 2m/sec이고, 5초 동안의 유량이 20m^3/sec였다. 단면적을 계산하시오. [4점]

풀이과정

답

12 사방댐의 기능 4가지를 쓰시오. [4점]

가. ______________________________

나. ______________________________

다. ______________________________

라. ______________________________

13 사방댐 시공 시 사방댐의 위치를 결정하는 원칙을 3가지 쓰시오. [3점]

가. ______________________________

나. ______________________________

다. ______________________________

14 물빼기 구멍의 기능을 3가지 쓰시오. [3점]

가. ______________________________

나. ______________________________

다. ______________________________

15 사방댐 중 앞댐의 설치 목적과 요구사항을 각각 2가지씩 쓰시오. [4점]

▸ 설치 목적

가. ______________________________

나. ______________________________

▸ 요구사항

가. ______________________________

나. ______________________________

16 **사방댐과 골막이의 가장 큰 차이점을 골막이를 중심으로 쓰시오.** [4점]

가. ______________________________

나. ______________________________

다. ______________________________

라. ______________________________

17 **황폐지의 표면유실 방지방법을 쓰시오.** [4점]

가. ______________________________

나. ______________________________

다. ______________________________

라. ______________________________

18 **다음 제시어 중 땅밀림 산사태에 해당하는 것을 골라 동그라미 표시하시오.** [4점]

[문제]

(토질) : 사질토 / 점토

(규모) : 크다 / 작다

(경사) : 급경사 / 완경사

(지질) : 특정 지질 / 일반적 지질

19 콘크리트 배합비 1 : 3 : 6의 의미를 쓰시오. [4점]

20 토목재료 중 콘크리트 강도에 영향을 주는 요인 3가지를 쓰시오. [3점]

가. ______________________________

나. ______________________________

다. ______________________________

21 산복사방공사 계획 시 반영되는 산비탈수로(산복수로)의 종류를 4가지 쓰고, 유량과 경사도로 간단히 설명하시오. [4점]

가. ______________________________

나. ______________________________

다. ______________________________

라. ______________________________

22 흙깎기 비탈면이나 흙쌓기 비탈면의 비탈 길이가 길때에 그 비탈면이 빗물에 의하여 침식되거나 무너지기 쉽다. 이와 같은 비탈면을 보호하기 위해 비탈면 최상부, 즉 비탈면의 어깨부위에 설치하는 수로를 쓰시오. [2점]

23 산복사방용 수목의 구비조건을 4가지 쓰시오. [4점]

가. ______

나. ______

다. ______

라. ______

24 자연상태의 해안에서 모래언덕이 형성되는 과정을 3단계로 구분하여 쓰시오. [3점]

가. ______

나. ______

다. ______

25 체인톱의 안전장치 종류를 4가지 쓰고 설명하시오. [4점]

가. ______

나. ______

다. ______

라. ______

2021년 기출복원문제 해답

01 가. 선상지, 애추지대 등을 통과하는 경우
나. 상류부가 황폐계류인 경우
다. 관거 등으로 흙이 부족한 경우
라. 계상물매가 급하여 산 측으로부터 유입되기 쉬운 계류인 곳
마. 평시에는 유량이 없지만 강우 시에는 유량이 급격히 증가하는 지역

02 - 견치돌 : 돌의 치수를 특별한 규격에 맞도록 지정하여 꺼낸 돌. 견고도가 요구되는 사방공사, 특히 규모가 큰 돌댐이나 옹벽공사에 사용
- 다듬돌 : 채석장에서 떼어낸 돌을 소요치수에 따라 직사각형 육면체가 되도록 각 면을 다듬은 돌. 마름돌이라고도 하며, 미관을 요하는 돌쌓기 공사에 메쌓기로 이용
- 호박돌 : 지름이 20~30cm 정도 되는 호박 모양의 둥글고 긴 천연석재. 기초공사나 기초바닥용으로 사용
- 야면석 : 자연적으로 계천 바닥에 있는 돌. 무게는 100kg, 크기는 $0.5m^3$ 이상되는 석괴, 전석

03 가. 전도에 대한 안정
나. 활동에 대한 안정
다. 내부응력에 대한 안정
라. 침하에 대한 안정
[참고]
- 전도에 대한 안정 : 옹벽의 밑변의 한 끝에 균열이 생기지 않게 하려면 외력의 합이 밑너비의 중앙 1/3 이내에 작용하도록 하여야 한다.
- 활동에 대한 안정 : 옹벽의 밑변이 미끄러지는 것을 방지하려면 합력과 밑변에서의 수직선이 만드는 각이 옹벽 밑변과 지반과의 마찰각을 넘지 않아야 한다.
- 내부응력에 대한 안정 : 외력에 의하여 옹벽의 단면 내부에 생기는 최대 응력은 그 재료의 허용응력 이상이 되지 않게 한다.
- 침하에 대한 안정 : 합력에 의한 기초지반의 압력강도는 그 지반의 지지력보다 작아야 한다.

04 가. 전도에 대한 안정 : 합력작용선이 제저 중앙의 1/3 이내를 통과해야 한다.

나. 활동에 대한 안정 : 저항력의 총합이 원칙적으로 수평외력이 총합 이상으로 되어야 한다.

다. 제체의 파괴에 대한 안정 : 제체에서의 최대압축력은 그 허용압축을 초과하지 않아야 한다.

라. 기초지반 지지력에 대한 안정 : 합력에 의한 기초지반의 압력강도는 그 지반의 지지력보다 작아야 한다.

05

풀이과정 수평거리$=\dfrac{\text{등고선 간격}}{\text{경사}}\times 100$, $X=\dfrac{5}{8}\times 100$

답 62.5m

06 - 평면도 : 임도가 진행하는 방향에 따라 1 : 1,200의 축척으로 작성한다.

- 횡단면도 : 도로의 중심선과 직각방향으로 매 20미터마다 깎기, 쌓기사면과 노면의 단면을 1 : 100의 축척으로 작성한다.
- 종단면도 : 도로의 중심선을 따라 매 20미터마다 높이를 횡단축척 1 : 1,000, 종단축척 1 : 200으로 작성한다.

07 가. 정준(정치) : 기포관으로 수평 맞추기

나. 치심(구심) : 구심기로 도면상 측점과 지표면상 측점을 일치시키기

다. 표정 : 나침반으로 도면의 위쪽이 북쪽이 되도록 하기

08 기고식 야장을 기록하였다. 야장에 의해 지반고 ①과 ②, 기계고 ①과 ②를 구하시오.

측점	후시	기계고	전시		지반고	
			T.P	I.P		
B.M No.8	2.30	(32.30)			30.00	
1				3.20	29.10	
2				2.50	29.80	
3	4.25	(35.45)	1.10		(31.2)	
4				2.30	33.15	
5				2.10	33.35	
6			3.50		(31.95)	
sum	6.55		4.60			

풀이과정 및 답

- 기계고 ①=지반고(G.H)+후시(B.S)=30.00+2.30=32.30
- 지반고 ①=기계고(I.H)-전시(T.P)=32.30−1.10=31.20
- 기계고 ②=지반고(G.H)+후시(B.S)=31.20+4.25=35.45
- 지반고 ②=기계고(I.H)-전시(T.P)=35.45−3.50=31.95

검산 : ΣBS-ΣTP=마지막GH-최초GH

6.55−4.60=31.95−30

1.95=1.95

09 $\frac{1}{360} \times 0.8 \times 160 \times 5.5 \fallingdotseq 1.9557... = 1.96\,\text{m}^3/\text{sec}$

10 가. 우격침식 : 빗방울이 땅 표면의 토양입자를 타격하여 분산 및 비사시키는 현상

나. 면상침식 : 토양 표면 전면이 엷게 유실되는 침식

다. 누구침식 : 침식 중기의 유형으로 토양표면에 잔도랑이 불규칙하게 생기면서 깎이는 현상

라. 구곡침식 : 침식이 가장 심할 때 생기는 유형으로 도랑이 커지면서 표토뿐만 아니라 심층까지도 깎이는 현상

11 **풀이과정** 유량(Q)=단면적(A)×유속(V))

$$단면적(A)=유량(Q)/유속(V)=\frac{20\,\text{m}^3/\text{sec} \div 5\text{sec}}{2\text{m}/\text{sec}}$$

답 2m^2

12 가. 상류계상의 물매를 완화하고 종횡침식 방지

나. 산각을 고정하여 산복 붕괴 방지

다. 흐르는 물은 배수하고 토사 및 자갈을 퇴적시켜 양안의 산각 고정

라. 산불진화 용수 및 야생동물 음용수로 공급

13 가. 계안과 계상이 암반에 노출되어 침식이 방지되고 댐이 견고하게 자리 잡을 수 있는 곳

나. 댐 부분은 좁고 상류 부분은 넓어 많은 퇴사량을 간직할 수 있는 곳

다. 상류 계류바닥 기울기가 완만하고 두 지류가 합류하는 곳

14 가. 시공 중에 배수를 하고 유수를 통과

나. 시공 후에 대수면의 수압 감소 및 퇴사 후에 침수 수압 경감

다. 사력층에 시공할 경우 기초하부의 잠류 속도 감소

15 ▸설치목적

가. 본댐의 방수로를 통하여 월류하는 물의 힘을 약화시킨다.

나. 본댐 반수면 하단의 세굴을 방지한다.

▸요구사항

가. 본댐과 종단적으로 중복되어야 한다.

나. 중복 높이는 본댐 높이의 1/3~1/4 정도이다.

다. 앞댐의 어깨높이와 댐의 측벽, 측변, 하류단의 천단고는 같게 해야 한다.

16 가. 사방댐보다 규모가 작다.

나. 사방댐은 계류의 중하부에, 골막이는 계류의 상부에 설치한다.

다. 사방댐은 대수면과 반수면을 모두 설치하고, 골막이는 반수면만 설치한다.

라. 골막이는 사방댐과 달리 방수로를 별도로 축설하지 않고 중심부를 낮게 시공하며, 댐마루 양쪽 끝을 높여준다.

17 가. 지표면 피복

나. 비탈면 경사 완화

다. 우수 분산 유하

라. 우수를 특정한 유로에 모아 나출면에 흐르는 유량 감소

마. 단 사이의 사면에선 초목종자 직파

바. 단에는 사방수종 식재 또는 종자 파종

[참고]

① 불규칙한 지반 정리

② 경사 완만한 초기 및 중기 황폐지역은 단을 주지 않고 가급적 표토 이동 없이 파종상을 만든다.

③ 누구나 작은 구곡 수로에는 떼수로, 누구막이나 수로를 만들어 침식 방지

④ 경사가 급한 지역은 단을 끊으며 생산된 부토 (뜬흙)는 선떼 붙이기, 흙막이, 산비탈 돌쌓기, 땅속 흙막이, 골막이 등으로 고정 시킨다.

⑤ 작은 수로에서는 위쪽에 누구막이 아래쪽에 수로를 설치하며, 큰 구곡 수로에서는 돌 또는 콘크리트 골막이를 시공하여 산각을 고정 시킨다.

⑥ 단간사면에서는 초목종자를 직파하고, 단상에는 리기다 소나무, 오리나무류, 아까시나무, 상수리나무, 소나무 등을 식재하거나 아까시나무, 싸리류, 새 등과 같은 초목종자를 파종한다.

⑦ 직파로서 성공하기 어려운 급경사 단간사면은 짚 또는 거적덮기 공법으로 피복한다.

18 [문제]

(토질) : 사질토 / (점토)

(규모) : (크다) / 작다

(경사) : 급경사 / (완경사)

(지질) : (특정 지질) / 일반적 지질

[참고]

땅밀림형 산사태와 붕괴형 산사태의 구분		
항목	**땅밀림형 산사태**	**붕괴형 산사태**
지질	제3기층, 파쇄대 또는 온천지대에서 많이 발생	특정 지질 조건에 한정되지 않음
지형	5~20°의 완경사지에서 많이 발생 독특한 지형 많음	급경사지에서 또는 미끄러짐 면이 점성토에 한정되지 않고 사질토에서도 다발
규모	이동 면적이 크고, 깊이도 일반적으로 수 m 이상 깊음	이동 면적이 1ha 이하, 깊이도 수m 이하 많음
이동상황	속도 완만, 토괴는 교란되지 않고 원형 유지, 계속적으로 이동, 일단 정지한 후에도 재이동함	속도 빠름, 토괴는 원형을 유지하지 못함. 붕괴 토사는 유출, 퇴적 토사의 재이동 적음
기구/원인	활재가 있는 경우 많음 지하수는 유인되는 경우 많음	활재가 없는 경우 적음, 중력이 유인되는 경우 많음, 강우 강도에 영향 받음
징후	발생 전에 균열, 함몰, 융기, 지하수의 변동 및 입목 뿌리의 절단음 등 일어남	징후 없고 돌발적으로 활락

19 시멘트와 모래 그리고 자갈을 시멘트의 중량을 기준으로 모래는 3배, 자갈은 6배 배합하여 철근을 사용하지 않는 콘크리트를 제조할 때 사용하는 배합비율

[참고] 시멘트의 단위중량 1,500kg/m^3

20 가. 배합방법 : w/c비, Slump값, 골재의 입도, 공기량

나. 재료 : 물, 시멘트, 골재의 품질, 혼화재

다. 시공방법 : 운반, 타설, 다짐, 양생

[참고]

- 물과 시멘트의 비율
- 시멘트의 종류

  콘크리트 강도는 시멘트 강도에 비례, 분말도가 클수록 초기 강도 증가, 풍화된 시멘트 사용 시 콘크리트 강도 저하
- 골재 종류 및 크기

  골재의 강도는 콘크리트 강도에 영향을 미치지 않음

입형이 평평하고 세장한 골재는 강도 저하

부순돌을 사용한 콘크리트는 시멘트 paste 사이에 부착력이 커지기 때문에 강도가 크다.

- 물 : 수질이 콘크리트 응결시간 및 강도 발현에 영향을 끼침
- 혼화재료 : 혼화제(2차반응, 볼베어링효과, 미세입자의 공극 채움 효과), 혼화재(2차반응, AAR 저항성 증가)

21 가. 떼수로 : 유량이 적고 경사가 완만한 곳에 설치

나. 메붙임돌수로 : 유량이 적고 경사가 완만한 곳에 설치

다. 찰붙임돌수로 : 유량이 많고 경사가 급한 곳에 설치

라. 콘크리트수로 : 유량이 많고 경사가 급한 곳에 설치

22 비탈어깨돌림수로(=산마루측구)

23 가. 생장력이 왕성하여 잘 번무할 것.

나. 뿌리의 자람이 좋고, 토양의 긴박력이 클 것.

다. 척악지, 건조, 한해, 풍해 등에 대하여 적응성이 클 것.

라. 갱신이 용이하게 되고, 가급적이면 경제가치가 높을 것.

마. 묘목의 생산비가 적게 들고, 대량생산이 잘 될 것.

바. 토양개량효과가 기대될 것.

사. 피음에도 어느 정도 견디어 낼 것.

24 가. 치올린 모래언덕 : 파도에 의하여 모래가 퇴적하여 얕은 모래둑이 형성된 것.

나. 설상사구 : 해풍이 치올린 언덕의 모래를 비산하여 내륙으로 이동시킬 때 방해물이 있으면 방해물 뒤편에 모여 형성된 혀모양의 모래언덕

다. 반월사구 : 설상사구에서 바람이 모래를 수평으로 이동시켜 양쪽에 반달모양의 모래언덕을 형성하게 되는데, 바르한이라고도 한다.

25

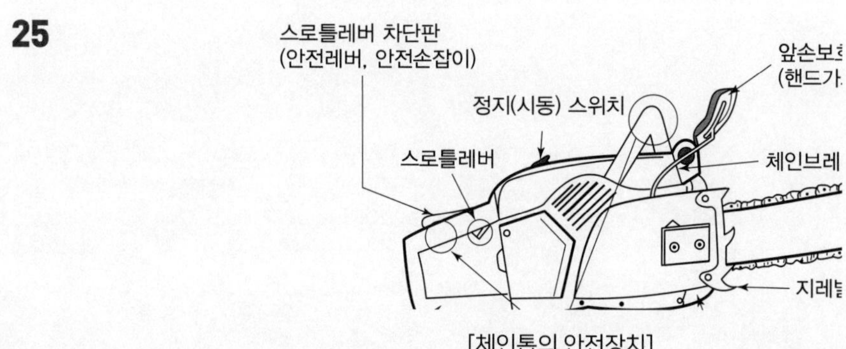

[체인톱의 안전장치]

가. 앞손보호판(핸드가더) : 작업 중 가지와 체인톱의 튕김에 의한 손과 신체의 위험방지 장치
나. 뒷손보호판 : 체인톱날이 끊어졌을 때 오른손을 보호하기 위한 장치
다. 방진고무손잡이 : 앞손과 뒷손으로 잡는 손잡이 부분에 진동을 감소시켜주기 위해 설치하는 고무손잡이, 추운 곳에서는 온열기능을 사용하기도 한다.
라. 스로틀레버 차단판 : 스로틀레버 차단판을 정확히 잡지 않으면 스로틀레버(엑셀레이터)가 작동하지 않도록 하는 안전장치

[기타 답이라고 볼 수 있는 내용]

- 체인캐처 : 체인을 제대로 관리하지 않으면 체인이 사용 도중 튕겨 나오거나 끊어질 수 있다. 이때 체인이 뒤로 튕겨 나오는 것을 방지한다.
- 체인브레이크 : 이동 중이거나 작업을 잠시 중단할 때 핸드가더를 앞으로 내밀면 체인이 회전하지 않으며 체인톱의 튕김에 손과 신체 위험을 방지하는 장치, 앞손보호판과 연동하여 설치되어 있다.
- 정지스위치 : 엔진을 신속히 정지시킬 수 있는 장치

2022년 기출복원문제

01 벌도방향 결정에 영향을 미치는 인자 5가지를 쓰시오. [5점]

가. ____________________

나. ____________________

다. ____________________

라. ____________________

마. ____________________

02 기계톱을 사용하여 조재 및 벌도작업을 할 때 유의 사항을 4가지 쓰시오. [4점]

가. ____________________

나. ____________________

다. ____________________

라. ____________________

03 트랙터의 집재작업 능률에 미치는 인자 5가지를 쓰시오. [5점]

가. ______________________________

나. ______________________________

다. ______________________________

라. ______________________________

마. ______________________________

04 크롤러 바퀴식과 타이어식의 각각의 특성을 설명하시오. [4점]

– 크롤러바퀴식 :

– 타이어바퀴식 :

05 대표적인 다공정 작업기의 임목 수확장비 3가지 종류를 들고, 그 기능을 쓰시오. [3점]

가. ______________________________

____

나. ______________________________

____

다. ______________________________

____

06 트랙터집재와 가선집재의 장단점을 쓰시오. [4점]

가. 트랙터집재

- 장점 : ______

- 단점 : ______

나. 가선집재

- 장점 : ______

- 단점 : ______

07 기계화 벌목의 장점 3가지를 쓰시오. [3점]

가. ______

나. ______

다. ______

08 벌채작업구역을 구획할 때 주의 사항을 설명하시오. [6점]

09 임목 가공 상태에 따른 목재 생산 방법을 구분하고 설명하시오. [3점]

가. ______________________________

____

나. ______________________________

____

다. ______________________________

____

10 타워야더 임목수확시스템의 특징을 쓰시오. [4점]

____

____

____

____

____

____

____

____

11 반송기를 사용하여 삭장 방식을 하는 기계 및 기구 4가지를 쓰고 설명하시오. [4점]

가. ______________________________

나. ______________________________

다. ______________________________

라. ______________________________

12 와이어로프의 점검관리 방법을 쓰시오. [5점]

가. ______________________________

나. ______________________________

다. ______________________________

라. ______________________________

마. ______________________________

13 다음은 와이어로프의 규격을 표시한 것이다. 이에 대해 설명하시오. [4점]

6×7 · C/L · 20mm · B종

____

____

____

____

____

14 다음에 빈칸을 채우시오. [4점]

- 자연휴양림 : 국민의 (가.   ), 보건휴양 및 산림교육 등을 위하여 조성한 산림
- 산림욕장 : 국민의 (나.   )을 위하여 산림 안에서 맑은 공기를 호흡하고 접촉하며 산책 및 (다.   ) 등을 할 수 있도록 조성한 산림
- 치유의 숲 : 인체의 면역력을 높이고 건강을 증진시키기 위하여 (라.   ), 경관 등 산림의 다양한 요소를 활용할 수 있도록 조성한 산림

15 치유의 숲을 조성할 때 보완식재에 사용하면 좋은 수종을 5가지 이상 쓰시오. [5점]

가. ______________________

나. ______________________

다. ______________________

라. ______________________

마. ______________________

16 안식각을 설명하시오. [4점]

____

____

____

____

17 임도구조개량공사에서 성토면이 무너지는 것을 방지하기 위한 공사의 종류를 4가지 쓰시오. [4점]

가. ______________________

나. ______________________

다. ______________________

라. ______________________

18 임도개설공사에서 절토면이 무너지는 것을 방지하기 위한 녹화기초공사를 2가지 쓰시오.

[2점]

가. ________________________________

나. ________________________________

2022년 기출복원문제 해답

01 수형, 인접목, 벌도방향, 지형, 하층식생, 풍향, 풍속, 대피장소, 집재방향, 집재방법

02 가. 작업 전에 안전복과 안전장갑 등 보호장구를 미리 착용한다.
나. 작업 전에 지장물을 제거한다.
다. 쐐기 등을 준비하여 톱날이 낄 때 사용한다.
라. 작업 중에는 항상 정확한 자세와 발디딤을 유지한다.
마. 이동할 때는 반드시 엔진을 정지 시킨다.

벌도작업 할 때 유의 사항

1) 먼저 벌도목 주위의 장애물을 제거하고, 편안한 작업자세를 취한다. 그리고 나무의 벌도방향을 정하고 벌도되는 방향으로 수구자르기를 한 후 반대쪽에 추구자르기를 한다.
2) 추구를 자를 때에는 충분한 주의를 요한다.
3) 나무가 쓰러지기 시작할 때 빨리 체인톱을 빼고, 나무가 넘어갈 때에도 톱을 작동하면 체인톱이 나무에 끼이게 되고 목편이 날아갈 위험이 있다.
4) 뿌리를 제거하기 위해서는 종방향으로 충분히 아래까지 수평자르기를 한다.
5) 절단방향은 수형, 인접목, 지형, 풍향, 풍속, 절단 후의 집재방향 등을 고려하여 가장 안전한 방향으로 선택한다.

조재작업 할 때 유의 사항

1) 작업시작 전에 조재작업에 지장을 주는 주위의 나뭇가지 등을 제거한다.
2) 끼인 나무를 절단할 때에는 끼지 않도록 쐐기 등을 사용한다.
3) 경사지에서 조재작업을 할 때는 작업자의 발이 나무 밑으로 향하지 않도록 주의한다.
4) 작업 중에는 항상 정확한 자세와 발디딤을 유지한다.
   - 체인톱을 이용한 작업은 연속 2시간 이내로 한다.
   - 안내판의 끝부분으로 작업하는 것은 피한다.
   - 이동할 때는 반드시 엔진을 정지한다.
   - 절단 작업 중 안내판이 끼일 경우 엔진을 정지시킨 후 안전하게 처리
   - 안전복, 안전장갑 등 보호장구를 철저히 갖추고 작업한다.

03 가. 임목의 소밀도　　나. 경사　　다. 토양상태
라. 단재적(자른 나무의 재적)　마. 집재거리

04 - 크롤러바퀴식 : 중앙고가 낮아 등판력이 우수하고, 접지압이 낮아 연약지반이나 험지에서 주행성이 좋으며 임도나 임지에 피해가 적다.
- 타이어바퀴식 : 주행성과 기동성은 크롤러바퀴식에 비해 좋으나, 접지압이 높아 연약지반이나 험지에서 이용은 어렵다.

05 가. 펠러번처 : 벌도뿐만 아니라 임목을 붙잡을 수 있는 장치를 구비, 나무를 집재작업이 용이하도록 모아 쌓기 기능이 있음.
나. 프로세서 : 가지자르기, 집재목의 길이를 측정하는 조재목 마름질, 통나무자르기 등 일련의 조재작업을 한 공정으로 수행
다. 하베스터 : 대표적인 다공정 처리기계로서 벌도, 가지치기, 조재목 마름질, 토막내기 작업을 한 공정에 수행할 수 있는 장비
마. 트리펠러 : 단순히 벌도기능만 갖추고 있는 기계
바. 포워더 : 화물차에 크레인을 달아 조재목을 싣고, 운반하는 기계

06 가. 트랙터집재
- 장점 : 기동성과 작업 생산성이 높고, 작업이 단순하며 비용이 낮음.
- 단점 : 환경에 대한 피해가 크고, 완경사지에서만 작업이 가능하다. 높은 임도밀도가 요구된다.

나. 가선집재
- 장점 : 입목 및 목재에 대한 피해가 적고, 낮은 임분밀도 및 급경사지에서 작업 가능
- 단점 : 기동성이 떨어지고 작업생산성이 낮다. 장비가 고가, 숙련된 작업원이 필요, 설치 및 철거에 많은 시간이 소요된다. 치밀한 작업계획이 필요.

07 가. 원목의 손상을 줄일 수 있다.
나. 인력을 줄일 수 있어 경제적이다.
다. 동일 기계로 조재작업과 집재작업을 동시에 수행함으로써 장비의 이용률과 생산성을 높일 수 있다.

08 1. 성숙임분이 유령임분 내부에 위치하거나 산정부에 위치하지 않도록 운반로에 접하거나 계곡에서 산복과 산정을 향하여 배치
2. 평지림이 폭풍에 피해를 입지 않도록 항상 풍하의 임분을 먼저 벌채
3. 유령임분이 폭풍이나 한풍에 우선 보호되도록 배치
4. 측방하종갱신을 할 때에는 종자 성숙 계절에 모수림을 바람의 상방에 위치하도록 배치
   - 각 벌구의 수종재적과 본수가 될 수 있으면 균등하게 한다.

- 한 벌구의 크기가 너무 크지 않게 집재방법과 적합하게 한다.
- 벌목지 구획은 계곡으로부터 산봉우리 방향으로 설정하는 세로나누기가 원칙이다.

09 가. 전목생산방법 : 임분 내에서 벌도목을 (스키더, 타워야더 등으로) 전목 집재한 뒤 임도변 또는 토장에서 가지자르기, 통나무자르기 하는 작업형태. 고성능 임업기계를 이용하여 소요인력을 가장 최소화(펠러번처, 타워야더 작업시스템)

나. 전간재생산방법 : 임분 내에서 벌도와 가지자르기만을 실시한 벌도목을 (트랙터, 스키더, 타워야더 등을 이용하여) 임도변이나 토장까지 집재하여 원목을 생산하는 방식

다. 단목생산방법 : 임분 내에서 벌도, 가지자르기, 통나무자르기 등 조재작업을 실시하여 일정 규격의 원목으로 임목을 생산하는 방식. 주로 인력작업에 많이 활용.

* 목재생산방법의 키워드는 벌도, 가지자르기, 통나무자르기입니다. 이것을 벌도, 지타, 조재라고 부르기도 하고, 통나무자르기 길이를 표시하는 작업을 검척이라고 한다.

[참고] 전목생산방법의 작업형태와 문제점은?

1) 작업형태 : 그래플스키더, 케이블크레인 등으로 벌도목을 임도변이나 토장까지 끌어내어 지타, 작동하는 작업형태
2) 문제점 : 가지 등이 임내에 환원되지 않아 물질순환 면에서 불리하다.

[참고] 전간생산방법의 작업형태와 문제점은?

1) 작업형태 : 임분 내에서 벌도, 지타한 벌도목을 트랙터, 케이블크레인을 이용하여 임도변에 집재하는 작업형태
2) 문제점 : 수간이 긴 목재가 이동하므로 잔존임분에 피해를 줄 우려가 있지만, 물질순환의 문제점은 감소된다.

[참고] 단목생산방법의 작업형태 및 문제점은?

1) 작업형태 : 임분 내에서 벌도와 지타, 작동을 하여 일정 규격의 원목으로 임목을 생산하는 작업형태
2) 문제점 : 임내에서 체인톱을 이용하여 벌목 조재작업을 하므로 인건비 비중이 높다.

10 - 인공 철기둥과 가선집재장치를 트럭, 트랙터, 임내차 등에 탑재한 기계
- 주로 급경사지의 집재작업에 적용한다.
- 이동식 차량형 집재기계
- 가선의 설치 · 철수 · 이동이 용이하다.
- 가선집재전용 고성능 임업기계이다.
- 러닝스카이라인 삭장 방식과 전자식 인터록크를 채택하여 가설 · 철거가 쉽다.
- 최대집재거리 300m까지 가선을 설치하며 상 · 하향 집재가 가능하다.

11 - 집재기 : 동력을 사용하여 벌채한 원목을 운반이 편리한 곳에 모을 때 사용하는 기계. 단동식과 복동식이 있다.
- 지주 : 가공본줄을 공중에 띄우는 기둥
- 반송기 : 집재 대상목을 매달고 스카이라인을 왕복하는 장치
- 와이어로프 : 반송기를 이동시키는 작업줄
- 도르래 : 와이어로프를 안내하는 장치

삭도시스템의 기계 및 기구

운재삭도 : 목재를 운반하기 위에 공중에 반송기를 장착한 가공삭

[구성요소]

- 삭도본줄 : 반송기에 적재한 목재를 운반하는 레일의 역할 담당
- 예인줄 : 반송기를 운행시키기 위한 움직줄(動索)
- 반송기 : 목재를 매달고 산도본줄 위를 주행하는 장치
- 제동기 : 반송기의 주행이 과도함으로써 발생하는 재해를 방지하기 위한 장치
- 운재기 : 반송기의 보조동력 제공(짐을 끌어올리거나 무거울 경우)
- 지주 : 삭도본줄을 지지하기 위해 설치하는 기둥
- 원목승강대 : 기점과 종점에서 목재를 싣고 내리는 장소

12 가. 외부에 기름을 칠하여 녹슬지 않도록 할 것
나. 심강에 기름이 마르지 않도록 할 것
다. 와이어로프 직경이 7% 이상 마모되면 교환할 것
라. 한 번 꼰 길이에 10% 이상의 소선이 절단되면 교환할 것
마. 이음매 부분 및 말단 부분의 이상유무를 점검할 것

13 6×7 : 6은 스트랜드 수, 7은 1개의 스트랜드를 구성하는 와이어의 개수
C/L : 컴포지션유 도장
20mm : 공칭지름
B종 : 와이어로프의 인장강도 B종(180kg/mm^2), A종(165kg/mm^2)

14 가. 자연휴양림 나. 건강증진
다. 체력단련 라. 향기

산림문화휴양에 관한 법률 제2조 정의

1. "산림문화・휴양"이라 함은 산림과 인간의 상호작용으로 형성되는 총체적 생활양식과 산림 안에서 이루어지는 심신의 휴식 및 치유 등을 말한다.
2. "자연휴양림"이라 함은 국민의 정서함양・보건휴양 및 산림교육 등을 위하여 조성한 산림(휴양시설과 그 토지를 포함한다)을 말한다.
3. "산림욕장"(山林浴場)이란 국민의 건강증진을 위하여 산림 안에서 맑은 공기를 호흡하고 접촉하며 산책 및 체력단련 등을 할 수 있도록 조성한 산림(시설과 그 토지를 포함한다)을 말한다.
4. "산림치유"란 향기, 경관 등 자연의 다양한 요소를 활용하여 인체의 면역력을 높이고 건강을 증진시키는 활동을 말한다.
5. "치유의 숲"이란 산림치유를 할 수 있도록 조성한 산림(시설과 그 토지를 포함한다)을 말한다.
6. "숲길"이란 등산・트레킹・레저스포츠・탐방 또는 휴양・치유 등의 활동을 위하여 제23조에 따라 산림에 조성한 길(이와 연결된 산림 밖의 길을 포함한다)을 말한다.
7. "산림문화자산"이란 산림 또는 산림과 관련되어 형성된 것으로서 생태적・경관적・정서적으로 보존할 가치가 큰 유형・무형의 자산을 말한다.

15 소나무, 잣나무, 분비나무, 가문비나무, 구상나무, 리기다소나무, 스트로브잣나무 등 피톤치드 분비량이 많은 상록침엽수

16 - 영구 안정비탈면이 수평면과 이루는 각
- 흙이 무너져서 영구히 안정을 이루는 각
- 흙이나 토사가 흘러내리지 않는 비탈면이 수평면과 이루는 각

* 지반을 수직으로 깎으면 시간이 경과됨에 따라 흙이 무너져 물매가 완만해지는데, 일정한 각도에 이르면 영구히 안정을 유지하게 되고 더 이상 흙이 무너지지 않게 된다. 이 비탈면을 영구안정비탈면이라고 하고, 이 영구안정비탈면이 수평면과 이루는 각을 안식각이라고 한다.

17 기초공사 중 흙막이 공사 : 목책, 산돌쌓기, 콘크리트옹벽, 돌망태흙막이, 산비탈바자얽기 등

18 가. 줄떼 붙이기

나. 선떼 붙이기

2023년 기출복원문제

01 선떼붙이기 공법 중 4급 선떼붙이기 그림을 그리고 구성요소를 설명하시오. [4점]

가. ______

나. ______

다. ______

라. ______

02 황폐지 표면 유실 방지 방법 4가지를 쓰시오. [4점]

가. ______

나. ______

다. ______

라. ______

03 이령임분에서 면적령으로 평균임령을 구하는 방법을 설명하시오. [4점]

풀이과정

답

04 지선임도밀도가 20m/ha, 임도효율이 5일 때 평균집재거리와 적정임도밀도를 구하시오. [3점]

풀이과정

05 교각이 32도 15분인 교각점에서 최소곡선반지름 200m인 단곡선을 설치할 때, 접선길이와 곡선길이를 구하시오. [3점]

접선길이 풀이과정

답

곡선길이 풀이과정

답

06 소나무원목의 시장가격은 250,000원/m^3, 조재비는 10,000원/m^3, 벌목비가 10,000원/m^3, 운반비는 10,000원/m^3, 기타 운반비용은 20,000원/m^3, 조재율은 75%, 월이율 5%, 자본회수기간 5개월, 판매할 원목은 500m^3일 때 시장가 역선법에 의해 총 임목판매가를 계산하시오. [3점]

풀이과정

답

07 국유림 시범림 사업의 종류를 4가지 제시하시오. [4점]

가. ______

나. ______

다. ______

라. ______

08 다음 제시되는 수종의 공사유림 벌기령을 쓰시오. [4점]

가. 소나무 :

나. 낙엽송 :

다. 리기다소나무 :

라. 참나무 :

09 산림투자의 경제성 평가 방법 4가지를 쓰고 설명하시오. [4점]

가. ______________________________

____

나. ______________________________

____

다. ______________________________

____

라. ______________________________

____

10 조도계수 0.05, 통수단면적은 $3m^3$, 윤변은 1.5m, 수로의 기울기는 2%일 때, Manning의 평균유속공식에 의하여 유속을 구하시오. [4점]

풀이과정

답

11 소반의 구획요인 4가지를 쓰시오. [4점]

가. ______________________________

나. ______________________________

다. ______________________________

라. ______________________________

12 다음 지문을 읽고 빈칸에 들어갈 내용을 적으시오. [4점]

- 곡선부 중심선 반지름의 내각이 (가)도 이상 되는 교각점에는 곡선을 설치하지 않는다.
- 배향곡선(hair pin curve)의 중심선 반지름은 최소 (나)m 이상 되도록 설치한다.
- 곡선부 확폭량은 (다), (라), 그 밖의 현지 여건상 필요한 경우 그 너비를 조정할 수 있다.

13 김공단 소유의 소나무임지 B의 가격을 구하기 위한 인접 유사임지 A의 값이 다음과 같을 때 B의 값은? [3점]

가. 소나무임지의 가격 : 1,000만원/ha

나. 지위에 대한 가격 비율 : A임지(140%), B임지(100%)

다. 지리에 대한 가격 비율 : A임지(50%), B임지(70%)

라. B 임지의 면적 : 8ha

풀이과정

답

14 산림조사 야장에서 혼효율, 임령, 소밀도, 영급을 표기하는 방법에 대해 쓰시오. [4점]

가. 혼효율 : ____________________

나. 소밀도 : ____________________

다. 임령 : ____________________

라. 영급 : ____________________

15 비례성과 선형성을 제외한 선형계획법의 전제 조건 4가지를 쓰시오. [2점]

가. ______

나. ______

다. ______

라. ______

16 돌쌓기 방법 중 골쌓기와 켜쌓기의 정면도를 그리시오. [4점]

17 유역면적이 12ha, 최대시우량이 100mm/h, 유거계수가 0.8에서 0.5로 변했을 때, 최대홍수유량의 차이를 계산하시오. [3점]

풀이과정

답

18 강우량이 1,000mm, 유출량이 200mm, 증산량이 300mm인 유역의 증발량을 구하시오. [3점]

풀이과정

답

19 산지에서 빗물침식의 4가지 과정을 적고 각각 설명하시오. [4점]

가. ______________________________

____

나. ______________________________

____

다. ______________________________

____

라. ______________________________

____

20 임분의 평균생장량은 5m^3, ha당 현실축적은 100m^3, ha당 법정축적은 120m^3, 갱정기는 20년, 조정계수는 0.7일 때 Heyer 공식을 이용하여 ha당 연간 벌채량을 구하고, 갱정기의 정의를 설명하시오. [3점]

풀이과정

답

21 다음 선형계획 모형의 전제 조건에 대해 설명하시오. [4점]

가. ______________________________

____

나. ______________________________

____

다. ______________________________

____

라. ______________________________

____

2023년 기출복원문제 해답

01 가. 머리떼(갓떼) : 선떼붙이기의 맨 위쪽 떼

나. 선떼 : 선떼붙이기에서 전면에 붙여 세운 떼

다. 받침떼 : 선떼와 선떼 사이에 들어가는 떼

라. 밑떼(바닥떼) : 선떼붙이기의 바닥에 붙이는 떼

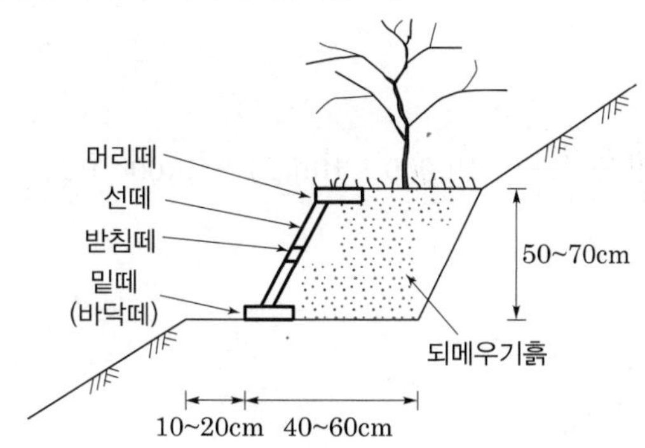

02 가. 불규칙한 지반을 정리한다.

나. 경사가 완만한 초기와 중기 황폐지는 단을 끊지 않고, 표토 이동 없이 파종상을 만든다.

다. 경사가 급한 지역은 단을 끊고 생산된 토사는 선떼붙이기, 흙막이, 골막이 등으로 고정한다.

라. 짧은 사면에는 종자를 직파하고, 급경사인 짧은 사면에는 짚 또는 거적덮기 공법으로 피복한다.

03 풀이과정 각 연령이 차지하는 면적에 대한 가중평균으로 임령을 산출한다.

답 $면적령 = \dfrac{임령 \times 해당임령\ 면적 + \cdots + 임령 \times 해당임령\ 면적}{전체면적}$

단, 해당 임령면적의 합계는 전체면적과 같다.

임령	5	6	7	8	9	10
임목본수	50	40	30	60	40	

04 풀이과정

지선임도밀도＝임도효율/평균집재거리＝임도총연장/산림면적

평균집재거리＝5/20＝250m

▸ 적정임도밀도

평균집재거리=2,500/적정임도밀도

적정임도밀도=2,500/평균집재거리=2,500/250=10m/ha

05 **접선길이 풀이과정** $200 \times \tan\left(\frac{32°15'}{2}\right)$

답 57.82m

곡선길이 풀이과정 $2 \times 200 \times \pi \times (32°15'/360°)$

답 112.57m

06 **풀이과정**

$$\left\{0.75 \times \left(\frac{250,000}{1+0.05 \times 5} - (10,000+10,000+10,000+20,000)\right)\right\} \times 500$$

답 56,250,000원

07 - 조림성공 시범림
- 경제림육성 시범림
- 숲가꾸기 시범림
- 임업기계화 시범림
- 복합경영 시범림
- 산림인증 시범림

08 - 소나무 : 40년
- 낙엽송 : 30년
- 리기다소나무 : 25년
- 참나무 : 25년

09 가. 회수기간법 : 투자에 소요된 모든 비용을 회수할 때까지의 기간이 짧으면 투자가치가 있는 것으로 평가한다.

나. 순현재가치법 : 투자에 의하여 발생할 미래의 모든 현금 흐름을 알맞은 할인율로 계산하여 현재가치를 기준으로 투자를 결정하는 방법이다.

다. 내부수익률법 : 투자에 의해 예상되는 현금 유입의 현재가와 현금 유출의 현재가를 같게 하는 내부투자수익률이 기대수익률보다 클 때 투자가치가 있다고 평가한다.

라. 수익비용률법 : 투자 비용의 현재가에 대하여 투자의 결과를 기대되는 현금 유입의 비율인 수익비용률이 1보다 크면 투자가치가 있는 것으로 판단한다.

마. 투자이익률법 : 연평균 순이익과 연평균 투자액에 의하여 계산한 투자이익률이 내정한 이익률보다 높으면 투자가치가 있는 것으로 판단한다.

10 풀이과정

$$V = \frac{1}{0.05} \times 2^{\frac{2}{3}} \times 0.02^{\frac{1}{2}}$$

$$R = \frac{A}{I},\ 경심 = \frac{통수단면적}{윤변},\ \frac{3}{1.5} = 2\,\mathrm{m}$$

답 13.47m/sec

11 가. 지형지물 또는 유역경계를 달리하거나 시업상 취급을 다르게 할 구역은 소반을 달리 구획
나. 지종(법정지정림, 입목지 및 무립목지)이 상이할 때
다. 임종(천연림,인공림), 임상(침엽수림, 활엽수림, 혼효림) 사업의 종류가 상이할 때
라. 임령, 기타 작업조건 등이 현저히 상이할 때

12 가. 155　　나. 10　　다. 대피소　　라. 차돌림곳

13 풀이과정

$$10,000,000원 \times \frac{100}{140} \times \frac{70}{50} \times 8\mathrm{ha}$$

답 80,000,000원

14 가. 혼효율 : 침엽수와 활엽수의 비율을 재적이나 본수를 기준으로 기재한다.
나. 소밀도 : 표준지 면적에서 수관이 차지하는 비율을 소, 중, 밀로 기재한다.
다. 임령 : 평균임령/(최소임령-최고임령)
라. 영급 : 십년 단위로 묶어서 Ⅰ(1~10년생, Ⅱ, Ⅲ, Ⅳ, Ⅴ~Ⅹ(91~100년생)로 기재한다.

15 가.비부성　　나. 부가성　　다. 분할성　　라. 제한성　　마. 확정성

16

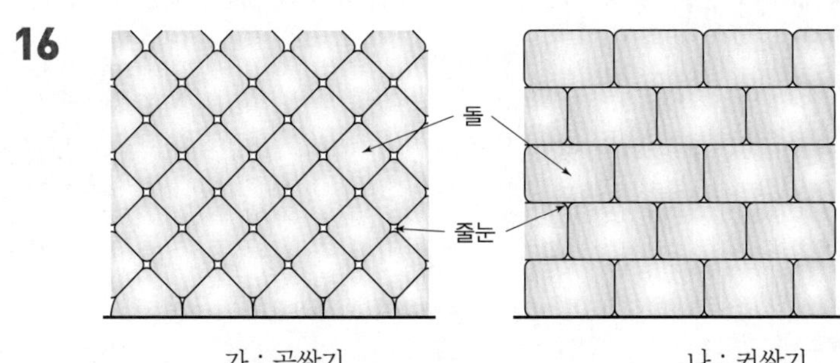

가 : 골쌓기　　나 : 켜쌓기

17 풀이과정 Q1-Q2=12×100×0.8-12×100×0.5=960-600

답 $360m^3$

18 풀이과정

강우량=유출량+증산량+증발량

1,000=200+300+증발량

증발량=1,000-500

답 500mm

19 가. 우격침식 : 빗방울이 땅 표면의 토양입자를 타격하여 분산 및 비산시키는 현상

나. 면상침식 : 토양 표면 전면이 엷게 유실되는 현상

다. 누구침식 : 침식 중기 유형으로 토양 표면에 잔도랑이 불규칙하게 생기면서 깎이는 현상

라. 구곡침식 : 침식이 가장 심할 때 생기는 유형으로 표토뿐만 아니라 심토까지 깎이는 현상

20 가. 연간벌채량

풀이과정 $0.7 \times 5 + \frac{100-120}{20} = 3.5 - 1$

답 $2.5m^3$

나. 갱정기 : 불법정인 영급관계를 법정으로 정리하는 기간

21 가. 비부성 : 의사결정 변수는 어떠한 경우에도 음(-)의 값을 나타내서는 안 된다.

나. 부가성 : 두 가지 이상의 활동이 동시에 고려되어야 한다면 전체 생산량은 개개 생산량의 합계와 일치해야 한다.

다. 분할성 : 모든 생산물과 생산수단은 분할이 가능해야 한다.

라. 제한성 : 선형계획모형에서 모형을 구성하는 활동의 수와 생산 방법은 제한이 있어야 한다.

2024년 제1회 기출복원문제

01 소나무 임분에서 10년 전에 조사한 축적이 100m^3, 현재의 축적이 150m^3일 때, 프레슬러(Pressler)식에 의해 계산한 생장률[%]을 구하시오. [3점]

풀이과정

답

02 임도 설계 시에 작성하는 평면도, 종단면도, 횡단면도의 특징과 축적을 설명하시오. [3점]

가. 평면도 : ______________________________

____

나. 종단면도 : ______________________________

____

다. 횡단면도 : ______________________________

____

03 수익을 R, 비용을 C, 기간(년)을 n, 할인률을 P라고 할 때, 순현재가치법과 수익·비용률법의 계산식을 쓰시오. [4점]

가. 순현재가치법 :

[공식]

나. 수익·비용률법 :

[공식]

04 벌도맥의 역할 4가지를 쓰시오. [4점]

가. ______

나. ______

다. ______

라. ______

05 다음에 제시된 사방용 수종의 특징을 쓰시오. [4점]

가. 싸리나무 : ______

______

나. 곰솔 : ______

______

다. 물오리나무 : ______

______

라. 상수리나무 : ______

______

06 06. 유역의 면적은 50,000m^2, 유거계수는 0.8, 최대시우량은 120mm/hr일 때 시우량에 의한 최대 홍수유출량을 계산하시오. (소숫점 셋째 자리에서 반올림한다.) [3점]

풀이과정

답

07 제시된 각 정사각형의 면적은 100m^2, 모서리의 숫자는 기준이 되는 지반고에 대한 각 지점의 높이이다. 기준이 되는 지반고 이상의 흙을 모두 절토하려고 할 때 절토량을 구하시오. [4점]

```
4 — 2 — 1 — 3
|   |   |   |
2 — 1 — 2 — 2
    |   |
1 — 1 — 3
|   |   |
1 — 2 — 3
```

풀이과정

답

08 국유림경영계획서를 작성할 때 첨부되는 도면을 쓰시오. [4점]

가. ______

나. ______

다. ______

라. ______

09 공사유림의 경영을 계획할 때, 임반을 구획하는 방법에 대해 설명하시오. [4점]

가. ______________________________

나. ______________________________

다. ______________________________

라. ______________________________

10 다음은 레벨 측량을 할 때 기록한 기고식 야장이다. 빈칸에 해당하는 기계고와 지반고를 구하시오. [4점]

SP	BS	IH	FS		GH	(단위 : m)
			TP	IP		
1	2.3	(가.)			30	
2				3.2	(다.)	
3	0.4	(나.)	0.7		31.6	
3+10				1.8	10.1	
4			1.2		(라.)	

답

구분	계산과정	계산결과
가.		
나.		
다.		
라.		

11 다음은 잣나무 인공림 400m^2 표준지의 흉고직경 6cm 이상인 입목에 대한 산림조사를 실시하여 1개의 표준목을 선정한 것이다.

• 표준지 내 본수 : 10	• 수고(m) : 20
• 흉고직경(cm) : 40	• 흉고형수 : 0.5

이 표준목의 흉고직경과 수고를 적용하여 단목 재적과 표준지 재적, 그리고 ha당 재적 [m^3]을 구하시오. (단, 소수점 넷째 자리에서 반올림한다) [6점]

가. 단목 재적

풀이과정

답

나. 표준지 재적

풀이과정

답

다. ha당 재적

풀이과정

답

12 임도 설계도면 작성 전 준비 작업 4단계를 쓰고 설명하시오. [4점]

가. ______________________________

나. ______________________________

다. ______________________________

라. ______________________________

13 사방댐과 비교하여 골막이의 차이점을 3가지 설명하시오. [3점]

가. ______________________________

나. ______________________________

다. ______________________________

14 공유림 내에 있는 잣나무림에서 벌기령마다 1천만 원의 수입을 영구히 얻을 수 있을 때 수입의 전가합계를 구하시오. (단, 벌기령은 「산림자원의 조성 및 관리에 관한 법률 시행규칙」상 기준벌기령을 적용하고, 이율은 5%를 적용한다. 원 미만 버림) [3점]

풀이과정

답

15 15. 임업이율을 낮게 평정하는 이유를 세 가지 제시하시오. [3점]

가. ______________________________

나. ______________________________

다. ______________________________

16 산림경영계획서 작성에 있어서 B층 토양의 건습도에 대한 구분표를 완성하시오. [5점]

상태	설명	위치 예시
건조	손으로 꽉 쥐었을 때 수분에 대한 감촉이 거의 없다.	산정, (가)
(나)	손으로 꽉 쥐었을 때 손바닥에 습기가 약간 묻는 정도	산복, 경사면
적윤	손으로 꽉 쥐었을 때 손바닥 전체에 습기가 묻고 물에 대한 (다)이 뚜렷하다.	계곡, 평탄지
(라)	손으로 꽉 쥐었을 때 손가락 사이에 약간의 물기가 비친 정도	경사가 완만한 사면
습	손으로 꽉 쥐었을 때 손가락 사이에 물방울이 맺히는 정도	오목한 지대로 (마)가 높은 곳

17 17. 산림경영계획의 인가가 취소되는 경우를 쓰시오. [3점]

가. ______

나. ______

다. ______

18 도태간벌 시 제거 대상 임목의 선정 기준을 쓰시오. [3점]

가. ______

나. ______

다. ______

2024년 제1회 기출복원문제 해답

01

풀이과정 프레슬러 성장률 $= \dfrac{\text{기말 재적}-\text{기초 재적}}{\text{기말재적}+\text{기초재적}} \times \dfrac{200}{\text{경과기간}}$

$$= \frac{150-100}{150+100} \times \frac{200}{10} = \frac{50 \times 20}{250} = 4[\%]$$

답 4[%]

02 가. 평면도 : 임도가 진행하는 방향에 따라 노선의 굴곡 정도를 1:1,200의 축척으로 작성한다.

나. 종단면도 : 도로의 중심선을 따라 20미터마다 높이를 횡단축척 1:1,000, 종단축척 1:200으로 작성한다.

다. 횡단면도 : 도로의 중심선과 직각 방향으로 20미터마다 깎기, 쌓기 사면과 노면의 단면을 1:100의 축척으로 작성한다.

03

가. 순현재가치법 : $NPV = \sum_{t=0}^{n} \dfrac{R_n - C_n}{(1+P)^n}$

n : 기간, R_n : n시점의 현금유입(수익), C_n : n시점의 현금유출(비용), P : 할인율

나. 수익・비용률법 : $BCR = \dfrac{\sum_{t=0}^{n} \dfrac{R_n}{(1+0.0P)^n}}{\sum_{t=0}^{n} \dfrac{C_n}{(1+0.0P)^n}}$

04 가. 작업의 안전

나. 나무가 넘어지는 속도를 감소시켜 준다.

다. 벌도목의 파열을 방지해 준다.

라. 임목이 넘어갈 방향을 지시하는 데 도움을 준다.

05 가. 싸리나무 : 질소고정 효과가 큰 콩과식물로 양분이 없는 척박한 비탈면에서도 잘 자란다.

나. 곰솔 : 염풍, 비사에 대한 저항력이 커서 해안사지에 주로 식재한다.

다. 물오리나무 : 질소고정 효과가 있는 수종으로 사방오리에 비해 추위에 잘 견디며, 건조한 곳에서도 잘 자란다.

라. 상수리나무 : 낙엽량이 많아 땅을 비옥하게 하고, 곁가지가 많아 울폐율이 높다.

06

풀이과정 $\dfrac{0.8\times 50{,}000\times \dfrac{120}{1{,}000}}{60\times 60}=1.3333$

답 1.33[m^3/sec]

07

풀이과정 $\dfrac{100\times(16+16+12+0)}{4}=1{,}100$

답 1,100[m^3]

보충해설

$$토적량(V)=\frac{A(\Sigma H_1+2\Sigma H_2+3\Sigma H_3+4\Sigma H_4)}{4}=\frac{100(16+16+12+0)}{4}$$

$$=1{,}100m^3$$

ΣH_1 : 1회 사용된 지반고의 합=1×(4+2+1+1+3+2+3)=16

ΣH_2 : 2회 사용된 지반고의 합=2×(2+2+1+3)=16

ΣH_3 : 3회 사용된 지반고의 합=3×(1+1+2)=12

ΣH_4 : 4회 사용된 지반고의 합=4×(0)=0

※ 계산과정에서는 공식은 적지 않고, 숫자를 대입한 공식만 쓴다. 답이 맞고 중간식도 맞았는데, 공식을 잘못 적으면 감점되기 때문이다.

08 가. 위치도

나. 경영계획도

다. 목표임상도

라. 산림기능도

09 가. 가능한 100ha 내외 구획하고, 현지 여건상 불가피한 경우는 조정한다.

나. 하천, 능선, 도로 등 자연 경계나 도로 등 고정적 시설을 따라 확정한다.

다. 임반 번호는 아라비아 숫자로 유역 하류에서부터 시계 방향으로 연속하여 부여한다.

라. 신규 재산 취득 등의 사유로 보조임반을 편성할 때에 연접된 임반의 번호에 보조번호를 부여한다.

10

구분	계산과정	계산결과
가.	IH=GH+BS=30+2.3	32.3
나.	IH=GH+BS=31.6+0.4	32.0
다.	GH=IH−IP=32.3−3.2	29.1
라.	GH=IH−TP=32.0−1.2	30.8

11 가. 단목 재적

풀이과정 표준목의 단목 재적=흉고단면적×수고×흉고형수

$$=\frac{\pi\times0.4^2}{4}\times20\times0.5=1.256637$$

답 1.2566[m^3]

나. 표준지 재적

풀이과정 1.2566×10=12.566

답 12.5660[m^3]

다. ha당 재적

풀이과정 12.5660÷0.4=31.4150

답 31.4150[m^3]

12 가. 예비조사 : 임도설계 도면 작성에 필요한 각종 요인을 조사하고 개략적인 검토를 마친다.

나. 답사 : 지형도 상에서 검토한 임시노선을 가지고 현지에 나가서 그 적부 여부를 검토하여 노선 선정의 대요를 결정하기 위한 것이다.

다. 예측 : 답사에 의해 노선의 대요가 결정되면 간단한 기계를 사용하여 측량하며, 그 결과를 예측도로 작성한다.

라. 실측 : 예측에 의해 구한 노선을 현지에 설정하여 정확하게 측량하는 것이다.

13 가. 골막이는 계류의 상부에 위치하고, 사방댐은 계류의 중하류에 위치한다.

나. 골막이는 대수면을 설치하지 않는다.

다. 골막이는 방수로를 별도로 축설하지 않고, 중앙부를 낮게 설치한다.

라. 골막이는 사방댐보다 규모가 작다.

14 **풀이과정** $\frac{10,000,000}{1.05^{50}-1}=955,347.0971$

답 955,347[원]

15 가. 재적 및 금원 수확의 증가와 산림 재산가치의 등귀
나. 산림 소유의 안정성
다. 산림 재산 및 임료수입(賃料收入)의 유동성
라. 산림 관리, 경영의 간편성
마. 생산기간의 장기성
바. 경제발전에 따른 이율 저하

16 가. 능선
나. 약건
다. 감촉
라. 약습
마. 지하수위

17 가. 거짓이나 부정한 방법으로 인가를 받은 경우
나. 산림소유자가 정당한 사유 없이 인가받은 산림경영계획의 내용대로 산림사업을 하지 않은 경우
다. 산림경영계획에 따른 산림사업 실적이 50% 이하인 경우

18 가. 미래목의 수관경쟁을 억압하는 생장 경쟁목
나. 미래목의 수관과 줄기에 해를 입히는 나무
다. 피해목, 형질이 불량한 중용목, 상층목, 폭목, 덩굴류

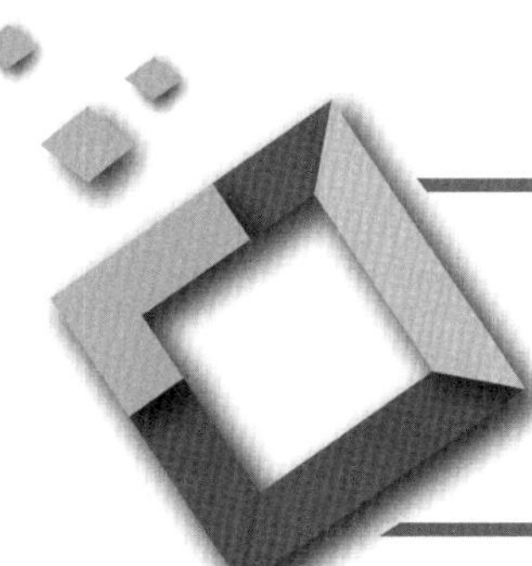

2024년 제2회 기출복원문제

01 벌기령이 30년인 소나무 임분에서 매 벌기마다 영구히 1,000만 원의 수입을 얻기 위한 전가합계를 구하시오. (연이율은 5%, 원 단위 미만 버림) [4점]

풀이과정

답

02 윤벌기와 벌기령의 차이를 설명하시오. [4점]

• 윤벌기 : ______________________________

____

• 벌기령 : ______________________________

____

03 산림 수확작업 중 개별작업, 모수작업, 택벌작업, 왜림작업에 대해 설명하시오. [4점]

- 개별작업 : ______________________________
- 모수작업 : ______________________________
- 택벌작업 : ______________________________
- 왜림작업 : ______________________________

04 산림경영 지도원칙 중 경제원칙 4가지를 쓰고 설명하시오. [4점]

가. ________ : ______________________________

나. ________ : ______________________________

다. ________ : ______________________________

라. ________ : ______________________________

05 다음 표는 지위가 다른 3개 임분의 면적과 벌기재적이다. 벌기평균재적을 구하시오.

[3점]

임분	현실면적(ha)	ha당 벌기재적(m^3)	비고
Ⅰ등지	400	400	윤벌기 100년 1영급=10영계
Ⅱ등지	400	300	
Ⅲ등지	400	200	
계	1,200	900	

풀이과정

답

06 아래는 수고조사야장의 일부이다. (가), (나), (다)를 맞게 기록하시오. [3점]

직경급 (cm)	조사목별 수고(m)					삼점평균 수고 (m)	적용수고 (m)
	1	2	3	합계	평균		
20	10.2	–	–	10.2	10.2		(가)
22	11.0	11.5	12.0	34.5	11.5		(나)
24	14.4	14.8	–	29.2	14.6	(다)	

답

가 :

나 :

다 :

07 임도에 횡단배수구를 설치하려고 한다. 유출계수는 0.9, 강우강도는 160mm/hr, 유역면적은 5ha일 때 최대홍수유출량을 구하시오. (소숫점 둘째 자리에서 반올림한다.)

[3점]

풀이과정

답

08 다음 제시한 단어 중 땅밀림형 산사태에 해당하는 것을 찾아 동그라미 표시를 하시오.

[4점]

- 경사 : 급경사 / 완경사
- 지질 : 일반적 지질 / 특정 지질
- 규모 : 크다 / 작다
- 속도 : 빠르다 / 느리다

09 다음은 기고식 야장이다. 빈칸을 채우시오. [4점]

측점	BS	IH	FS		GH	(단위 : m)
			TP	IP		
A	2.2	(가.　　)			10	
A+10				1.6	(다.　)	
B	0.4	(나.　　)	0.7		11.5	
B+15				1.8	10.1	
C			1.2		(라.　)	

답

구분	계산과정	계산결과
가.		
나.		
다.		
라.		

10 법정림의 구비 조건 네 가지를 쓰고 설명하시오. [4점]

가. ______________________________

____

나. ______________________________

____

다. ______________________________

____

라. ______________________________

____

11 임도를 측량하고, 노선을 측설할 때 교각법을 이용해서 곡선을 설정하려고 한다. 곡선 반지름이 170m이고, 교각이 40°일 때 접선길이, 곡선길이, 외선의 길이를 구하시오. (단, 소수점 셋째 자리에서 반올림한다.) [6점]

가. 접선길이

풀이과정

답

나. 곡선길이

풀이과정

답

다. 외선길이

풀이과정

답

12 종단물매가 3%이고, 횡단물매가 4%인 경사로의 합성물매를 구하시오. [3점]

풀이과정

답

13 임목수확작업을 4단계로 구분하여 설명하시오. [4점]

가. ______

나. ______

다. ______

라. ______

14 다음에 제시된 산지사방공사를 간단히 설명하시오. [6점]

가. 비탈다듬기 : ______

나. 단끊기 : ______

다. 땅속흙막이 : ______

라. 산비탈흙막이 : ______

마. 누구막이 : ______

바. 속도랑배수구 : ______

15 산림경영계획서를 작성할 때 임황조사 항목 중 혼효율, 임령, 영급, 소밀도의 기재 방법을 설명하시오. [4점]

가. 혼효율 : ______________________________

____

나. 임령 : ______________________________

____

다. 영급 : ______________________________

____

라. 소밀도 : ______________________________

____

16 계곡임도, 사면임도, 능선임도, 산정부개발형 임도의 특징을 설명하시오. [4점]

가. 계곡임도 : ______________________________

____

나. 사면임도 : ______________________________

____

다. 능선임도 : ______________________________

____

라. 산정부개발형임도 : ______________________________

____

17 임도를 설계할 때 곡선 설치 방법 세 가지를 쓰고 설명하시오. [3점]

가. ______________________________

____

나. ______________________________

____

다. ______________________________

____

2024년 제2회 기출복원문제 해답

01 풀이과정 $V=\dfrac{R}{(1+P)^n-1}=\dfrac{10,000,000}{1.05^{30}-1}=\dfrac{10,000,000}{4.322-1}$

답 3,010,287원

02 • 윤벌기 : 윤벌기는 작업급에 대해 성립하는 기간 개념이다.

• 벌기령 : 벌기령은 임분 또는 수목에 대해서 성립하는 연령 개념이다.

[보충설명]

• 윤벌기는 작업급을 일순벌하는 데 요하는 기간이며, 반드시 임목의 생산기간과 일치하지는 않지만, 벌기령은 임목 그 자체의 생산기간을 나타내는 예상적 연령 개념이다.

• 윤벌기는 법정영급분배를 예측하는 기준으로서 법정연벌재적의 계산적 기초로 이용되어 법정축적·법정생장량 등을 추정하는 요소로서도 활용되었다.

• 윤벌기는 각종 벌구식 작업을 하는 경우에 중요한 것이어서 택벌작업 또는 그와 유사한 작업에 있어서는 윤벌기의 필요성이 극히 드물다.

03 • 개벌작업 : 관리 단위 또는 어떤 지역의 숲에 있는 모든 나무를 일시에 베어내는 작업 방법

• 모수작업 : 갱신시킬 임지에 종자 공급을 위한 모수를 단목 또는 군상으로 남기고 나머지 임목들을 모두 벌채하는 작업 방법

• 택벌작업 : 숲을 구성하고 있는 나무 중에서 성숙목을 국소적으로 선택해서 일부 벌채하고, 동시에 불량한 어린나무도 제거해서 갱신이 이루어지도록 하는 작업 방법

• 왜림작업 : 연료재와 소경재를 생산하기 위해 근주부에서 맹아를 발생시켜 후계림을 조성하는 작업 방법

04 1. 공공성의 원칙 : 산림경영은 국민이 소비하는 목재의 최대 생산에 두며, 국민 또는 지역주민의 경제적 복지증진을 최대로 달성하도록 운영되어야 한다는 원칙
2. 수익성의 원칙 : 산림경영은 국민 생활에 가장 수요가 많은 수종과 재종을 최대량으로 생산해야 한다는 원칙
3. 경제성의 원칙 : 산림경영은 최대의 경제성을 획득하도록 경영 및 생산해야 한다는 원칙
4. 생산성의 원칙 : 산림경영은 토지생산과 목재생산이 최대가 되도록 경영해야 한다는 원칙

05 풀이과정 벌기평균재적 $= \dfrac{400\times 400 + 400\times 300 + 400\times 200}{400 + 300 + 200}$

답 400[m^3]

06 가. 10

나. 12

다. 14.6

07 풀이과정 $\dfrac{0.9\times 160\times 5}{360}$

답 2.00[m^3]

08 경사 : 급경사 / (완경사)

지질 : 일반적 지질 / (특정 지질)

규모 : (크다) / 작다

속도 : 빠르다 / (느리다)

09

구분	계산과정	계산결과
가.	IH=GH+BS=10+2.2	12.2
나.	IH=GH+BS=11.5+0.4	11.9
다.	GH=IH−IP=12.2−1.6	10.6
라.	GH=IH−TP=11.9−1.2	10.7

10 가. 법정축적 : 법정영급분배가 이루어진 산림이 생장상태가 법정일 때 작업급 전체의 축적은 법정축적과 같아야 한다.

나. 법정생장량 : 법정임분의 벌기재적은 연간 생장량과 같아야 한다.

다. 법정영급분배 : 1년생부터 벌기까지 각 영계의 임분을 구비하고, 각 영계의 임분면적이 동일해야 한다. 택벌의 경우 전체 임분에 임목이 고르게 배치되어 있어야 한다.

라. 법정임분배치 : 벌채와 운반과정에서 산림의 이용, 보호와 갱신에 지장을 주지 않도록 각 작업급이 배치되어 있어야 한다.

11 풀이과정

가. 접선길이(TL) $= R\times \tan\left(\dfrac{\theta}{2}\right) = 170\times \tan\left(\dfrac{40}{2}\right) = 61.88m$

$\therefore\ \tan 20° = 0.364$

나. 곡선길이(CL) = $\dfrac{2\pi \cdot R \cdot \theta}{360°} = \dfrac{2 \times 3.14 \times 170 \times 40°}{360°}$ =118.62m

또는 곡선길이(CL)=0.017453×R×θ=0.017453×170×40°=118.68m

다. 외선길이(ES)=R×$\left\{\sec\left(\dfrac{\theta}{2}\right)-1\right\}$=170×(1.06418−1)=10.91m

12 풀이과정 합성물매= $\sqrt{3^2+4^2} = \sqrt{25}$

답 5[%]

13 가. 벌목(벌도) : 임지에 서 있는 나무의 땅 윗부분을 자르는 작업

나. 검지 : 벌도목을 조재하기 위해 자를 부위를 표시하는 작업

다. 조재 : 벌도목을 적절한 길이로 절단하는 일, 가지 자르기, 통나무 자르기, 껍질 벗기기 등

라. 집재 : 임지 내의 벌도목을 모아 임도로 운반하는 작업

14 가. 비탈다듬기 : 불규칙한 비탈면의 불안정한 토사를 정리하여 붕괴 및 붕괴가 확대되는 것을 위해 실시하는 공법

나. 단끊기 : 비탈다듬기를 실시한 비탈면에 식생을 도입할 목적으로 목초본류를 파식하기 위해 수평 계단을 만드는 공법

다. 땅속흙막이 : 비탈다듬기와 단끊기 등으로 생산된 토사의 활동을 방지하기 위해 땅속에 설치하는 흙막이 공법

라. 산비탈흙막이 : 산지사면의 붕괴를 방지하기 위해 비탈면의 기울기를 완화하고 표면유하수를 분산하기 위해 설치하는 흙막이를 설치하는 공법

마. 누구막이 : 비탈면에서 강수 및 유수에 의한 비탈침식으로 발생되는 누구침식을 방지하기 위해 누구를 횡단하여 시공하는 비탈 수토보전공법

바. 속도랑배수구 : 지하수 침투수를 신속히 해제하여 토층의 활동을 방지하고, 자하수가 지표면에 분출되거나 용수가 발생하여 재붕괴되는 것을 방지하기 위해 설치하는 배수공작물

15 가. 혼효율 : 수종 점유율을 임목재적 또는 수관점유면적 비율에 의하여 100분율로 산정한다.

혼효율=(해당 현실축적/현실축적합계)×100

나. 임령 : 임분의 최저−최고 수령의 범위를 분모로 하고, 평균수령을 분자로 표시한다.

평균임령/(최저임령−최고임령)

다. 영급 : 10년을 I 영급으로 하며 영급기호 및 수령 위는 다음과 같다.
I : 1~10년생, II : 11~20년생, III : 21~30년생, IV : 31~40년생, V : 41~50년생,
VI : 51~60년생, VII : 61~70년생, VIII : 71~80년생, IX : 81~90년생, X : 91~100년생

라. 소밀도 : 조사면적에 대한 임목의 수관면적이 차지하는 비율을 100분율로 표시한다.
소(′) : 수관밀도가 40% 이하인 임분
중(″) : 수관밀도가 41~70%인 임분
밀(‴) : 수관밀도가 71% 이상인 임분

16 가. 계곡임도 : 계곡 하단부에 설치하지 않고 약간 위인 산록부의 사면에 최대홍수 수위보다 10m 정도 높게 설치하는 임도

나. 사면임도 : 계곡임도에서부터 시작하여 사면을 분할하는 임도로, 급경사의 긴 비탈면인 산지에서는 지그재그방식(serpentine system), 완경사지에서는 대각선방식(diagonal system)으로 설치한다.

다. 능선임도 : 계곡의 기부가 늪이나 험준한 암석지대로 인해 접근할 수 없거나, 능선에 부락이 위치하고 있을 경우 노망을 설치하는 임도

라. 산정부개발형임도 : 산정부의 안부(鞍部)에서부터 시작되는 순환노선(circular routing)으로서 산정부의 숲을 개발하는 데 적당한 노선 방식

17 가. 교각법 : 교각법은 1개의 굴절점에 단곡선을 삽입하는 방법

나. 편각법 : 트랜싯으로 BC점에서 편각(접선과 현이 이루는 각)을 측정하고, 테이프자로 거리를 측정하여 곡선상의 임의의 점을 측설하는 방법

다. 진출법 : 현의 길이, 절선편거, 접선의 길이 사이에 성립하는 피타고라스 정리를 활용, 폴과 테이프자를 이용하여 곡선을 설치하는 방법

Part

11

암기노트

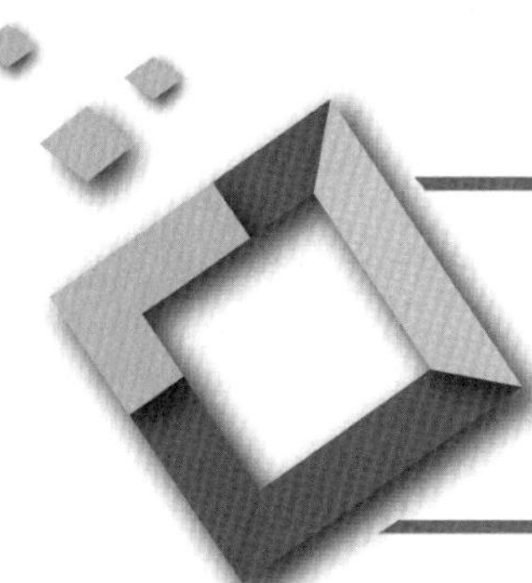

암기노트

암기 001

측고기 사용 시 주의 사항

1. 경사지에서는 가능하면 등고 위치에서 측정.
2. 초두부와 근원부를 잘 볼 수 있는 위치에서 측정.
3. 입목까지의 수평거리는 될 수 있는 대로 수고와 같은 거리를 취함.

암기 002

흉고직경 측정방법

1. 측정해야 할 나무보다 높은 곳에 서서
2. 윤척의 3면이 고루 닿도록 (고정각, 유동각, 자)
3. 나무의 가슴높이 지점(1.2m 높이)의
4. 장변과 단변을 잰 값을 평균하여(편심생장하므로)
5. 2cm 괄약한 값을 흉고직경으로 결정한다.

편심생장
나무가 수를 중심으로 원형으로 자라야 하는데 그러지 못하고 타원형으로 자라는 현상

암기 003

수피 내 직경 측정

1. 직경의 구분
   - 수피를 합한 직경, 수피외직경, DOB
   - 수피를 제외한 직경, 수피내직경, Diameter Inside Bark(DIB)
2. 수피내직경 산출식
   - 수피내직경＝수피외직경－2×수피후
   - DIB＝DOB－2×수피 두께

3. 수피후 측정 기구

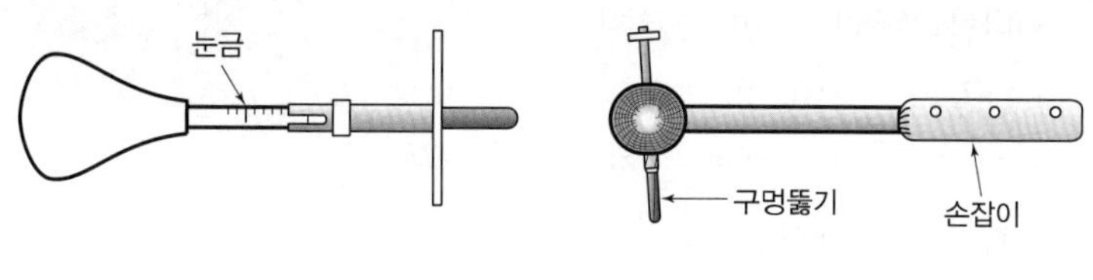

[수피후측정기구] [보링해머]

수피후 측정기구와 보링해머

암기 004

윤척 사용 시 유의 사항

측정오차의 발생을 막기 위해서는 아래 사항에 유의한다.

1. 윤척을 사용할 때에는 유동각이 정확히 자와 직교해야 한다.
2. 측정은 수간축과 직교하는 방향으로 한다.
3. 흉고직경을 측정할 때에는 지상으로부터 정확히 1.2m 높이를 측정해야 한다.

암기 005

산림측량

- 주위 측량 : 산림의 경계선을 명백히 하고 그 면적 산출
- 산림구획측량 : 각종 산림구획의 경계선, 즉 임반 소반의 구획선 및 면적 측량
- 시설 측량 : 임도의 신설 및 보호

암기 006

산림의 기능에 따른 숲의 분류

1. 자연환경보전림 : 학술교육형, 문화형, 보전형
2. 생활환경보전림 : 방음방풍형, 경관형, 목재생산형
3. 수원함양림 : 저수지, 4대강, 집수구역
4. 산지재해방지림 : 산사태, 토사, 산불, 병충해
5. 산림휴양림 : 공간이용, 자연유지
6. 목재생산림 : 인공림, 천연림

암기 007

산지사방 공종

- 비탈다듬기 - 면 고르기
- 단끊기 - 긴면 자르기
- 땅속흙막이 - 부토 고정
- 흙막이 - 안식각 유지
- 선떼붙이기 - 부토유치, 식수
- 녹화 - 식수 및 녹화재료
- 줄떼다지기 - 성토면 녹화
- 줄떼붙이기 - 절토면 녹화
- 단쌓기 - 성토면 안정
- 조공법 - 침식방지 및 식수
- 등고선구공법 - 간단한 조공
- 소단배수로 - 소단 내 집수
- 수로공사 - 유수 집배수

암기 008

야계사방 공종

1. 골막이 : 낙차 2m 이하
2. 기슭막이 : 계안고정, 산각고정
3. 바닥막이 : 계상안정, 경사완화
4. 사방댐 : 계상경사완화
5. 제방 : 유로 고정
6. 수제 : 유로 고정 및 유도
7. 모래막이 : 모래 유치, 고정 후 준설

암기 009

임도설계 시 기본도서

- 위치도 : 임도의 시작과 끝의 위치를 나타내는 지도
- 평면도 : 임도의 진행방향에 따라 그린 지도, 평면곡선
- 종단면도 : 임도 진행방향으로 매 20m 지점과 구조물 설치 측점의 높이를 표시한 지도
- 횡단면도 : 임도 진행 방향의 직각방향의 지형을 표시한 지도
- 구조물도 : 임도에 설치하는 주요 구조물의 모양을 상세하게 그린 그림

암기 010

산림계획기간

1. 벌기령 : 성숙기에 도달하는 계획상의 연수
2. 법정벌기령 : 벌기령과 벌채령이 일치할 때
3. 불법정벌기령 : 벌기령과 벌채령이 일치하지 않을 때
4. 윤벌기 : 작업급의 모든 임분을 일순벌하는 기간
5. 회귀년 : 택벌된 벌구가 또다시 택벌될 때까지의 기간
6. 정리기(갱정기) : 불법정림을 법정림으로 바꾸는 기간
7. 갱신기 : 산벌작업에서 후벌의 기간

암기 011

생장량의 종류

1. 생장량 : 임목축적의 증가량, 광합성-호흡 및 고사량=생장량
2. 연년생장량 : 임목축적이 한 해 동안 증가한 양
3. 평균생장량 : 성장기간 동안 임목이 한해 평균 자란 양
4. 정기평균생장량 : 특정, 분기 또는 영계 동안 한해 평균 증가량
5. 총평균생장량 : 전체 성장기간 동안 한해 평균 재적 증가량
6. 총생장량 : 수확기의 축적, 임목 축적의 총 증가량

유사개념(산림생태학)

1. 총생산=임목의 총 광합성량
2. 순생산=총광합성량-호흡량
3. 생장량=순생산-고사량

암기 012

산림투자 의사결정방법

1. 회수기간법 : 자본의 회수기간이 짧으면 투자 결정
2. 투자수익률법 : 투자자본 대비 수익이 높으면 투자 결정
3. 수익비용비법 : 비용 대비 수익의 비율이 높으면 투자 결정
4. 손익분기점분석 : 사업의 적정한 규모 결정
5. 내부투자수익률법 : 수익과 비용의 현재가치가 같을 때 수익률인 내부투자수익률이 기준 이자율 또는 생장률보다 높으면 투자
6. 순현재가치법 : 수익에서 비용을 뺀 값의 현재가치가 큰 투자 안에 투자 결정

암기 013

임목의 평가

1. 원가방식에 의한 임목평가 : 원가법, 비용가법
   - 벌기미만 유령림
2. 수익방식에 의한 임목평가 : 기망가법, 수익환원법
   - 벌기미만 장령림
3. 원가수익절충방식에 의한 임목평가
   - 임지기망가응용법, Glaser법 - 중령림
4. 비교방식에 의한 임목평가 : 매매가법, 시장가역산법
   - 벌기이상 임목

임목의 평가 시 주요계산인자

- 임목 육성비용=조림비+관리비
- 임목 벌채비용=벌채비+운반비
- 벌채 시 순이익=주벌수익-벌채비용
- 순이익=주벌수익+간벌수익-(조림비+관리비)

산림휴양림의 형태

1. 산림휴양 개념 : 노동과 관련 없고, 자유로운 선택에 의하고, 즐겁고, 재충전의 편익을 주어야 한다.
2. 형태
   1) 자원 중심형 : 자연자원 배경, 자연환경 이용 → 휴양
   2) 활동 중심형 : 개발된, 비자연 환경 → 수행, 관람
3. 자원 중심형
   1) 원시형 : 원생지 휴양활동, 산림휴양기술 필요
   2) 중간형 : 자유 소규모, 등산 야영
   3) 도시형 : 다중 이용객, 집중관리, 스키, 수영 등
4. 영향인자 : 인구, 소득, 여가시간, 정보, 교통, 접근성

암기 015

토양 3상

1. 고상
   - 토양의 고체부분
   - 미생물과 동식물 등의 유기체와 모래, 자갈, 1차 및 2차 광물 등의 무기질로 구성
2. 액상
   - 토양의 액체부분
   - 토양용액 부분
   - 유기물질과 무기물질이 물에 녹아있는 수용액
3. 기상
   - 토양의 기체부분
   - 질소, 산소, 아르곤, 이산화탄소, 수증기 등으로 구성

암기 016

토양층

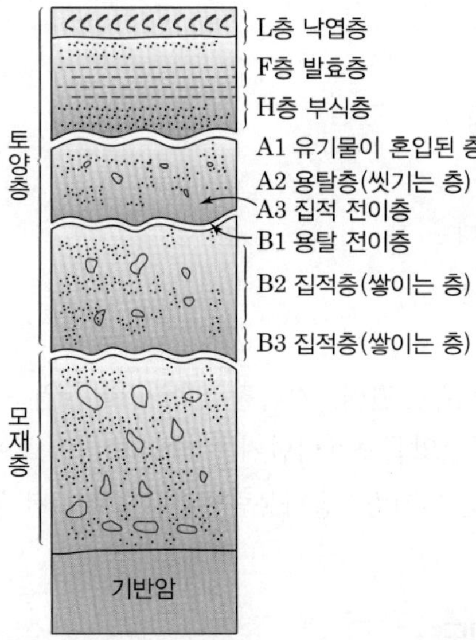

- 유기물층(L : 낙엽, F : 발효, H : 부식)
- 용탈층 : 특정 성분이 씻기는 층(난대림의 적색 라테라이트)
- 집적층 : 특정 성분이 모이는 층(한대림의 회백색 포드졸)
- 모암층 : 모암(화성암, 수성암, 변성암)

암기 017

토양수

- 결합수 : 토립자 내 결합
- 흡습수 : 토립자 주변 흡착
- 모세관수 : pF 2.7~4.5, 모세관현상, 공극에 존재
- 중력수 : 강우 직후 빠져나가는 수분

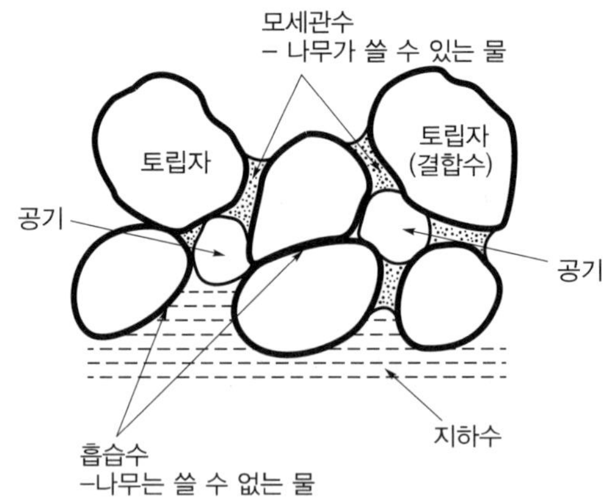

[기반안정공사 예시]

암기 018

기준벌기령

- 포 : 포플러
- 리 : 리기다
- 낙 : 낙엽송
- 삼 : 삼나무

- 소편 : 소나무, 편백, 기타활엽수, 기타침엽수
- 소나무의 춘양목보호림단지는 국공사유림 모두 100년
- 기업경영림 벌기령 : 공사유림벌기령보다 10년 짧음, 참나무와 리기다는 5년 짧음

암기 019

FGIS 주제도

- 지형도 : 높낮이 등을 표시한 등고선 지도
- 임상도 : 수종, 임종별로 나타낸 지도
- 산림입지도 : 토양, 기상, 습도, 경사도, 방위 등 환경인자들을 표시한 지도
- 임도망도 : 임도망 중심의 지형도
- 산림기능도 : 산림의 기능별로 분류하여 표시한 지도

암기 020

임지의 생산능력 결정방법

1. 지위지수 : 동형 · 이형법(우세목 평균수고, 생장인자)
2. 지표식물 : 추운 지방의 산림
3. 환경인자 : 토양이 지위지수에 조절적 영향

암기 021

지위지수의 간접적 평가방법

• 지위지수 분류곡선을 이용한 지위사정(우세목 평균수고/임령)
• 구간법 : 흉고부위 5년간 간신장 생장량, 20년 이하 어린임분
• 지표식생 이용법 : 토양의 성질을 나타내는 지표식물 이용

암기 022

지위사정

재적에 의한 방법 : 단위면적당 임목의 재적을 기준

토지인자에 의한 방법 : 장기(토층, 토성 등) 단기(부식, 질소 함량)

지표식물에 의한 방법 : 비옥하거나 척박한 곳에서만 생육하는 식물

수고에 의한 방법 : 가장 실용적, 수고생장은 입지의 영향에 예민

지위사정

임지의 생산능력을 구체적으로 표시하는 기준과 척도에 의해 간접적인 방법으로 생산능력의 좋고 나쁨을 분류하는 것

암기 023

수고를 이용한 지위지수법의 단점

1. 수집된 자료가 지위와 연령 사이에 상관관계가 없을 수 있다.
2. 유령림 적용할 때 작은 연령 차이에 의해 큰 오차가 나타난다.
3. 조림 후 입지 이외의 요소로 받은 영향으로 오차가 발생한다.
4. 수고가 10m 이상 되는 밀림에서는 수고측정이 곤란하다.
5. 식재년도를 정확히 알 수 없을 때 연령사정이 곤란하다.
   → 흉고이상의 수고와 연령으로 지위지수곡선을 작성
6. 다른 임분과 수종에는 적용할 수 없다.

암기 024

성장률 계산식

1. 단리산식 : 기초 재적+(생장률×기간)=기말 재적
2. 복리산식 : 기초 재적×(1+생장률)기간=기말 재적
3. 프레슬러식 : 기간 평균 성장률 계산 (경영계획기간 초와 말)
4. 슈나이더식 : 특정 시점에서 바로 성장률 계산 가능
   - K : 흉고직경 상수, 550 또는 500
   - n : 수피 1cm 아래의 연륜 수

☞ 단위에 유의하여 계산한다.

암기 025

연년생장량과 평균생장량 간의 관계

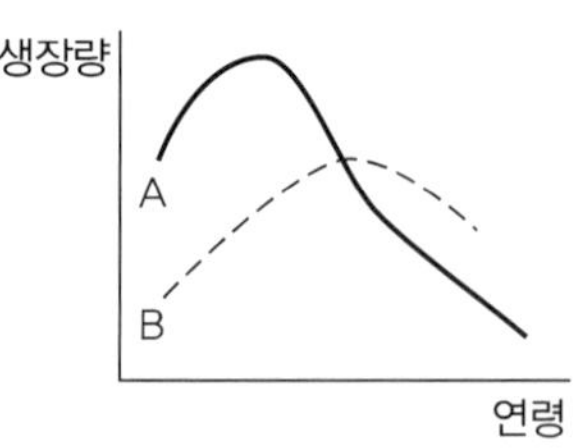

A: 연년 생장량, B: 평균 생장량

1. 처음에는 연년생장량이 평균생장량보다 크다.(A>B)
2. 연년생장량은 평균생장량보다 빨리 극대점을 가진다.
3. 평균생장량의 극대점에서 두 생장량의 크기는 같다.(A=B)
4. 평균생장량이 극대점에 이르기까지는 연년생장량이 항상 평균생장량보다 크다.(A>B)
5. 평균생장량이 극대점을 지난 후에는 연년생장량이 평균생장량보다 하위에 있다.(A<B)
6. 연년생장량이 극대점에 이르는 기간을 유령기, 평균생장량이 극대점에 이르는 기간을 장령기, 그 이후를 노령기라 한다.
7. 임목은 평균 생장량이 극대점을 이루는 해에 벌채 하는 것이 가장 이상적이다.

암기 026

산림의 생산기간

- 윤벌기 : 작업급을 일순벌하는 기간, 개벌(몇 개의 분기)
- 회귀년 : 벌구식 택벌림의 순환기간. 벌채구역 수=회귀년
- 개량기 : 불법정림 → 법정림. 윤벌기에 적용. 연령 편중 해소
- 갱신기 : 산벌에서 후벌의 기간(점벌). 개벌에서 벌채~조림 기간

암기 027

고전적 수확조정기법 발달 순서

1. 구획윤벌법(단순, 비례)
2. 재적배분법(벡크만, 후프나글)
3. 평분법(재적, 면적, 절충)
4. 법정축적법(교차법, 이용율법) 수정계수법
   - 카메랄탁세법
   - 하이어, 카알, 훈데스하겐, 만텔, 브레이만, 슈밋트공식법
5. 영급법(순수, 임분경제, 등면적)
6. 생장량법(Matin법, 생장률법)
7. 조사법

암기 028

카메랄탁세 공식법

$$\text{연년생장량}(Zw)+\frac{\text{현실축적}(Vw)-\text{법정축적}(Vn)}{\text{정리기}(a)}$$

∴ 카메랄탁세법에 의한 표준연벌량의 계산은 매년 하는 것보다 10년마다 실시하는 것이 좋다.

▶ 연년생장량 = 표준연벌량 → 법정림의 조건 기억하시죠? "생장량만큼 벌채한다."

암기 029

수정 하이어 공식법

$$\text{조정계수}\times\text{평균생장량}(Zw)+\frac{\text{현실축적}-\text{법정축적}}{\text{갱정기}(a)}$$

▶ 평균생장량은 현실림의 실제 성장량합계인데, 한 윤벌기에 대한 수확기 안을 만들어 분기별로 성장한 연평균생장량을 사용하는 것이 하이어법이다. 여기에 조정계수가 들어가면 수정 하이어법이 된다.

암기 030

만텔 공식법

$$\text{현실축적}\times\frac{\text{윤벌기}}{2},\quad Ya = Ga\times\frac{2}{R}$$

∴ 이용률법인 만텔법을 응용하려면 장기간이 경과하여야만 법정축적에 도달할 수 있고, 법정에 가까운 영급상태를 갖춘 산림에만 적용할 수 있다.
만텔은 이나윤(2 나누기 윤벌기)

암기 031

훈데스하겐 공식법

현실축적조정계수$\times\frac{\text{평균생장량}}{\text{법정축적}}$, $Ya = Ga \times \frac{Yr}{Gr}$

※ 이용률법인 훈데스하겐 공식은 법정축적에 대한 생장량의 비율만큼 수확하여 법정림을 이룰 수 있다고 봤지만 10년 단위로 수확량을 조정하여 사용하였다.

암기 032

입목의 평가방식

- 유령림 원가방식(원가법, 비용가법)
- 중령림 절충방식(글라제르법)
- 장령림 수익방식(기망가법, 수익환원법),
- 벌기이상 비교방식(매매가법, 시장가역산법)

암기 033

중령림의 임목평가 중 글라제르식

$Am = (Au - Co)\frac{m^2}{u^2} + Co$

Am : m년생 임목가격, Au : 벌기령의 임목가격, Co : 조림비, u : 표준벌기, m : 평가시점

암기 034

임목기망가법 공식

$H = \frac{Au + Dn1.0P^{u-m} - (B+V)(1.0P^{u-m} - 1)}{1.0P^{u-m}}$

Au : 주벌수익, B : 지대, Dn : 간벌수익, V : 관리비

암기 035

임목가의 시장가역산법

$X = f\left(\frac{A}{1 + m \cdot p + r} - B\right)$

r =이익률, B=총비용, f=조재율, m=회수기간, p=월이율, X=임목가, A=시장가

암기 036

임지의 평가방식

- 원가방식 : 원가법, 비용가법
- 수익방식 : 기망가법, 수익환원법
- 비교방식 : 직접사례법, 간접사례법
  - 직접사례법 : 대용법, 입지법

절충방식×직접사례법＝대용법(과세표준액)+입지법(입지지수)

암기 037

임지평가법 중 대용법

$$\text{임지가격} = \text{매매사례가격} \times \frac{\text{평가대상임지의 과세표준액}}{\text{매매사례지의 과세표준액}}$$

암기 038

파우스트만의 임지기망가식 구성요소

- 주벌수익, 간벌수익, 이자율, 주벌수확시기, 간벌수확시기, 조림비, 관리비
- 수익 : 1. 주벌수확, 2. 간벌수확, 3. 연년잡수입
- 비용 : 4. 조림비, 5. 무육비, 6. 연년관리비
- 임지기망가= 1+2+3−4−5−6

파우스트만의 임지기망가식은 수익은 주벌, 간벌수확 비용은 조림비와 연년관리비로만 구성되어 있습니다. 하지만 연년잡수입과 무육비를 넣으면 기억하기가 좋습니다. 이렇게 전체 비용과 전체 수익을 먼저 떠올리게 되면 답안을 쓸 때, 연년잡수입과 무육비는 빼고 식을 써넣으시면 훨씬 쉬워집니다. 답을 쓸 때는 달리 써야 한다는 이야기입니다.

암기 039

산림생장모델의 종류

1. 정적임분생장모델 : 동령단순림, 수확표
2. 동적임분생장모델 : 컴퓨터기반, 소프트웨어 개발 필요
3. 직경분포모델 : DBH 등급화, 임분생장모델 한계 극복
4. 단목생장모델 : 개체목 별 생장 추정, 이령 혼효림 적용

암기 040

임분의 재적 측정방법

1. 전림법 : 매목조사법, 매목목측법, 재적표 및 수확표이용법
2. 표준목법 : 단급법, 드라우드법, 우리히법, 하르티히법
3. 표본조사법 : 임의, 계통, 층화, 부차, 이중추출법
4. 표준지법 : 원형, 대상, 각산정 표준지법

암기 041

표준지 선정 시 주의사항

1. 표준지는 면적의 계산이 쉬운 모양으로 선정한다.
   - 정방형 또는 장방형, 원형 등
2. 표준지는 임상이 고르게 분포한 곳으로 선정한다.
   - 나무의 수가 평균이라고 볼 수 없는 곳은 선정하지 않는다.
   - 전체를 살펴 나무가 고르게 분포한 곳을 선정한다.
3. 경사지에서는 띠모양으로 표준지를 설정한다.
   - 산정상에서 산각의 띠모양으로 설정한다.

   표본추출간격 : $d = \sqrt{\frac{A}{n}} \times 100\,(\mathrm{m})$

   (d : 표본추출간격, A : 전조사 대상면적, n : 표본점 추출개수)

   표본점 추출개수를 구하는 공식 : $n = \frac{4c^2 A}{e^2 A + 4ac^2}$(개)

   (n : 표본점의 수, c : 변이계수, A : 조사면적, e : 추정오차율, a : 표본점 면적)

암기 042

임목재적 조사방법 중 전림법

1. 매목조사법
   - 각 임목의 재적을 측정하는 경우
   - 각 입목의 직경만을 측정하는 경우
   - 일반적인 매목조사는 직경측정을 말함.
2. 매목목측법
   - 하나하나의 임목을 일일이 목측하여 재적을 추정하는 방법
   - 시간과 경비를 적게 들여서 임목의 개성을 파악하고자 할 때 사용
3. 재적표법
   - 재적산출에 필요한 직경과 수고 등은 직접 측정하거나 목측한다.
   - 입목재적표에서 직경과 수고를 찾아서 해당 재적을 사용한다.
4. 항공사진법
   - 항공사진을 이용하여 임분재적을 산출하는 방법
5. 수확표이용방법
   - 수확표가 만들어져 있다면 이것을 이용하는 방법
   - 수확표는 5년 간격으로 만들어지므로 5년마다의 임분재적을 추정할 수 있다.
   - 수확표는 지위, 지위지수별로 만들게 되므로 해당 임분의 임령과 지위 또는 지위지수를 결정하면 수확표에서 임분재적을 구할 수 있다.

암기 043

표준목법과 표본조사법

1. 표준목법
   - 하르티히법, 우리히법, 드라우드법, 단급법
   - 각 계급의 흉고단면적을 같게 한 것.
   - 전 임분을 임목수가 같은 계급으로 나누고
   - 각 계급에서 같은 수의 표준목을 선정하는 방법
2. 표본조사법
   - 임분재적을 통계학적 방법으로 표본을 추출하여 조사하는 것.

표준목법(purposive sample tree method)에서는 임분의 재적을 추정하기 위하여 표준목(평균목 ; average tree)을 선정하게 된다. 표준목이란 임분재적을 총본수로 나눈 평균재적을 가지는 나무를 말하는데, 미지의 임분재적을 추정할 때 그 평균재적을 가지는 나무를 선정해야 하는 모순이 있다.

암기 044

표준목법의 종류

표준목을 어떻게 선정할 것인가에 초점을 두어서

1. 단급법
   - 전 임분을 하나의 class(급)으로 취급하여 1개의 표준목을 선정
2. Draudt법
   - 각 직경급을 대상으로 표준목을 선정, 각 클래스별 표준목 선정
   - 1 직경급 1 표준목
3. Urich법
   - 전 임목을 일정한 본수의 계급으로 나누어, 각 계급에서 표준목 선정
   - 1 본수계급당 1 표준목
4. Hartig법
   - 전 임목의 흉고단면적을 계급수로 나누어, 각 계급의 표준목 선정
   - 1 단면적급 1 표준목

[직경 드라 우리 본수 하티그 흉]
직경들아 우리 본래 하티그 흉 본다.

암기 045 말구직경 자승법

1. 국산재
   - 6m 이상
     $V=\{d+(\ell'-4)/2\}^2\times\ell\times1/10,000$
   - 6m 미만
     $V=d^2\times\ell\times1/10,000$

     ∴ d : 말구 최단 직경(cm)
2. 수입재
   - $V=d^2\times\ell\times1/10,000\times(\pi/4)$

     ∴ L42, 수파사

암기 046 형수

1. 형수(form factor)
   - 수간과 수간의 직경과 높이가 같은 원주의 재적비
   - 수간과 비교원주체적의 비율

     $\left(\text{형수}=\dfrac{\text{수간재적}}{\text{원주체적}}\right)$

∴ 비교원주란 특정위치에서 측정한 나무의 흉고직경과 같은 지름, 수고와 같은 높이를 가진 원기둥

암기 047 형수의 분류

1.1. 형수의 분류
1. 직경의 측정위치에 따른 분류
   - 정형수, 흉고형수, 절대형수
2. 재적의 종류에 따른 분류
   - 수간형수, 지조형수, 근주형수, 수목형수
3. 구성에 따른 분류
   - 단목형수, 임분형수

1.2. 직경의 측정위치에 따른 형수의 분류
1. 정형수 : 수고의 1/n 되는 곳의 직경과 같게 하여 정한 형수
   n=10m 또는 20m
2. 흉고형수 : 비교원주의 직경을 흉고직경으로 하여 계산한 형수
3. 절대형수 : 비교원주의 직경 위치를 최하단부에 정해서 구한 형수

암기 048 수간재적 추정방법

1. 수간재적표를 이용하는 방법
2. 흉고형수표를 이용하는 방법
3. 약산법 : 망고법(프레슬러 0.7H), 덴진법(자승법 h=25)
4. 목측법

암기 049 약산법

1. 개념
   - 측정하기 쉬운 흉고직경과 수고 등을 이용하여 입목의 재적을 편리하게 산정하는 방법
   - 약산법과 망고법이 있다.
2. 망고법
   - 가슴높이 지름의 1/2인 지름을 가진 곳을 망점
   - 벌채점에서 망점까지의 높이를 망고
   - 망고는 스피겔릴라스코프 또는 목측으로 구함.
   - 약산법에서는 망고를 0.7H로 계산하게 된다.

   $$V = \frac{2}{3} \times g \times \left(H + \frac{m}{2}\right)$$

   V : 재적, g : 단면적, H : 망고, m : 벌채점에서 가슴높이까지 높이
3. 덴진법
   - 가슴높이 지름만으로 재적을 산정
   - 나무높이 25m, 형수 0.51을 전제
   - 나무높이가 25m가 아닌 경우 수종별로 보정표로 수정
   - $\therefore \frac{d^2}{1,000}$

암기 050 법정림의 구비조건

1. 법정 축적 : 보속수확을 위해 갖추어야 할 각 영계 작업급의 축적
2. 법정 생장량 : 연년생장량이 작업급의 수확량과 같아야 함.
3. 법정 영급분배 : 각 영계의 면적이 고르게 분배 되어야 함.
4. 법정 임분배치 : 수확 및 조림에 지장이 없는 임분의 배치

암기 051

임도 설계 순서

- 예비조사 : 설계인자 조사, 개괄적 검토, 수치지도 이용
- 답사 : 임시노선 적부조사, 노선대요 결정
- 예측 : 예정노선 실측, 야장작성
- 실측 : 예정노선 정밀측량(평면, 종단, 횡단측량)
- 설계도(평, 종, 횡단도)와 설계서(내역서 등) 작성

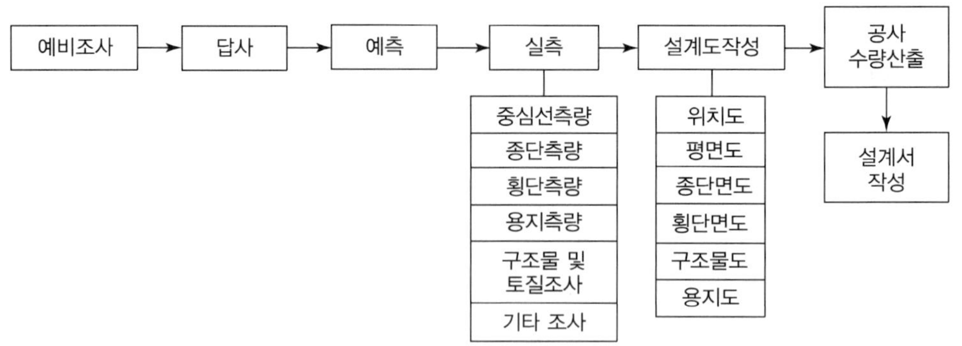

[임도 설계업무의 순서]

암기 052

임도의 종류

1. 간선임도
   - 임도의 골격을 형성하는 노선
2. 지선임도
   - 지선 : 간선으로부터 갈라진 노선
   - 분선 : 지선에서 갈라진 노선
3. 작업임도
   - 집재비 절감 위해 개설
   - 벌출 종료 후 복구

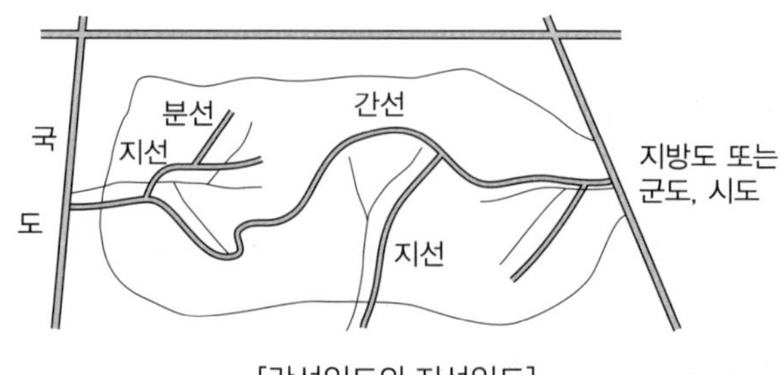

[간선임도와 지선임도]

암기 053 임도망 계획 시 고려사항

1. 운재비 적게
2. 운반 도중 목재손모 적게
3. 날씨와 계절에 따른 운재능력 제한 없게
4. 운재방법 단일화되게
5. 운반량에 제한 없게
6. 신속한 운반이 되게

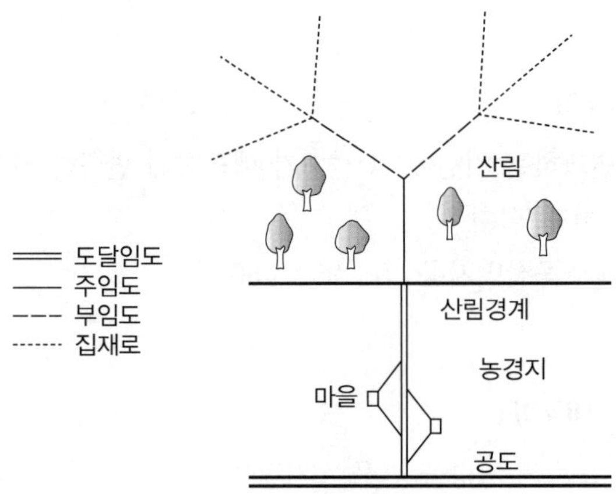

[임도망의 계통적 형태]

암기 054 산악임도망 형태

1. 계곡임도 : 간선임도로 건설, 하향식 중력집재 가능.
2. 산복(사면)임도 : 산록부 및 산복부에 설치, 상향집재방식
3. 능선임도 : 축조비용이 저렴, 가선집재, 상향집재방식
4. 산정부개발형 : 산정주위 순환노망, 안부에서 시작
5. 계곡분지개발형 : 사면길이 길고, 경사도 급한 곳
6. 능선너머 산림개발형 : 역구배의 물매가 심하지 않게

암기 055 산악 임도노선 형태

1. 급경사(사면임도) : 지그재그방식
2. 완경사(사면임도) : 대각선방식
3. 계곡임도형, 산정부 : 순환노선방식

암기 056

임도 설계 도면의 종류

1. 용지도 : 1/1200, 임도시공에 필요한 구역을 표시, 용지폭
2. 평면도 : 1/1200, 교각점, 측점번호, 구조물, 곡선제원 등
3. 종단면도 : 횡1/1,000, 종1/200 지반높이, 계획높이 등
4. 횡단면도 : 1/100, 땅깎기, 흙쌓기 면적 등
5. 구조물도 : 1/100 이상 상세하게, 옆도랑, 돌쌓기, 옹벽 등

※ 사방사업 설계도면의 경우 종단면도의 종단높이를 1/100로 보다 상세하게 그린다.

암기 057

종단곡선(vertical curve)

- 종단선형에서 경사가 변화하는 지점에 그 물매가 매끈하게 변화하도록 삽입되는 곡선. 대수차 5% 이상이면 설치
- 설계속도 20 30 40 최소곡선반지름 100 250 450

암기 058

평면곡선(horizontal curve)

- 도로의 평면적인 곡선, 도로의 방향을 바꾸는 지점에 설치하는 곡선. 내각이 155° 보다 예각이면 설치
- 설계속도 20 30 40 최소곡선반지름 15 30 60
- 교각=중심각
- 180°=내각+교각

암기 059

임도를 설치할 수 없는 지역

1. 산지전용 제한지역
2. 35°급경사지 10% 이상
3. 도로 300m이내 10% 이상
4. 마사토지역 20% 이상
5. 암반 30% 이상
6. 농로노선 중복

암기 060 노면 피복재료에 따른 임도의 종류

1. 토사도 : 노면이 자연지반의 모래와 점토로 구성된 도로
2. 사리도 : 노상 위에 자갈을 깔고 점토, 토사를 덮고 롤러로 다진 도로. (보통 상치식, 동토지대는 상굴식)
3. 쇄석도 : 부순 돌의 물려서 죄는 힘으로 노면을 만든 도로.
4. 통나무길, 섶길 : 연약지대
5. 조면콘크리트포장 : 경사가 심하거나 토양유실이 쉬운 곳

※ 쇄석도의 종류 : 역청 머캐덤, 시멘트 머캐덤, 교통채머캐덤, 수채머캐덤

암기 061 결합재료에 따른 임도의 분류

쇄석도의 노면처리 방법

1. 교통체 머케덤도
   - 쇄석이 교통과 강우로 인하여 다져진 도로
2. 수체 머캐덤도
   - 쇄석의 틈 사이에 석분을 물로 침투시켜 롤러로 다져진 도로
3. 역청 머캐덤도
   - 쇄석을 타르나 아스팔트로 결합시킨 도로
4. 시멘트 머캐덤도
   - 쇄석을 시멘트로 결합시킨 도로

행복암기 행복암기 : 역시 교수야~~!

※ 쇄석도
- 부순 돌끼리 서로 죄는 힘과 결합력에 의해 단단한 노면이 만들어진 도로
- 쇄석도는 머캐덤도라고도 합니다. 같은 말입니다.

암기 062

임도 최소곡선반지름과 안전시거

속도	종단기울기		종단곡선(m)		최소곡선반지름	
km/hr	일반	특수	반경	길이	안전시거	일반
40	7% ↓	10% ↓	450 ↑	40 ↑	40m ↑	60m ↑
30	8% ↓	12% ↓	250 ↑	30 ↑	30m ↑	30m ↑
20	9% ↓	14% ↓	100 ↑	20 ↑	20m ↑	15m ↑

- 안전시거 : 자동차 주행의 안전이라는 견지에서 필요한 최소한도의 바라보이는 거리, 차도 중심선상 1.2m 높이에서 중심선상에 있는 높이 10cm인 물체의 정점을 볼 수 있는 거리

  ⁘ 안전시거공식

  $$S = 2\pi R \times \frac{\theta}{360} = 0.01745 \times \theta \times R$$

  ⁘ 안전시거의 공식은 교각법의 원의 길이(CL)의 공식과 같습니다.

암기 063

임도 종단기울기

- 최소 2~3%, 최대 10~12%, 특수 18% 이내, 역기울기 5%
- 종단물매를 최소 2~3% 이상 두어야 하는 이유 : 정체수 및 침투수가 발생하여 노체를 약화 및 붕괴시킨다.

임도 횡단선형 구성요소와 기울기

- 차도너비, 유효너비, 축조한계, 길어깨, 옆도랑, 절토면, 성토면. 유효너비=차도너비
- 축조한계=유효너비+길어깨, 구조물 설치하면 안 됨
- 포장 1.5~2%, 비포장 3~5%, 외쪽 3~6%

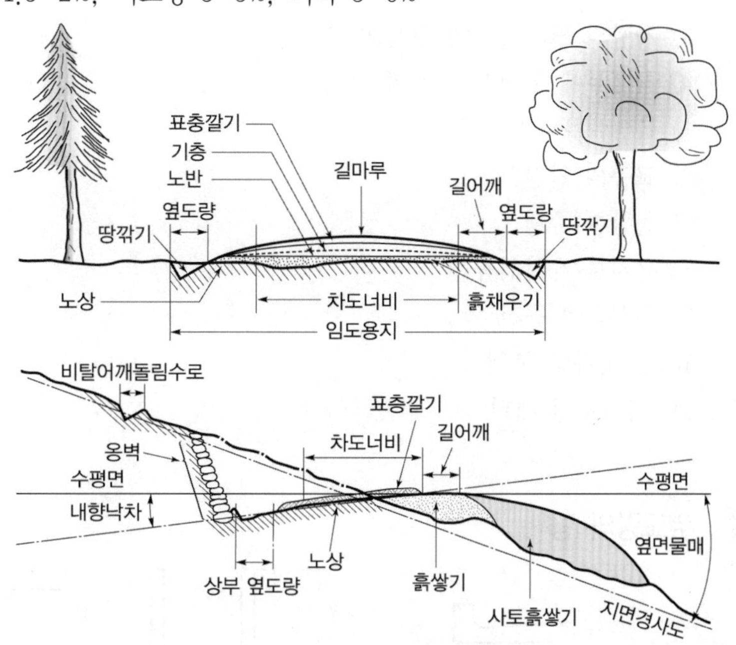

[임도 횡단구조]

임도 횡단면도

- 유효폭 : 자동차 통행에 필요한 도로폭, 간선임도 3m
- 길어깨 : 임도의 주요 구조부 보호 목적
- 축조한계 : 유효폭과 길어깨를 포함하여 시설 설치하면 안 되는 곳
- 깎기사면 : 원지반을 깎아서 만든 비탈면
- 쌓기사면 : 원지반 위에 쌓아서 만든 비탈면
- 산마루측구 : 깎기 비탈면 위를 따라서 설치하는 수로
- 소단 : 비탈면의 길이가 길 때 유속을 낮추기 위해 설치하는 계단
- 소단배수로 : 소단의 길이가 길 때 약간의 경사를 주어 설치하는 수로
- 배수로 : 물을 모아서 배출하기 위해 설치하는 물길
- 옆도랑(측구) : 도로를 따라서 도로와 깎기사면 사이에 설치하는 수로
- 집수정 : 측구에 모이는 물을 모아 횡단배수시키기 위한 시설
- 도수로 : 높은 곳에서 낮은 곳으로 물을 유도하기 위한 물길

암기 066 길어깨 설치 목적

길어깨를 설치하는 근본적인 이유는 차도의 주요 구조부 보호이다.
그 외에 부수적으로 다른 기능들을 하게 된다.

1) 차도의 구조부 보호
2) 차량의 주행상의 여유
3) 차량의 노외속도에 대한 여유
4) 곡선부에 있어서 시거의 증대
5) 측방여유나비
6) 교통의 안전
7) 원활한 주행
8) 유지보수 작업공간
9) 제설작업 공간
10) 보행자의 통행
11) 자전차의 대피

암기 067 옆도랑의 형태

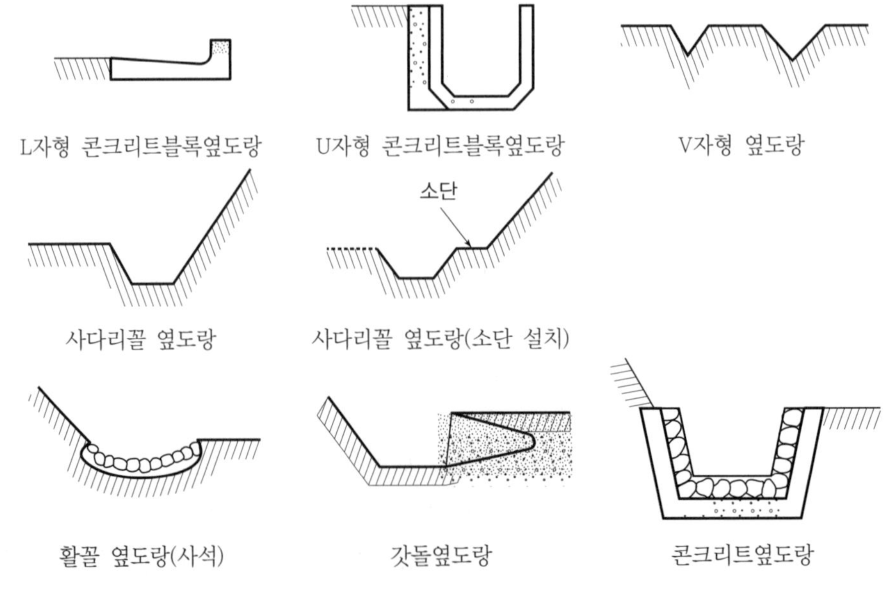

[옆도랑의 단면]

☞ LUV제환평 또는 LU사활갓콘

암기 068

대피소 설치 기준

- 간격 300m 이내
- 나비 5 이상
- 유효길이 15m 이상
- 차돌림곳 너비10m 이상

[대피소 설치기준]

- 대피소 : 1차선 임도에 있어서 일정한 간격으로 차량통행에 지장이 없도록 시설한 장소, turn out, lay-by, passing bay, pacing place
- 근래에는 기계화작업장이라는 명칭으로 되도록 간격은 300m보다 더 자주, 폭도 5m보다 더 넓게 설치한다.

암기 069

합성물매

1. 개념
   - 자동차가 곡선부 구간을 통과할 경우에 주행이 불편하다.
   - 곡선저항을 방지하기 위해 설치하는 물매
   - 곡선부는 직선구간보다 더 급한 합성물매가 발생하게 된다.
   - 이 때문에 곡선저항에 의해 차량의 저항이 커진다.
   - 곡선저항을 방지하기 위해 설치하는 횡단물매와 종단물매를 고려하여 설치
2. $S=\sqrt{i^2+j^2}$

   i는 외쪽 or 횡단물매, j는 종단물매
3. 합성물매의 제한
   - 하급물매부와 급곡선부가 병합되지 않도록 한 것
   - 보통 곡선부 종단물매와 곡선반지름에서 30을 뺀 값과의 합이 종단최급물매의 값보다 적어야 한다.

암기 070 S커브 설치 목적과 설치 방법

1. 설치 목적
   - 곡률이 매우 작은 편구배를 붙여야 할 장소에 설치
   - 임도경사 완화
   - 교통안전 확보
   - 목재파손 줄일 목적
2. 설치 방법
   - 서로 맞물린 곳에 10m 이상의 직선부 설치

암기 071 완화곡선(transition curve)

- 완화구간에 설치하는 곡선
- 도로의 직선부로부터 곡선부로 옮겨지는 곳
- 완화구간 : 외쪽물매와 나비넓힘(擴幅)의 연결구간

암기 072 최소곡선반지름의 계산

1. 목재길이 반영식

$$R = \frac{L^2}{4B}$$

2. 설계속도 반영식

$$R = \frac{V^2}{127(f+i)}$$

1. 개념
   - 노선의 굴곡 정도
   - 곡선부도로의 중심선의 곡선반지름(radius of curve)
   - 곡선반지름의 최소한도
   - minimum radius of curve
2. 영향인자
   - 도로나비, 반출목재길이, 차량구조, 운행속도, 도로구조, 시거 등

   설계속도가 시간당 20, 30, 40km일 때 각각 평면곡선은 15, 30, 60m이고 종단곡선은 100, 250, 450m이다.

암기 073

배수구 설치 기준

1. 배수구의 통수단면
   - 100년 빈도 확률강우량와 홍수도달시간을 이용
   - 합리식으로 계산된 최대홍수유출량의 1.2배 이상
2. 배수구의 설치 방법
   - 100미터 내외의 간격으로 설치
   - 지름은 1,000밀리미터 이상, 필요한 경우 800mm 이상
3. 배수구의 외압강도
   - 원심력 콘크리트관 이상의 것
4. 집수통 및 날개벽
   - 콘크리트, 조립식 주철맨홀, 석축쌓기
5. 배수구의 유출부
   - 유출구에서 원지반까지 도수로와 물받이 설치
6. 종단기울기가 급하고 길이가 긴 구간
   - 노면 유수 차단용, 노출형 횡단수로
7. 배수구의 유입방지시설
   - 나뭇가지 토석 등으로 막힐 우려가 있는 경우
8. 생태적 단절에 대한 배려
   - 배수구는 동물의 이동을 고려

암기 074

비탈면의 기울기

흙깎기 비탈면		흙쌓기 비탈면	
경암	1 : 0.3~0.8	임도	1 : 1.2~2.0
연암	1 : 0.5~1.2	사방	1 : 1.5~2.0
토사	1 : 0.3~1.5	산지관리법	1 : 1 이하

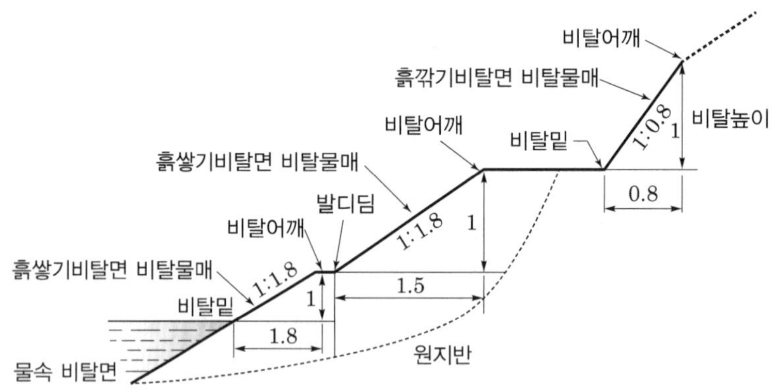

[흙깎기와 흙쌓기 비탈의 각부 명칭 및 표준물매]

암기 075

스카이라인을 사용하지 않는 가선집재

1. 모노케이블식(간벌 택벌재 집재, 연속이송식)
2. 던함식 (지간 300m, 경사 10° 전후)
3. 하이리드식 (지간 100m, 완경사지 소량 하향집재)
4. 러닝스카이라인식 (300m, 10°, 소량 소경목 집재)

암기 076 임도설계 시 곡선 설치방법

1. 교각법 : 도상에서 1개의 굴절점에 단곡선 삽입
2. 편각법 : 현장에서 트랜싯과 테이프자로 중간점 확정
3. 진출법 : 현장에서 폴과 테이프자로 중간점 확정

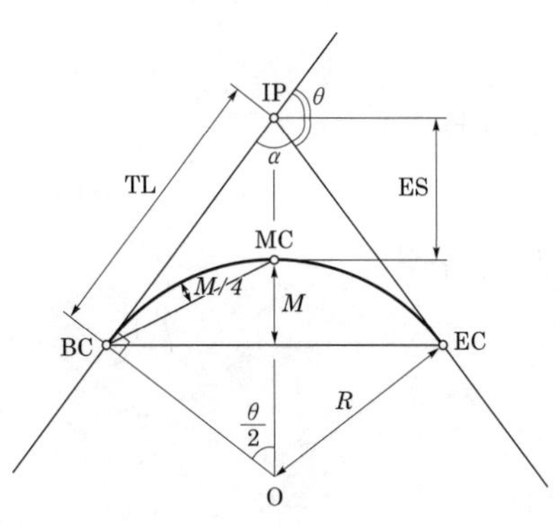

BC(beginning of curve) : 곡선시점
TL(tangent length) : 접선길이
IP(intersecting poit) : 교각점
ES(external secant) : 외선길이
MC(middle of curve) : 곡선중점
EC(end of curve) : 곡선종점
CL(curve length) : 곡선길이
θ : 교각(intersection angle)
α : 내각(180°-θ)
M(middle ordinate) : 중앙종축
R(radius) : 곡선반지름

[교각법에 의한 곡선설치 방법]

암기 077 토공작업 중 더쌓기

1. 공사 중 장비에 의한 흙의 압축
2. 공사완료 후 단면의 수축
3. 지반의 침하

1~3에 대해 단면 유지를 위해 5~10% 더쌓기

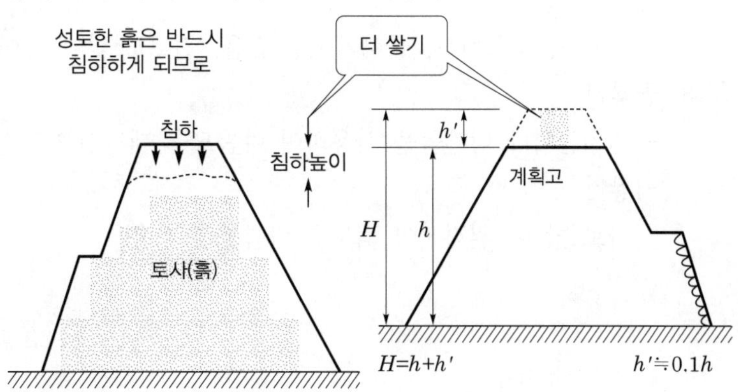

암기 078 임도의 배수시설

필요성 : 임도 토양수분의 영향을 줄여서 붕괴 방지

1. 표면배수시설
   - 노면배수시설, 사면배수시설
2. 지하배수시설
   - 맹거, 암거(관거), 맹암거
   - 속도랑(노반), 보링속도랑(노상)
3. 인접지 배수시설
   - 사면어깨배수시설, 배수구, 집수정

암기 079 횡단측량을 해야하는 지점

1. 중심선의 각 측점, 매 20m마다
2. 지형이 급변하는 지점
3. 구조물 설치 지점

암기 080 돌쌓기 방법

1. 찰쌓기(1 : 0.2)
   - 뒤채움-콘크리트, 줄눈-모르타르
   - 시공면적 2m마다 2~4cm 관을 박아 물빼기구멍 설치
2. 메쌓기(1 : 0.3)
   - 뒤채움, 모르타르, 물빼기구멍 없음. 견고도 낮아 높이 제한(4m)
3. 골쌓기
   - 견치돌이나 막깬돌을 사용하여 마름모꼴 대각선으로 쌓는 방법
4. 켜쌓기
   - 가로줄눈이 일직선이 되도록 마름돌을 사용

암기 081

옹벽의 안정조건

1. 전도에 대한 안정
   - 합력의 작용점, 옹벽 밑변 1/3
2. 활동에 대한 안정
   - 마찰력>수평분력
3. 내부응력에 대한 안정
   - 수평분력의 작용점이 밑면 중앙 1/6
4. 침하에 대한 안정
   - 수직분력<지반지지력

암기 082

평판측량 방법

1. 방사법(사출법)
   - 장애물이 없고, 비교적 좁은 구역
2. 전진법(도선법)
   - 장애물이 많고, 비교적 넓은 구역
3. 교차법(교회법)
   - 넓은 지역 세부측량
   - 소축척 세부측량
   - 이동하여 접근할 수 없는 점의 측량

암기 083

오차의 종류

1. 정오차
   - 발생원인이 확실
   - 측정 후 오차 조절 가능
2. 부정오차
   - 원인 불확실
   - 계산으로 완전조정할 수 없음, 허용오차 범위 내 조절
3. 과실(착오)
   - 측정자의 부주의에 의해 발생하는 오차

암기 084

기계화벌목의 장점

1. 원목의 손상이 적다.
2. 인력을 줄일 수 있어 경제적이다.
3. 장비의 이용률과 함께 작업생산성을 높일 수 있다.

암기 085

목재생산 방법

1. 전목 생산 : 벌도하여 바로 집재
2. 전간 생산 : 벌도 → 가지자르기 → 집재
3. 단목 생산 : 벌도 → 가지자르기 → 조재 → 집재

암기 086

기계력에 의한 집재

1. 트랙터집재
   - 지면끌기식, 적재식
2. 가선집재
   - 가공본선 있는 방식 : 타일러식, 엔들러스 타일러식 등
   - 가공본선 없는 방식 : 던함식, 모노케이블식 등

  본선 유[호스폴엔 타일러슬] 본선 무[본선없이 모던하러]

암기 087

벌도맥 역할

1. 작업의 안전
2. 벌도목의 파열을 방지해 준다.
3. 나무가 넘어지는 속도를 감소시켜 준다.
4. 임목의 넘어갈 방향을 지시하는 데 도움을 준다.

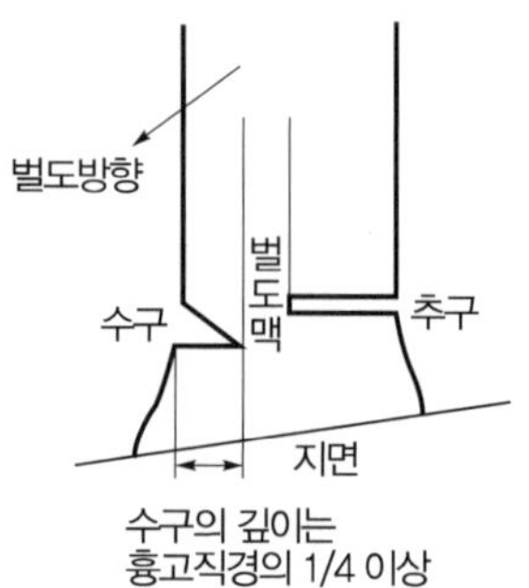

암기 088

체인톱 구비조건

1. 부품공급이 용이할 것
2. 부품가격이 저렴할 것
3. 무게가 가벼울 것
4. 취급이 쉬울 것
5. 소음진동이 적을 것
6. 내구성이 좋을 것
7. 유지비가 저렴할 것

암기 089

체인톱 안전장치

1. 앞손보호판(핸드가드)
2. 뒷손보호판
3. 스로틀레버 차단판
4. 방진고무손잡이

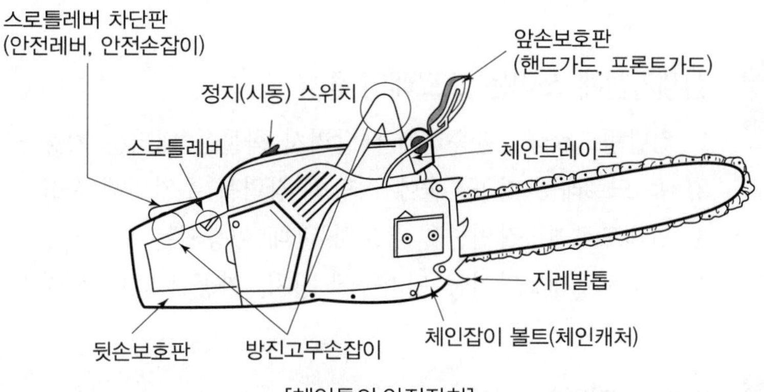

[체인톱의 안전장치]

[앞뒤빵 스로틀]

암기 090

와이어로프 점검관리 방법

1. 외부에 기름을 칠하여 녹슬지 않도록 할 것
2. 소선 사이에 기름이 마르지 않도록 할 것
3. 와이어로프 직경이 7% 이상 마모되면 교환할 것
4. 한 번 꼰 길이에 10% 이상의 소선이 절단되면 교환할 것
5. 이음매 부분 및 말단 부분의 이상유무를 점검할 것

암기 091

와이어로프 안전계수

- 가공본줄 : 2.7
- 짐당김줄, 되돌림줄, 버팀줄, 고정줄 : 4.0
- 짐올림줄, 짐매달음줄, 호이스트줄 : 6.0
- 안전계수=파괴강도/설계강도
- 안전계수 : 안전한 작업을 위해 주는 강도의 여유분

[짐버리고 가면 호이호이 6427]

암기 092

작업줄의 종류

1. 가공본줄(sky line, SKL) : 적재 지지, 레일과 같은 역할
2. 되돌림줄(haul back line, HBL) : 짐달림줄(loading line)과 반송기를 되돌리는 줄
3. 짐당김줄(haul line, HAL) : 목재를 집재장소까지 당겨주는 줄
4. 짐올림줄(lifting line, LFL) : 목재를 가공본줄까지 올림, 짐달림 도르래 올림
5. 순환줄(endless line, ELL) : 엔들리스 드럼에 감겨 순환하는 줄

암기 093

집재가선에 쓰이는 도르래의 종류

1. 짐달림도르래 : 반송기에 매달려서 화물을 내리는 기능
2. 죔 도르래 : 가공본줄에 적당한 장력을 주기위해 사용
3. 안내도르래 : 작업줄을 유도하는 데 이용되는 도르래
4. 삼각도로래 : 앞기둥 뒷기둥에 장치. 가공본줄 하중 지지

암기 094

백호우 작업량 계산

$$Q = \frac{3600 \times q \times K \times F \times E}{Cm} [\mathrm{m}^3/\mathrm{h}]$$

Q : 시간당 작업량, q : 버킷용량(1.1), K : 버킷계수(0.9), F : 토량 환산계수, E : 작업효율(0.65), Cm : 1회 cycle 시간(21초, 선회각도 90도)

암기 095

트랙터집재 장단점

1. 장점
   - 기동성이 높다.
   - 작업생산성이 높다.
   - 작업이 단순하다.
   - 작업비용이 낮다.
2. 단점
   - 환경피해가 크다.
   - 완사지에서만 작업이 가능하다.
   - 높은 임도밀도가 필요하다.

암기 096

가선집재 장단점

1. 장점
   - 목재피해가 적다.
   - 낮은 임도밀도에서도 작업이 가능하다.
   - 급경사지에서도 작업이 가능하다.
2. 단점
   - 기동성이 떨어진다.
   - 장비가 상대적으로 비싸다.
   - 숙련된 기술이 필요하다.
   - 세밀한 작업계획이 필요하다.
   - 작업 생산성이 낮다.

암기 097

토공작업 기계

1. 굴착기계 : 땅 파는 기계, 백호우, 클램셸, 리퍼, 불도저 등
2. 정지기계 : 땅을 다듬는 기계, 그레이더, 불도저 등
3. 전압기계 : 땅을 다지는 기계, 콤팩터, 로울러 등

암기 098

저목장의 종류

저목장의 종류(저목장 : 저목을 하는 장소=토장)

1. 산지저목장=산토장 : 간선운재로의 운재기점
2. 중간저목장=중간토장 : 운반거리가 먼 경우 설치
3. 최종저목장=최종토장 : 운재의 종점

암기 099

벌목지 구획 시 유의 사항

1. 각 벌구의 수종, 재적 및 본수를 균등하게 한다.
2. 한 벌구의 크기는 집재방법과 적합하도록 한다.
3. 벌목지 구획은

계곡으로부터 산봉우리의 방향으로 설정하는 세로나누기가 원칙이다.
가로나누기 피함

암기 100

타워야더

- 가선집재전용 고성능 임업기계
- 인공 철기둥과 가선집재장치를 트럭, 트랙터, 임내차 등에 탑재
- 주로 급경사지의 집재작업에 사용
- 이동식 차량형 집재기계
- 가선의 설치, 철수, 이동이 쉽다.
- Köller 200, HAM300 등

암기 101

여름수확작업의 장단점

1. 장점
   - 작업환경 온화
   - 작업장 접근성 수월
   - 긴 일조시간, 충분한 작업시간
2. 단점
   - 벌도목 건조로 펄프재로 팔 때 불리
   - 해충 및 균류의 피해 우려

암기 102

겨울수확작업의 장단점

1. 장점
   - 해충 균류 피해 적음
   - 농한기 인력수급 원활
   - 잔존임분 피해 및 영향 적음
2. 단점
   - 작업효율 낮고
   - 사고위험 높음

암기 103 사방댐 물빼기 구멍 시공목적

1. 댐 시공 중 배수 및 유수 통과
2. 댐 시공 후 대수면 수압 감소
3. 퇴사이후 침투수압 경감
4. 사력기초의 잠류속도 감소
5. 유출토사량 조절

암기 104 물빼기 구멍 설치 위치

하류댐 물빼기 구멍 상류댐 기초보다 낮게
제일하단 구멍은 계상선 또는 댐높이 1/3지점
상부설치구멍은 여러 개 설치
큰 사방댐은 방수로 바닥에서부터 1.5m 이하에 설치

암기 105 물빼기 구멍의 크기

1. 위치
   - 중간 정도 위치에 홍수유량 통과할 수 있게
2. 규격
   - 지름 300mm 염화비닐파이프
3. 집수면적에 따라 파이프 개수 결정
   - (1개)15ha, (2개)50ha, (3개)100ha, (4개)180ha, (5개)200ha

암기 106 물받이 길이

- 낙하된 유수가 현 계류의 수리조건보다 완화될 수 있는 길이
- 본댐과 앞댐의 간격에 준해서 결정함
- Piping 위험에 대비 충분히 길게 설치하고 필요 시 지수벽 설치
- $L=(1.5\sim20.)\times(H+t)-nH$

암기 107 물받이 두께

두께 : 0.5~1.5m 범위, 1.2m 이상 시 물방석 설치
물방석 수심 0.3~1.0m, max 2.0

1. 물방석이 없는 경우 $d=0.2\times(0.6H1+3h-1.0)$
2. 물방석이 있는 경우 $d=1.0\times(0.6H2+3h-1.0)$
   $dw=0.2\times(0.6H2+3h-1.0)$

암기 108

사방댐 세굴방지시설

1. 앞댐,counter dam
2. 물받이 water apron
3. 측벽 side wall
4. 끝돌림
5. 물방석

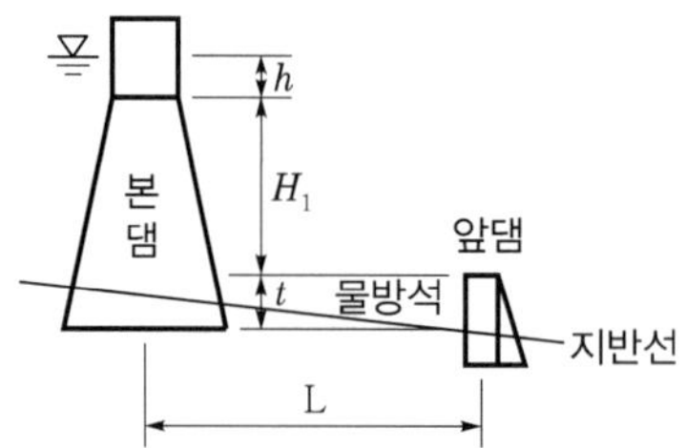

H : 본댐높이
h : 월류수심
t : 중복높이

암기 109

유목대책시설

	토석류발생유하역	토석류퇴적역	소류역
경사도	10° 이상	3~10° 이상	3° 이하
유역	← 상류 하류 →		
대책시설	① 유목발생 억지 – 사면안정공 기슭·바닥막이 ② 유목포착 – 투과형사방댐	① 유목포착 – 부분투과사방댐 – 투과형사방댐 ② 발생억지 – 기슭·바닥막이	(토석류 포함) ① 유목포착 – 부댐 위에 유목막이 – 모래+유목막이

암기 110

물침식 발달 순서

– raindrop – sheet – rill – gully – torrent – stream erosion

– 우격 → 면상 → 누구 → 구곡 → 야계 → 하천

우면(산) 누구야.

암기 111

요 사방지

1. 황폐지(척악, 임간, 초기. 황폐이행지, 민둥산, 특수)
2. 붕괴지(표층, 심층, 산복, 계안 붕괴지)
3. 훼손지(절토 성토사면, 채석지와 채광지)
4. 해안사지
5. 밀린 땅
6. 황폐계류

암기 112

황폐지

denuded land, devastated land

1. 척악임지 : 오래 침식 및 유실. 신속한 임지비배
2. 임간나지 : 지피 상태 불량, 부분적인 누구침식, 구곡침식
3. 초기 황폐지 : 임지 내 침식 진행, 국소사방공사
4. 황폐이행지 : 지표침식의 진행 방치, 민둥산 이행
5. 민둥산(독라지) : 지표에 누구 및 구곡침식 발생
6. 특수황폐지 : 복합요인, 정도 극심, 기술개발 필요

암기 113

붕괴지

lang slide area

1. 표층붕괴지 : 표층토와 지반층의 경계 붕괴
2. 심층붕괴지 : 표토와 심층의 지반붕괴. 호우, 지하수, 지진 원인
3. 산복붕괴지 : 산복의 자연사면 붕괴, 요(凹)형 지형
4. 계안붕괴지 : 산지사변 하부의 계류에 횡침식 발생

암기 114

중력식사방댐의 반수면 물매

반수면의 물매

- 월류부반수면 손상위험 감소
- 토사입경 작거나 토사량이 작은 경우 완만하게 조절
- 6m 이상 1 : 0.2
- 6m 이하 1 : 0.3
- 저댐은 대수면에 직각
- 마사토 6m↑ 댐 1 : 0.2

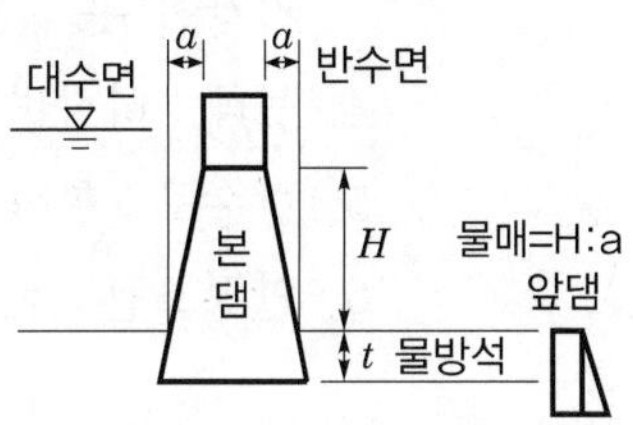

암기 115 사방공작물에 작용하는 외력

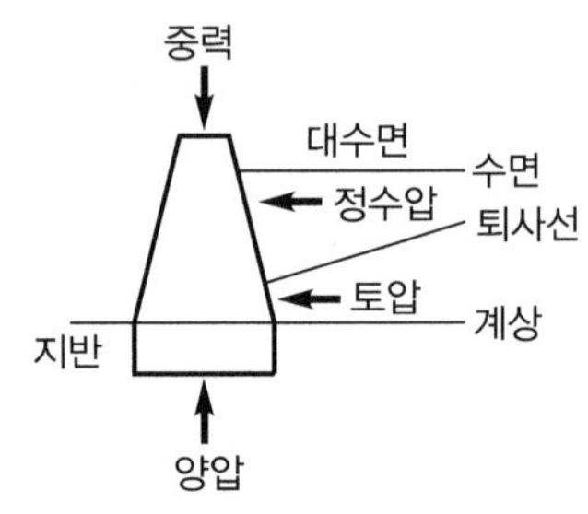

1. 제체중량
2. 토압
3. 수압
4. 양압
5. 지진력 및 수평지진하중

암기 116 붕괴의 유형

1. 산사태 강우 원인, 일시적 사면토사 붕괴 산복녹화 흙막이, 산각고정	2. 토석류 토사+암석, 유수 흐름 중력식 : 토석 차단 버팀식 : 유목 차단	3. 땅밀림 토양층, 지하수 아래쪽 land creep 억제공 억지공(저지공)

암기 117 사방댐 안정조건

1. 전도	넘어짐
2. 활동	미끄러짐
3. 제체파괴	깨어짐
4. 기초지반지지력	가라앉음

암기 118 사방댐 설계 요소

1. 위치
   - 선정원칙 : 양안 암반, 저사효과, 합류점 직하, 다단계 댐은 계단 모양
   - 계획목적 : 계안산복 안정, 석력 재이동 및 토석류 방지
2. 높이 : 사력인 경우 댐군으로 계획
3. 방향 : 직선부에 설치 시 유심선에 직각, 곡선부에 설치 시 유심선의 접선에 직각인 곳
4. 물매 : 하상변화 발생하지 않고, 사력교대는 발생하도록 안정물매
5. 방수로 : 현하상의 중앙에 역사다리꼴로 넓게, 수위에 여유 있게
6. 안정조건 : 전도, 활동, 제체파괴, 기초지반지지력

암기 119

강수거동에 관계하는 산림의 유역조건

1. 기상 : 고도 높고 지형 복잡, 강수량, 기온, 풍향, 풍속 습도 등
2. 식생 : 뿌리는 표층토양에 많은 양, 수목 지상부와 지하부의 관계
3. 토양 : 공극의 양과 질, 세공극, 조공극, 모관공극, 비모관공극 등
4. 지형 : 기복량(최저~최고고도), 경사에 따라 침투속도와 양 변화
5. 지질 : 토양모재층과 기암 간극에 영향, 함수량 ⊂ 간극량 ⊂ 투수성

암기 120

산림에서의 강수량 변화

1. 산지가 평지보다 많다.
2. 고도에 정비례한다.
3. 산정 조금 아래서 최대 산정은 바람 때문에 적음
4. 풍상사면이 풍하사면보다 많음
5. 동일고도와 방위에서는 골짜기 > 봉우리

∴ 산지 > 평지, 풍상 > 풍하, 골짜기 > 봉우리

암기 121

유량계산

Q=A×V

1. 물의 흐름 : 물의 입자가 연속하여 움직이는 상태
2. 유속 : 흐름의 속도(velocity of flow)
3. 유적 : 물의 흐름을 직각으로 자른 횡단면적 (cross sectional A)
4. 유량 : 단위시간 내 유적을 통과하는 물의 부피 (용량, discharge)
   - 유속은 물의 점성, 수로벽면의 마찰 → 평균유속 사용
5. 윤변 : 물과 접촉하는 배수로 주변의 길이
6. 경심 : hydraulic mean depth, R=A / P

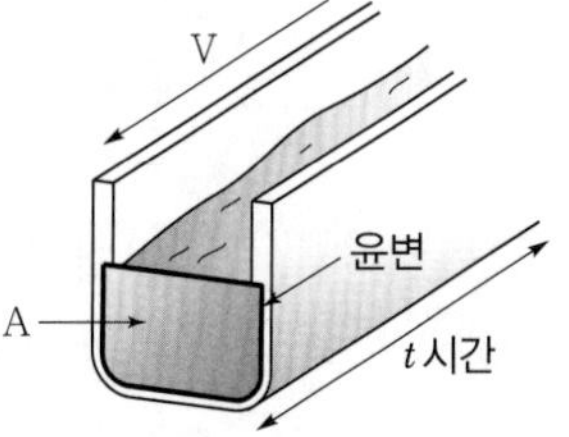

암기 122 유량측정법

1. 양수웨어법 stream gauging weir
   1) 삼각웨어 : 측정 정확
   2) 사각웨어 : 대유량
   3) 사다리꼴웨어 : 단면 모양
2. 유속법 watershed, basin
   1) 셰지공식 : 등류상태의 유속
   2) 바진공식 : 물매가 급하고 유속이 빠른 곳
   3) 강길레트-쿠터 공식 : 셰지공식에서 계수 C 계산식
   4) 매닝공식 : 개수로의 등류와 거친관로에 적용
3. 양수기법 : 소면적의 임분에 대한 유량 측정
   전도형 용기, 유출수 수조, 수위계로 저수량 측정

암기 123 최대홍수량 산정법

1. 시우량법
   Lauterberg식 , 관측 시우량(mm/h)과 유역면적(ha)으로 1초당 유량을 산정하는 방법
2. 비유량법
   관측자료가 적고, 첨두유량을 산정하기 어려운 경우
3. 합리식
   - 홍수도달시간, 평균강우강도, 유효강우강도, 대상유량, 지속시간을 반영한 시간당 강우량을 강우강도로 사용
   - 면적이 ha이면 CIA/360, 면적이 km^2로 주어지면 CIA/3.6
   - C는 유거계수, I는 강우강도, A는 유역의 면적
4. 홍수위흔적법 : 홍수위 실측 → 유적, 수면물매 → 매닝공식

암기 124 유량측정법 중 양수웨어법

stream gauging weir

- 계류에 양수 댐을 설치한 후 월류수심을 측정하여 유량을 구하는 방법

1. 삼각형 노치댐
   - 최소유량이 작을 때, 월류수심이 커서 정밀도 높음.
   - 예각이 둔각보다 측정정밀도가 높다.
2. 장방형 노치댐 : 최소유량이 비교적 클 때
   - 사각웨어, 사다리꼴 웨어

암기 125 유량측정법 중 유속법

watershed, basin

- 자연유로나 이를 정비한 양수로에서 유속계에 의해 유속과 유적을 측정하여 유량을 구하는 방법, 큰 유역에 사용

1) 체지공식 : 물의 흐름이 등류상태에 있을 경우

$$V = C\sqrt{RI}$$

2) 바진공식

$$V = \left(\frac{87}{1+\frac{n}{R^{\frac{1}{2}}}}\right) \times (RI)^{\frac{1}{2}}$$

- 물매 급하고 유속이 빠른 수로

3) 강길레트-쿠터 공식 : 셰지공식에서 계수 C 계산식

4) 매닝공식 : 개수로의 등류와 거친관로에 적용

$$V = \frac{1}{n} \times R^{\frac{2}{3}} \times I^{\frac{1}{2}}$$

암기 126 임도에서 횡단배수구와 세월공작물 설치장소

횡단배수구 설치장소	세월공작물 설치장소
- 강우강도, 종단물매, 노상토질, 측구종류 등 고려 - 아래의 절취장소에 설치 1. 유하방향 종단물매 변이점 2. 구조물의 앞과 뒤 3. 외쪽물매로 옆도랑 역류하는 곳 4. 흙부족으로 속도랑 설치 부적합한 곳 5. 체류수가 있는 곳	1. 선상지, 애추지대 횡단지 2. 관거설치에 흙이 부족한 곳 3. 상류부가 황폐계류인 임도횡단지 4. 계상물매가 급하여 산측으로부터 유입하기 쉬운 계류횡단지 5. 평상시에는 출수가 없지만 강우 시에는 출수하는 곳

암기 127

토성

- 사토 : 모래 2/3 이상 점토 12.5% 이하
- 사양토 : 모래 1/3~2/3, 점토 12.6~25%
- 양토 : 모래 1/3 이하, 점토 26~37.5%
- 식양토 : 모래 촉감만, 점토 37.6~49%
- 식토 : 점토 50% 이상

[토양의 구성성분]

- 모래 sand 입경 0.05~2mm
- 미사 silt 입경 0.002~0.05mm
- 점토 clay 입경 0.002mm 이하
- 토성 : 모래, 미사, 점토의 함량에 따른 토양의 구분

암기 128

토양의 건습도

☞ B층(심층토) 토양의 수분 정도를 촉감법으로 측정한다.

1. 건조 : 손으로 꽉 쥐었을 때 수분에 대한 감촉이 거의 없음. (산정, 능선)
2. 약건 : 손으로 꽉 쥐었을 때 손바닥에 습기가 약간 묻는 정도 (산복, 경사면)
3. 적윤(계곡, 평탄지) : 손으로 꽉 쥐었을 때 손바닥 전체에 습기가 묻고 물에 대한 감촉이 뚜렷함.
4. 약습(경사가 완만한 사면) : 손으로 꽉 쥐었을 때 손가락 사이에 약간의 물기가 비친 정도
5. 습(오목한 지대로 지하수위가 높은 곳) : 손으로 꽉 쥐었을 때 손가락 사이에 물방울이 맺히는 정도

∴ 건조 감촉, 약건 약간, 적윤 감촉, 약습 물기, 습 물방울

암기 129

떼 대용 녹화자재

공통점 : 식생성장에 적합한 흙이 부족한 곳에 사용한다.

1. 식생반 : 종자, 비료, 흙을 판모양으로 성형한 것 vegetation block
2. 식생자루 : V. sacks 종자, 퇴비, 흙을 자루에 넣은 것
3. 식생대 : V. belt 종자, 퇴비, 흙을 띠모양의 주머니에 넣은 것
4. 식생매트 : V. mat 종자, 비료 등을 풀로 부착시킨 짚, 섬유망

암기 130 산림의 강수차단

1. 수관차단 : 강수 일부가 수목의 잎, 가지 등에 닿은 후에 일부가 대기로 증발되는 것
2. 하층식생 차단 : 임관을 통과, 적하한 강수의 일부가 하층식생에 의해 수관차단 형태로 증발되는 것
3. 임상물 차단 : 수관 및 하층식생에 의해 차단되지 않은 강수가 임상물에 의해 차단
4. 임분 차단 : 수관, 하층, 임상물 차단강수량과 임분의 식물체와 임상물 전체의 보유강수량
5. 증우 : 산림지대에 발생한 안개가 나무의 표면에 부착하여 물방울이 되어 떨어지는 것, =樹雨, 10~12%

암기 131 수로내기 공법의 종류와 시공장소

- 떼수로 : 경사가 완만하고 유량적은 곳, 떼 생육 적합 토질
- 찰붙임 돌수로 : 유량이 많고 상시물이 흐르는 곳
- 메붙임 돌수로 : 지반이 견고하고 집수량이 적은 곳
- 콘크리트 수로 : 유량이 많고 상수가 있는 곳
- 콘크리트플륨관 수로 : 집수량이 많은 평탄지, 완만한 산지

암기 132 조공법 종류

- 등고선형 물고랑 파기. 떼조공, 섶조공, 통나무조공, 돌조공
- 조공 : 경사면의 등고선을 따라 줄모양으로 식생기반을 조성하는 공종, 재료에 따라 분류한다.

암기 133 등고선 구공법

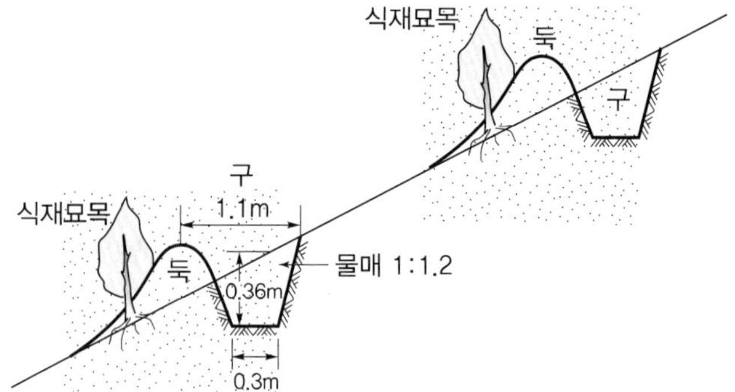

1. 시공방법
   - 등고선 방향으로 물고랑 파기
2. 설치목적
   - 토양침식 방지
   - 토사건조 방지
   - 식재목 수분 공급

암기 134 단쌓기

- 떼단쌓기 : 25° 이상인 경사지, 높이 너비 30cm 내외, 5단 미만
- 돌단쌓기 : 1 : 0.3, 높이 1m 내외, 2단, 용수 시 천단유수로
- 혼합쌓기 : 떼단상기와 돌단쌓기 기준 적용
- 마대쌓기 : 떼운반이 어려운 지역에 2단 이하 시공

암기 135 떼사용 공법

- 줄떼다지기 : 흙쌓기비탈면 10~15cm 골파고 떼, 새, 잡초
- 줄떼붙이기 : 절토비탈면 수평고랑에 떼. 20~30cm 간격
- 줄떼심기 : 도로가시권, 주택지인근 등 조기피복 필요지역
- 선떼붙이기 : 비탈다듬기로 생산된 뜬흙고정 및 식생조성

암기 136 식생안정 전 사면보호공의 종류

1. 섶덮기 : 동상과 서릿발이 많은 지역에 설치
2. 짚덮기 : 산지비탈이 완만하고 토질이 부드러운 지역
3. 거적덮기 : 거적을 덮고 나무꽂이로 고정
4. 코아네트 : 도로사면, 주택지인근 등 시설물 주변에 사용

암기 137

해안사방 수종 선정기준

1. 현지자생 향토수종
2. 양분과 수분요구도 적은 수종
3. 염분과 모래에 잘 견디는 수종
4. 수관울폐력이 좋고 지력은 증진시킬 수 있는 수종
5. 생활환경이나 풍치의 보전·창출에 적합한 자생수종

암기 138

해안방재림 식재목 보호시설

- 퇴사울타리 : 모래날림이 많은 지역에서 식재목 보호
- 정사울타리 : 모래날림, 바람, 염분으로부터 식재목 보호
- 정사낮은울타리 : 정사울타리 안을 구획하여 낮게 설치
- 언덕만들기 : 자연퇴사를 기대할 수 없는 경우 인공 조성
- 사초심기 : 비사 방지, 화본과, 사초과, 국화과 초본식재
- 지주형보호막 : 건조 방지, 수분증발 억제, 활착률 향상

암기 139

계류보전사업 공종 설명

- 골막이 : 침식성의 구곡 안정을 위해 설치하는 횡단구조물
- 바닥막이 : 퇴적된 불안정한 토석 유실방지, 물매 완화
- 기슭막이 : 계류의 기슭에 설치하여 종침식 방지
- 둑쌓기 : 물의 흐름을 유도, 범람방지위해 계류기슭에 설치
- 모래막이 : 모래가 지속적으로 퇴적되는 곳, 하류 피해 방지

암기 140

사방댐의 끝돌림

- 설치 부위 : 댐 몸체 하류면의 하단, 물받이 하단
- 설치 목적 : 댐 몸체 하류면의 하단 침식방지
- 설치 규모 : 밑넣기 깊이 1m 이상

암기 141 중력식 사방댐의 마루 두께

1. 0.8m 이상
   - 떠내려 올 토석의 크기가 작은 계류
2. 1.5m 이상
   - 일반 계류
3. 2.0m 이상
   - 홍수로 큰 토석이 떠내려 올 위험성이 있는 곳
4. 2.0~3.0m 내외
   - 산사태로 측압을 받게 될 위험성이 있는 곳
   - 상류의 산사태로 대량의 토석이 떠내려 올 위험이 있는 곳

암기 142 유속과 유량

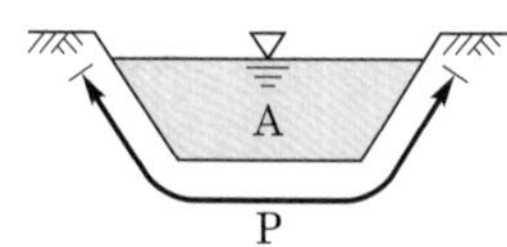

개수로

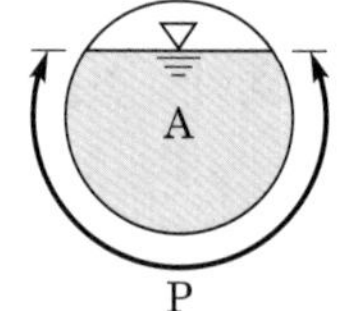

관수로

경심 R=유적 A/윤변 P

유량 Q=유속 V×유적 A

V : 유속(m/s), A : 유적(m^2), Q : 유량(m^3/s)

암기 143 평균유속 산정공식

1. 체지(Chezy) 공식

   $V = c\sqrt{RI}$

   V : 평균유속, c : 유속 계수, R : 경심, I : 기울기
2. Manning 공식

   $$V = \frac{1}{n} \times R^{\frac{2}{3}} \times I^{\frac{1}{2}}$$

   n : 유로 조도계수

암기 144 산비탈흙막이의 시공 목적

1. 비탈면의 경사 완화
2. 붕괴위험 비탈면 유지
3. 구조물과 수로의 지지
4. 매토층의 하단부 지지

암기 145 새집공법

- 도로변의 절취한 암벽의 녹화와 조경공사를 목적
- 경암질도 아니고, 풍화암도 아닌 요철이 있는 암반비탈면에 석재 · 콘크리트블록 등으로 제비집 같은 반월상 구축물을 시공하기 쉬운 곳. 암반녹화공법의 일종

암기 146 사방공법 중 차폐공법

1. 채석장 차폐수벽 : 채석 잔벽의 앞부분을 나무로 가림
2. 소단상 객토식수 : 소단에 선떼붙이기 등으로 객토 후 식재
3. 생울타리 : 나무를 울타리처럼 식재하여 접근 차단

암기 147 임산물 운반로 시설기준

1. 운반로 노폭
   - 2미터 내외, 최대 3미터를 초과할 수 없음
   - 배향곡선지, 차량대피소시설 제외
2. 운반로 길이
   - 산물반출에 필요한 최소한으로
   - 산사태 및 토사유출 우려지는 시설하면 안 됨
3. 복구 및 예방 조치
   - 운반로 시설 목적 완료 후 조림 및 복구
   - 토사유출 및 산사태 피해예방 조치
   - 산림경영에 필요한 지역은 임산물 운반로 존치

산림자원의 조성 및 관리에 관한 법률 시행규칙 별표3

암기 148

단목의 연령측정

1. 기록에 의한 방법
   - 인공림, 조림에 대한 기록
   - 푯말
   - 조림을 한 사람의 기억
2. 목측법에 의한 방법
   - 흉고직경의 크기로 추정
   - 연령을 알고 있는 근방의 나무와 비교
3. 지절에 의한 방법
   - 가지가 輪狀(whirl)으로 자라는 수종
   - 가지를 세어서 알 수 있지만 노령림은 가지가 떨어짐
4. 성장추에 의한 방법
   - 벌채목은 원판에서 직접 연륜을 세어 측정
   - 입목은 성장추, 방사선 CT, 방사성 탄소 이용

암기 149

황폐의 진행정도

※ 황폐순서 : 척악임지 → 임간나지 → 초기황폐지 → 황폐이행지 → 민둥산

- 척악임지 : 산지 비탈면이 오랫동안의 표면침식과 토양유실로 산림토양의 비옥도가 척박한 지역
- 임간나지 : 키 큰 입목이 숲을 이루고 있으나 지피식물이나 유기물이 적어 우수침식(누구 또는 구곡침식)이 발생되고 있어, 상층 입목이 제거될 때 황폐화가 우려되는 지역
- 초기황폐지 : 산지의 임상이나 산지의 표면침식으로 외견상 분명히 황폐지라 인식할 수 있는 상태의 임지
- 황폐이행지 : 초기황폐지가 급속히 악화되어 곧 민둥산이나 붕괴지로 될 위험성이 있는 임지
- 민둥산 : 입목 · 지피식생이 거의 없어 지표침식이 비교적 넓은 면적에서 진행되어 나지상태를 이룬 산지
- 특수황폐지 : 침식 및 황폐단계가 복합적으로 작용하여 황폐도가 격심한 황폐지

암기 150

황폐계류의 특성

1. 개념 : 황폐계류란 평상시에는 유량이 적으나 비가 많이 오면 계천이 범람하여 도로 및 농경지가 유실되고 계상침식에 의한 토석류 등으로 계상 자체가 황폐화되는 것을 말한다.
2. 황폐계류의 특성
   - 유로의 연장이 비교적 짧고, 계상물매가 급하다.
   - 유량은 강우나 융설 등에 의해 급격히 증가하거나 감소한다.
   - 유수는 계안과 계상을 침식하고, 입자가 큰 사력을 생산하여 하류부에 유출한다.
   - 호우 시 다량의 유수 및 사력이 단시간에 유하한다.
   - 호우가 끝나면 유량은 격감되고, 사력의 유송은 완전히 중지되며, 경우에 따라서는 유수도 중지된다.

암기 151

사방댐 설계순서

지형 및 지질조사 → 위치 선정 → 측량
→ 댐 방향과 높이의 결정 → 댐 형식 및 계획기울기 결정
→ 방수로 및 기타 부분의 설계 → 콘크리트 배합 설계
→ 댐 단면 및 물빼기구멍의 설계
→ 물받이 부위의 보호공법 여부 및 설계
→ 가배수로 및 물받이공법 설계
→ 부대공사 설계 → 설계서 작성

암기 152

모래막이

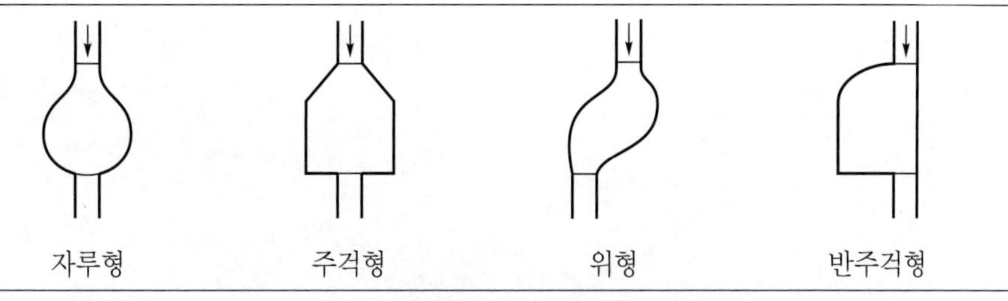

개념 : 계폭 확대, 모래 유치, 준설 목적

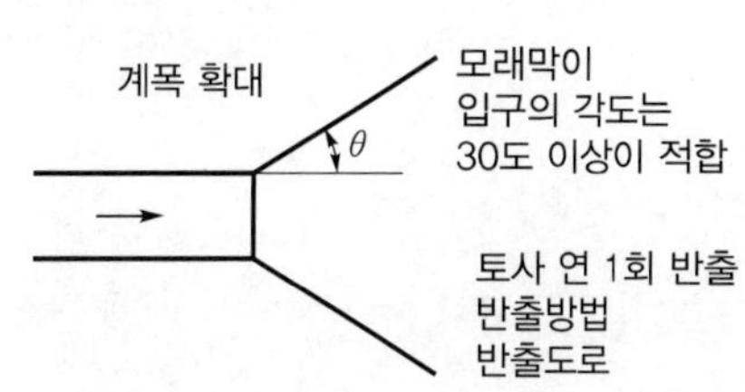

암기 153 사방공학 기울기

- 돌쌓기 흙막이 면의 기울기 : 메쌓기 1 : 0.3, 찰쌓기 1 : 0.2
- 사방댐 메쌓기 1 : 0.3~0.5
- 사방댐 : 옆사다리꼴 방수로 옆면 기울기 1 : 1 이하
- 흙댐 대수면 1 : 1~2, 반수면 1 : 2 이하
- 흙댐 둑마루너비 : 사방댐 높이/5+1.5
- 돌골막이 : 기울기 1 : 0.3 이하, 길이 4~5미터, 높이 2미터 이하
- 콘크리트 사방댐 반수면 기울기
  - 높이 6미터 이상 1 : 0.2 이하
  - 높이 6미터 이하 1 : 0.3 이하
- 기슭막이의 기울기 : 찰쌓기 1 : 0.3, 메쌓기 1 : 0.5 이하
- 둑쌓기 : 제방 안쪽 1 : 1.3 이하, 제방 바깥 1 : 1.5 이하

암기 154 임도공학 기울기

- 임도 성토면 기울기 1 : 1.2~2.0, 사면 길이 2~3미터마다 단끊기
- 산지비탈면 기울기 1 : 1 이하, 사면 수직높이 5미터마다 단끊기
- 찰쌓기 돌흙막이, 옹벽 : 기울기 1 : 0.2 이하
- 메쌓기 돌흙막이 : 기울기 1 : 0.3 이하, 높이 4미터 이하
- 흙골막이 반수면 1 : 1.5 이하